普通高等教育“九五”国家级重点教材

中尺度天气原理和预报

（修订版）

陆汉城　主编

陆汉城　杨国祥　编著

气象出版社
China Meteorological Press

内 容 提 要

本书根据十多年来教学实践和科学研究的总结，以国内外中尺度气象学发展趋势为思路，吸取了近年来最新研究成果，并考虑到业务发展的需要，综合概括了中尺度天气系统发生、发展的原理及中尺度天气的预报方法。本书依据天气学和动力学相结合的原则，以中尺度大气运动为主要对象，将中尺度气象学的诸多内容有机结合，物理概念清晰，深入浅出，并注重理论和实际的相互联系。

本书经教育部审定为普通高等教育“九五”国家级重点教材，可作为高等院校大气科学专业及相关专业的教材，也可作为气象、海洋、航空、农林、水利、环境等部门的科研人员和业务人员的参考用书。

图书在版编目(CIP)数据

中尺度天气原理和预报/陆汉城编著. —3版. —北京：气象出版社，2014.12
(2019.1重印)

ISBN 978-7-5029-5798-8

Ⅰ.①中… Ⅱ.①陆… Ⅲ.①中尺度-天气尺度-理论 ②中尺度-天气预报
Ⅳ.①P432

中国版本图书馆CIP数据核字(2014)第308609号

Zhongchidu Tianqi Yuanli he Yubao

中尺度天气原理和预报(修订版)

陆汉城 主编

陆汉城 杨国祥 编著

出版发行：气象出版社
地　　址：北京市海淀区中关村南大街46号　　**邮政编码**：100081
电　　话：010-68407112(总编室)　010-68408042(发行部)
网　　址：http://www.qxcbs.com　　**E-mail**：qxcbs@cma.gov.cn
责任编辑：张锐锐　陶国庆　　**终　　审**：周诗健
封面设计：博雅思企划　　**责任技编**：王丽梅
责任校对：王丽梅
印　　刷：三河市百盛印装有限公司
开　　本：750 mm×960 mm　1/16　　**印　　张**：19.5
字　　数：392千字
版　　次：2015年1月第3版　　**印　　次**：2019年1月第4次印刷
定　　价：48.00元

前　言

当今大气科学研究朝着时间尺度和空间尺度的两极方向发展，即气候变化和中尺度气象是人们普遍关注的科学问题，而中尺度气象是研究暴雨、冰雹、雷暴大风等不稳定强风暴天气及低云、浓雾等稳定中小尺度天气的形成、发展原因与预报的学科。随着人类社会活动现代化快速发展的进程，现代大气探测技术和计算机技术的广泛运用，揭示了大量的观测和研究事实，使中尺度气象有了更丰富的研究内容。因此，在汇集众多研究成果的基础上，加上我们二十多年来对这一领域的科学研究和教学实践，以及教学改革的需要，又根据21世纪大气科学学科的发展和人才培养的要求，编写了这本教材。

本书的第一章至第八章由陆汉城编写；第九章至第十一章由杨国祥编写，全书由陆汉城统编。由于水平限制，书中错误和不妥之处在所难免，请读者赐正。吕梅同志曾经为本书提供了部分章节的素材和承担了一些校对工作，在此表示感谢。

本书的编写得到教育部、中国气象局、总参谋部气象局和空军司令部气象局的大力支持，南京大学伍荣生院士、谈哲敏教授，南京气象学院朱乾根教授、寿绍文教授，解放军理工大学费建芳教授及气象出版社陶国庆副编审详尽审阅了全书，他们还参加了1999年12月4日在南京召开的本书评审会，对本书的内容提出了宝贵的意见，作者表示衷心的感谢！

陆汉城

1999年12月

第二版前言

本书自2000年出版以来，受到读者的广泛关注和欢迎，提出了宝贵的建议，特别是在教学实施中，不少老师和同学与编著者进行了有益的讨论。借此修订再版的机会，作者对本书进行了认真的审读，并进行修订。修订的重点是改正了原版中的错误，删去少量不适合自学的内容，同时，根据中尺度气象学的快速发展和教学需要，适当增加了一些内容，使本书更臻完善。

在《中尺度天气原理和预报》第二版出版之际，作者谨向关心本书的所有读者致以衷心的谢意！

陆汉城

2004年1月9日

目　　录

第一章　引　　论

中尺度天气学研究两类中尺度天气现象：一类是雷暴、暴雨、冰雹、大风、下击暴流等对流性天气；另一类是局地低云、浓雾等稳定性天气。它们都是在一定的大尺度环流背景中，由各种物理条件相互作用形成的中尺度天气系统产生的结果。

中尺度天气系统及其产生的中尺度天气现象的明显特征就是生命史短、空间范围小，但天气变化剧烈。大多数中尺度天气系统具有很大的能量，若以风速估计，一个对流风暴的平均能量约为 10^8kW·h，相当于十多个二次大战时使用的原子弹爆炸的能量。本章概述中尺度天气学的科学意义及中尺度大气运动的基本特征。

§1.1　中尺度天气学的科学意义及应用前景

暴雨、冰雹、龙卷、雷暴大风等中尺度强风暴天气能形成严重自然灾害，给国民经济建设和军事活动带来重大损失。世界各国频数较高的自然灾害是气象原因造成的，而由中尺度天气造成的重大灾害占有很大比例。例如美国是世界上出现龙卷最多的国家，平均每年达 403 个，1974 年 4 月 3～4 日，在美国中、东部，24h 内连续出现 148 个龙卷。由于龙卷灾害造成的损失平均每年达 1 亿美元，人员伤亡也很严重。1925 年 3 月 18 日，美国出现一个迄今最强大的龙卷，风暴以 30m/s 的速度走了 360km，沿途 689 人死亡，1980 人受伤。1992 年 8 月的飓风 Andrew 使美国遭受 250 亿美元的损失。中国是一个多暴雨的国家，每年由暴雨造成的洪水面积达几十万平方千米，在 1951～1982 年的 30 年中，共发生 1601 次洪涝灾害，平均每年 53 次。最严重的洪水受灾地区是江淮流域、黄河流域和华南地区，其中极强的或持续性大暴雨造成的灾害最为严重。例如 1975 年 8 月 5～7 日的河南省特大暴雨，三天雨量达 1605mm，在淮河上游造成空前洪水灾害，水库塌坝，近 100 个县受淹，几万人丧生，经济损失数亿元；1991 年 5～7 月江淮地区梅雨期出现持续特大暴雨而形成洪涝，以江苏、安徽、湖北三省最为严重，据统计，直接经济损失达 600 亿元，受灾面积 3 亿亩①，死亡 1163 人。1998 年梅雨期暴雨使长江中下游地区造成历史上罕见的洪水灾害，其中汉口 7 月 21～22 日 24h 降水达 460mm；江西 6 月 12～27 日 15 天出现暴雨 214 站次，全省 50 个县市累计降水超过 400mm，人民生命财产蒙受重大损失。另外，生命期短的强对流系统（如飑线）破坏性很大，1982 年 2 月 28

① 1 亩 $=666.\dot{6}\,m^2$，下同。

日至3月1日广西壮族自治区发生的一次飑线，大风风速达10.8～24.0m/s，并伴有大暴雨和冰雹，在20个县造成影响，致使一客轮翻船沉没，147人丧生，经济损失达千万元以上。由中尺度天气系统形成的灾害是不胜枚举的。长期以来，对于监测、预报和研究中尺度天气系统是气象工作者的重要任务。

当前，社会和经济的发展对大气科学提出了更高和更迫切的要求，在过去30年中，科学技术的迅猛发展，尤其是气象卫星、电子计算机以及大气遥感技术的兴起，使大气科学研究朝着时间和空间尺度的两个方向发展，即系统研究世界范围的气候异常，了解气候异常的变化规律和形成机制，并预测气候变化的中、长期趋势是大气科学研究的一个前沿课题。另一方面，中尺度气象学的研究已经引起人们的高度重视。目前大范围的天气预报，尤其是气压形势预报已取得显著成绩，但对空间尺度为2～2000km的中尺度天气系统及其所造成的强烈天气的预报依然是大气科学中的难题。

中尺度气象学包括中尺度天气学、中尺度动力学与数值模拟、中尺度天气的短期和甚短期预报，也包括中尺度大气物理学。它面临的主要科学问题是：关于中尺度对流系统及形成暴雨的系统三维结构和发生、发展过程的观测研究；中尺度系统和地形的关系研究；各类尺度天气系统与中尺度系统相互作用研究；中尺度系统触发机制研究；中尺度大气运动不稳定研究；中尺度天气数值模拟和预报研究；以及中尺度灾害性天气的短期、甚短期和临近预报方法研究。

最近十几年来，中尺度气象学得到了迅速的发展，无论在观测事实、理论研究和预报方面都比二十多年前有了很大进展，这主要表现在：

(1)提出和得到了强风暴的三维模式。研究揭示了比积云对流尺度更大、生命史更长的强风暴系统(即产生冰雹、暴雨和龙卷、雷暴等强烈天气的系统)，它们无论在内部结构和环境条件上都与早期的雷暴模式有很大的差别。20世纪40年代主要根据雷达和飞机的观测，取得雷暴单体演变过程资料，概括了雷暴单体三阶段的生命史模式；50年代至60年代通过特殊的地面、高空观测网，配合雷达和飞机观测，发现了强垂直风切变条件下发展的巨型雷暴——对流风暴；70年代多普勒雷达的应用使人们进一步了解风暴内部气流结构和环境条件，了解一个普通雷暴发展到对流风暴的演变过程，由此确定对流风暴的模式。观测研究概括出的不同类型的概念模式(conceptual model)有助于了解各类对流风暴的物理本质，而且有助于设计更合理的强对流数值预报模式和改进对流性天气预报，它们是研究中尺度系统的基础。

(2)进一步阐明了制约雷暴和中尺度系统演变的物理机制。早期的雷暴研究提出了雷暴发生的三个条件：水汽、条件不稳定和抬升机制，后来的观测和理论方面已经确认，强垂直风切变是使普通的生命期短的雷暴转变为生命期长的强风暴的主要条件，对于大气层结(如干暖盖)、干冷空气吸入、重力波、低空急流扰动等是中尺度扰动的触发机制和增强机制的研究也得到确认。

(3)深入开展了强对流系统的数值模式的试验。最近十几年来，已成功模拟从一朵积云到中尺度飑线和中尺度对流复合体(MCC)的发展和结构，与早期研究不一样的是当今研究的是深对流现象，并包含复杂的降水过程，不但涉及各种动力学，而且涉及到云的微物理学及其相互作用，中尺度数值模式作为一种强有力的工具已被广泛应用于中尺度气象学的研究和业务预报中。

(4)中尺度动力学的深入开展。中尺度动力学主要从理论上研究中尺度天气系统的特征、结构演变与运动等基本问题，它是中尺度天气预报，尤其是数值预报的基础，中尺度动力学的中心问题是强风暴动力学，它与积云动力学存在明显的差别，它主要从理论上解释比积云尺度更大、生命史更长、天气更强烈、并与环境有明显相互作用的对流系统，近年来对下列各个方面的问题进行了研究并取得重要的结果：

①中尺度环流的动力机制。这包括中尺度环流的动力结构、产生和维持的机理，以及中尺度不稳定问题。在具有风的垂直切变和浮力的水平基本气流中有三种不稳定能够增长：一是浮力不稳定；二是惯性浮力型不稳定，又称对称不稳定；三是切变型不稳定，又称开尔文-亥姆霍兹(Kelvin-Helmholtz)不稳定。第一和第三种不稳定的尺度为几千米到几十千米，产生的主要是对流层中观测到的小尺度乱流、积云单体和小涡旋等，第二种不稳定的尺度为几十千米到几百千米，被认为是产生中尺度雨带和雪带的原因，它可能是锋面附近暴雨和强对流发展的重要物理机制。此外，波动-CISK，斜压-CISK及包含对流的不稳定机理也被用于解释中尺度系统的发展。

②中尺度强迫机制和中尺度波的传播特征，这包括中尺度波的波导现象，即在有折射指数梯度和临界层存在的条件下中尺度波的反射、吸收和传播特征以及强迫这些波的机理，它们与流体中的中尺度能量输送方向关系密切。

③积云与中尺度系统的相互作用，根据尺度分析，正压大气似乎不能产生界于对流尺度和变形半径之间尺度的运动，但观测表明，在热带(正压大气)确实存在明显的有组织的中尺度系统，这需要从理论上进一步阐明。另一方面许多强的中尺度对流系统都是发生在中纬度的斜压气流中，因而研究斜压气流中对流推动的中尺度环流的发展已愈来愈引起人们的重视。对于湿对流和参数化问题也取得一定进展。

④中尺度环流与大尺度环流的相互作用，这包括中尺度环流的触发机制、组织机制以及反馈作用等，这方面已做了很多研究，但对于中尺度环流的热量、水汽和动量输送对全球环流或斜压波与行星波的影响还没有进行系统的研究。根据最近的研究表明，由海风产生的垂直热输送可占全球涡动输送的5%，这是不容忽视的作用。

⑤中尺度可预报性问题，现在是用两种方法研究这个问题：一是用确定性的数值模式来预报中尺度天气的产生和发展；二是已知中尺度系统的发生发展的大尺度条件，预报中尺度环流出现的统计概率。一些中尺度可预报性研究表明，不同于全球或大尺度模式，中尺度可预报性在某些情况下对初始风、温度和水汽场的随机误差并不敏感，也就

是说，初始条件的差别或误差在72h的预报中不会增长，因而只需把大尺度条件报好，并且在中尺度模式中有较高的分辨率、较真实的地面强迫和物理参数化方案就可能做出较好的区域尺度的三天预报。而在目前的研究中认为，中尺度模式的初始场中同化进更多的中尺度信息，特别是多普勒雷达和卫星观测资料，则可进一步改进预报效果。

(5)开展了临近预报和超短时预报的准业务试验或业务工作，发布了强天气的警报。随着专门的中尺度观测网的建立，不少国家都建立试验性的或正式的临近预报(描述当前天气现状，并对加强观测的中尺度现象在有效外推期所作的预报，但这个时段不能超过12h)。根据国内外一些部门较客观的验证，这种预报已初步取得了效果，但是这种预报的水平还相当低，对于不少突发性的、局地的强烈天气还几乎报不出来，表1.1.1是目前临近和超短时预报对一些重要天气的预报水平现状的说明。

表1.1.1 重大天气的临近和超短时预报(引自Zipser,1983)

重大天气	外推有效的时间尺度	用于临近预报的观测能力	超过临近预报时效的预报能力
下击暴流和微暴流	1～10min	正研究中	非常有限
龙卷	1～10min	有限，目击监视，雷达外推	现在非常有限，用NEXRAD(下一代雷达)可能达到0.5h
强雷暴	10～60min	有一些，主要靠雷达	很有限
造成突发性洪水的降雨	1～10h	有一些，雷达，卫星，一些特殊的观测网	很有限
地形性大风	1～10h	有一些，如果地面台站继续减少，则观测能力将减弱	有一些
暴雪，冬季风暴，暴风雪	几小时	有一些	有一些
霜冻	几小时	有一些	有一些
飓风或台风	数小时	好，飞机，雷达，卫星	尚可
以上是发布天气监视和警报的项目			
雷暴单体	5～20min	有一些，主要靠雷达	很有限
中尺度有组织雷暴	1～2h	有一些，主要靠雷达	有一些
湖泊效应的雪暴	几小时	有一些，主要靠雷达，卫星	很有限
坏能见度	几小时	有一些，如果地面站继续减少，则观测能力将减弱	有一些
空气污染事例	几小时	有一些	有一些
风	几小时	有一些，随时间减少	有一些
降水	几小时	有一些，随时间减少	有一些
锋面过境	数小时	有一些，随时间减少	尚可，或好

由表1.1.1可以看到一个主要问题是，一旦超出有效外推期(1h左右)，预报能力非常有限，尤其是对一些中尺度雷暴系统。因而许多预报员认为发布24～48h强雷暴是否会出现的概率预报可以做得很好，但是要做出在后3～6h这种强雷暴是如何具体演变则非常困难，即使提供最详细、最及时的雷达、卫星和其它观测资料，以最好的预报员

去预报,常常也会遭到失败,其中的主要困难是这种现象的时空尺度很小,以及涉及的复杂的因子,因而对 0～12h 的天气预报主要是发展新的预报方法,必须预报出在有效外推期到 12h 之间的中尺度系统的变化,而不应该把有效外推期作不合理的延长,或借用短期预报方法。

为什么在最近十几年间中尺度气象学会取得上述明显的进展呢?概括起来,至少有以下三个方面的原因:

①采用了新的观测工具和设置了专门的观测网。雷暴等强对流系统由于尺度小、生命期短,依靠常规的气象观测网和观测手段难以得到必要的资料,必须组织和设置专门的观测网,应用专门的观测手段才能探测雷暴系统的结构和演变,雷达观测是其中的主要手段,尤其是 20 世纪 70 年代多普勒(Doppler)雷达的应用是中尺度观测的一个重要突破,它使我们第一次有可能观测到云体内部气流的运动和变化,从而对一些雷暴系统中对流的产生、内部结构的演变及其周围环境的相互作用和衰亡过程有了细致定量的观测。目前多普勒雷达已成为发现和追踪强对流系统的强有力工具。此外卫星观测,尤其是同步卫星可以连续监测中尺度系统云系演变和移动,揭示了不少新的事实。近年来还使用其它一些探测仪,如新型飞机和一些遥感仪,如大气风廓线仪可连续探测 16km 以下风垂直分布,这种资料对中尺度数值模拟和中尺度天气预报是十分重要的,另外也利用声雷达、激光雷达、微波辐射仪、灵敏微压计、天电观测等。

除了采用专门观测技术以外,近 20 多年常规观测也得到了明显改善,地面和高空观测站皆有了增加,尤其是不少国家设置了专门的中尺度观测网。例如美国在 1966 年就设置了中尺度观测网,高空站距 28km,每隔 1.5h 或 3h 施放一次探空仪,地面站距 20～30km。除美国以外,日本、瑞典、英国、法国、加拿大等国家也建立了试验监测网。我国在近 5 年中,也分别在京津冀、长江三角洲、武汉和珠江三角洲四个地区建立起中尺度监测网,主要改进的有三个方面:一是增强雷达观测能力,引进安装了多部多普勒雷达,现有雷达进行了数字化改造,同时增强了卫星资料的处理能力;二是增加一些特殊观测,如使用 UHF 风廓线仪测量 10km 以下的风分布等;三是设置了一定数量的自动地面站。

对于强对流系统的观测主要分两个方面,即既要观测风暴内部环流结构,同时要尽可能细致监测风暴周围环流变化,以便找出两者相互关系,这就需要各种观测技术和方法的配合,近 10 年来,所以能在雷暴观测上揭示不少新事实,正是采用了多手段综合观测的结果。

②进行了多次野外观测试验,在一定地区和时段内专门针对某一现象进行集中观测是研究大气现象的一种有效方法,尤其是对中尺度天气现象,这种方法更为有效。早期雷暴生命史的特征就是 1946～1947 年美国根据雷暴研究计划得到的。1968～1972 年日本进行梅雨暴雨研究计划,揭示了暴雨内中尺度和中间尺度系统的结构和活动特

征及其与大尺度环流的关系。20 世纪 70 年代中，热带大西洋大规模试验主要目的是研究各种尺度之间的相互作用，尤其是中尺度和天气尺度的关系。1979 年春夏美国进行了著名的 AVESESAME 中尺度试验，通过各种观测手段得到了一套 5～1000km（α，β，γ 三种尺度）范围内关于强风暴及其环境条件的资料，为解决风暴的启动机制和维持机制，也为中尺度数值模式研究及了解大－中－小尺度过程之间的相互作用提供了必需的资料。最近几年，美国又制定了规模宏大的风暴计划，这个计划可能到 21 世纪初才能完成。

在我国也进行了多次中尺度天气或暴雨的试验，如 20 世纪 70 年代的华南前汛期暴雨试验；湘中中小尺度天气试验；1980～1984 年由总参气象局主办的华东中尺度天气试验，对于我国中尺度气象学的研究有很大的推动，尤其是关于梅雨锋试验获得的资料，不但提供了大量 α 中尺度资料，也第一次提供了较完整的 β 中尺度系统的个例；从 1991 年起由空军组织的北京地区强对流天气试验，为深入系统研究该地区强对流天气发生、发展规律，获得了一批有价值的强对流天气个例的分析资料。而二十世纪末的四大气象科学试验（南海季风试验、中国灾害性天气影响的观测和理论试验、海峡两岸及近邻地区暴雨中尺度试验和淮河流域能量与水分循环试验）为我国中尺度气象事业的发展提供了更有益的基础。

1987 年 5 月 10 日至 6 月 29 日在中国台湾省进行了中尺度试验（TAMEX），其主要目的是研究梅雨锋的中尺度环流①，锋附近的中尺度系统的演变以及地形对锋及中尺度对流系统的作用，通过试验有助于改进突发性洪水降水过程的预报。

③强风暴动力学的研究，在大量观测事实、风暴模式和积云动力学研究的基础上，对风暴系统发生、发展的机制、结构与环境的关系进行了许多理论研究，这使人们对风暴的物理本质和过程、中尺度系统不稳定机制有了较深入的认识，在动力学研究中，数值模拟试验是最重要的手段之一，许多重要成果都是通过数值试验得到的。

中尺度气象学的研究不仅具有重大的科学意义，而且具有明显的广泛应用前景，随着经济建设的迅速发展，对中尺度强对流灾害性天气的预报要求愈来愈高，这主要表现在：

①需要做出较准确的短时（0～12h）预报以满足日益发展的经济建设、海港、航空、航天、石油开采、农业生产等方面的需要，要尽可能准确预报出强烈天气出现的时间和地点。

②需要预报可能出现的持续性降水（或暴雨）出现的时段、地区和频数，以便有根据的做出每年的汛期降水或旱涝预报。

③中尺度灾害性天气或危险性天气预报对于防灾、减灾决策和实施水资源管理、陆

① 台湾地区称谓的梅雨锋是中国的华南前汛期的华南准静止锋。

上和海上交通、污染和区域气候是十分重要的。

需要指出的是中尺度天气预报对高技术战争条件下的气象保障是极为重要的，海湾战争表明，要保证对军事目标实施有效打击必须弄清目标区的天气变化，而局地强风暴天气对军事行动的影响是十分重大的，因此中尺度天气的预报是十分必须的。

因而如何准确预报中尺度灾害性天气的发生发展和移动对于满足经济建设和国防建设的需要，并减轻自然灾害的破坏具有现实意义和应用前景。

§1.2　中尺度大气运动的基本特征

观测和分析表明，大气环流是极为复杂的，大气的运动包含着从湍流微团到超长波运动等多尺度的运动系统，因此各种天气现象是大气中不同尺度系统相互作用的结果，各类中尺度天气现象是与中尺度天气系统联系在一起的，中尺度天气系统是大气环流的重要成员，它具有其它尺度运动的一些不同的特征。

1.2.1　中尺度大气运动定义

由于不同尺度的天气系统具有不同的物理性质，为了便于研究，须将它们进行分类。气象学者常把全球大气分成若干“部分”，这些“部分”通常称之为“运动系统”，即具有不同大小与生命期(或不同尺度)的运动的构造，这种对尺度的理解就变成正确认识大气环流不可缺少的东西。因此既根据观测，又根据理论分析讨论尺度概念是十分必要的。

从天气图上用常规观测站网资料分析得到的是大尺度天气系统，如气旋和反气旋，其水平尺度至少大于1000km，气象学家认为还有更大尺度系统，如罗斯贝波，水平尺度是3000～6000km。此外，人们感觉到的大气运动，例如在人站立不住的旋风中及用单站雷达探测到的积云单体是生命史只有几分钟的小尺度现象，水平尺度是几米到几千米。

近30年来，用雷达、装备有仪器的飞机、人造卫星和较密的地面观测网，对大气中从微尺度气象到天气尺度气象中间所不能研究的那一类运动提供了有益信息，从而了解这一类运动特征和结构，这就是中尺度运动。

事实上，由于人们对大气运动的认识和研究的对象的理解不一致，尺度划分并不十分一致。从观测的角度来看，人们把小尺度和大尺度两者之间的天气现象泛指为中尺度现象，Ligda(1951)曾把中尺度现象定义为：对常规高空探测网(间隔几百千米)来说太小，以致完全捕捉不到；对单站雷达观测又太大(缺乏遥感能力)，而不能完全观测得到的那些大气现象。因而将中尺度描述性地定义为时间尺度和空间尺度比常规探测站网小，但比积云单体又大得多的一种尺度，即它们的水平尺度约为几千米到几百千米，时间尺度约为1～12h。而在大气动力学中，一般是通过大气内部的各种物理参数的大小，来区分大气现象的时空尺度的，尽管我们并不完全了解观测导出的时空尺度与物理参数之间的内在关系，但是根据尺度分析得到各种无量纲物理参数 *Ro*（罗斯贝数）、*Fr*（弗罗德数）、*Ri*（里查森数）、*Re*（雷诺数）……的大小，可以反映作用于大气的各种基本作用力的相对大小，从而确定不同尺度运动的特性。表1.2.1列举了 *Ro* 数和 *Fr* 数的差异所决定的不同尺度运动的特性。对于中尺度运动来说，*Ro* 约为1，$Fr<1$，从而准静力平衡、旋转和非地转平流是中尺度运动基本的性质。这样，Pielk 把中尺度运动定义为："它是这样的大气系统，它们的水平范围足够的大，以致维持着流体静力近似，但又足够的小，以致在边界层以上地转风和梯度风作为实际风环流近似已不合适"，从后面的分析可以看到，这种流体静力近似主要适用于中尺度运动中的尺度较大的系统。

表1.2.1　不同尺度大气运动的性质

	Ro	*Fr*	运动性质
大尺度	10^{-1}	$\ll 1$	准静力　旋转是基本的，忽略非地转平流
中尺度	10^{0}	<1	准静力　旋转和非地转平流是基本的
小尺度	$10^{1}\sim10^{2}$	$10^{1}\sim10^{2}$	非静力　忽略旋转，非地转平流是基本的

无论从观测或理论分析的角度来看，中尺度所包括的范围很广，特别是理论上对大气运动过程的尺度划分时的数量界限又是不确定的，因而仅从动力学意义的中尺度概念和定义去讨论各种中尺度现象，实际上有一定困难，在实用上都是依据动力分析所得到的尺度范围，结合实际的需要，去具体确定区分尺度的界限。

(1)欧美和日本气象界，一般以水平空间尺度作为划分标准，将大气过程区分为大尺度(macro-水平尺度大于2000km)，中尺度(meso-水平尺度为2～2000km)，小尺度(micro-水平尺度小于2km)。而在日本又于中尺度和大尺度之间，给出中间尺度(intermediate scale，水平尺度为200～2000km之间)的定义。

(2)Gate将热带天气现象的水平尺度区分为：A尺度(波动尺度，$10^{3}\sim10^{4}$km)，B尺度(云簇尺度，$10^{2}\sim10^{3}$km)，C尺度(中尺度，$10^{1}\sim10^{2}$km)，D尺度(积云尺度，1～10km)。

(3)AEIOU分类法：Fujita(1981)提出以一个英语母音AEIOU分类法来划分尺度，以地球尺度圆周约40000km为准，将大气过程具体划分为五种尺度：mAso尺度(400～40000km)，mEso尺度(4～400km)，mIso尺度(40m～4km)，mOso尺度(40cm～40m)，mUso尺度(4mm～40cm)。

(4)Orlanski(1975)则认为在"大尺度"和"小尺度"之间有宽广的天气现象领域，需要按时间尺度和空间尺度进一步细分，因而提出了大、中、小尺度及其细分类，构成8种尺度，其水平尺度大小如表1.2.2所示。

表 1.2.2　Orlanski 的大气运动尺度的划分

大尺度		中尺度			小尺度		
α大尺度	β大尺度	α中尺度	β中尺度	γ中尺度	α小尺度	β小尺度	γ小尺度
macro-α	macro-β	meso-α	meso-β	meso-γ	micro-α	micro-β	micro-γ
＞10000km	2000～10000km	200～2000km	20～200km	2～20km	200m～2km	20m～200m	＜20m
水平尺度		水平尺度			水平尺度		

目前我国常用的中尺度分类与 Orlanski 的分类法基本一致，因而本书简述中尺度气象学问题时采用这一分类法。

由于强风暴天气系统的水平尺度一般为 20～200km，属于β中尺度，此时流体静力近似也不适用，它是中尺度天气学研究的重点，因此常将β中尺度系统作为中尺度气象学的研究典型。

1.2.2　中尺度大气运动的基本特征

中尺度大气运动的种类很多，雷雨、冰雹、龙卷风等强对流天气，一般伴有一定的中尺度天气系统。中尺度天气系统的基本特征如下：

1.2.2.1　空间尺度小，生命期短

从上面分析已经知道β中尺度系统的水平尺度(L)一般为 20～200km，垂直尺度(H)为 10km 左右，因而形态比 H/L 为 10^{-1}～10^{0}，而大尺度系统的形态比为 10^{-2}，β中尺度系统的生命史一般在几小时到十几小时，而大尺度系统在 12～24h 以上，由于上述时空尺度的特点，就决定了中尺度系统有许多不同于大尺度系统的动力学特征。

1.2.2.2　气象要素梯度大

在天气尺度系统中气象要素的梯度(如气压、温度、露点)一般较小，气团内部更小，即使在锋区的附近，温度和气压的梯度也只达1～10℃/100km，1～10hPa/100km；而中尺度天气系统气象要素的梯度很大，气压达1～3hPa/10km，温度达3℃/10km，甚至更大，大尺度锋面过境时的变压仅为1～2hPa/h，而中尺度系统如飑线过境时，变温为10℃/15min左右，变压为6hPa/15min左右。

同这种大的气象要素梯度相联系，中尺度天气系统产生的天气现象一般比较激烈，例如雷暴、暴雨、冰雹等往往都与它们相联系，大尺度天气现象中一般大风只有10～20m/s，在台风中最大风速也只有10～100m/s，然而飑线中的阵性大风就能达10～100m/s，而龙卷大风甚至可达100～200m/s。

1.2.2.3　非地转平衡和非静力平衡及强的垂直运动

尺度分析表明，中尺度系统的动量方程中，加速度项与地转偏向力和气压梯度力具有相同的量级，不能满足地转平衡关系。因而在中尺度分析时不能运用地转关系来调整

等压线和流线，常常发现风向和等压线有明显交角，甚至出现相垂直的情况，即有风穿越等压线，尤其在中尺度系统强烈发展时，这种非地转平衡特征更明显。在中尺度涡旋运动中，梯度风平衡也不成立。准静力平衡近似对于大尺度运动是相当精确的，由于中尺度运动包含的空间尺度范围比较宽广，一般认为对于较大的中尺度运动，静力平衡仍是一种较好的近似，特别是用尺度分析法讨论 α 中尺度系统的垂直运动方程时，加速度项比气压梯度力和浮力项小一个量级。但是对于 β 中尺度，尤其是 γ 中尺度运动，准静力平衡假定对所描述的中尺度系统有明显的歪曲，因而有人提出采用非静力平衡的模式更能描述中尺度系统的物理本质和过程，这个问题还在进一步研究之中。与上述特征相联系的中尺度系统的散度和涡度几乎达到相同数量级，而且比大尺度运动大一个数量级，即散度约为10^{-4}/s，涡度约为10^{-4}/s，因而垂直运动的量级可达0.1～1m/s，垂直运动速度也就明显大于大尺度运动。

1.2.2.4　小概率和频谱宽、大振幅事件

中尺度系统在统计的意义上是小概率的，它的空间尺度跨越的范围宽，且中尺度系统影响时的要素变化激烈，表明它是频谱宽的大振幅事件。

Vinnichenko（1970）对自由大气和近地面层的东西风分量作了能谱密度分析。图 1.2.1 给出了不同时间尺度的动能谱分布，图中纵坐标是能量密度，横坐标是时间尺度。该图表明在 1 分钟、1 日到数日、月、年的时间尺度上分别有能量密度的峰值，这些峰值分别反映了大气的边界层湍流、日变化和季节变化的运动，而在几十分钟到十几小时的时段（即中尺度运动的时间尺度）上，则是能量密度的低谷或称为中尺度缝隙(gap)，这种谱分析结果反映了不同尺度客观存在性，它表明中尺度环流的能量密度小，但是它在大尺度和小尺度运动的能量变换中起着重要作用。

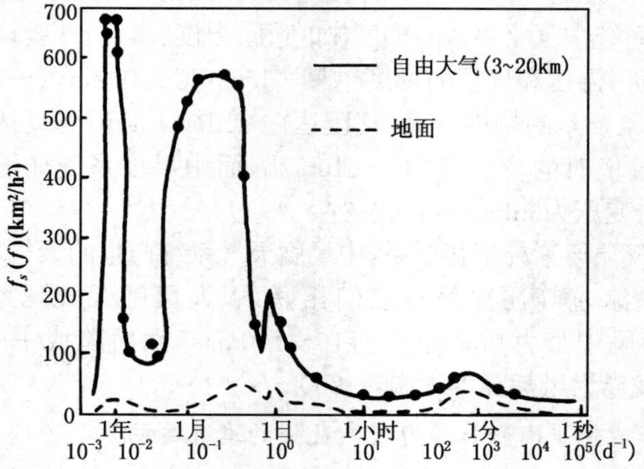

图 1.2.1　自由大气和近地面的东西风分量的平均动能（引自 Vinnichenko，1970）

第二章　中尺度大气运动的动力学基础

中尺度大气运动是大气环流的重要组成部分，因此，描述大气运动的动力学基本原理同样适用于中尺度运动，这些原理是：质量守恒、能量守恒、动量守恒、水物质守恒、其它气体和气溶胶物质守恒。这些原理构成了一组描述大气运动的原始方程组，显见，方程组内包含了各类尺度的大气运动，根据中尺度大气运动的基本特征进行尺度分析从而可以得到中尺度大气运动的控制方程组。

§2.1　中尺度大气运动的控制方程组

中尺度大气运动的空间尺度范围比较宽广，对流运动是中尺度运动的主要形式，因此中尺度运动的动力学性质与大尺度运动明显不同。大尺度运动中，地转偏向力作用相对重要，浮力可以略去；在积云对流运动中，浮力作用相对重要，地转偏向力可以忽略；而在中尺度运动中，地转偏向力和浮力的作用都需要考虑。因此，中尺度运动的控制方程组的建立是在分析中尺度运动的基本特征，用尺度分析简化大气运动的原始方程组基础上得到的。

从守恒原理得到的绝热无粘的大气动力学方程组为：

$$\frac{\mathrm{d}u}{\mathrm{d}t}=-\frac{1}{\rho}\frac{\partial P}{\partial x}+fv \tag{2.1.1}$$

$$\frac{\mathrm{d}v}{\mathrm{d}t}=-\frac{1}{\rho}\frac{\partial P}{\partial y}-fu \tag{2.1.2}$$

$$\frac{\mathrm{d}w}{\mathrm{d}t}=-\frac{1}{\rho}\frac{\partial P}{\partial z}-g \tag{2.1.3}$$

$$\frac{\mathrm{d}\rho}{\mathrm{d}t}+\rho(\bigtriangledown\cdot\vec{V})=0 \tag{2.1.4}$$

$$C_p\frac{\mathrm{d}\ln\theta}{\mathrm{d}t}=0 \tag{2.1.5}$$

$$\theta=T(\frac{P_0}{P})^{\frac{R}{C_p}} \tag{2.1.6}$$

以上的方程组描述了大气运动中的不同尺度运动，这也是中尺度运动的控制方程组。为了能够直接用于讨论中尺度天气问题，需要根据中尺度运动的主要特征来进行简化。

2.1.1 热力学变量的尺度分析

由于浮力作用在中尺度运动中显得十分重要，在对原始方程组进行简化时，将热力学变量 f(如气压 P、温度 T、密度 ρ 等) 写成如下形式是方便的，即

$$f(x,y,z,t)=\bar{f}(z)+f'(x,y,z,t) \tag{2.1.7}$$

此式表明平均量 $\bar{f}(z)$ 只是高度函数，扰动量是三维空间和时间的函数，它是相对于大气参考态的偏差。根据小扰动方法的原理，平均量满足原来的基本方程，需要注意的是在线性化方程组时，这个扰动量还要分离。

(2.1.7)式还可写成

$$f(x,y,z,t)=f_m+f_0(z)+f'(x,y,z,t) \tag{2.1.8}$$

此时平均热力学变量 $\bar{f}=f_m+f_0(z)$，f_m 是 f 的空间平均值，$f_0(z)$ 是仅随 z 变化的空间变量。

平均热力学变量具有这样的特征：它在垂直方向变化的尺度与其本身的尺度具有相同的数量级，例如对于气压 $\bar{P}(z)$，在垂直方向的高度尺度($\bar{H}$) 内的变化有：

$$\frac{1}{\bar{P}}\frac{\partial\bar{P}}{\partial z}\sim\frac{1}{\bar{P}}\frac{\triangle\bar{P}}{\bar{H}}\sim\frac{1}{\bar{H}}$$

同样

$$\frac{1}{\bar{\rho}}\frac{\partial\bar{\rho}}{\partial z}\sim\frac{1}{\bar{T}}\frac{\partial\bar{T}}{\partial z}\sim\frac{1}{\bar{H}}$$

式中的高度尺度 $\bar{H}$ 也称为标高(scale height)，它反映了热力学变量的垂直变化的长度尺度，它和 $\bar{P}$、$\bar{\rho}$、$\bar{T}$ 等均表示为基本状态的特征量。若设 H 为扰动的特征垂直尺度，它表征的是大气运动的特征量，是扰动在垂直方向的伸展范围，一般情况下，显然 $H\leqslant\bar{H}$，对于浅对流运动来说，浅对流的特征垂直尺度 $H\ll\bar{H}$。在实际应用中，应注意区别 H 和 $\bar{H}$ 的物理意义。

观测和经验证明在对流运动中：

$$\frac{f'}{\bar{f}}\ll 1 \qquad 或 \qquad f'\ll\bar{f}$$

说明大气中的气压(以及密度和温度)扰动比其平均值小得多(小二个量级)，这是大气运动的又一重要特点。对于浅对流运动，还有 $f_0(z)\ll f_m$，所以有

$$\frac{f'}{f_m}\ll 1 \qquad 或 \qquad f'\ll f_m$$

这些结果说明了扰动量尺度和平均量尺度之间的关系，它们是简化基本方程的依据，下面分别推导中尺度大气运动的方程组。

2.1.2　状态方程和位温方程的简化

对于状态方程：

$$P = \rho RT \tag{2.1.9}$$

将(2.1.7)代入(2.1.9)，并取对数有

$$\ln\overline{P}\left(1+\frac{P'}{\overline{P}}\right)=\ln\overline{\rho}\left(1+\frac{\rho'}{\overline{\rho}}\right)+\ln R\overline{T}\left(1+\frac{T'}{\overline{T}}\right)$$

由于 $\ln\overline{P}=\ln R\overline{\rho}\overline{T}$，故有

$$\ln\left(1+\frac{P'}{\overline{P}}\right)=\ln\left(1+\frac{\rho'}{\overline{\rho}}\right)+\ln\left(1+\frac{T'}{\overline{T}}\right)$$

根据

$$\ln\left(1+\frac{P'}{\overline{P}}\right)\sim\frac{P'}{\overline{P}}$$

$$\ln\left(1+\frac{\rho'}{\overline{\rho}}\right)\sim\frac{\rho'}{\overline{\rho}}$$

$$\ln\left(1+\frac{T'}{\overline{T}}\right)\sim\frac{T'}{\overline{T}}$$

得到

$$\frac{P'}{\overline{P}}\cong\frac{\rho'}{\overline{\rho}}+\frac{T'}{\overline{T}} \tag{2.1.10}$$

或

$$\frac{\rho'}{\overline{\rho}}\cong\frac{P'}{\overline{P}}-\frac{T'}{\overline{T}} \tag{2.1.11}$$

对于浅对流运动有：

$$\frac{P'}{P_m}\cong\frac{\rho'}{\rho_m}+\frac{T'}{T_m} \tag{2.1.12}$$

或

$$\frac{\rho'}{\rho_m}\cong\frac{P'}{P_m}-\frac{T'}{T_m} \tag{2.1.13}$$

位温方程为

$$\theta = T\left(\frac{P_0}{P}\right)^K,\qquad K=\frac{R}{C_p} \tag{2.1.14}$$

同样用热力学平均量和扰动量的关系来简化则有

$$\frac{\theta'}{\overline{\theta}}\cong\frac{1}{x}\frac{P'}{\overline{P}}-\frac{\rho'}{\overline{\rho}},\qquad x=\frac{C_p}{C_v} \tag{2.1.15}$$

或者

$$\frac{\rho'}{\bar{\rho}} \cong \frac{1}{x}\frac{P'}{\overline{P}} - \frac{\theta'}{\bar{\theta}} \tag{2.1.16}$$

(2.1.11)、(2.1.13)、(2.1.16)均表明，密度扰动是由温度扰动和压力扰动的共同作用引起的。

对于大多数中尺度大气运动，存在着

$$\frac{P'}{\overline{P}} \ll \left(\frac{T'}{\overline{T}}, \frac{\theta'}{\bar{\theta}}\right)$$

即有

$$\frac{\rho'}{\bar{\rho}} \approx -\left(\frac{T'}{\overline{T}}, \frac{\theta'}{\bar{\theta}}\right) \tag{2.1.17}$$

它表示密度扰动近似地被认为仅由温度变化引起。

2.1.3　水平运动方程的简化

对于中尺度大气运动，一般采用 f 平面的无粘方程，即考虑地球自转，但即不考虑β效应，而且忽略地球曲率的作用。

此时，水平运动方程为：

$$\frac{\mathrm{d}u}{\mathrm{d}t} = -\frac{1}{\rho}\frac{\partial P}{\partial x} + fv$$

$$\frac{\mathrm{d}v}{\mathrm{d}t} = -\frac{1}{\rho}\frac{\partial P}{\partial y} - fu$$

将热力学变量 P、ρ 分解为平均量和扰动量代入，并根据 $\frac{\rho'}{\bar{\rho}} \ll 1$ 和 $\nabla_h \overline{P} = 0$（$\nabla_h$ 表示水平梯度算子），则有：

$$\frac{\mathrm{d}u}{\mathrm{d}t} = -\frac{1}{\bar{\rho}}\frac{\partial P'}{\partial x} + fv \tag{2.1.18}$$

$$\frac{\mathrm{d}v}{\mathrm{d}t} = -\frac{1}{\bar{\rho}}\frac{\partial P'}{\partial y} - fu \tag{2.1.19}$$

2.1.4　垂直运动方程的简化

大气发生对流运动的原因是：由于空气微团的密度在水平方向的差异引起阿基米德浮力，同时，对流发展过程中，大气层结也起重要的作用，所以在垂直运动方程

$$\frac{\mathrm{d}w}{\mathrm{d}t} = -\frac{1}{\rho}\frac{\partial P}{\partial z} - g$$

中的右端项有

$$
\begin{aligned}
-\frac{1}{\rho}\frac{\partial P}{\partial z}-g &= -\frac{1}{\bar{\rho}+\rho'}\left(\frac{\partial \overline{P}}{\partial z}+\frac{\partial P'}{\partial z}\right)-g \\
&\cong -\frac{1}{\bar{\rho}}\left(1-\frac{\rho'}{\bar{\rho}}\right)\left(\frac{\partial \overline{P}}{\partial z}+\frac{\partial P'}{\partial z}\right)-g \\
&\cong -\frac{1}{\bar{\rho}}\frac{\partial P'}{\partial z}-\frac{\rho'}{\bar{\rho}}g
\end{aligned}
\tag{2.1.20}
$$

在上式中，已采用了

$$
\frac{\partial \overline{P}}{\partial z}=-\bar{\rho}g
$$

即平均状态的大气满足静力平衡，方程右端第二项则表示由密度扰动引起的浮力。由此可见，只有与重力联系的项中保留了密度扰动，而在气压梯度力项中，则略去了密度扰动的影响，这样的近似称为对流近似。

对于浅对流运动，垂直运动方程可写成

$$
\frac{\mathrm{d}w}{\mathrm{d}t}=-\frac{1}{\rho_m}\frac{\partial P'}{\partial z}-\frac{\rho'}{\rho_m}g \tag{2.1.21}
$$

将(2.1.13)代入，并有 $P_m=\rho_m H_m g$ 得：

$$
\begin{aligned}
\frac{\mathrm{d}w}{\mathrm{d}t} &= -\frac{1}{\rho_m}\frac{\partial P'}{\partial z}-\left(\frac{P'}{P_m}-\frac{T'}{T_m}\right)g \\
&= -\frac{1}{\rho_m}\left(\frac{\partial P'}{\partial z}+\frac{P'}{H_m}\right)+\frac{T'}{T_m}g
\end{aligned}
$$

对于浅对流运动，特征垂直尺度 $H\ll H_m$，$\frac{\partial P'}{\partial z}$ 的特征量是$\frac{P'}{H}$，因而$\frac{P'}{H}>\frac{P'}{H_m}$。从而有：

$$
\frac{\mathrm{d}w}{\mathrm{d}t}=-\frac{1}{\rho_m}\frac{\partial P'}{\partial z}+\frac{T'}{T_m}g \tag{2.1.22}
$$

2.1.5　连续方程的简化

一般形式的连续方程为：

$$
\frac{1}{\rho}\frac{\mathrm{d}\rho}{\mathrm{d}t}+\frac{\partial u}{\partial x}+\frac{\partial v}{\partial y}+\frac{\partial w}{\partial z}=0 \tag{2.1.23}
$$

由 $\rho=\bar{\rho}+\rho'$ 及$\frac{\rho'}{\bar{\rho}}\ll 1$，且略去扰动的二次项得：

$$
\frac{1}{\bar{\rho}}\frac{\mathrm{d}\rho'}{\mathrm{d}t}+\frac{1}{\bar{\rho}}w\frac{\partial \bar{\rho}}{\partial z}+\frac{\partial u}{\partial x}+\frac{\partial v}{\partial y}+\frac{\partial w}{\partial z}=0 \tag{2.1.24}
$$

引入表征运动的特征量，L(特征水平尺度)，H(扰动特征垂直尺度)，$\overline{H}$(密度变化特征垂直尺度或标高)，V(特征水平速度)，W(特征垂直速度)，$\hat{\rho}$(特征平均密度)，$\hat{\rho}'$(特征扰动密度)。

用无量纲量表示方程中的物理量：

$$\begin{cases} x = Lx' \\ y = Ly' \\ z = \begin{cases} \overline{H}z' \\ Hz' \end{cases} \\ (u,v) = V(u',v') \\ w = Ww' \\ \overline{\rho} = \hat{\rho}\overline{\rho}' \\ \rho' = \hat{\rho}'\rho_d' \\ t = \dfrac{L}{V}t' \end{cases}$$

则得到无量纲方程：

$$\frac{\hat{\rho}'}{\hat{\rho}}\frac{1}{\overline{\rho}'}\left(\frac{\partial \rho_d'}{\partial t}+u'\frac{\partial \rho_d'}{\partial x'}+v'\frac{\partial \rho_d'}{\partial y'}+\frac{W}{H}\frac{L}{V}w'\frac{\partial \rho_d'}{\partial z'}\right)+\frac{L}{V}\frac{W}{\overline{H}}\frac{w'}{\overline{\rho}'}\frac{\partial \overline{\rho}'}{\partial z'}+\frac{\partial u'}{\partial x'}+\frac{\partial v'}{\partial y'}+\frac{W}{H}\frac{L}{V}\frac{\partial w'}{\partial z'}=0 \tag{2.1.25}$$

由于 $\frac{\hat{\rho}'}{\hat{\rho}} \ll 1$，所以在近似情况下，第一项是小项，可以略去。得到如下近似关系式：

$$\frac{V}{L}\left(\frac{\partial u'}{\partial x'}+\frac{\partial v'}{\partial y'}\right)+\frac{W}{H}\frac{\partial w'}{\partial z'}+\frac{W}{\overline{H}}\frac{w'}{\overline{\rho}'}\frac{\partial \overline{\rho}'}{\partial z'}=0 \tag{2.1.26}$$

在分析(2.1.26)式时，注意密度变化特征尺度 ($\overline{H}$) 和运动扰动特征尺度(H) 的大小。

恢复到有量纲方程，则为

$$\frac{\partial u}{\partial x}+\frac{\partial v}{\partial y}+\frac{\partial w}{\partial z}+\frac{w}{\overline{\rho}}\frac{\partial \overline{\rho}}{\partial z}=0 \tag{2.1.27}$$

或者写成：$\nabla \cdot \overline{\rho}\vec{V} = 0$。

从(2.1.26)式可以看到，对于深对流运动而言，$H \leqslant \overline{H}$，(2.1.27)式表达深对流运动 的简化的连续性方程。而对浅对流而言，$H \ll \overline{H}$，所以方程的最后项可以省略，可以写成：

$$\frac{\partial u}{\partial x}+\frac{\partial v}{\partial y}+\frac{\partial w}{\partial z}=0 \tag{2.1.28}$$

2.1.6 热力学方程的简化

由非绝热运动得：

$$\frac{1}{T}\frac{\mathrm{d}Q}{\mathrm{d}t}=C_p\frac{\mathrm{d}\ln\theta}{\mathrm{d}t}$$

对于绝热运动得：

$$C_p \frac{\mathrm{d}\ln\theta}{\mathrm{d}t} = 0$$

利用(2.1.7)式得：

$$\frac{1}{\overline{\theta}} \frac{\mathrm{d}\theta'}{\mathrm{d}t} + Sw = 0 \tag{2.1.29}$$

式中：

$$S = \frac{1}{\overline{\theta}} \frac{\partial \overline{\theta}}{\partial z}$$

或者

$$\frac{\mathrm{d}\theta'}{\mathrm{d}t} + \alpha w = 0 \tag{2.1.30}$$

式中

$$\alpha = \begin{cases} \gamma_d - \gamma(\text{未饱和大气}) \\ \gamma_m - \gamma(\text{饱和大气}) \end{cases}$$

2.1.7　中尺度运动的简化控制方程组

因此，将动量方程，连续性方程及热力学方程分别进行简化得到两种简化形式的中尺度运动控制方程组：一种是一般对流情况下即滞弹性近似(或可以描述深对流)的方程组，它们是

$$\frac{\mathrm{d}u}{\mathrm{d}t} = -\frac{1}{\overline{\rho}} \frac{\partial P'}{\partial x} + fv \tag{2.1.31}$$

$$\frac{\mathrm{d}v}{\mathrm{d}t} = -\frac{1}{\overline{\rho}} \frac{\partial P'}{\partial y} - fu \tag{2.1.32}$$

$$\frac{\mathrm{d}w}{\mathrm{d}t} = -\frac{1}{\overline{\rho}} \frac{\partial P'}{\partial z} - \frac{\rho'}{\overline{\rho}} g \tag{2.1.33}$$

$$\nabla \cdot (\overline{\rho}\vec{V}) = 0 \tag{2.1.34}$$

$$\frac{\mathrm{d}\theta'}{\mathrm{d}t} + \alpha w = 0 \tag{2.1.35}$$

$$\frac{\rho'}{\overline{\rho}} = \frac{1}{x} \frac{P'}{\overline{P}} - \frac{\theta'}{\overline{\theta}} \tag{2.1.36}$$

而对于浅对流运动，即包辛内斯克近似下的方程组可写成如下形式：

$$\frac{\mathrm{d}u}{\mathrm{d}t} = -\frac{1}{\overline{\rho}} \frac{\partial P'}{\partial x} + fv \tag{2.1.37}$$

$$\frac{\mathrm{d}v}{\mathrm{d}t} = -\frac{1}{\overline{\rho}} \frac{\partial P'}{\partial y} - fu \tag{2.1.38}$$

$$\frac{\mathrm{d}w}{\mathrm{d}t} = -\frac{1}{\overline{\rho}} \frac{\partial P'}{\partial z} + \frac{\theta'}{\overline{\theta}} g \tag{2.1.39}$$

$$\frac{\mathrm{d}\theta'}{\mathrm{d}t} + \alpha w = 0 \tag{2.1.40}$$

$$\nabla \cdot \vec{V} = 0 \tag{2.1.41}$$

在推导中尺度运动控制方程组时，只是对原始方程组的热力学变量进行了简化，因此这些控制方程组区别于线性化的方程组。

§2.2 弹性近似及中尺度大气运动的特征波动

大气运动的原始方程组是将大气视为弹性流体(或可压缩流体)的控制方程组，上一节中的所谓简化，实际是将热力学变量进行了中尺度分离后，对大气的弹性作了不同程度近似后得到了中尺度运动控制方程组，本节讨论进行简化了的方程组和未经简化的方程组在描述大气特征波动时产生的区别。

2.2.1 包辛内斯克(Boussinesq)近似和滞弹性(anelastic)近似

方程组(2.1.31)～(2.1.36)和(2.1.37)～(2.1.41)在弹性近似方面的程度不同，习惯上将(2.1.37)～(2.1.41)的控制方程组称为包辛内斯克近似或准不可压缩近似，而(2.1.31)～(2.1.36)的控制方程则称为滞弹性近似。

从方程组中可以看出包辛内斯克近似的主要特征：在连续性方程中不考虑密度的个别变化，是完全非弹性，因此是速度无辐散的；但与重力相联系的方程中要部分考虑密度的影响，状态方程或热流量方程中也要考虑密度变化的影响，所需考虑的密度变化主要由受热不均匀即温度变化引起的，不考虑压力效应对密度变化的影响；这样近似的流体在气象上常称为包辛内斯克流体。它主要适用于浅对流的中尺度运动。

对于滞弹性近似而言，它比包辛内斯克流体在弹性近似方面更接近实际流体，即连续性方程中虽然不考虑密度的个别变化，但保留了平均密度的垂直变化，因而是滞弹性的，或称之为质量无辐散，在与重力相联系的方程及状态方程和热流量方程中要同时考虑压缩效应和热膨胀效应引起的密度变化，因而滞弹性流体对研究深对流运动是有用的，它是另一种形式的包辛内斯克近似。

2.2.2 弹性流体的特征波动

在连续的弹性(或可压缩性)大气中，在重力、气压梯度力和科氏力的作用下，再结合大气的内部条件(如大气层结)和外部条件(如边界条件)形成的大气波动，其最简单的也是最基本的形式有声波、重力波(重力外波和重力内波)、惯性波及 Rossby 波，这些波称之为大气的基本波动。不同类型的波动不仅传播的物理机制不同，而且波动的性质及对天气影响也有很大差异，一般说来快波(如声波和重力波)的能量频散快，振幅小,生命史短,因此对于大尺度运动引起的天气变化作用不大。而慢波却完全相反,能量频散慢,生命史长,但它主要对大尺度运动起作用。对于中尺度运动,重力波起着重要作用。为了保留具有气象意义的波动,而消除某种尺度的噪音,这样的处理称为对该尺度运动的滤波,对于大尺度运动具有准地转、准静力和准水平无辐散的性质,这些条件本身也就消除了产生声波、重力波的物理原因,也即滤去了这些特殊波。

由于浮力的作用对中尺度运动十分重要,因此由重力作用产生的重力波是中尺度运动的主要波动,但是可压缩性又是产生声波的主要机制,而声波对中尺度运动来说也是一类噪音。那么经过包辛内斯克近似和滞弹性近似后的中尺度运动控制方程组还有什么特征波动呢?

为了区别已经简化和未经简化的运动控制方程组所描述的大气运动特征波动,我们先应用动力气象的基本知识对方程作一概括的分析和讨论。

从中尺度运动控制方程的 x 方向动量方程:

$$\frac{\partial u}{\partial t}+u\frac{\partial u}{\partial x}+v\frac{\partial u}{\partial y}+w\frac{\partial u}{\partial z}=-\frac{1}{\bar{\rho}}\frac{\partial P'}{\partial x}-fv$$

可知,方程是非线性的,这种非线性方程的求解是十分困难的,目前大都采用一些近似的方法是使方程线性化,然后分析和讨论近似方程的解,从而得到方程描述的波动。气象上最有效和常用的线性化方法就是通常的所谓微扰动方法。微扰动方法的作法是将某一研究的物理量分解为一个已知的基本量与叠加在这个基本量上的一个扰动量,由于基本量是已知的,它的变化也是已知的,因此,就可以用扰动量的变化来代替物理量的变化,除此以外,还规定,扰动量远小于已知的基本量,满足这个条件的扰动就称为微扰动。在微扰动假定下,可以把扰动的二次项以上的项作为更高阶的小项而将它略去,这样,就能够使非线性项变成线性项而达到简化的目的。因此用线性化的方程组论证中尺度运动控制方程组的特征波动是方便的。

对于未经简化的中尺度控制方程组(2.1.1)～(2.1.6)有 u,v,w,ρ,P,θ 六个因变量的六个独立方程,组成完全封闭的系统,对方程组进行线性化时,取以下近似:

①考虑静止大气为基本状态,即 $u=u'$,$v=v'$,$w=w'$;

②热力学变量的分离,根据热力学变量的尺度分析:

$$f(x,y,z,t)=\bar{f}(z)+f_s(x,y,z,t)$$

式中 f 可以是 θ,ρ 或 P,f_s 相当于(2.1.7)式中的 f',f_s 在线性化中的分离为

$$f_s=\bar{f}_s+f'(x,y,z,t)$$

根据线性化方程组的一般原则,得到线性化中尺度控制方程组:

$$\frac{\partial u'}{\partial t}=fv'-\frac{1}{\bar{\rho}}\frac{\partial P'}{\partial x} \tag{2.2.1}$$

$$\frac{\partial v'}{\partial t}=-fu'-\frac{1}{\bar{\rho}}\frac{\partial P'}{\partial y} \tag{2.2.2}$$

$$\frac{\partial w'}{\partial t}=-\frac{1}{\bar{\rho}}\frac{\partial P'}{\partial z}-\frac{\rho'}{\bar{\rho}}g \tag{2.2.3}$$

$$\frac{\partial \rho'}{\partial t}+\frac{\partial(\bar{\rho}u')}{\partial x}+\frac{\partial(\bar{\rho}v')}{\partial y}+\frac{\partial(\bar{\rho}w')}{\partial z}=0 \tag{2.2.4}$$

$$\frac{\partial \theta'}{\partial t}+w'\frac{\partial \bar{\theta}}{\partial z}=0 \tag{2.2.5}$$

$$\frac{\rho'}{\bar{\rho}}=\frac{P'}{\chi\bar{P}}-\frac{\theta'}{\bar{\theta}} \qquad \left(\chi=\frac{C_p}{C_v}\right) \tag{2.2.6}$$

若令

$$u^*=\bar{\rho}u'$$
$$v^*=\bar{\rho}v'$$
$$w^*=\bar{\rho}w'$$
$$\theta^*=\bar{\rho}\frac{\theta'}{\bar{\theta}}$$
$$N^2=\frac{g}{\bar{\theta}}\frac{\partial\bar{\theta}}{\partial z}$$
$$C_S^2=xR\bar{T}$$

则有：

$$\frac{\partial u^*}{\partial t}=fv^*-\frac{\partial P'}{\partial x} \tag{2.2.7}$$

$$\frac{\partial v^*}{\partial t}=-fu^*-\frac{\partial P'}{\partial y} \tag{2.2.8}$$

$$\frac{\partial w^*}{\partial t}=-\frac{\partial P'}{\partial z}-\rho' g \tag{2.2.9}$$

$$\frac{\partial \rho'}{\partial t}+\frac{\partial u^*}{\partial x}+\frac{\partial v^*}{\partial y}+\frac{\partial w^*}{\partial z}=0 \tag{2.2.10}$$

$$\frac{\partial \theta^*}{\partial t}+\frac{N^2}{g}w^*=0 \tag{2.2.11}$$

$$\rho'=\frac{P'}{C_S^2}-\theta^* \tag{2.2.12}$$

显见，在线性化的中尺度控制方程中，它与大尺度控制方程组线性化的主要区别是保留了密度的变化和平均热力学变量的垂直方向的变化。

根据动力气象学的知识，将方程组(2.2.7)～(2.2.12)经变换为对一个变量的方程后，具有对时间偏导的最高阶为五阶，即这个方程组描述了五种特征波动，它们分别是：

①常定波动解(当基本气流不为零时，这个常定波动随基流传播)。

②四种重力波解。

为描述这几类特征波动，用正交模方法(normal mode method)讨论，即先将方程组(2.2.7)～(2.2.12)式化为单一变量的方程有：

$$L(u^*,v^*,w^*,P^*,\theta^*,\rho^*)=0 \tag{2.2.13}$$

其中 L 为算子表达式。

$$L=\frac{\partial}{\partial t}\left\{\frac{-1}{C_S^2}\left[f^2\left(g\frac{\partial}{\partial z}-\frac{\partial^2}{\partial t^2}\right)+\frac{\partial^2}{\partial t^2}\left(g\frac{\partial}{\partial z}-\frac{\partial^2}{\partial t^2}\right)\right]-\frac{N^2}{g}\left[\left(g\frac{\partial^2}{\partial x^2}+g\frac{\partial^2}{\partial y^2}\right)\right.\right.$$
$$\left.\left.+\left(\frac{\partial^2}{\partial t^2}+f^2\right)\frac{\partial}{\partial z}\right]-\left[\frac{\partial^2}{\partial t^2}\left(\frac{\partial^2}{\partial x^2}+\frac{\partial^2}{\partial y^2}\right)+\frac{\partial^2}{\partial z^2}\left(\frac{\partial^2}{\partial t^2}+f^2\right)\right]\right\}$$

对任意一个自变量 w^* 有

$$L(w^*)=0 \tag{2.2.14}$$

由算子表达式可见，(2.2.14)式可消去一个 $\frac{\partial}{\partial t}$，使$\frac{\partial}{\partial t}=0$，得到一个 w^* 的常数解，即其中一个定常解被滤去。此时有

$$-\frac{1}{C_S^2}\left[f^2\left(g\frac{\partial}{\partial z}-\frac{\partial^2}{\partial t^2}\right)+\frac{\partial^2}{\partial t^2}\left(g\frac{\partial}{\partial z}-\frac{\partial^2}{\partial t^2}\right)\right]w^*-\left[N^2\left(\frac{\partial^2}{\partial x^2}+\frac{\partial^2}{\partial y^2}\right)\right.$$
$$\left.+\frac{N^2}{g}\left(\frac{\partial^2}{\partial t^2}+f^2\right)\frac{\partial}{\partial z}\right]w^*-\left[\frac{\partial^2}{\partial t^2}\left(\frac{\partial^2}{\partial x^2}+\frac{\partial^2}{\partial y^2}\right)+\frac{\partial^2}{\partial z^2}\left(\frac{\partial^2}{\partial t^2}+f^2\right)\right]w^*=0 \tag{2.2.15}$$

(2.2.15)式应有四个解或者说应有四种频率的波动，设 w^* 有谐波解

$$w^*=\hat{w}(z)\mathrm{e}^{i(kx+ly-\sigma t)} \tag{2.2.16}$$

式中 σ 为频率，k，l 分别是 x，y 方向的波数，代入(2.2.15) 有特征方程

$$\frac{\mathrm{d}^2\hat{w}}{\mathrm{d}z^2}+\left(\frac{N^2}{g}+\frac{g}{C_S^2}\right)\frac{\mathrm{d}\hat{w}}{\mathrm{d}z}+\left[\frac{\sigma^2}{C_S^2}+\frac{(N^2-\sigma^2)(k^2+l^2)}{\sigma^2-f^2}\right]\hat{w}=0 \tag{2.2.17}$$

下面讨论两种情况：

①在特殊情况下，可以看到(2.2.17)式中，$\hat{w}(z)=0$ 时是其一个特解，而当 $\hat{w}(z)=0$ 时，将这个特解代入(2.2.11)式，并且初始无位温扰动时，则由$\frac{\partial\theta'}{\partial t}=0$，可知 $\theta'\equiv 0$，因而由(2.2.9)和(2.2.12)式得$\frac{\partial\hat{P}}{\partial z}=-\frac{\hat{P}g}{C_s^2}$，所以 $\hat{P}=\hat{P}_{|_{z=0}}\exp\left(-\frac{gz}{C_S^2}\right)$。

下面讨论对应的这种特殊波的频散关系，可以由(2.2.7)～(2.2.12)，在 $w'=0$ 条件下得到 $\sigma(\sigma^2-C_S^2k^2-f^2)=0$。对于 $\sigma=0$ 的定常解，我们不去讨论，$\sigma\neq 0$ 时对应的是波动解，所以这类波的频率为

$$\sigma=\pm(C_S^2k^2+f)^{\frac{1}{2}}$$

则这类波的相速为 $C=\left(C_S^2+\frac{f}{k^2}\right)^{\frac{1}{2}}>C_S$。所以，$\hat{w}(z)=0$ 表示垂直速度分量在任何地

方都等于零，而且传播速度大于声波的波动，是快波型扰动，这是声波的特殊形式，称为兰布波（Lamb 波），无位温扰动也是兰布波的一个重要性质。当 $f=0$ 时，兰布波的 $\sigma=kC_s$，即传播速度等于声波可称为水平声波。

②在一般情况下，在解(2.2.17)常微分方程时，经常所用的方法是引进下列定义的 $\widetilde{w}(z)$ 来代替因变量 $\hat{w}$，$\hat{w}(z)=\widetilde{w}(z)\mathrm{e}^{-\mu z}$，$\mu=\frac{1}{2}\left(\frac{N^2}{g}+\frac{g}{C_S^2}\right)$，代入(2.2.17)式，使特征方程化为

$$\frac{\mathrm{d}^2\widetilde{w}}{\mathrm{d}z^2}+\left[\frac{\sigma^2}{C_S^2}+\frac{(N^2-\sigma^2)(k^2+l^2)}{\sigma^2-f^2}-\mu^2\right]\widetilde{w}=0 \tag{2.2.18}$$

(2.2.18)式没有含 $\frac{\mathrm{d}\widetilde{w}}{\mathrm{d}z}$ 项，称为亥姆霍兹方程，它是振动方程中经常出现的一种方程型式。

令

$$n^2=\frac{\sigma^2}{C_S^2}+\frac{(N^2-\sigma^2)(k^2+l^2)}{\sigma^2-f^2}-\mu^2 \tag{2.2.19}$$

则方程(2.2.18)成为

$$\frac{\mathrm{d}^2\widetilde{w}}{\mathrm{d}z^2}+n^2\widetilde{w}=0 \tag{2.2.20}$$

在 $f=0, l=0$ 的特殊情况下：

$$n^2=\frac{\sigma^2}{C_s^2}-k^2+\frac{k^2}{\sigma^2}N^2-\mu^2$$

在图 2.2.1 中将 k,σ 作为两轴，对于某个特定 n^2，用图表示特殊情况下的结果，图中有两条 $n^2=0$ 的曲线，这两条曲线将 k-σ 的平面划分为三个区域。

首先，我们考虑 $n^2<0$ 的情况，取 $-n^2=n_1^2$，则(2.2.20)的形式解为 $\widetilde{w}(z)\sim\exp(\pm n_1 z)$，假定我们考虑到无限宽广的大气，当然只应考虑 $\exp(-n_1 z)$ 的形式解（即 $z\to\infty$ 时，$\widetilde{w}=0$，而对于 $\widetilde{w}\to\exp(n_1 z)$，则无意义），这就是说这个波的振幅随高度急剧衰减，这就是重力外波。在这种特殊情况下，特征频率蜕化为只有一种解。其次，考虑 $n^2>0$ 情况，此时(2.2.20)式的形式解

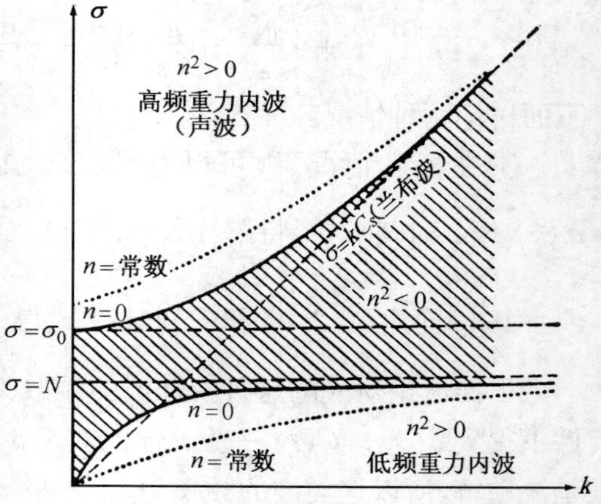

图 2.2.1 表示在 k（水平波数）和 σ（频率）的平面上以 $n=0$ 的线为分界线，把等温大气中的重力波划分成三个区域（引自小仓义光，1978）

为 $\widetilde{W}(z) \sim \exp(\pm inz)$，当 $f=0, l=0$ 时，此时求解(2.2.19)，得到四个频率解，它们为

$$\sigma_a^2 = \frac{1}{2}[C_S^2(n^2+k^2+\mu^2)] \cdot \left[1+\sqrt{1-\frac{4N^2k^2}{C_S^2(n^2+k^2+\mu^2)^2}}\right] \quad (2.2.21)$$

$$\sigma_g^2 = \frac{1}{2}[C_S^2(n^2+k^2+\mu^2)] \cdot \left[1-\sqrt{1-\frac{4N^2k^2}{C_S^2(n^2+k^2+\mu^2)^2}}\right] \quad (2.2.22)$$

当 $k^2 \to \infty$ 时，(2.2.21)和(2.2.22)式分别成为 $\sigma_a^2 \to C_S^2k^2, \sigma_g^2 \to N^2$，因而(2.2.21)式是高频重力波，而(2.2.22)式是低频重力波，从图 2.2.1 中可以看出 $n^2>0$ 有两个区域：有一个区域总是 $\sigma>\sigma_0$，并且 $\sigma>kC_s$，因此位相速度比声波大；另一个区域中，$\sigma<N$，属于低频重力内波。换言之，(2.2.22)的低频重力波受重力影响，(2.2.21)式的高频重力波是受空气压缩性影响而变形的重力波，是一种声波。

从这些分析表明，由于未经简化的中尺度控制方程组保留了大气的弹性特征，因此特征波动除了重力波以外还因考虑大气的可压缩性产生的声波，声波具有极短的周期，而高频振荡的声波对气象而言总是“噪音”，即使对中小尺度对流运动，也无意义，因此有必要滤去声波。

2.2.3 弹性近似后的滤声波方程

声波是由媒质密度的疏密变化引起的，因此要滤去声波，就要假定大气是不可压缩的，但是另一方面，层结大气重力内波的产生是由空气上升、下沉的浮力振荡的传播形成的，因而大气完全不可压缩，则重力内波也就不会产生了。

这样，要滤掉声波和高频重力内波使之只留下低频重力内波，基本方程组怎么改变才好呢？其回答已经给出，即采用滞性近似或包辛内斯克近似就可以了，为了证明这一点，以包辛内斯克近似的方程组(2.1.37)～(2.1.41)为例，对基本气流为 0 的运动方程组进行线性化后得到

$$\frac{\partial u^*}{\partial t} = fv^* - \frac{\partial P'}{\partial x} \quad (2.2.23)$$

$$\frac{\partial v^*}{\partial t} = -fu^* - \frac{\partial P'}{\partial y} \quad (2.2.24)$$

$$\lambda\frac{\partial w^*}{\partial t} = -\frac{\partial P'}{\partial z} - \rho' g \quad (2.2.25)$$

$$\frac{\partial u^*}{\partial x} + \frac{\partial v^*}{\partial y} + \frac{\partial w^*}{\partial z} = 0 \quad (2.2.26)$$

$$\frac{\partial \theta^*}{\partial t} + \frac{N^2}{g}w^* = 0 \quad (2.2.27)$$

$$\rho' = -\theta^* \quad (2.2.28)$$

显然，此时的密度变化(可弹性)仅由温度变化决定。$\lambda=1$ 时，为非静力平衡的情

况，$\lambda = 0$ 时，为静力平衡的情况。从而得到：

$$L(u^*, v^*, w^*, P^*, \theta^*) = 0$$

式中算子

$$L = \frac{\partial}{\partial t}\left\{-\lambda \frac{\partial^2}{\partial t^2}\left(\frac{\partial^2}{\partial x^2} + \frac{\partial^2}{\partial y^2}\right) - \frac{\partial^2}{\partial z^2}\left(\frac{\partial^2}{\partial t^2} + f^2\right) - N^2\left(\frac{\partial^2}{\partial x^2} + \frac{\partial^2}{\partial y^2}\right)\right\}$$

方程对时间 t 的求导最高阶数为 3 阶，因而具有一个常定解和两个非定常解，下面说明这两个非定常解即为低频重力内波。

设垂直运动的解为

$$w = w_0 e^{i(kx+ly+nz-\sigma t)} \tag{2.2.29}$$

可以证明用(2.2.29)与(2.2.16)两种形式的解在线性方程讨论中其结果是一样的，此时用同样的正交模方法得到特征方程，并由特征方程得到频率关系，它表示了基流为静止情况下重力波的频率与波长和大气环境条件(层结和科氏力)的关系：

$$\sigma^2 = \frac{N^2(k^2 + l^2) + f^2 n^2}{\lambda(k^2 + l^2) + n^2} \tag{2.2.30}$$

从(2.2.30)式可以看出 $\sigma^2 < N^2$，没有高频波，它描述的是低频重力波。

同样，对于滞弹性近似方程，(2.1.31)～(2.1.36)得到与(2.2.30)类似的结果。

因此，经过简化的中尺度运动控制方程组滤去了高频重力内波(声波)，而保留了低频重力内波，简化的中尺度大气运动控制方程组实际是对弹性大气的一种近似，而包辛内斯克近似与滞弹性近似是弹性近似程度不一样的近似。

§2.3　中尺度重力波的动力学特征

未经简化的中尺度大气运动的控制方程组在基本气流静止时含有的特征波动是频谱很广的重力波，而经过包辛内斯克近似或滞弹性近似处理的中尺度大气运动控制方程组含有的特征波动只是低频重力波(或惯性重力波)。重力波的频谱很广，周期、波长、移速差别很大，从周期几分钟、气压振幅只有 0.1hPa 的高频波到周期为几十小时，或者气压振幅达 1～10hPa 的大振幅重力波。重力波又分为移动性和静止性，山脉背风波出现的地形波是一种准静止性重力波，它可向上伸展到对流层上部和平流层下部；移动性重力波通过时，会造成地面气压和风场的扰动。又因重力波产生的重力振荡能激发对流运动，所以重力波对天气的影响很大，特别是大振幅重力波与强对流天气的关系密切。在外部条件作用下，重力波方能存在的是重力外波，而在外部条件受到限制(如上下边界为固定)时，流体内部存在的波动是重力内波。本节讨论惯性重力内波的动力学特征、结构以及对天气的影响。

2.3.1　惯性重力内波形成的机制

天气学和动力气象学的知识都已指出，在层结大气中，空气微团受到扰动后偏离平衡位置，在重力作用下产生振荡并传播形成了重力波，这是一种重力内波，它既可以向水平方向传播，也可沿铅直方向传播，考虑地球旋转影响时称为惯性重力内波，用气块法讨论浮力振荡及其传播是很方便的，气块运动在垂直方向的动量方程为：

$$\frac{\mathrm{d}w}{\mathrm{d}t} = -\frac{1}{\rho}\frac{\partial P}{\partial z} - g \tag{2.3.1}$$

假定环境大气满足静力平衡，即

$$\frac{\partial \overline{P}}{\partial z} = -\bar{\rho}g \tag{2.3.2}$$

气块法的基本假设是：气块在运动过程中不干扰周围环境，即假定小气块在移动过程中，气块本身的气压和外界环境气压保持平衡（即满足准静力近似条件），这样 $P = \overline{P}$，由(2.3.1)和(2.3.2)式得

$$\frac{\mathrm{d}w}{\mathrm{d}t} = g\left(\frac{\bar{\rho} - \rho}{\rho}\right) \tag{2.3.3}$$

(2.3.3)式的意义是垂直方向速度变化是由气块内外的密度差引起的。根据 $P = \rho RT$，(2.3.3)式可变为

$$\frac{\mathrm{d}w}{\mathrm{d}t} = g\left(\frac{T - \overline{T}}{\overline{T}}\right) \tag{2.3.4}$$

由于 $T = T_0 - \gamma_d \mathrm{d}z$，$\overline{T} = T_0 - \gamma \mathrm{d}z$，从而(2.3.4)式有

$$\frac{\mathrm{d}w}{\mathrm{d}t} = -\frac{g}{T}(\gamma_d - \gamma)\mathrm{d}z \tag{2.3.5}$$

或

$$\frac{\mathrm{d}^2 w}{\mathrm{d}t^2} = -\frac{g}{T}(\gamma_d - \gamma)w$$

由于 $N^2 = \frac{g}{T}(\gamma_d - \gamma)$ 是静力稳定度参数。所以有

$$\frac{\mathrm{d}^2 w}{\mathrm{d}t^2} + N^2 w = 0 \tag{2.3.6}$$

当 $N^2 > 0$，即层结为稳定时，(2.3.6)的解为

$$w = A\mathrm{e}^{\pm iNt} \tag{2.3.7}$$

表明方程的解代表了一种振荡，即小气块将围绕初始高度振荡，其频率为 N，称为布伦特-维赛拉(Brunt-Vaisala)频率。

当 $N^2 < 0$ 时，(2.3.6)式的解为

$$w = A\mathrm{e}^{\pm Nt} \tag{2.3.8}$$

此时方程的解表示上升气块一直作浮升运动，对流发生，不会产生波动，因此只有当层结稳定时，才能发生波动。气块法的讨论还得到了干空气静力稳定的判据，即 $N^2>0$ 是稳定的，$N^2<0$ 是不稳定，$N^2=0$ 是中性的。

现在讨论浮力振荡是如何传播的。由气块内外的密度差引起了垂直方向位移，产生了水平方向的压力梯度，就有指向初始位移点的加速度，因而对于不可压缩的流体，也就有了辐合辐散运动并且向两侧的传播，从而形成了重力波。

2.3.2　惯性重力内波的不稳定机制

不稳定是实际天气系统发生和发展的重要的动力机制，简单的气块法只能在少数情况下给出令人满意的稳定度判据，通常情况下，需要一个更严密的处理方法即分析线性化后的控制方程，来确定什么条件下方程的解描写增强的扰动，这种方法即标准波型法。由方程组(2.2.23)～(2.2.28)式知道，经过简化的中尺度运动控制方程组的特征波只有低频惯性重力内波，其频散关系式为

$$\sigma^2=\frac{N^2(k^2+l^2)+f^2n^2}{\lambda(k^2+l^2)+n^2} \tag{2.3.9}$$

也就是§2.2中的(2.2.30)式。值得注意的是，推导得到这个频散关系时是考虑基本气流为零得到的，由于中尺度运动控制方程的形式解为：$w=w_0\mathrm{e}^{i(kx+ly+nz-\sigma t)}$，因此根据标准波型法原理，所谓惯性重力内波的不稳定，即在线性情况下，要求 $\sigma^2<0$，(σ 为虚数)，此时才有增强型的解。没有基本气流时，由(2.3.9)式得到：惯性重力内波不稳定的必要条件是层结不稳定，即 $N^2<0$，而不稳定的充分条件，即不稳定判据是

$$N^2(k^2+l^2)+n^2f^2<0 \qquad (N^2<0) \tag{2.3.10}$$

当不考虑科氏力作用时，不稳定判据为

$$N^2(k^2+l^2)<0 \tag{2.3.11}$$

由此可知，在最简单的情况下，重力内波的不稳定是由层结不稳定引起的，事实上，由层结不稳定引起了对流，用标准模方法讨论时，扰动振幅随指数增长，重力波发展为对流，波动已不能再存在。

当基本气流 $\overline{u}\neq 0$ 时，用标准模法推导重力波不稳定的条件要复杂一些，但是用气块法讨论空气微团在基本气流中运动的过程也可说明问题。

图2.3.1是空气微团在基本气流有垂直切变时具有动量交换时的情形。

图2.3.1　空气微团动量变换示意图

设在风速为 $\overline{u}$，位温为 $\overline{\theta}$ 的基本气流中，有二个空气微团A、B受扰动分别作上升和

下沉运动到 C 和 D，在 z 至 $z+\Delta z$ 气层内发生动量交换，并使气层的风速均匀化。

如果扰动能量来自环境基本气流的平均动能，经过扰动之后空气微团获得的动能为

$$\frac{1}{2}\left[\overline{u}^2+(\overline{u}+\Delta\overline{u})^2-2\left(\overline{u}+\frac{1}{2}\Delta\overline{u}\right)^2\right]=\frac{1}{4}\Delta\overline{u}^2=\frac{1}{4}\left(\frac{\partial\overline{u}}{\partial z}\right)^2\Delta z^2 \quad (2.3.12)$$

式中，A，B 两微团分别在 z 和 $z+\Delta z$ 高度上的动能为 $\frac{1}{2}\overline{u}^2$ 和 $\frac{1}{2}(\overline{u}+\Delta\overline{u})^2$，到达 C，D 位置后的动能均为 $\frac{1}{2}(\overline{u}+\frac{1}{2}\Delta\overline{u})^2$，$\overline{u}+\frac{1}{2}\Delta\overline{u}$ 是经过动量交换后气层内的平均风。

从另一方面，空气微团 A、B 在上升、下沉运动过程中，在稳定层结条件下，必须克服重力作功，由气块法得到垂直运动方程

$$\frac{\mathrm{d}w}{\mathrm{d}t}=-\frac{g}{\overline{\theta}}\frac{\partial\overline{\theta}}{\partial z}\mathrm{d}z \quad (2.3.13)$$

所以在 Δz 气层内对一个空气微团的重力作功的值为

$$\int_0^{\Delta z}\frac{\mathrm{d}w}{\mathrm{d}t}\mathrm{d}z=-\frac{g}{\overline{\theta}}\frac{\partial\overline{\theta}}{\partial z}\int_0^{\Delta Z}z\mathrm{d}z=-\frac{1}{2}\frac{g}{\overline{\theta}}\frac{\partial\overline{\theta}}{\partial z}\Delta z^2 \quad (2.3.14)$$

而对上升、下沉二个微团的克服重力作功值为

$$\frac{g}{\overline{\theta}}\frac{\partial\overline{\theta}}{\partial z}\Delta z^2 \quad (2.3.15)$$

假如由平均运动转换而来的扰动动能大于为克服稳定层结所作功，扰动就会发展，比较(2.3.12)和(2.3.15)应有

$$\frac{1}{4}(\frac{\partial\overline{u}}{\partial z})^2\Delta z^2>\frac{g}{\overline{\theta}}\frac{\partial\overline{\theta}}{\partial z}\Delta z^2 \quad (2.3.16)$$

即

$$Ri=\frac{\frac{g}{\overline{\theta}}\frac{\partial\overline{\theta}}{\partial z}}{\left(\frac{\partial\overline{u}}{\partial z}\right)^2}<\frac{1}{4} \quad (2.3.17)$$

由此得到有基本气流切变时重力波不稳定的条件。

2.3.3　重力波的动力学性质

由(2.3.9)式可知，静力平衡 ($\lambda=0$) 与非静力平衡条件下($\lambda=1$) 的重力波性质是不一样的。

在(2.3.9)式中，令 $k^2+l^2=m^2$，则有

$$\sigma^2=\frac{N^2m^2+f^2n^2}{\lambda m^2+n^2} \quad (2.3.18)$$

由于 $k=\frac{2\pi}{Lx},l=\frac{2\pi}{Ly},n=\frac{\pi}{Lz}$ 分别是 x,y,z 方向的波数，令 $\left(\frac{m}{n}\right)^2=d^2$，表示了水平波数与垂直波数之比，则(2.3.18) 成为

$$\sigma^2=\frac{N^2d^2+f^2}{\lambda d^2+1} \tag{2.3.19}$$

由(2.3.19)式可知：

(1)当 $N^2>0$(层结稳定时)：

$$\lambda=0\text{ 时}\qquad \sigma_0^2=N^2d^2+f^2 \tag{2.3.20}$$

$$\lambda=1\text{ 时}\qquad \sigma_1^2=\frac{N^2d^2+f^2}{d^2+1} \tag{2.3.21}$$

此时，$\sigma_1^2<\sigma_0^2$，即非静力平衡时的重力波频率小于静力平衡时频率。

(2)当 $N^2>0$，由水平波速与频率的关系式：$C^2=\frac{\sigma^2}{m^2}$ 得到：

$$\lambda=0\text{ 时}\qquad C_0^2=\frac{1}{m^2}(f^2+N^2d^2) \tag{2.3.22}$$

$$\lambda=1\text{ 时}\qquad C_1^2=\frac{1}{m^2}\left(\frac{N^2d^2+f^2}{d^2+1}\right) \tag{2.3.23}$$

所以，$C_1^2<C_0^2$，即非静力平衡时的重力波水平波速小于静力平衡的波速。

(3)当 $N^2>0$ 时，由群速度关系：$C_g=\frac{\mathrm{d}\sigma}{\mathrm{d}m}$ 和(2.3.18) 和(2.3.19) 式得到

$$\lambda=0\text{ 时}\qquad C_{g0}=\pm\frac{L}{2\pi}\frac{N^2d^2}{\sqrt{f^2+N^2d^2}} \tag{2.3.24}$$

$$\lambda=1\text{ 时}\qquad C_{g1}=\pm\frac{L}{2\pi}\frac{d^2(N^2-f^2)}{(1+d^2)^{3/2}\sqrt{f^2+N^2d^2}} \tag{2.3.25}$$

所以当 $N^2>0$ 时，且一般有 $N^2>f^2$，有

$$|C_{g1}|<|C_{g0}| \tag{2.3.26}$$

即非静力平衡时群速度小于静力平衡时的群速度。

(4)比较(2.3.24)，(2.3.25)与(2.3.22)，(2.3.23)可知

$$|C_{g0}|<|C_0|,\qquad |C_{g1}|<|C_1| \tag{2.3.27}$$

即重力波的群速度小于相速度。

现在来估计非静力平衡时重力波的波速：

由(2.3.23)得

$$C_1^2=\frac{\sigma^2}{m^2}=\frac{n^2f^2+(k^2+l^2)N^2}{(n^2+k^2+l^2)(k^2+l^2)} \tag{2.3.28}$$

设中尺度重力波水平波长约 100km，$H\sim10$km，因此 $n^2+k^2+l^2\cong n^2$，(2.3.28) 式可近似地为

$$C_1^2 \cong \frac{n^2f^2+(k^2+l^2)N^2}{n^2\cdot(k^2+l^2)}=\frac{f^2}{k^2+l^2}+\frac{N^2}{n^2} \tag{2.3.29}$$

因为：$N\sim10^{-2}\sim10^{-3}\mathrm{s}^{-1}, f\sim10^{-4}s^{-1}, f\ll N$，所以(2.3.29)式可为

$$C_1^2\cong\frac{N^2}{n^2}\qquad 或 \qquad C_1\sim\frac{N}{n}\sim\frac{10^4}{\pi}N$$

可见，在忽略科氏力作用后，中尺度重力波波速与水平波长（或波数）无关，即中尺度重力波为非频散波，对于波长较长的重力波，因考虑了科氏力的作用，此时重力波为频散波。

(5)对于非静力平衡时($\lambda=1$)，若不计地转偏向力($f=0$)，此时(2.3.19)式成为：

$$\sigma^2=\frac{N^2d^2}{d^2+1}=\frac{N^2m^2}{m^2+n^2} \tag{2.3.30}$$

或

$$\frac{\sigma^2}{N^2}=\frac{m^2}{m^2+n^2} \tag{2.3.31}$$

可知，当$\sigma^2\ll N^2$，即重力波频率小（周期长）时，由(2.3.31)式得：$m^2\ll n^2$，即水平波数小，重力波波位相主要向垂直方向传播，根据重力内波的相速度和群速度有正交性的特点($\vec{C}\cdot\vec{C}_g=0$)，因而能量向水平方向传播。反之，当$\sigma^2\leqslant N^2$时，即重力内波频率大（短周期），则有$n^2\ll m^2$，波位相近水平方向，此时能量向垂直方向传播，因此周期短、尺度小，沿水平方向传播的重力波传播慢，存在时间长，但能量较少。这样，能量向垂直方向传播，而水平方向能量小的这种重力波可以解释我们前面所说的中尺度能量低谷的原因。

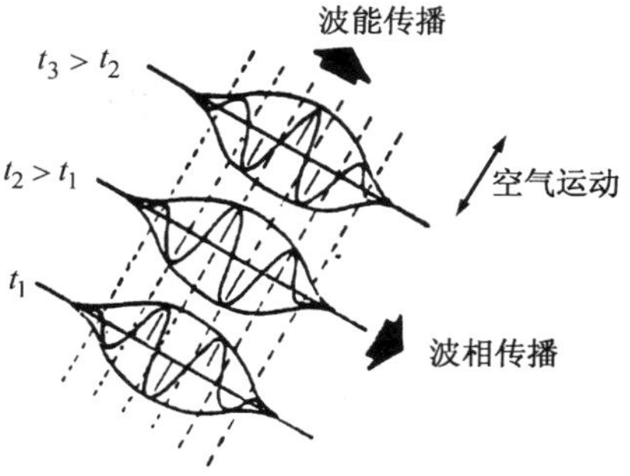

图 2.3.2　重力波能量和位相传播
（引自 Hooke，1986）

图 2.3.2 是用图解方式说明重力波位相与波能（波包）的传播概略图。

在$t=t_1$时，一个重力波波包位于图左下角，在波包内波动表现出一定的振幅和位相分布，过了一个时刻$t=t_2(>t_1)$时，波包（扰动区）从波源移向右上角，也即波能沿此方向传播，但在波包内，速度扰动的位相分布向右下方移动，这种重力波位相和波包传播在对流系统产生波的过程中十分重要。

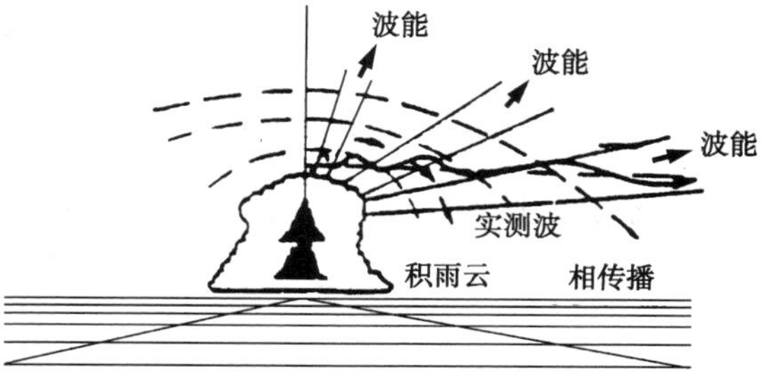

图 2.3.3　由穿透性对流产生的重力波
（引自 Hooke，1986）

图 2.3.3 是一个积雨云激发的重力波的例子，当积雨云上方遇有稳定空气层时，其作用可看作是重力波的点

源,短周期的重力波可以在点源上空附近直接观测到;而长周期重力波可以在较远处观测得到,此时重力波是频散的,随着波包离开源区向外传播,它不断改变外形,较长的波传播快,较短的波传播慢。重力波传播时,水平风速、气压也会发生相应的周期变化。当重力波造成的辐散、辐合区或上升运动区传播到位势不稳定区时,可以作为一种触发机制,引起该处对流活动发生。

实际观测到的重力波的周期、波长、移速、振幅差别很大,仅重力波又可分为移动性和静止性。山脉背风波是静止性重力波,它可向上伸到对流层上部和平流层下部,移动性重力波通过时可造成地面气压和风场的扰动,根据重力波发展的条件(2.3.17)式可知,层结稳定度大,风速垂直切变大的地区容易产生重力波不稳定,实际分析表明,一些大振幅重力波经常发生在低层稳定层结明显和高空风切变大同时存在的地区,例如在锋区附近,低层有较大的静力稳定度,高空风切变大,易产生大振幅重力波,引起强对流天气。此外台风中的螺旋云带也被认为是一种传播的中尺度重力波,大振幅重力波对中尺度天气的影响极为重要,观测曾发现由雷暴产生了奇特的气压脉动达 6hPa 并伴有 25m/s 的大风;还发现周期 2～4h,振幅在 2.5h 内气压下降 11.5hPa 的地区,使大风达 20～30m/s 的更大振幅的重力波。这种大振幅重力波造成了很强的气压跳跃,有效地抬升低层大气并在对流不稳定大气中启动飑线的发展。

2.3.4　惯性重力波的结构及其对天气影响

惯性重力波的垂直运动解(2.2.29)式,在边界条件:$z=0, z=H, w=0$时可表达为

$$w^* = -W_0 \sin nz \sin(kx + ly - \sigma t)$$

将其代入(2.2.23)～(2.2.28)并积分得:

$$\theta^* = \frac{N^2}{g\sigma} W_0 \sin nz \cos(kx + ly - \sigma t) \tag{2.3.32}$$

$$D = nW_0 \cos nz \sin(kx + ly - \sigma t) \tag{2.3.33}$$

$$\zeta = -\frac{fn}{\sigma} W_0 \cos nz \cos(kx + ly - \sigma t) \tag{2.3.34}$$

$$P' = -\sigma\left(1 - \frac{f^2}{\sigma^2}\right)(k^2 + l^2)^{-1} nW_0 \cos nz \cos(kx + ly - \sigma t) \tag{2.3.35}$$

如果以流函数ψ和势函数φ来表示风速,则有

$$u = -\frac{\partial \psi}{\partial y} + \frac{\partial \varphi}{\partial x}$$

$$v = \frac{\partial \psi}{\partial x} + \frac{\partial \varphi}{\partial y}$$

由此有$\zeta = \nabla^2\psi$(涡度),$D = \nabla^2\varphi$(散度)。

根据方程(2.2.23)、(2.2.24)和(2.2.26)则有：

$$\frac{\partial \psi}{\partial t}+f\varphi=0 \tag{2.3.36}$$

$$\frac{\partial \varphi}{\partial t}-f\psi=-P' \tag{2.3.37}$$

$$\nabla^2\varphi+\frac{\partial w}{\partial z}=0 \tag{2.3.38}$$

将 w^* 的表达式代入(2.3.36)～(2.3.38)式有

$$\varphi=-(k^2+l^2)^{-1}nW_0\cos nz\sin(kx+ly-\sigma t) \tag{2.3.39}$$

$$\psi=\frac{f}{\sigma}(k^2+l^2)^{-1}nW_0\cos nz\cos(kx+ly-\sigma t) \tag{2.3.40}$$

从(2.3.32)～(2.3.35)，(2.3.39)和(2.3.40)可以清楚地看到惯性重力波的结构。在对流层中地面气压场和流场最清楚，向上减弱，而位温场没有扰动，向上才逐渐明显起来。地面上，气压场中心和散度场中心位相差为 π/2，但与涡度中心重合，即高压中心与气旋涡度中心重合，反气旋涡度中心与低压中心重合。在波动下半部，上升气流与辐合同位相，比低压中心落后 π/2，下沉气流与辐散同位相，比高压中心落后 π/2。由此可以设想如图 2.3.4 所示的惯性重力波的气流模式。

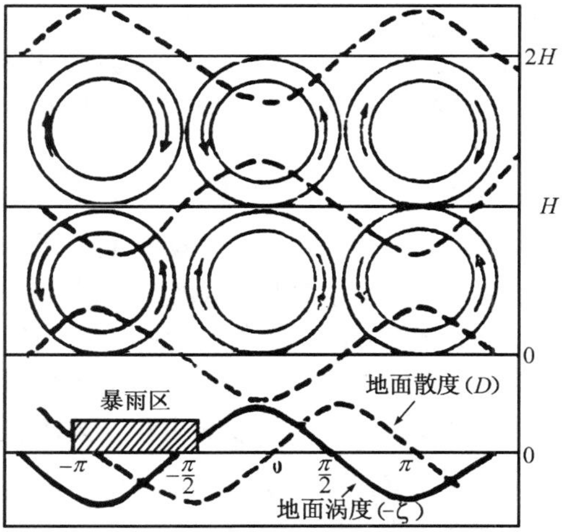

图 2.3.4　暴雨中尺度系统 X，Z 平面结构图
(引自李麦村，1978)
图中实线为流线，虚线为等压面分布，图底部为地面散度和涡度与暴雨位相关系，涡度正值为反气旋，阴影区为暴雨区

由此可见，低压扰动前部为辐散和下沉运动区，后部为辐合和上升运动区，高压扰动前后的情况则相反，于是高压移向辐合区，低压移向辐散区，扰动沿气流方向传播。如果大气是层结不稳定的，则在惯性重力波槽(低压)通过以后，即在上升运动区，对流应当发展，最强的对流活动发生在气块的最大位移即波脊处。惯性重力波出现在对流天气发展之前，它起着一种触发机制的作用，当在已经产生的对流天气区有惯性重力波通过时，对流强度出现周期性变化，在波槽后，雷暴单体或雷暴群发展，最强的对流出现在脊处，当下一个波槽接近时，对流强度减弱，当后一个波脊接近时，对流又重新加强。

近年来，对梅雨锋暴雨的研究发现，梅雨锋上往往有许多传播性的中尺度雨带，用经过滤波后的资料分析，发现地面中尺度气压场和风场的特征有惯性重力波性质，即中尺度雨带配合的中尺度辐合区,在低压和高压之间并靠近高压区。此外,近年来的研究发现,在锋面气旋、登陆台风以及低空急流等许多系统中都经常有惯性重力波活动,往往与暴雨有密切关系。

§2.4　中尺度大气运动的动力不稳定

运动的大气中存在着各种波动,无论哪一类波动,其形状常常发生变化,或者说它们的振幅是随时间和空间而增长或衰减的,正如天气图上流场分析表明,西风较强的纬向环流常与南北风较强的经向环流交替出现,波动的这种现象与波的不稳定有关,因此研究动力稳定度为研究天气系统的发展提供依据,一般研究动力稳定度是假设在一基本气流上叠加一扰动,考察小扰动在基本气流中随时间增长还是阻尼减弱,则前者称基本气流是不稳定的(或者扰动和波在这样的基流中是不稳定的),后者基本气流是稳定的,扰动的发展可以随时间,也可以随空间不稳定增长,一般情况下讨论随时间不稳定增长问题。

前面讨论的中尺度大气运动控制方程组表明,它们的特征波动是惯性重力波,因此一般情况下,中尺度大气运动的动力不稳定即惯性重力波的不稳定,在论述重力波的发展机制时,可以用叠加在基本气流上的小扰动是否发展的标准模方法讨论重力波的不稳定。正交模方法是将线性化的方程组的解设为 $Ae^{i(kx-\omega t)}$ 的形式,这在上一节已经讨论过,此时我们考察一定条件下 ω 是实数还是复数,从而将稳定度问题处理为以 ω 为本征值的问题,这种方法可以提供稳定或不稳定应满足的条件,用起来比较直观,取得不少有意义的结果,但它仅适用于线性问题。

从讨论中可以见到,惯性重力波的动力不稳定与基本气流的基本状态(风场分布、层结条件)有关,动力气象学还介绍了基本气流有切变情况下的一类重力波不稳定,即开尔文-亥姆霍兹(Kelvin-Helmholtz)不稳定,本节讨论另一类与基本气流状态有关的惯性重力波的不稳定——对称性不稳定。

2.4.1　对称性不稳定的概念

中尺度天气系统的发生发展往往是与对流运动联系在一起,对流运动与大气的稳定性有关,大气的稳定性分为热力稳定性和动力稳定性,纯粹的动力稳定性和热力稳定性的分析我们已经十分熟悉,后者为层结不稳定时的对流不稳定,前者如基本气流有切变时的开尔文-亥姆霍兹不稳定。

所谓对称不稳定,从物理上看就是大气运动在垂直方向上是对流稳定的和水平方向上是惯性稳定的情况下,作倾斜上升运动时仍然可能发生的一种不稳定大气现象。

气块法不仅简明有效地说明了对流不稳定和惯性不稳定,也同样可以说明对称不稳定的基本原理，如图 2.4.1所示。

在 x-z 平面上，基本气流为 $\overline{V}(x,z)$，其温度场为 $\overline{\theta}(x,z)$。定义基本气流绝对动量 $M = fx + \overline{V}$，基本气流满足热成风平衡，即 $f\dfrac{\partial \overline{V}}{\partial z} = \dfrac{g}{\theta_0}\dfrac{\partial \overline{\theta}}{\partial x}$（$\theta_0$ 为 $\overline{\theta}$ 的典型值），M、$\overline{\theta}$ 的分布具有 $\dfrac{\partial M}{\partial x} > 0$，$\dfrac{\partial \overline{\theta}}{\partial x} > 0$，$\dfrac{\partial \overline{\theta}}{\partial z} > 0$ 的特征，由于基本气流与 y 轴平行，所以 $\dfrac{\partial P}{\partial y} = 0$，由 y 方向运动方程可知

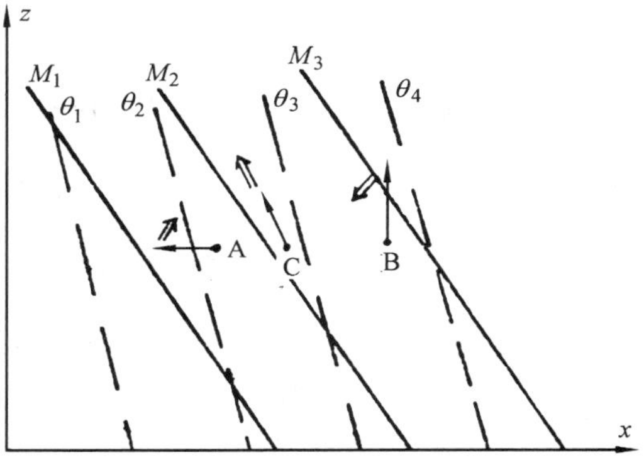

图 2.4.1.　对称不稳定的垂直剖面图
实线表示绝对角动量 M 等值线，断线是等 θ 线，细箭矢表示气块位移，双箭矢为加速度方向

$$\frac{\mathrm{d}M}{\mathrm{d}t} = \frac{\mathrm{d}\overline{V}}{\mathrm{d}t} + fu = -\frac{1}{\rho}\frac{\partial P}{\partial y} = 0$$

即气块运动中满足绝对动量守恒，具有这样特征的大气基本状态既是对流稳定的又是惯性稳定的，或者说气块 B 在作纯垂直向上位移时，它受到浮力的恢复作用，从而是对流稳定的，而气块作纯水平的 x 负方向移动时，由于气块 A 原具有的 M 值大于到达点的环境场的 M 值，所以产生超地转运动，将有一个使 A 向右的动量恢复力，从而是惯性稳定的。因此在考虑单因子作用时，气块在作垂直位移（无动量变化）或水平位移（无位温变化）时都是稳定的。

然而，在同时考虑动量和位温变化时，稳定性就不一样了，气块 A 向 x 负方向运动时，既受到动量恢复力作用，同时又朝着位温减小的方向移动，因而受到向上的浮力，其合力就是图中双箭头所示的方向，气块 B 既受到浮力恢复力又受到动量的推动的作用。因此当一个气块 C 作倾斜式上升移动时，同时朝着位温减小、动量增大的方向移动时，它受到离开初始位置的加速度运动，即同时受到向上浮力和向 x 负方向的动量力的作用。因而是不稳定的，这就是对称不稳定。从气块法可以看到，对称不稳定是 x-z 剖面上倾斜上升运动的不稳定，与下沉运动配合就形成倾斜环流。

2.4.2　对称不稳定的判据

2.4.2.1　气块法

仍然用 x-z 平面上气块的二维运动方程来讨论对称不稳定判据是方便的。在 x-z 平面上，略去气压扰动，有以下的运动方程：

$$\frac{\mathrm{d}u}{\mathrm{d}t} = fv_t - \frac{1}{\rho}\frac{\partial P}{\partial x} = f(M_t - M_g) = fM' \tag{2.4.1}$$

$$\frac{\mathrm{d}w}{\mathrm{d}t}=\frac{g}{\theta_0}(\theta_t-\theta_0)=\frac{g\theta'}{\theta_0} \tag{2.4.2}$$

式中下标 t,g 分别指气块参数和地转环境参数，一般情况下，$M'\sim\theta'$，但 $f\ll\frac{g}{\theta_0}$，所以 $\frac{g\theta'}{\theta_0}>fM'$，即浮力大于惯性力作用。这样，作为气块运动的结果，气块将沿等 θ 面运动，此时浮力减小，而只剩下惯性力，因而近似地认为对称不稳定是等 θ 面（或等熵面）的惯性不稳定，也称为浮力 - 惯性不稳定。由于对称不稳定近似地为等 θ 面的惯性不稳定，由图 2.4.2 可知，

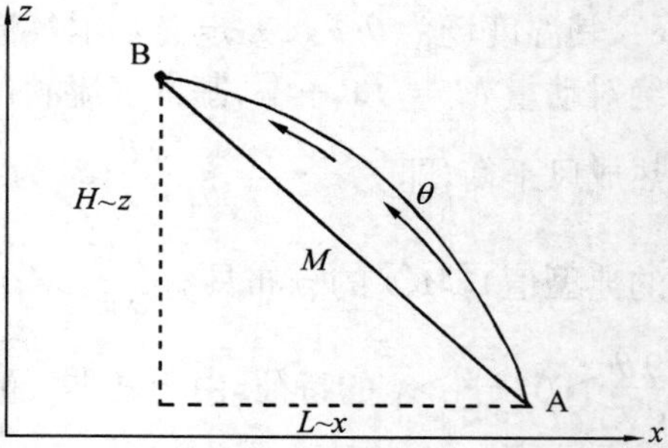

图 2.4.2　气块法对称不稳定示意图

由 $\mathrm{d}M=\frac{\partial M}{\partial x}\mathrm{d}x+\frac{\partial M}{\partial z}\mathrm{d}z$，气块从 A 点到 B 点动量和位温有以下关系：

$$M_g=M_t+\frac{\partial\overline{V}}{\partial x}x+\frac{\partial\overline{V}}{\partial z}z+fx \tag{2.4.3}$$

$$\theta_g=\theta_t+\frac{\partial\overline{\theta}}{\partial z}z+\frac{\partial\overline{\theta}}{\partial x}x \tag{2.4.4}$$

而在等 M 面上有 $\mathrm{d}M=0$，所以对称不稳定扰动的水平尺度 $L(\mathrm{d}x)$ 和垂直尺度 $H(\mathrm{d}z)$ 之间的关系（或状态比关系）为：

$$L\sim\frac{-\frac{\partial M}{\partial z}\cdot z}{\frac{\partial M}{\partial x}}\sim\frac{-\frac{\partial\overline{V}}{\partial z}}{f}\cdot H$$

从而得到对称不稳定的时间尺度为

$$\tau=\frac{L}{U}\sim\frac{\frac{\partial\overline{V}}{\partial z}\cdot H}{fU}\sim\frac{1}{f}$$

由此可知，对称不稳定具有与惯性不稳定相同的水平尺度和时间尺度，Emanuel把具有状态比 $\frac{L}{H}\sim\frac{\overline{V}_Z}{f}$ 和时间尺度为 f^{-1} 的运动定义为中尺度运动，显见，对称不稳定是一种中尺度的不稳定。将(2.4.3)和(2.4.4)式代入(2.4.1)和(2.4.2)式有

$$\frac{\mathrm{d}u}{\mathrm{d}t}=\frac{\mathrm{d}^2x}{\mathrm{d}t^2}=-f\left(\frac{\partial\overline{V}}{\partial z}z+\eta x\right) \tag{2.4.5}$$

$$\frac{\mathrm{d}w}{\mathrm{d}t}=\frac{\mathrm{d}^2z}{\mathrm{d}t^2}=-\left(N^2z+f\frac{\partial\overline{V}}{\partial z}x\right) \tag{2.4.6}$$

式中 $\eta=\frac{\partial\overline{V}}{\partial x}+f$，$N^2=\frac{g}{\theta}\frac{\partial\overline{\theta}}{\partial z}$，在静力平衡近似条件下$\left(\frac{\mathrm{d}w}{\mathrm{d}t}=0\right)$，利用(2.4.5)和

(2.4.6)式有

$$\frac{\mathrm{d}^2x}{\mathrm{d}t^2}=-f^2\left(\frac{\eta}{f}-\frac{1}{Ri}\right)x \tag{2.4.7}$$

式中

$$Ri=\frac{N^2}{\left(\frac{\partial \overline{V}}{\partial z}\right)^2}$$

令

$$-f^2\left(\frac{\eta}{f}-\frac{1}{Ri}\right)=\sigma^2$$

则(2.4.7)式成为 $\frac{\mathrm{d}^2x}{\mathrm{d}t^2}=\sigma^2x$。此时 $x=A\mathrm{e}^{-\sigma t}+B\mathrm{e}^{\sigma t}$。因此，当 $\sigma^2>0$ 时，运动为不稳定增长。根据 σ^2 的表达式，亦即

$$\frac{\eta}{f}-\frac{1}{Ri}<0 \qquad 或 \qquad Ri<\frac{f}{\eta} \tag{2.4.8}$$

这就是对称不稳定判据。

由于 $x-z$ 平面的基本气流的绝对位涡为

$$q=\left[\left(f+\frac{\partial \overline{V}}{\partial x}\right)\frac{\partial \overline{\theta}}{\partial z}-\frac{\partial \overline{V}}{\partial z}\frac{\partial \overline{\theta}}{\partial x}\right]$$

且有基本气流的热成风平衡关系，则根据 σ^2 的表达式，得到

$$\sigma^2=-f\left(\frac{\partial \overline{\theta}}{\partial z}\right)^{-1}\cdot q \tag{2.4.9}$$

所以在层结稳定大气中，对称不稳定判据也可写成

$$q<0 \tag{2.4.10}$$

即基本气流位涡小于零时也是满足对称不稳定的，由于通常 $\eta>f$，因此对称不稳定判据可以看作为 $Ri<1$。可以看出，即使环境大气是垂直对流稳定($N^2>0$)和水平惯性稳定($\eta>0$)，但它们的关系满足(2.4.8)式或(2.4.10)式，也可能出现对称不稳定。根据(2.4.6)式，在静力平衡条件下，可以估计对称不稳定运动的尺度，w 的数量级约为

$$\left[f\frac{\frac{\partial \overline{V}}{\partial z}}{N^2}\right]u$$

使用大气的典型值，$N\sim10^{-3}/\mathrm{s}$，$f\sim10^{-4}/\mathrm{s}$，$u\sim10\mathrm{m/s}$，$\frac{\partial \overline{V}}{\partial z}\sim2\times10^{-3}/\mathrm{s}$，得到 $w\sim2\mathrm{m/s}$。同理可以计算得到，水平尺度 $L\sim10^5\mathrm{m}$，时间尺度 $T\sim f^{-1}$，约 10h。可见对称不稳定具有中尺度特征，是大气中一种中尺度运动的不稳定机制，这种中尺度运动具有重力波性质。

2.4.2.2　非静力平衡条件下的干对称不稳定

用一般标准模方法讨论非静力平衡条件下的干对称不稳定，即考察一组绝热、无粘、包辛内斯克近似下 x-z 平面的线性化方程组

$$\frac{\partial u}{\partial t}=fv-\frac{1}{\bar{\rho}}\frac{\partial P}{\partial x} \tag{2.4.11}$$

$$\frac{\partial v}{\partial t}=-fu-u\frac{\partial \overline{V}}{\partial x}-w\frac{\partial \overline{V}}{\partial z} \tag{2.4.12}$$

$$\frac{\partial w}{\partial t}=-\frac{1}{\bar{\rho}}\frac{\partial P}{\partial z}+g\frac{\theta}{\theta_0} \tag{2.4.13}$$

$$\frac{\partial \theta}{\partial t}=-u\frac{\partial \bar{\theta}}{\partial x}-w\frac{\partial \bar{\theta}}{\partial z} \tag{2.4.14}$$

$$\frac{\partial u}{\partial x}+\frac{\partial w}{\partial z}=0 \tag{2.4.15}$$

方程组中，u,v,w,θ,P 均为扰动量，$\overline{V}$、$\bar{\theta}$、$\bar{\rho}$ 为基本气流的值，θ_0 是大气的典型值，基本气流满足热成风关系：$f\frac{\partial \overline{V}}{\partial z}=\frac{g}{\theta_0}\frac{\partial \bar{\theta}}{\partial x}$，并令 $u=\frac{\partial \psi}{\partial z}$，$w=-\frac{\partial \psi}{\partial x}$，此时垂直于 x-z 平面的 y 方向涡度分量为

$$\nabla^2\psi=\frac{\partial u}{\partial z}-\frac{\partial w}{\partial x}=\frac{\partial^2\psi}{\partial x^2}+\frac{\partial^2\psi}{\partial z^2}$$

因而，从方程组得 y 方向涡度方程为

$$\frac{\partial}{\partial t}(\nabla^2\psi)=f\frac{\partial v}{\partial z}-\frac{g}{\theta_0}\frac{\partial \theta}{\partial x}$$

此式表明涡度变化是由扰动热成风平衡破坏引起的。该式可变为

$$\frac{\partial^2}{\partial t^2}\nabla^2\psi=-F^2\frac{\partial^2\psi}{\partial z^2}+2S^2\cdot\frac{\partial^2\psi}{\partial x\partial z}-N^2\frac{\partial^2\psi}{\partial x^2} \tag{2.4.16}$$

式中　$F^2=f\left(f+\frac{\partial \overline{V}}{\partial x}\right)$，$S^2=f\frac{\partial \overline{V}}{\partial z}=\frac{g}{\theta_0}\frac{\partial \bar{\theta}}{\partial x}$，$N^2=\frac{g}{\theta_0}\left(\frac{\partial \bar{\theta}}{\partial z}\right)$

可以证明 $\frac{F^2}{S^2}$ 和 $\frac{S^2}{N^2}$ 分别是等 M 面和等 θ 面的斜率。

在无界的自由大气中，(2.4.16)式的解的一般形式为

$$\psi\sim e^{i\sigma t}e^{ik(x\sin\varphi+z\cos\varphi)} \tag{2.4.17}$$

式中 σ 为扰动的频率，φ 是扰动位移和水平面的交角，它们的关系如图 2.4.3 所示。图中 $\vec{K}$ 为波数矢量。

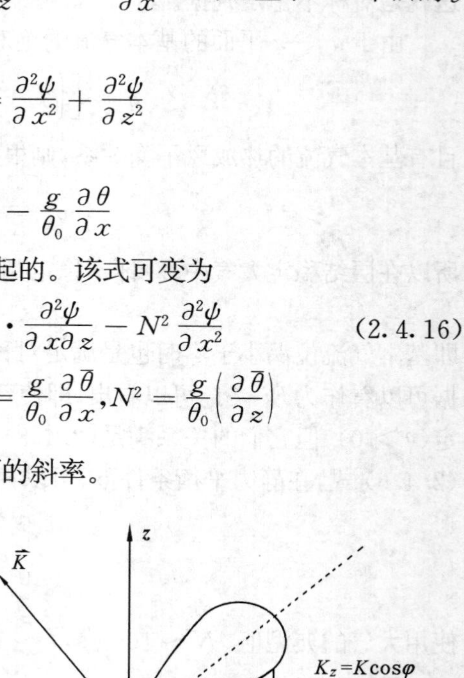

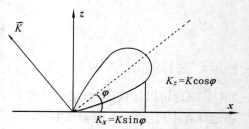

图 2.4.3　对称不稳定扰动物理空间示意图

将(2.4.17)式代入(2.4.16)式有

$$\sigma^2 = N^2\sin^2\varphi - 2S^2\sin\varphi\cos\varphi + F^2\cos^2\varphi \tag{2.4.18}$$

改写(2.4.18)式成为下式：

$$\sigma^2 = \alpha - \beta\cos(\varphi - \varphi_1) \tag{2.4.19}$$

式中

$$\alpha = \frac{N^2 + F^2}{2}$$

$$\beta = \left[S^4 + \frac{(N^2 - F^2)^2}{4}\right]^{\frac{1}{2}}$$

$$\cos 2\varphi_1 = \frac{N^2 - F^2}{2\beta}$$

$$\sin 2\varphi_1 = \frac{S^2}{\beta}$$

式中 φ_1 是最小频数方向，即 $\varphi = \varphi_1$ 时，σ^2 为最小。由(2.4.19)式我们可以看出：

(1)当 $\varphi = \varphi_1$ 时，σ^2 有极小值

$$\sigma^2_{\min} = \alpha - \beta = \frac{1}{2}\left\{N^2 + F^2 - (N^2 - F^2)\left[1 + \frac{4S^4}{(N^2 - F^2)^2}\right]^{\frac{1}{2}}\right\} \tag{2.4.20}$$

在实际大气中有 $F^2 \ll S^2 \ll N^2$，等熵面上的绝对涡度 $\eta_\theta \sim \eta\left(f + \frac{\partial \overline{V}}{\partial x}\right)_z$，因此(2.4.20)式近似地有：

$$\sigma^2_{\min} \cong F^2 \cong f\eta_\theta \tag{2.4.21}$$

因此，此时扰动的频率近似地为等熵面的惯性振荡频数。

(2) $\varphi = \varphi_1 \pm \frac{\pi}{2}$ 时

$$\sigma^2_{\max} = \alpha + \beta = \frac{1}{2}\left\{N^2 + F^2 + (N^2 - F^2)\left[1 + \frac{4S^4}{(N^2 - F^2)^2}\right]^{\frac{1}{2}}\right\} \cong N^2 \tag{2.4.22}$$

即最大频率对应着垂直方向的浮力振荡的频数。

(3)对称不稳定判据。(2.4.20)式可以写成：

$$\sigma^2_{\min} = \frac{1}{2}\{N^2 + F^2 - [(N^2 + F^2)^2 - 4q]^{\frac{1}{2}}\} \tag{2.4.23}$$

式中

$$q = F^2N^2 - S^4 \tag{2.4.24}$$

q 是基本气流的位涡，扰动为不稳定时应满足 $\sigma^2_{\min} < 0$，此时应有下列二种情况：即

① $N^2 + F^2 < 0$ 时，此时 $N^2 < 0$ 或 $F^2 < 0$，基本气流为对流不稳定或惯性不稳定，但这不是对称不稳定的情况。

② $N^2 + F^2 > 0$ 时，应有 $q < 0$，所以对称不稳定的判据应为 $q < 0$。

或者 $\frac{F^2}{S^2} < \frac{S^2}{N^2}$，即等 M 面斜率小于等熵面斜率。

或者 $Ri^* < 1$，式中 $Ri^* = \frac{F^2N^2}{S^4}$。

由此我们看到，用气块法或标准模方法讨论对称不稳定问题得到相同的结论，粗略地说，这种不稳定判据是水平温度梯度较大或里查逊数(Ri) 较小或者等位温面比等 M 面更陡一些。

对于绝热、无粘、无摩擦的大气，绝对涡度是守恒的，所以对称不稳定不太可能产生，当有非绝热或其它作用时才能产生对称不稳定。实际大气往往是潮湿的，因而在潮湿大气的情况下，对称不稳定称为条件对称不稳定，不稳定判据的讨论要复杂一些。

2.4.2.3 条件性对称不稳定

我们研究一个具有 N^2，F^2 和 q 处处为正的初始对称稳定的大气，并且不计热源、热汇，所以在三维运动中，q 是保守的，因而处处为正，假设存在近似的热成风平衡 $\left(S^2 = f\frac{\partial \overline{V}}{\partial z}\right)$，根据方程(2.4.24)，则有 $q < F^2N^2$，因而 F^2N^2 也处处保持正值不变，从而大气保持 N^2、F^2 和 q 处处为正的特性，这就是说，假设在没有摩擦、热源、及在准地转条件下，初始对称稳定的大气不可能变成对称不稳定的，但是对称稳定的大气由于潜热释放作用而变为对称不稳定时，便可以说这种大气是"条件性对称不稳定"(CSI)的。

我们考虑假设为处处饱和的潮湿大气中的二维气流的对称不稳定，用湿球位温 θ_w 代替方程组(2.4.11)～(2.4.15)式中的 θ，可得到关于流函数 ψ 的单一变量方程

$$\frac{\partial^2}{\partial t^2}\left(\frac{\partial^2\psi}{\partial x^2} + \frac{\partial^2\psi}{\partial z^2}\right) = -F^2\frac{\partial^2\psi}{\partial z^2} + (S_w^2 + S^2)\frac{\partial^2\psi}{\partial x\partial z} - N_w^2\frac{\partial^2\psi}{\partial x^2} \qquad (2.4.25)$$

式中

$$N_w^2 = \frac{g}{\theta_0}\left(\frac{\partial\overline{\theta}_w}{\partial z}\right) \quad , \quad S_w^2 = \frac{g}{\theta_0}\left(\frac{\partial\overline{\theta}_w}{\partial x}\right)$$

将前述无限空间的形式解代入，得频率方程

$$\sigma^2 = N_w^2\sin^2\varphi + F^2\cos^2\varphi - (S_w^2 + S^2)\sin\varphi\cos\varphi$$

其最小频率为

$$2\sigma_{\min}^2 = N_w^2 + F^2 - \left[(N_w^2 + F^2)^2 - 4q_w\right]^{\frac{1}{2}} \qquad (2.4.26)$$

其中 $q_w = N_w^2F^2 - S_w^2S^2$ 为湿球位涡，根据关于干空气对称不稳定同样的讨论，对于处处饱和的潮湿大气来说，对称不稳定的判据为

$$q_w < 0 \quad 或 \quad N_w^2F^2 - S_w^2S^2 < 0 \qquad (2.4.27)$$

由于对称不稳定讨论了斜压基流中沿垂直于基流方向传播的扰动的不稳定性，而且扰动的滚轴状环流是垂直剖面($x-z$ 或 $y-z$)上的倾斜环流，环流的滚动轴平行于

基本气流，因此它能够很好地解释一些中尺度天气现象，例如平行于锋面的多雨带、雪暴带以及飑线的可能机制。但是有两点必须强调：其一是对称不稳定和条件性对称不稳定是扰动不稳定的可能机制，潮湿大气中产生深厚倾斜环流的三个基本条件是水汽、不稳定（热力和动力不稳定还有区别）和抬升机制，缺一不可，即不稳定是潜在的，不稳定的释放必须具有抬升机制；其二是条件性对称不稳定要求处处饱和的潮湿大气在实际应用中很难满足，根据经验，相对湿度在80%以上才可讨论条件性对称不稳定。

2.4.2.4　饱和湿大气中发生条件性对称不稳定的可能情况

以上讨论的是没有下沉补偿运动的无限湿大气的情况。如果上升运动是潮湿的，下沉运动是干燥的，上升运动的等M面坡度小于θ_w面的坡度，但下沉运动相反，这种情形的严格理论论证是困难的，但我们可讨论只有初始状态$q_w > 0$，然后q_w演变为负值（$q_w < 0$），从而产生条件性不稳定的可能性。

在潮湿大气的三维运动中，湿球位温（θ_w）的变化仅仅由潜热释放之外的非绝热加热Q引起，即

$$\frac{\mathrm{d}\theta_w}{\mathrm{d}t} = Q$$

或

$$\frac{\partial \theta_w}{\partial t} + \vec{V} \cdot \nabla \theta_w = Q \tag{2.4.28}$$

而三维运动的涡度方程为

$$\frac{\mathrm{d}\vec{\zeta}}{\mathrm{d}t} = (\vec{\zeta} \cdot \nabla)\vec{V} - \frac{g}{\theta_0}\vec{k} \times \nabla\theta + \vec{F} \tag{2.4.29}$$

式中$\vec{\zeta}$是三维涡度，$\vec{F}$是摩擦项。

将(2.4.28)取∇并乘以$\vec{\zeta}$加上(2.4.29)乘以$\nabla\theta_w$，并引用湿球位涡方程：

$$q_w = f\left(\frac{g}{\theta_0}\right)\vec{\zeta} \cdot \nabla\theta_w = f\zeta N_w^2 + \frac{g}{\theta_0}\left(\vec{k} \times \frac{\partial \vec{V}}{\partial z}\right) \cdot \nabla\theta_w \tag{2.4.30}$$

可得：

$$\frac{\mathrm{d}q_w}{\mathrm{d}t} = f\left(\frac{g^2}{\theta_0^2}\right)\vec{k} \cdot (\nabla\theta_w \times \nabla\theta) + f\left(\frac{g}{\theta_0}\right)\vec{\zeta} \cdot \nabla Q + f\left(\frac{g}{\theta_0}\right)\vec{F} \times \nabla\theta_w \tag{2.4.31}$$

(2.4.31)式即为湿球位势涡度方程。

式中右边第二、三项分别是由于非绝热效应和摩擦效应引起的湿球位涡的变化，右边第一项则表示水平方向上θ与θ_w面之间有角度时q_w的变化，当无摩擦、绝热时，q_w的变化只取决于第一项，如图2.4.4所示，如果在热成风方向上湿度增加时，由方程可判别，湿球位涡度将变小。

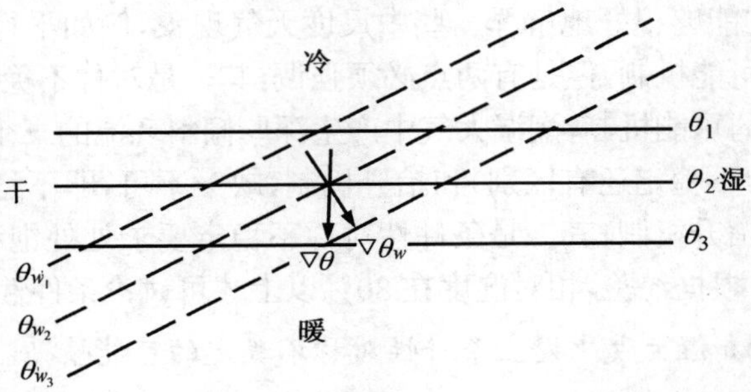

图 2.4.4　在水平面上可导致 $q_w < 0$ 的一种 θ 和 θ_w 的分布(引自 Bennetts 和 Hoskins,1979)

在这种情况下,即使初始时刻 $q_w > 0$(对称稳定),但是经过一段时间后,就可能出现 $q_w < 0$(即对称不稳定)。由此可见,在热成风方向上湿度增大是导致条件性对称不稳定的一种有利形势,也是具有预报意义的判据。

第三章　影响中尺度大气运动的物理条件

对流运动是中尺度大气运动的主要表现形式，因此，研究影响中尺度运动的物理条件主要是研究影响对流发展的物理条件。它包括大气内部过程和外界强迫两个方面，其中大气内部过程包含了大气不同尺度运动的相互作用，大尺度环境条件对中尺度对流系统起着明显的制约作用，在这种情况下，有组织的对流系统在大尺度环境中不是随机发生和分布的，而是发生在一定的地区和时间内。

强对流系统发生的大尺度天气学条件已经总结得很多，20 世纪 40 年代提出的雷暴发生三要素，即丰富的水汽、条件不稳定层结和气块抬升到凝结高度的启动机制，这只是普遍雷暴发生的条件，进一步研究指出了强风暴发生的天气学条件，这包括：

①位势不稳定层结，并常有逆温层存在；

②低层有水汽辐合；

③有不稳定的释放的机制；

④强的风垂直切变；

⑤低空急流；

⑥中空干冷空气等。

这些条件往往是必要条件，作预报时应注意到，即使出现这些条件，强风暴也不一定产生，应该指出强风暴系统与大尺度环境之间的关系在风暴不同阶段的依赖关系和相互作用程度是不同的。在风暴发生的初期，主要决定于大尺度环境的作用，但强风暴组织起来以后，对流风暴发展到具有很高的能量密度，大尺度环境条件不但失去了对其制约作用，反而会受到对流风暴的影响。外界强迫，包括地形、感热、非绝热影响和大气运动内部强迫等。本章讨论影响中尺度大气运动的主要物理条件。

§3.1　大气的热力不稳定性与对流运动

雷暴和强风暴系统是一种热力对流现象，而对流运动的主要作用是浮力，浮力愈强产生的上升运动愈强，雷暴的垂直发展愈高。空气上升的浮力主要产生于位势不稳定的层结中，因而大气的层结状态是决定对流运动是否发展的重要条件。

大气的层结状态是指温度和湿度在垂直方向的分布。层结稳定度则是表征这一影响的趋势和程度。层结稳定度也称静力稳定度，根据垂直运动方程，它表示重力和垂直气压梯度力对空气垂直位移的影响。大气层结稳定度不表示大气中已经存在的对流运动，而只是描述大气的层结状态，这种状态只有当空气发生扰动以后才能表现出来。

3.1.1　静力稳定度

在上一章中由气块法讨论重力波形成的机制时看到，在未饱和大气中，由方程(2.3.6)式得到 $N^2>0$ 时，即层结稳定度参数为正时，才能产生气块的浮力振荡向四周传播的重力波，当 $N^2<0$ 时，上升气块一直作浮升运动，即对流发生。根据 $N^2=\frac{g}{T}(\gamma_d-\gamma)$，得到静力稳定度或静力不稳定的判据

$$\gamma \gtreqless \gamma_d \begin{cases} \text{不稳定} \\ \text{中性} \\ \text{稳定} \end{cases} \tag{3.1.1}$$

对于未饱和空气，稳定度判据还可以用位温来表示，根据位温表达式 $\theta=T\left(\frac{1000}{P}\right)^{\frac{R}{C_p}}$，可以证明环境大气$(\overline{\theta},T)$ 有$\frac{1}{\theta}\frac{\partial\overline{\theta}}{\partial z}=\frac{1}{T}(\gamma_d-\gamma)$，有 $N^2=\frac{g}{\theta}\frac{\partial\overline{\theta}}{\partial z}$，因此

$$\begin{cases} \dfrac{\partial\overline{\theta}}{\partial z}>0 & \text{静力稳定} \\ \dfrac{\partial\overline{\theta}}{\partial z}=0 & \text{中性} \\ \dfrac{\partial\overline{\theta}}{\partial z}<0 & \text{静力不稳定} \end{cases} \tag{3.1.2}$$

(3.1.1)和(3.1.2)式表明了气块在所处的大气环境的层结状态是属于静力稳定、中性或静力不稳定的判据。

进一步研究静力稳定度的作用时可以应用能量方程来分析。

将不考虑科氏力作用的中尺度运动方程(2.1.37)～(2.1.39)和速度场 u,v,w 作数量积，此后对整个对流活动区域 τ 积分，再应用连续方程 $\nabla\cdot\vec{V}=0$，并设在区域边界上的法向速度为零，这样便得动能积分为

$$\frac{\partial}{\partial t}\int_\tau \frac{1}{2}(u^2+v^2+w^2)\mathrm{d}\tau=\int_\tau \frac{g}{\theta_s}\theta' w\mathrm{d}\tau \tag{3.1.3}$$

同样地，把热力学方程(2.1.40)乘上 θ'，应用上面相同的运算后，便得到有效位能的积分为

$$\frac{\partial}{\partial t}\int_\tau \frac{1}{2}\theta'^2\mathrm{d}\tau=-\int_\tau \alpha\theta' w\mathrm{d}\tau \tag{3.1.4}$$

由(3.1.3)和(3.1.4)式可得总能量的积分为

$$\frac{\partial}{\partial t}\int_\tau \frac{1}{2}\left(u^2+v^2+w^2+\frac{g}{\theta_s\alpha}\theta'^2\right)\mathrm{d}\tau=0 \tag{3.1.5}$$

或者

$$\int_{\tau} \frac{1}{2}(u^2 + v^2 + w^2 + \frac{g}{\theta_s \alpha} \theta'^2) \mathrm{d}\tau = E_0 \tag{3.1.6}$$

式中 E_0 是初始时刻对流运动的总能量。(3.1.6) 式指出，在所给定的条件下，对流运动中的总能量是不随时间改变的，由此，我们可以看出：

①当层结为稳定时 (即 $\alpha = \gamma_d - \gamma > 0$)，此时总能量 $E_0 > 0$，即对流运动中的动能增加时，有效位能减小，或者反之。由于任何时刻对流运动的总动能 E_v 为

$$E_v = E_0 - E_\theta \tag{3.1.7}$$

式中 E_θ 为总有效位能，因此在层结稳定时，总动能随着总有效位能的增加而减小。

②如果层结是不稳定的 (即 $\alpha = \gamma_d - \gamma < 0$)，那末 $E_\theta < 0$，由(3.1.6) 式容易看出，对流运动中的动能和有效位能可以同时增加，此时动能为

$$E_v = E_0 + |E_\theta| \tag{3.1.8}$$

因此，如果初始能量是一样的，比较(3.1.7)和(3.1.8)两式可以看出，在不稳定层结下的总动能要大于稳定层结下的总动能，因此，不稳定层结有利于对流发展。

3.1.2 条件性不稳定、对流性不稳定及位势不稳定

在实际大气中，除了贴地层气层以外，$r > r_d$ 的这种干绝热不稳定状态是很少见到的，但对于饱和湿空气而言，由于上升气块绝热冷却产生凝结，而凝结潜热释放使气块所受的浮力增大，从而变得不稳定，因而对于饱和湿空气有

$$\gamma \gtreqless \gamma_m \begin{cases} \text{不稳定} \\ \text{中性} \\ \text{稳定} \end{cases} \tag{3.1.9}$$

或

$$\frac{\partial \theta_{se}}{\partial z}, \frac{\partial \theta_{sw}}{\partial z} \lesseqgtr 0 \begin{cases} \text{不稳定} \\ \text{中性} \\ \text{稳定} \end{cases} \tag{3.1.10}$$

式中 θ_{se}，θ_{sw} 分别为假相当位温和假湿球位温。综合(3.1.1) 和(3.1.9) 式有：

① $\gamma > \gamma_d$，对于未饱和大气及饱和大气都是不稳定的，称为“绝对不稳定”；

② $\gamma < \gamma_m$，对于未饱和和饱和大气都是稳定的，“称为绝对稳定”；

③ $\gamma_m < \gamma < \gamma_d$，对于未饱和大气是静力稳定的，而对饱和湿空气来说是静力不稳定，这种大气层结称为“条件不稳定” 层结。

为区别近年来提出的第二类条件不稳定(CISK)的概念，把这里所说的条件性不稳定称为“第一类条件不稳定”。对流性天气一般发生在条件性不稳定层结的情况下，但有时在上干下湿的条件性稳定层结下，如果有较大的抬升运动，特别是发生整层大气得到

抬升时，原先的条件性稳定层结变成不稳定的了，这种不稳定层结称为对流性不稳定$\left(\text{其判据为}\frac{\partial \theta_{se}}{\partial z}<0\text{ 或者}\frac{\partial \theta_{sw}}{\partial z}<0\right)$。这种对流性不稳定是一种潜在的不稳定，它和(3.1.10)式表示的判据用法不同，这时，只有在整层空气抬升达到饱和以后，才会表现出来，而(3.1.10)式则是饱和气层的判据。这种对流性不稳定在天气分析中十分重要，往往产生强烈的对流。

当对流不稳定和条件性不稳定两者结合起来时，帕尔门(E. Palman)和牛顿(C. W. Newton)称之为位势不稳定。在日常分析中，位势不稳定和对流不稳定往往通用。

位势不稳定常常由相对湿度随高度减小而造成，主要又决定于低层相对湿度的大小。当低层接近饱和或为饱和层时，位势不稳定就很明显，这实际上相当于条件不稳定不变或少变，而使气层对流不稳定发生变化，从而使位势不稳定发生变化。从这个意义讲，位势不稳定等于对流不稳定。在条件性不稳定大气中，一旦在此层的任一处达到饱和，将开始发生对流，而在不具备条件性不稳定的大气中，则需要有强迫抬升(造成低层潜热加热和高层冷却)才能使得大气变成不稳定层结，这种情况实际相当于对流不稳定情况，因此条件性不稳定适用于气块，对流不稳定适用于气层。

3.1.3　逆温层和干暖盖的作用

在强对流爆发前，中低层常常有逆温层和稳定层，它相当于一个阻挡层，暂时把低空湿层与对流层上部的干层分开，阻碍了对流的发展，这样使风暴发展所需要的高静力能量得以积累，由于大气低层出现阻挡层时，一般称为干暖盖。具有稳定层结的干暖盖抑制对流的作用是十分清楚的，另一方面它对于大气低层不稳定能量又有储存和积累作用。

以一个强对流天气过程来说明这一问题：1974 年 6 月 17 日南京地区有一条强飑线过境，出现了持续约 1h 的有 20m/s 以上的大风，瞬时风速达 38.9m/s，10min 最大降水量为 18.6mm，有的地方还降了较大的冰雹。这种强对流天气，南京历史上也是罕见的。分析当天的探空纪录 07 时和 13 时的层结曲线上，在 800hPa 附近可以见到一个相当强的下沉逆温，抑制着对流的发展。南京附近的一些地方，也有类似层结。从图 3.1.1可以清楚看到，

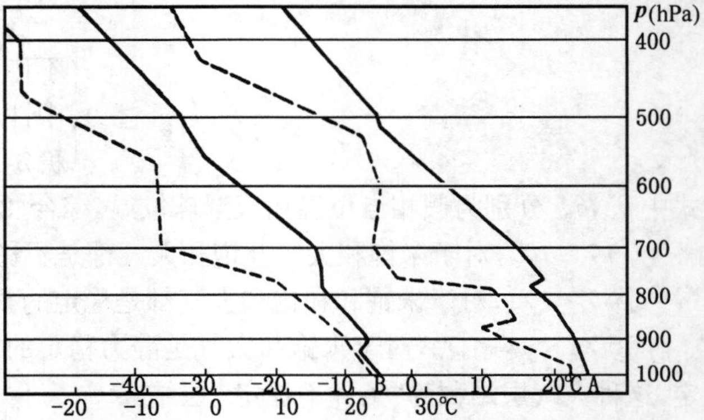

图 3.1.1　17 日 07 时徐州(A)和南京(B)探空曲线(引自齐力，1975)
实线表示层结曲线，虚线表示露点曲线，横坐标上一行是 A 的温度，下一行是 B 的温度

南京和徐州两地在 800～700hPa 之间的逆温厚度为 250～600m，顶底温差约 2℃，逆温上部 $\gamma=\gamma_d$。在 700hPa 附近形成一个干区，温度和露点差值达 20℃以上，这些地方，17 日清晨大雾弥漫，上午地面辐射雾消散以后，下沉气流造成的下沉逆温是抑制对流发展的。南京 13 时的地面气温已达 30.8℃，16 时气温又增至 32.5℃，这时不但没有发生雷暴，甚至连浓积云也看不到，19 时的地面气温为29.8℃，雷暴天气发生在 19 时以后，在对流未发生之前，干暖盖阻碍了湿空气向上穿透，再由于平流和边界层加热使逆温层以下气层趋于更加暖湿，同时对流层中上层变得更冷，于是积累了潜在的对流不稳定，一旦有了某种触发机制，即可发生强对流，在对流已经发生后，周围的下沉气流一面抑制着强对流云体周围新的对流发展，一面也促使对流云外的暖湿空气从底部源源不断地流入对流云中，使得对流云继续加强发展。这种作用就是使不稳定能量不致于零散释放，而是使不稳定能量集中在具有强大触发机制的地区释放造成剧烈的对流天气。由此可见，我们分析预报强烈对流天气的出现，应当充分注意中、低空干暖盖的存在及其对不稳定能量积累的作用。

因此，只要逆温层以下的空气通过平流过程和地面辐射加热而变得更暖更湿，对流层中上层可以变得更冷，这种过程继续进行较长一段时间，可以在深厚层次内建立很强的位势不稳定而不被释放，最后由于某种机制使逆温层破坏或除去，则会出现爆发性的强对流活动。至少有两种方式可破坏或消除逆温层或干暖盖，一是地面加热，这可以从下面使较弱逆温层逐渐减弱或消失；二是主要通过有组织的垂直运动来消除，抬升运动一方面造成逆温层上面干空气绝热冷却，抬升运动自身的冷却率按湿绝热率进行，因而使气层的温度递减率 $\gamma>\gamma_m$。这种情况下，低层积云将迅速伸展到对流层上部。破坏逆温层所需的抬升距离为 100hPa 的量级，因而一股气旋尺度的上升运动（5×10^{-3}hPa/s）可以在 6h 内使逆温层消失。

§3.2　下沉气流

大气层结状态的不稳定，可以引起对流，对流运动发生过程中，又和周围环境大气发生动量、热量、质量（含水汽）的交换，因而改变了环境大气的状态，例如云内有上升气流，在对流云的四周就有补偿下沉气流存在，下沉气流对对流运动的发展产生影响。

3.2.1　普通积云的云外下沉气流

由于云内上升气流和云外下沉气流是对流环流的统一整体，因此上升空气从不稳定层结中所取得的能量，并不完全都用在加强上升运动的本身，其中有一部分是消耗在维持下沉运动上的。从这个意义上讲，云外补偿下沉气流是上升气流的一种阻力。如果云体以上升气流区为界，那末，云外下沉气流对云的发展就会有影响。

为了数学处理的方便，皮叶克尼斯(J. Bjerknes)用一个单位厚度的空气薄层处理这一问题，同时考虑薄层空气的上升、下沉运动时的对流运动的发展判据，称为薄层法判据，下面用能量守恒的原理来推导这一判据。将能量方程(3.1.6)式用在一薄层气层上，则有

$$\int_s \frac{1}{2}\left[\alpha(u^2+v^2+w^2)+\frac{g}{\theta_s}\theta'^2\right]\mathrm{d}s=\widetilde{E}_0 \tag{3.2.1}$$

式中 s 是在这一薄层上的对流活动区，$\widetilde{E}_0$ 为总能量。如果设初始总能量为零，那么上式变为

$$\int_s \alpha(u^2+v^2+w^2)\mathrm{d}s=-\frac{g}{\theta_s}\iint_s \theta'^2\mathrm{d}s\leqslant 0 \tag{3.2.2}$$

按薄层法的假定，设上升运动面积(云的面积)为 S_b，速度为 W_b，下沉运动面积为 S_c，速度为 W_c，并设大气是条件性不稳定的($\gamma_m<\gamma<\gamma_d$)，即在上升区中取 γ_m，下沉区中取 γ_d，如果不考虑水平运动，那么由(3.2.2)可得

$$(\gamma_m-\gamma)W_b^2S_b+(\gamma_d-\gamma)W_c^2S_c\leqslant 0 \tag{3.2.3}$$

引进质量连续性条件

$$S_bW_b+S_cW_c=0 \tag{3.2.4}$$

我们应用(3.2.4)式消去(3.2.3)式中的 W_c，则得

$$S_bW_b^2\left[(\gamma_m-\gamma)+(\gamma_d-\gamma)\frac{S_b}{S_c}\right]\leqslant 0 \tag{3.2.5}$$

由于云的面积不会是负的，所以 $S_b\geqslant 0$。这样，对流存在就必须有下列关系：

$$(\gamma_m-\gamma)+(\gamma_d-\gamma)\frac{S_b}{S_c}\leqslant 0$$

即

$$\frac{S_b}{S_c}\leqslant\frac{(\gamma-\gamma_m)}{(\gamma_d-\gamma)} \tag{3.2.6}$$

此即皮叶克尼斯最早给出的对流发展判据。

(3.2.6)式也可改写成

$$\gamma\geqslant\frac{S_c}{S_b+S_c}\gamma_m+\frac{S_b}{S_b+S_c}\gamma_d \tag{3.2.7}$$

这就是考虑云外下沉补偿气流影响后对流云发展的层结条件，它修正了原来条件不稳定大气的判据，也就是说，使得对流发展所要求的临界垂直温度梯度变高了。并且从(3.2.4)和(3.2.6)式可以看出，在对流云发展的过程中，随着对流运动的加强和 γ 向 γ_m 的接近，S_b 和 S_c 的比值减小，即云外下沉运动区变宽，云中的上升运动区变窄。由此可见，普通积云对流的云外下沉运动的出现，使对流运动的发展受到不利的影响。

在中低纬度对积云对流的实际观测表明，对流云附近和云块之间的晴空，有一明显

的干下沉气流区。一般来说，在云的中上部，云外的下沉气流速度约为云内主要上升气流速度的25%～50%，在紧邻上升空气边界的地方，下沉气流最强，离开上升气流而逐渐减弱。按照空气质量连续性原理，受干下沉气流影响的区域必定比湿上升气流区大，它约为湿上升气流区的两倍。这就是说，对于中上部，约有50%的空气质量被局地干下沉气流所补偿。在对流云周围的晴空区中，出现异常增温，一般认为这是由于下沉空气绝热压缩的结果。

这里应特别指出的是，云周围的晴空区并不全是云外补偿下沉气流区，由于对流云体直接造成的环流是有限的，而离开对流云距离较远的区域，则应是大尺度的下沉运动区。它的出现，可能是由高一级的环流所决定的。设想存在湿对流区(A区)和没有对流的较大环流区(B区)，A区由向上的湿环流和向下的干环流组成，如图3.2.1所示。

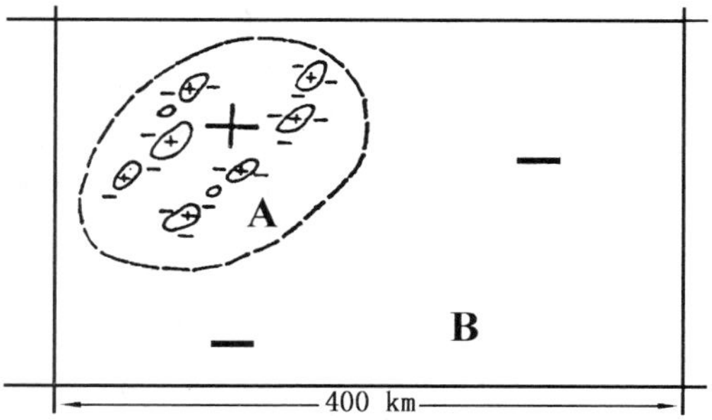

图3.2.1 对流云区和环境空气间的中间尺度环流(引自Fritch，1976)

由于湿区中的潜热释放和干区的下沉增温，形成了一个相对暖区，于是在A区和B区之间有一相对暖的积云对流区而引起的中间尺度的环流(与第二类条件性不稳定环流相似)。如图3.2.1中用虚线包围的A区，表示有许多对流单体组成的活跃对流云群区。对流单体的局地上升气流和周围的下沉补偿气流用小的正负号表示；大的正负号，则表示A、B区内的平均垂直气流。用这种中间尺度环流说明在对流云周围，可以有更大范围的晴空下沉气流存在，并且这一过程所引起的低层水汽辐合，也是促使对流云群进一步维持加强的机制。

3.2.2 强风暴中尺度环流的下沉运动

从后面的分析中将会看到，强风暴天气系统的中尺度环流有一个明显的特征，即中尺度环流的准二维剖面上是一支由边界层开始倾斜上升直到对流层顶的暖湿气流和另一支中空干冷空气的下沉运动气流。这一支干冷空气的下沉运动，将与云中饱和空气混合，使云中雨滴或雹粒的蒸发而冷却，有蒸发冷却的下沉气流对于强风暴系统的强度和维持具有十分重要的作用，有可能使强对流组织化。这是因为一方面由于暖湿上升气流和蒸发冷却下沉气流的最后结果是局地大气稳定化；另一方面，下沉气流能形成近地面的冷空气堆或强烈的向外流出的辐散气流，可抬升雷暴前方低层暖湿空气上升形成新的单体，并且由于在风切变环境下，下沉气流又把高空水平动量带到地面，在低空加强了与暖空气的辐合作用，就更强烈地把暖空气上抬。因而常观测到新的对流单体在下沉气流前方形成，如果这样造成的上升气流得到充分发展，并在强切变环境下不断再生下沉和上升运动，就可维持强对流系统。

强风暴中下沉气流的形成和维持机制一般比上升气流要复杂，除上述普遍认为水滴的蒸发作用是最重要的以外，还有以下两个原因可能使云中空气变冷，以得到负浮力或外加的拖带作用使空气向下运动。

①冰晶质点融解造成的冷却。冰晶包含雪晶、冰雹和软雹等，它们在强风暴上升气流中不可能下落，因为它们的末速度小，因此考虑它们的融解冷却作用。根据计算，由融化过程造成某一层空气的冷却率较小，所以，由冰晶融化过程对下沉气流的生成的作用可能较小；

②水滴的拖带作用。因为下降的水滴其降落速度达到平衡时的末速度所需时间极短，因而每一水滴可以认为是以其末速度下降，末速度大小与水滴大小有关，这时空气要受到一向下的拖带力，力的大小等于空气中水滴的总重量，因而由水滴的拖带力可造成下沉运动。

由上述的分析可见，普通积云对流的云外下沉气流和强风暴中的下沉气流对对流运动的发展起着不同的作用。同样一个物理条件，由于它们的发生发展机制的不同，对大气运动也就有不同的作用，这在后面的分析中还常遇到。

§3.3 挟卷效应

在讨论大气层结稳定度时，是把上升气流当成封闭系统，它与周围空气不发生质量、动量和热量的交换。但事实是，在云内空气上升过程中，还会将云外空气大量卷入云内。云外空气同云内相比是干而冷的，云中空气由于显热的混合和云中水分进入卷进来的空气里部分蒸发冷却，这种卷挟过程的结果是使云中空气受的浮力减小，使云的发展受到影响。故考虑大气层结稳定度判据时，应当考虑挟卷效应。观测事实也表明，云内温度递减率一般比湿绝热递减率大，云内实测含水量总小于该高度云中空气绝热上升过程凝结出来的含水量，它说明云内外空气存在强烈的混合过程。

挟卷过程产生的物理原因是，一方面由于湍流混合的水平交换产生的挟卷，称为湍流挟卷；另一方面是动力原因造成的补偿性流动，即质量连续性所要求的必然结果。因为在云内，由于不稳定能量的释放，空气将加速上升，如果上升气柱的外形不变，那末在云柱内任意两个相邻截面所包含的体积元中，从上断面流出的质量，要比从下断面进入的多，于是空气必需从四侧流入以补偿这一体积元中空气量之不足，由这种原因引起的挟卷称为动力挟卷。一般说来，对流云的水平范围较小时，湍流挟卷的相对贡献较大。在大块浓积云中，特别是积雨云中，动力挟卷起主要作用，在研究挟卷作用时，不同的对流模式的挟卷过程，所得的结果有差别。

3.3.1　气泡模式

在对流云发展的早期，可看成是向上浮升的一些云泡所组成，这就是对流云的气泡模式。在这种模式中，对流发生后，空气到达凝结高度以上，在干的环境空气里，它以云泡形式向上浮升。根据斯科勒（R. S. Scorer）和伍德沃德（B. Woodward）等人的实验结果，发现云泡在浮升的过程中，云泡半径 r 是通过圆锥形通道按下式展开的：

$$r = az \tag{3.3.1}$$

其中 z 为离开对流源的高度，a 是加宽系数，它反映了挟卷作用，约为 0.20 ～ 0.25。这是以湍流挟卷为主的过程。图 3.3.1 表示云泡在上升过程中通过圆锥形通道的情形。图中箭头表示相对于云泡的运动，它是由一个在浮升云泡内向上运动和沿边界为较弱的下沉运动的涡旋环所组成，如图 3.3.2所示。云泡开始由于与环境空气的混合作用，在干环境里只向上穿透一个有限距离而趋于消失，这样会使它们占据的空间变暖变湿，这时，后面从同一云泡源上升的气泡，在穿过原先的环境时，由于这时的环境性质同它自己没有多大差别，因而通过同一通道的云泡，在被干空气侵入之前，可以比前一个云泡升得更高，从而使对流发展起来。

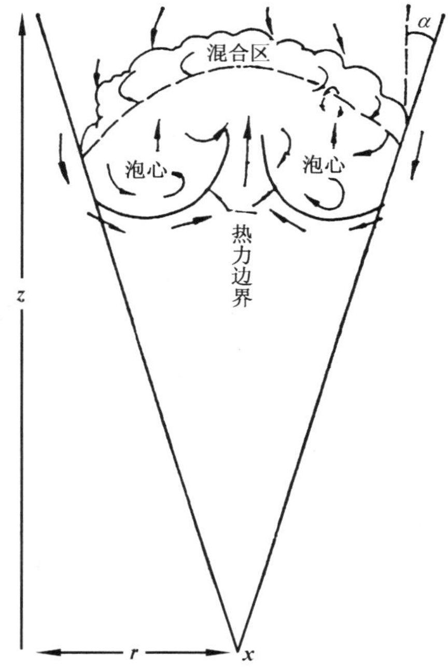

图 3.3.1　云泡在圆锥形通道中展开的情形（引自 Scorer，1958）

云泡上升速度 W，取决于浮力和阻力之间的关系，根据实验的结果

$$W = C(g\overline{B}r)^{\frac{1}{2}} \tag{3.3.2}$$

其中 C 是常数，$g\overline{B}$ 是平均浮力。相当于垂直运动方程中的 $\dfrac{\theta'}{\theta}\cdot g$ 项，(3.3.2) 式表明，垂直速度随浮力的加大而增加，也随云泡的尺度 r 而增加。实际观测表明，对于开始产生的对流云泡或刚从母体生成出来的孤立的积云塔，是相当好地遵守这一关系的。

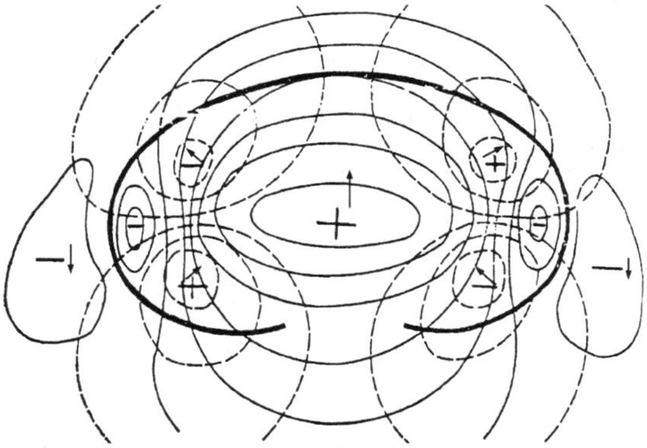

图 3.3.2　云泡中的气流速度分布（引自 Scorer，1958）
细实线为垂直速度，粗实线为云泡轮廓，虚线为水平速度

云泡中的垂直加速度，根据莱文（J. Levine）研究，它是与重力浮力、形状阻力和云泡同环境空气之间的交换有

关,因此有

$$\frac{\mathrm{d}w}{\mathrm{d}t}=\frac{\theta'}{\theta_s}g+f_1+f_2 \tag{3.3.3}$$

式中 f_1 为表面阻力,是由云泡同环境空气之间的交换引起的,M 质量的云泡的表面阻力为 $f_1=-\frac{3}{8}K\pi\rho w^2r^2$,$f_2$ 是由动压和动压梯度造成的,上升云泡在大气中受到的相反方向的力为形状阻力,它与伯努利气压及云泡截面积有关,M 质量的云泡的形状阻力 $f_2=-\frac{1}{2}C_D\pi\rho w^2r$,式中 K,C_D 分别是质量交换系数和形状阻力系数,ρ 是云泡密度,w,r 分别是云泡上升速度和云泡半径,将 f_1,f_2 代入(3.3.3)式,则单位质量的垂直运动方程(3.3.3)就成为:

$$\frac{\mathrm{d}w}{\mathrm{d}t}=\frac{\theta'}{\theta_s}g-\frac{3}{8}\left(\frac{3}{4}K+C_D\right)\frac{w^2}{r} \tag{3.3.4}$$

从(3.3.4)式可见,当上升对流云泡的尺度增大时,挟卷和形状阻力(等式右端第二项)的影响减小。因此对于有较大的对流云体,垂直加速度更接近于由方程(3.3.3)中略去第二、三项所描写的气块模式的结果,即挟卷作用对对流运动影响变小。

3.3.2　气柱模式

高耸的积云塔一般呈柱状,强大的对流风暴更是如此,而它们的云底位于凝结高度,均平坦少变。这一事实表明,云下气层中不断有空气向上输送,这是以动力夹卷为主的过程。

考虑到上述这种特征,用流体的射流模式来讨论,云外空气侧向挟卷入云,并与云内空气相互作用,图 3.3.3 表示射流与挟卷环境空气的情形。向上的空气运动看作射流,而两侧的环境空气,以正比于射流的速度夹卷入射流,它们的关系是

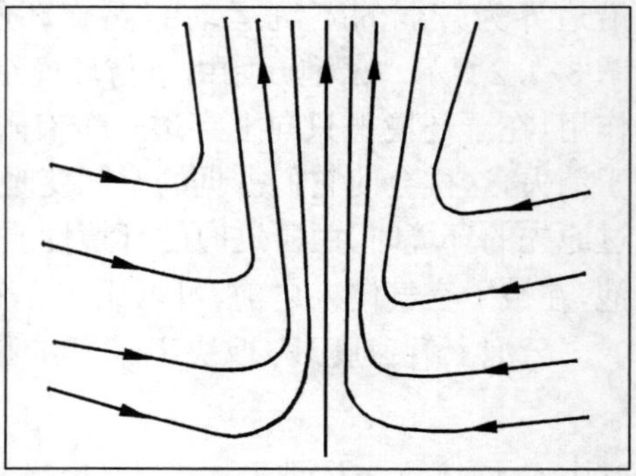

图 3.3.3　进入射流的挟卷

(引自 Stommel,1947)

$$u=aw \tag{3.3.5}$$

式中 w 是射流速度;u 是从下部进入射流的空气的经向速度;a 是射流张角(jet spread),相当于(3.3.1)式中的 a,对于一个从对流源产生的"云柱"或射流,由实验给出的 $a\sim0.1$,比(3.3.1)式中的加宽系数要小。

如果把对流云看作圆柱体时,在对流云发展的稳定阶段,上升运动随高度增加,按质量连续性要求,需要有水平穿过圆柱体壁的空气吸入,这就是动力挟卷,其挟卷率可从质量连续性关系求出。对于上升气柱半径为 r 的水平截面,其连续方程为

$$\frac{\mathrm{d}}{\mathrm{d}z}(\pi r^2 \rho w) = 2\pi r \rho u \qquad (3.3.6)$$

这里,考虑云内外密度是一样的,而且不随时间变化,w 为云中的垂直速度,u 为水平截面半径方向水平风速分量,以指向截面的中心为正。(3.3.6) 式右端表示在单位时间内从单位厚度云柱外壁流入的空气量,即挟卷到气柱中的空气,等式左端括号中的 $\pi r^2 \rho w$ 为对流云中上升气流在单位时间内通过水平截面的空气质量,可以由 M 表示。再由(3.3.5) 式将(3.3.6) 式改写为

$$\frac{\mathrm{d}}{\mathrm{d}z}(\pi r^2 \rho w) = 2\pi r a w \rho$$

或

$$\frac{1}{M}\frac{\mathrm{d}M}{\mathrm{d}z} = \frac{2a}{r} \qquad (3.3.7)$$

方程(3.3.7)就是挟卷率的表达式。这个方程告诉我们,挟卷率是随着云柱直径的增加而减小的,因而在强大的对流云体中,可以忽略挟卷的作用。

通过以上的分析可知,泡状或柱状模式对于挟卷的影响的结论是相同的。它们都指出挟卷的影响是随着云的直径的增大而减小的。因而对于强大的雷暴云来说,除了云底以下的部分以外,都可以忽略挟卷的作用。特别是对那些穿入平流层的强雷暴云,其中心部位的垂直运动可用没有挟卷效应的气块模式来很好地描述。另外,雷暴云在其不同的发展阶段或在云体的不同部位上,往往分别和不同的对流模式相近似。例如,一般来说,普通的积状云可以用分离的云泡模式来近似,而很多较大的雷暴云则比较符合气柱模式或气块模式。

3.3.3　有挟卷作用的饱和过程中气块温度变化率

当饱和对流云体上升时,会有一部分环境空气混合或被云体挟卷进来,由于环境空气较冷、较干,云体提供了一部分感热和潜热使环境大气增暖和变饱和,但降低了云体自身的浮力。

设云体饱和气块质量 M,温度 T,比湿 q_s,上升 $\mathrm{d}z$ 距离时挟卷入环境空气的质量 $\mathrm{d}M$(较低的温度 T_e 和比湿 q_e)。云体给予它的感热能和潜热能分别为 $C_p(T - T_e)\mathrm{d}M$ 和 $L(q_s - q_e)\mathrm{d}M$。这时,云体仍在上升、膨胀和冷却,气块的能量变化为:气块位能增加 $Mg\mathrm{d}z$,变焓 $MC_p\mathrm{d}T$,饱和水汽量 q_s 也有所减小,故潜热能变化为 $M\mathrm{d}(Lq_s)$。

应用能量守恒原则,云体用以增暖增湿挟卷空气的能量等于云体各种形式能量变化的总和,即:

$$-C_p(T - T_e)\mathrm{d}M - L(q_s - q_e)\mathrm{d}M = M[C_p\mathrm{d}T + g\mathrm{d}z + \mathrm{d}(Lq_s)] \qquad (3.3.8)$$

即

$$-C_p(T-T_e)\frac{1}{M}\frac{\mathrm{d}M}{\mathrm{d}z}-L(q_s-q_e)\frac{1}{M}\frac{\mathrm{d}M}{\mathrm{d}z}=C_p\left(\frac{\mathrm{d}T}{\mathrm{d}z}\right)_{\mathrm{ent}}+g+\frac{\mathrm{d}(Lq_s)}{\mathrm{d}z} \tag{3.3.9}$$

其中“ent”表示夹卷进空气后仍保持饱和的云体气块的湿绝热过程递减率。

因(3.3.9)式中

$$\frac{\mathrm{d}(Lq_s)}{\mathrm{d}z}=\frac{\mathrm{d}(Lq_s)}{\mathrm{d}T}\left(\frac{\mathrm{d}T}{\mathrm{d}z}\right)_{\mathrm{ent}} \tag{3.3.10}$$

再利用没有挟卷效应饱和空气静力能公式

$$E_s=C_pT_s+gz+Lq_s \tag{3.3.11}$$

沿气块运动轨迹的总静力能是常数，有

$$C_p\left(\frac{\mathrm{d}T}{\mathrm{d}z}\right)_s+g+\frac{\mathrm{d}}{\mathrm{d}z}(Lq_s)=0 \tag{3.3.12}$$

由于(3.3.12)中

$$\frac{\mathrm{d}(Lq_s)}{\mathrm{d}z}=\frac{\mathrm{d}(Lq_s)}{\mathrm{d}T}\left(\frac{\mathrm{d}T}{\mathrm{d}z}\right)_s$$

得到

$$\left(\frac{\mathrm{d}T}{\mathrm{d}z}\right)_s=\frac{\dfrac{-g}{C_p}}{1+\dfrac{1}{C_p}\dfrac{\mathrm{d}(Lq_s)}{\mathrm{d}T}} \tag{3.3.13}$$

$\left(\frac{\mathrm{d}T}{\mathrm{d}Z}\right)_s$是没有挟卷效应的云内温度递减率。将(3.3.13)代入(3.3.9)得

$$\left(\frac{\mathrm{d}T}{\mathrm{d}z}\right)_{\mathrm{ent}}=\left(\frac{\mathrm{d}T}{\mathrm{d}z}\right)_s\left\{1+\frac{1}{g}\left(\frac{1}{M}\frac{\mathrm{d}M}{\mathrm{d}z}\right)\left[C_p(T-T_e)+L(q_s-q_e)\right]\right\} \tag{3.3.14}$$

因而夹卷过程的温度变化率是非夹卷过程的变化率乘以大括弧中的无量纲因子。而大括弧中各项都是正值，$\left(\frac{\mathrm{d}T}{\mathrm{d}z}\right)_s$是负值，所以饱和夹卷过程温度变化的$\left(\frac{\mathrm{d}T}{\mathrm{d}z}\right)_{\mathrm{ent}}$是个更大的负值。两者之差值取决于三个因子：质量夹卷率$\left(\frac{1}{M}\left|\frac{\mathrm{d}M}{\mathrm{d}z}\right|\right)$，环境温度与云体的温度差和湿度差。

由此可见，由于挟卷效应，云内空气的温度递减率比没有挟卷作用的温度递减率大，如果云外空气温度的递减率为γ，那么按照静力稳定度判据，云发展时

$$\gamma>-\left(\frac{\mathrm{d}T}{\mathrm{d}z}\right)_{\mathrm{ent}}$$

用(3.3.14)式代入上式，即

$$\gamma>-\left(\frac{\mathrm{d}T}{\mathrm{d}z}\right)_s\left\{1+\frac{1}{g}\frac{1}{M}\left(\frac{\mathrm{d}M}{\mathrm{d}z}\right)\left[C_p(T-T_e)+L(q_s-q_e)\right]\right\} \tag{3.3.15}$$

可见夹卷过程使云发展所要求的递减率变大，亦即夹卷效应是不利于对流运动发展的。

通常，潜热交换项 $L(q_s - q_e)$ 远大于感热输送项，例如，700hPa 上的饱和气块温度为 11℃，挟卷进来的环境空气温度为 10℃，相对湿度 70%，其潜热损失（使挟卷空气达饱和）约10倍于感热损失（用于加热环境空气）。即使环境空气开始时已是饱和，潜热损失仍为感热损失的 2.5 倍。

挟卷效应与质量挟卷率成正比，挟卷率随对流单元的尺度增大而减小，直径为1km的积云每上升1km挟卷率为 100%；直径变化为 10～15km 的中等积雨云，每上升 1km 的挟卷率则为 10%～50%。

这种挟卷率变化适用于大雷暴的上升气流中心的气块，而在下沉气流中心则未测定过。夹卷作用对一些保守的热力学量，如静力能、相当位势温度和湿球位温等的影响几乎可忽略不计，因此，非挟卷动力模式的热力学过程在风暴中心可看作是合理的第一近似，但在许多个例中，混合对垂直输送过程的影响是相当大的。也有人认为应强调环境空气进入云顶的夹卷作用。

§3.4　风的垂直切变

风的垂直切变影响着对流云的发展、移动、分裂等过程。但早期研究认为风的垂直切变是阻碍对流云发展的，因为在风垂直切变作用下，垂直发展的云向下风方倾斜而不能直立，使对流上升的路径加长，环境空气的挟卷作用也增强，另外，相继的对流不易走相同的路径，不利于形成持续对流上升的环境，这些作用使对流发展受到抑制。这些看法曾由一些云的观测和雷达回波观测所证实，所以风的垂直切变当时被看作是积云对流的一种破坏力，郭晓岚从线性理论上研究了风垂直切变对雷暴有抑制作用，有些数值试验也表明，在具有风垂直切变的环境中对流受到抑制。但近来的观测分析发现，强雷暴能在强垂直风切变存在的环境下发展，并维持几小时，这说明风的垂直切变对积云和强对流系统的影响是不同的。事实上，风的垂直切变决定了对流系统采取的是普通单体雷暴还是多单体雷暴或者是超级单体雷暴的形式。

在强热力不稳定的层结条件下，强的风垂直切变有助于普通雷暴组织成持续性的强雷暴，它是维持和增强对流风暴的因子，牛顿（Newton）第一次说明了环境风垂直切变与强雷暴的相互作用，指出通过这种相互作用可以增强或延长雷暴生命期。所以说风的垂直切变条件是区别强风暴动力学和积云动力学的基本条件之一。

表 3.4.1 是根据许多风暴研究概括出的不同类型风暴所具有的环境风的垂直切变值。风的垂直切变对风暴的影响有两个方面问题：

一是风垂直切变影响风暴发展的动力学机制；

二是通过什么物理过程影响风暴发展和传播，及怎样影响这些物理过程的。

表 3.4.1　不同类型风暴的环境风垂直切变值

风　暴　类　型	切变值（云底至云顶）单位：10^{-3}/s
多单体风暴	1.5～2.5
超级单体	2.5～4.5
强切变风暴(飑线、雹暴等)	4.5～8.0

3.4.1　风垂直切变影响风暴发展的动力学机制

风的垂直切变影响对流发展的动力过程意味着微扰动法的线性化方程的理论已不再适用，此时环境风不再是常数。对于风有垂直切变的情况，若考虑环境风只是高度的函数，因而用简单的有限振幅运动的方法处理这一非线性问题，在 x-z 平面内，局地对流的包辛内斯克近似方程组为

$$\frac{\mathrm{d}u}{\mathrm{d}t} = -\frac{1}{\rho_0}\frac{\partial P'}{\partial x} \tag{3.4.1}$$

$$\frac{\mathrm{d}w}{\mathrm{d}t} = -\frac{1}{\rho_0}\frac{\partial P'}{\partial z} + \frac{\theta'}{\theta_0} g \tag{3.4.2}$$

$$\frac{\partial u}{\partial x} + \frac{\partial w}{\partial z} = 0 \tag{3.4.3}$$

$$\frac{\mathrm{d}\theta'}{\mathrm{d}t} + \alpha w = 0 \tag{3.4.4}$$

环境风为 $\overline{u}(z)$，且假定 $\widetilde{U}' = \frac{\mathrm{d}\overline{u}}{\mathrm{d}z} =$ 常数，用 $u = \overline{u}(Z) + u'$，$w = w'$，代入(3.4.1)～(3.4.4)式，并假定对流运动发生在一个圆柱内，得到 x-z 平面内的对流扰动的能量方程：

$$\frac{\partial}{\partial t}\iint_S \frac{1}{2}(u^2 + w^2)\mathrm{d}s = -\widetilde{U}'\iint_s uw\mathrm{d}s + \beta\iint_s w\theta'\mathrm{d}s \tag{3.4.5}$$

$$\frac{\partial}{\partial t}\iint_S \frac{1}{2}\theta'^2\mathrm{d}s = -\alpha\iint_2 w\theta'\mathrm{d}s \tag{3.4.6}$$

式中 $\beta = \frac{g}{\theta_0}$，$s$ 为对流云的 x-z 平面的面积，α 是层结稳定度参数。为简化起见，注意方程中的 u，w 也是扰动量。

扰动速度场用流函数 $\boldsymbol{\Psi}$ 表示成

$$\begin{aligned} u &= \frac{\partial \boldsymbol{\Psi}}{\partial z} \\ w &= -\frac{\partial \boldsymbol{\Psi}}{\partial x} \end{aligned} \tag{3.4.7}$$

设在所讨论的时段内，对流系统的结构不变，而振幅可以变化，从而 $\boldsymbol{\Psi}$，θ' 可以分离变量为

$$\begin{aligned}\Psi &= A(t)\varphi(x,z)\\ \theta' &= B(t)\Theta(x,z)\end{aligned}\tag{3.4.8}$$

于是

$$\begin{aligned}u &= A\frac{\partial\varphi}{\partial z}\\ w &= -A\frac{\partial\varphi}{\partial x}\end{aligned}\tag{3.4.9}$$

将(3.4.8)和(3.4.9)式代入(3.4.5)式得

$$\frac{\partial}{\partial t}\iint_s\left[\frac{1}{2}A^2\left(\frac{\partial\varphi}{\partial z}\right)^2+\frac{1}{2}A^2\left(\frac{\partial\varphi}{\partial x}\right)^2\right]\mathrm{d}s=\tilde{U}'\iint_s A^2\left(\frac{\partial\varphi}{\partial x}\right)\left(\frac{\partial\varphi}{\partial z}\right)\mathrm{d}s+\beta\iint_s\left(-A\frac{\partial\varphi}{\partial x}\right)B\Theta\mathrm{d}s$$

或写成

$$\frac{1}{2}\frac{\mathrm{d}A^2}{\mathrm{d}t}\iint_s(V^2+W^2)\mathrm{d}s=-\tilde{U}'A^2\iint_s WV\mathrm{d}s+\beta BA\iint_s W\Theta\mathrm{d}s$$

于是

$$\frac{\mathrm{d}A}{\mathrm{d}t}=-\tilde{U}'K_1A+\beta K_2B\tag{3.4.10}$$

式中

$$K_1=\frac{\iint_s WV\mathrm{d}s}{\iint_2(W^2+V^2)\mathrm{d}s},\qquad K_2=\frac{\iint_s W\Theta\mathrm{d}s}{\iint_s(W^2+V^2)\mathrm{d}s}\tag{3.4.11}$$

而

$$\begin{aligned}V &= \frac{\partial\varphi}{\partial z}\\ W &= -\frac{\partial\varphi}{\partial x}\end{aligned}\tag{3.4.12}$$

将(3.4.8)和(3.4.9)式代入(3.4.6)式有

$$\frac{\partial}{\partial t}\iint_s\frac{1}{2}B^2\Theta^2\mathrm{d}s=-\alpha B\iint_s AW\Theta\mathrm{d}s$$

即得

$$\frac{\mathrm{d}B}{\mathrm{d}t}=-\alpha l_1A\tag{3.4.13}$$

式中

$$l_1=\frac{\iint_s W\Theta\mathrm{d}s}{\iint_s\Theta^2\mathrm{d}s}\tag{3.4.14}$$

由(3.4.10)和(3.4.13)两式消去 B 后，便得描写流场振幅变化的方程

$$\frac{\mathrm{d}^2A}{\mathrm{d}t^2}+\widetilde{U}'K_1\frac{\mathrm{d}A}{\mathrm{d}t}+K_2l_1\alpha\beta A=0 \tag{3.4.15}$$

这个齐次线性微分方程的解为

$$A=C_1\mathrm{e}^{\sigma_1t}+C_2\mathrm{e}^{\sigma_2t} \tag{3.4.16}$$

式中 $\sigma_{1,2}$ 为增长率，它是下列特征方程的特征根 $\sigma^2+\widetilde{U}'K_1\sigma+K_2l_1\alpha\beta=0$，即

$$\sigma_{1,2}=-\frac{\widetilde{U}'K_1}{2}\pm\sqrt{\left(\frac{\widetilde{U}K_1}{2}\right)^2-\alpha\beta K_2l_1} \tag{3.4.17}$$

根据特征根(3.4.17)的性质，可以判别对流发展的条件：

(1) 当 $\alpha<0$，即静力不稳定时，$\sigma_1>0$，而 $\sigma_2<0$，即对流运动振幅成指数增长(或衰减) 对流运动是不稳定的。

(2) 当 $\alpha>0$，即静力稳定时，有四种情况：

① 当 $\widetilde{U}'K_1<0$，并且 $\alpha\beta K_2l_1\leqslant\frac{\widetilde{U}'^2K_1^2}{4}$，令 $Ri=\frac{\alpha\beta}{\widetilde{U}'^2}$ 为里查森数，即有

$$Ri\leqslant\frac{1}{4}\frac{K_1^2}{K_2l_1} \tag{3.4.18}$$

此时，σ_1，σ_2 总是为正，对流扰动的振幅成指数增长。

② 当 $\widetilde{U}'K_1<0$，而且 $Ri>\frac{1}{4}\frac{K_1^2}{K_2l_1}$。此时 σ_1，σ_2 的解有虚数部分，对流扰动的振幅成指数振荡增长。

③ 当 $\widetilde{U}'K_1>0$，并且 $Ri\leqslant\frac{1}{4}\frac{K_1^2}{K_2l_1}$。此时 σ_1，σ_2 总是负数，对流扰动的振幅成指数衰减。

④ 当 $\widetilde{U}'K_1>0$，而 $Ri>\frac{1}{4}\frac{K_1^2}{K_2l_1}$。对流扰动的振幅成指数振荡衰减。

由此可见，除不稳定层结是有利于对流发展的一个因子外，对于一定结构的对流环流，即使在层结稳定的情形下，风垂直切变也能够使对流运动发展。

这种动力学的机制可以用下面的物理模型来解释。

在大气中高空急流的下方风场的结构常为 $\widetilde{U}'>0$，即风速随高度增加。若对流流场的结构具有 $K_1<0$ 的性质，即 $\iint_s WV\mathrm{d}s<0$。这表明，对流扰动中，垂直速度和水平速度之间需要具有净的负相关。

图 3.4.1 是由美国海洋大气局(NOAA)应用双多普勒雷达观测到的成熟和消散阶段强雷暴内部的三维气流结构。图 3.4.1(a)是 6.4km 高度上的水平相对气流，其 y 轴指向北方。图 3.4.1(b)是沿着图 3.4.1(a)中虚线剖面上的气流型式，图中清楚地表明进入雷暴云体的气流，向着逆切变气流方向倾斜上升，然后从高空流出，与云体周围的

干下沉气流形成一个后倾的环流圈。具有这种内部流场结构的对流云，满足垂直速度与水平速度具有净的负相关条件，即 $K_1<0$，因而除热力不稳定能提供发展能量以外，在它发展过程中，还能从风垂直切变环境中获得动能，使它进一步向高空发展，这种风垂直切变的环境在一般有高空急流时出现，所以经常见到对流云在高空急流的下方猛烈发展，有时还会穿透对流层顶进入平流层。例如，1975 年 5 月 30 日，由安徽的定远、凤阳开始，直到上海地区，发生了一次强冰雹过程。17 时南京也出现了冰雹，雹云的雷达回波顶高达 14km 以上。从探空资料来看，南京 30 日 08 时 300hPa 以上 $\gamma<\gamma_m$ 为绝对稳定层结，11 时，按气块法作状态曲线，对流上限也只达 10km 左右。30 日 08 时300hPa 急流轴附近最大风速为54～56m/s。急流下方8～9km的风速垂直切变达 2.1×10^{-2}/s。雹云之所以大大超过由热力层结确定的对流高度，是与高空急流分不开的。高空强风区所提供的能量，不仅可以弥补高层热力层结稳定的缺陷，而且还能助长对流冲到对流层顶或以上。比较 08 时和 20 时高空风速的变化可以看出，在南京降过冰雹之后，上空 8～14km 间的高空风速明显减小，在 12km 高空减得最多，达22m/s，这是强大冰雹云从高空强风中获得发展动能的依据。

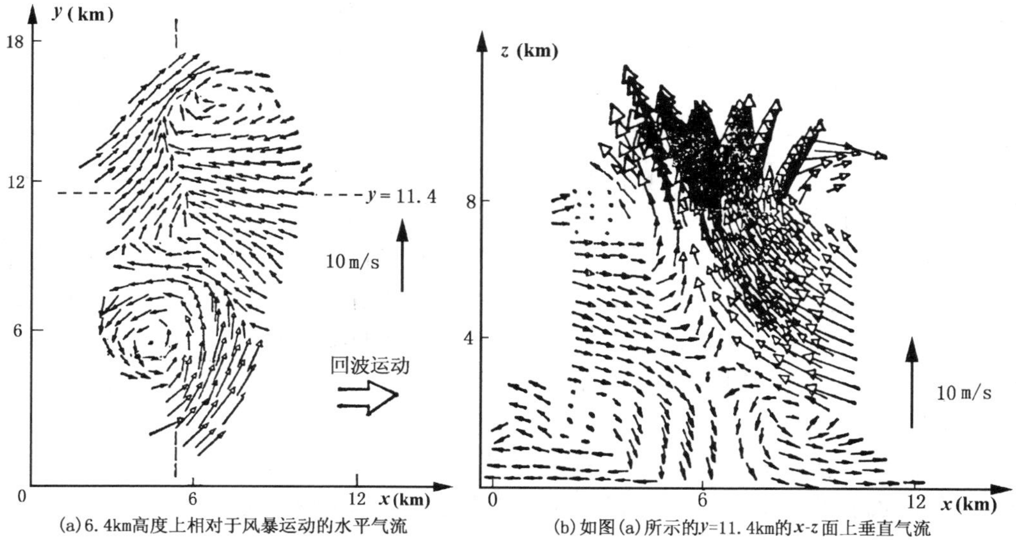

(a) 6.4km高度上相对于风暴运动的水平气流　(b) 如图(a)所示的y=11.4km的x-z面上垂直气流

图 3.4.1　应用双多普勒雷达观测到的成熟和消散阶段雷暴内部的三维气流结构(引自 Kropfli，1975)
图中箭头的长度和相对风速成正比

3.4.2　风的垂直切变影响对流运动的物理过程

风的垂直切变对于普通雷暴演变成持续性强对流风暴起着重要意义，其物理过程如图 3.4.2 所示，这是当代观测研究得到的强风暴天气系统具有典型意义的天气学概念模型，通过这一模型可说明许多物理问题及理论工作。

这里先讨论风垂直切变的影响。低层大气层结为条件不稳定大气，上面覆盖着干空气，干湿空气之间存在风的垂直切变；在中层以上有干冷气自云体后部吸入，与云中饱和空气混合，因水份蒸发进一步冷却而下沉，它按湿绝热下降，在云体后形成湿下沉气流。进入下沉气流的环境空气，具有中层环境较高的动量，使下沉气流穿过风暴向前流动，并与前方暖湿空气辐合，加之到达地面的空气温度较低，成为冷的出流，由此抬升暖湿空气，使上升气流呈倾斜状态，倾斜上升气流是逆切变方向的。在这种气流模型下，风的垂直切变作用主要表现在以下五个方面：

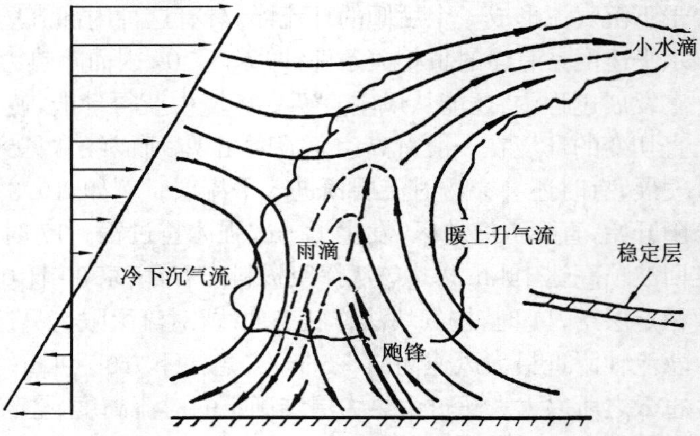

图 3.4.2 中低空风垂直切变对对流发展的影响
(引自吉崎正宪,1977)

(1)在这种具有风切变环境下作倾斜上升运动的强风暴，对大小水滴有分离作用，以致大水滴能离开上升气流而不会因雨滴的拖带作用减弱上升气流的浮力。这是由于水滴大小的差别和环境风的影响，会使水滴的速度矢量偏离所处的空气速度矢量，其偏离程度依水滴大小和环境风的量值而不同。造成在强对流中上升气流的水滴的路径有明显的不同。水滴越大，偏离越大。大水滴(雨滴)因偏离大而累积在上升气流逆切变一侧，并离开上升气流落向低层。小水滴偏离小，基本上随上升气流带至高空。大水滴(雨滴)在下落的过程中，由于它们的拖带力和蒸发冷却作用，加强云体后部的湿下沉气流，而不致于由于降水的拖带减弱上升气流。这种顺切变的湿下沉气流与逆切变的上升气流通过各自通道下沉和上升，两者呈准片流状态，形成对流风暴和环境之间能量供给和释放的有组织的环流系统，将短生命的普通雷暴演变成长生命史的对流风暴。

(2)从强垂直风切变环境中发展起来的强风暴模式中可以看到，它增强中层干冷空气的吸入，加强了风暴中的下沉气流，在上节论述强风暴系统下沉气流的作用时也说明了这一点。

(3)风的垂直切变对强风暴系统的传播有重要影响，有风的垂直切变的强风暴系统使低层风场分布形成的散度分布特征，有利于风暴在其前方不断再生并向前传播，对于风速随高度改变的简单的情况下(如图 3.4.3)，云中由于强的乱流活动使上、下层动量混合，造成云内风速分布均

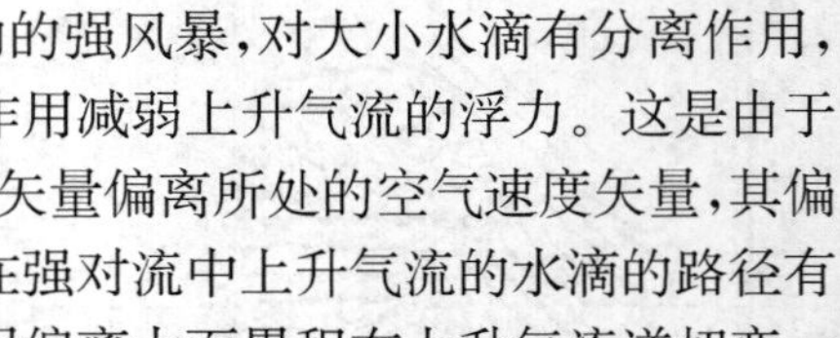

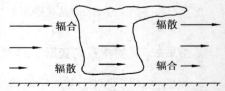

图 3.4.3 风速随高度改变时雷暴附近辐散场分布示意图

匀化，因而在云的前部低空有辐合，高空有辐散，产生上升运动，有利于新雷暴单体出现，而在云的后部则相反，使风暴减弱，这种过程使风暴不断向前传播。同时由对流单体下方下沉气流产生的冷空气堆而产生的水平外流分量，由于风垂直切变影响，外流产生的地面辐合呈现不对称形式，最强的辐合出现在有组织单体的顺切变方向，此时沿外流边界的辐合带上新对流单体一再发展可能造成多单体结构。而没有风的垂直切变时，外流冷空气均向四周传播，即使形成新单体但无运动，而辐合带已传播出去，新单体在辐合带后的冷而稳定的环境中，进一步发展便不可能，只能呈普通单体风暴。

如果风向随高度变化，例如环境场的地面为南风 $\vec{V}_L$，高空某层为西风 $\vec{V}_H$（图 3.4.4），在云中由于湍流混合，风应近似地为 $\vec{V}_L$、$\vec{V}_H$ 合成（平均风）的方向，令其为 $\vec{V}$，$\vec{V}$ 为西南风，这样，相对于云的周围气流的运动方向在高层应为 $\vec{V}_H - \vec{V}$，低空为 $\vec{V}_L - \vec{V}$，即高层为西北风，低层为东南风，如果将 $\vec{V}$ 近似看作对流云柱移动的方向，由图 可见在这样风切变情况下（风随高度顺转），在对流云前进方向的右侧，低空有辐合（相对流入），高空有辐散（相对流出），有利于新对流单体的形成。而在其左后侧高空辐合，低空辐散，不利于新单体形成。

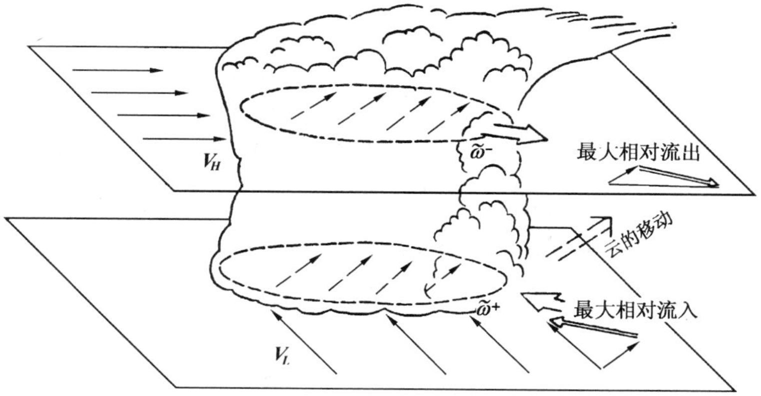

图 3.4.4　风向随高度顺转时相对入流和出流分布示意图（引自 Newton，1960）

（4）由于风的垂直切变，产生流体动力学压力，在风暴右侧有利于新的对流单体增长。在切变环境中的对流云柱，可以看作是位于大气中的一个障碍物，它使气流围绕对流云柱流动，在这样一个障碍物的上风方（如图 3.4.4 中低层的相对入流处）可观测到正的动压力，而在下风方（高层的相对出流处），可观测到负的动压力，结果在对流云柱右侧建立向上的动压垂直梯度，在对流云柱左侧建立向下的动压垂直梯度，这种动压垂直梯度引起的垂直速度为

$$\frac{\mathrm{d}w}{\mathrm{d}t} = g\frac{T'}{T_s} - \frac{1}{\rho_s}\frac{\partial \overline{\omega}}{\partial z}$$

式中第一项为浮力项，第二项为动压垂直梯度的作用。在强垂直风切变环境下，云内与周围风之间的相对运动可以达 10～20m/s 的量级，由此，可以推算动压将在 0.5～2.0hPa之间，用此计算通过云层厚度(600hPa 左右)的平均动压垂直梯度所造成的对流加速度相当于温度增加 1℃产生的数值，这对风暴有明显的影响，在图 3.4.4 情况下，雷暴右侧将出现正的对流加速度，左侧产生负的对流加速度，从而使云体在右侧不断产生，云体向右传播。目前认为并不是切变愈强时对风暴发展愈有利。因为风垂直切变太强的情况下，会使大量的雨滴带至空中更大的地区蒸发，这种冷却并不集中在主要下沉区(即最强冷却区与下沉气流中心不一致)，所造成的下沉气流强度反不如中等切变情况强，相应地它对暖湿空气抬升作用也弱了。对于切变是否愈强对风暴发展愈有利，这个问题还待进一步研究。

(5)风的垂直切变使对流单体的分裂。对流单体有时会发生分裂，分裂与环境风场的垂直切变有关。图 3.4.5(a)首先给出一个具有垂直切变的环境风场。由于存在风的垂直切变，便形成一支水平轴的涡管，当上升气流发展后，水平涡管向上凸起，于是形成

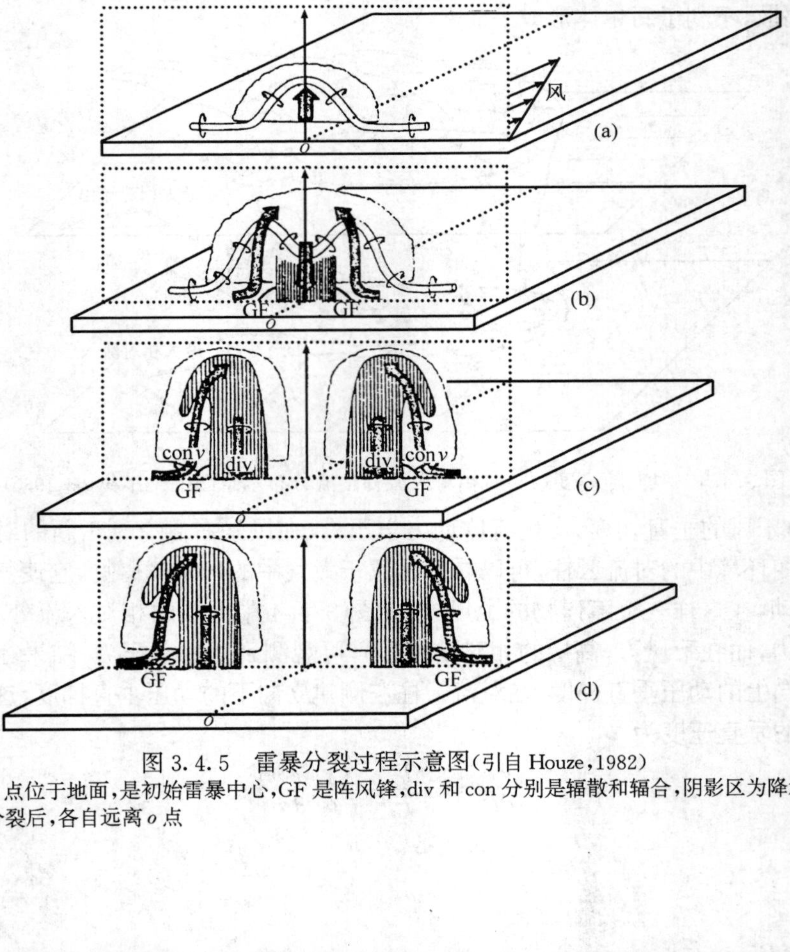

图 3.4.5　雷暴分裂过程示意图(引自 Houze，1982)

图中 o 点位于地面，是初始雷暴中心，GF 是阵风锋，div 和 con 分别是辐散和辐合，阴影区为降水区，雷暴分裂后，各自远离 o 点

两支旋转方向相反的垂直轴涡管，图3.4.5(b)表示当对流单发展到一定阶段后，降水开始出现。由于降水物的拖曳作用和中层干冷空气的进入便在云的中心部分造成下沉气流，从而使上凸的涡管下凹，因而造成下沉气流也包含两个反向旋转的涡旋。这样便在下沉气流两侧形成两股上升气流，每股上升气流都开始各自的发展和传播。于是便把一个雷暴单体分裂成两个雷暴单体，一个向右移动(称为右移风暴)，一个向左移动(称为左移风暴)。

§3.5　低空急流与高空急流

风的垂直切变是风场随高度分布的一种状态，当对流层上部风速达30m/s，且当风的垂直切变达到一定数量级[一般为5～10m/(s·km)]时，并且水平切变达到每100km为5m/s时形成强而窄的气流带即为急流，急流中心的长轴是急流轴，急流轴线有一个或多个风速极大值中心，急流轴在三维空间中呈准水平，多数为东西向，水平尺度长达上万公里，此为高空急流。

在对流层600hPa以下，也常有强而窄的气流带，虽然垂直切变和水平切变达不到上述标准，而且水平尺度比对流层上部小得多，但与中尺度对流天气有密切关系，因此，将600hPa以下的出现强而窄的气流带称为低空急流，低空急流与高空急流都有强烈的非地转特征，急流两侧产生气旋性和反气旋涡度，因此对天气系统发展有重要作用。

3.5.1　低空急流与强对流天气

3.5.1.1　基本特征

低空急流(LLJ)出现在对流层下部，在850hPa和700hPa层中最明显，一般最大风速可达15～25m/s，更强的风速也可以见到。低空急流是一种动量，热量和水汽的高度集中带，这种低空的高速气流具有以下一些特征：

①很强的超地转风，在夏季，对流层气压梯度和温度梯度都很小，这种温压场结构所造成的热成风不足以维持急流轴以下很强的风的垂直切变。一般情形下，实际风速超过地转风20%以上。图3.5.1给出1972年7月长江下游一次低空急流超地转的情况，可以看到整个低空急流及其附近的大风区都为超地转，最强超地转强度达该层风速的40%，这种超地转的特性与暴雨的发生有密切关系；

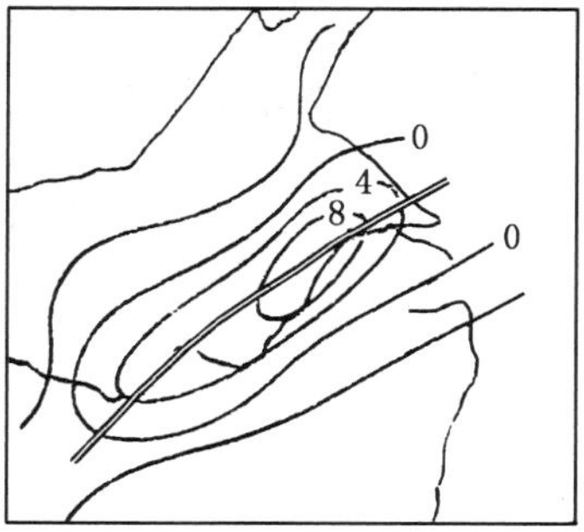

图3.5.1　1972年7月2日900hPa沿LLJ超地转风($v' = v - v_g$)分布图
单位：m/s(引自孙淑清，1979)

②低空急流有明显的日变化；低层风速一般在日落开始增大，而到凌晨日出之前达到最大值，这时风的垂直切变也最大，急流结构最清楚。图 3.5.2 是位于急流轴上的汉口站的风速变化图，在 7 月 2～4 日，每天都有一个最大风速中心出现，出现的时间为 02～08 时之间，最小值则出现在 08～20 时之间，急流在夜间加强的现象常常被用来解释雷暴和暴雨出现在夜间的观测事实；

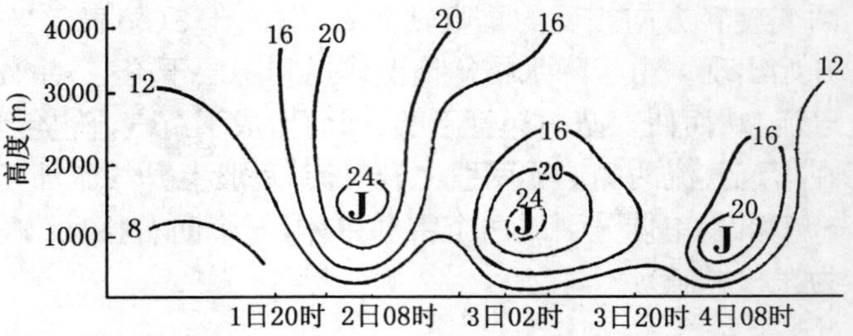

图 3.5.2　汉口站 1972 年 7 月 1～4 日风速度变化图
（引自孙淑清，1979）

③小的 *Ri* 数分布。在低空急流区内，*Ri* 往往很小，甚至为负值，使之成为一支不稳定的急流，这种情况有利于对流或中尺度天气的发展；

④强风速中心的传播。人们认为沿 LLJ 轴传播的中尺度风速脉动或风速最大值（V_{max}）甚至比低空急流本身更为重要，这种情况很类似于高空急流中心的急流带。在一次暴雨过程中，可以观测到几个风速最大值中心沿急流轴向下游传播，每个风速最大值几乎由一垂直环流圈伴随，风速最大值前部为上升运动，后部为下沉运动，随着风速最大值的传播，热量和水汽的中尺度最大值也沿急流轴传播。

1991 年江淮地区梅雨期暴雨的发生与低空急流带内的大风中心（大风核）的传播密切相关，图 3.5.3 表明 7 月 1～10 日急流内风速大于 16 m/s，最大值 36m/s，随着大风核的传播，风的水平切变与垂直切变的非均匀性也随之变化。

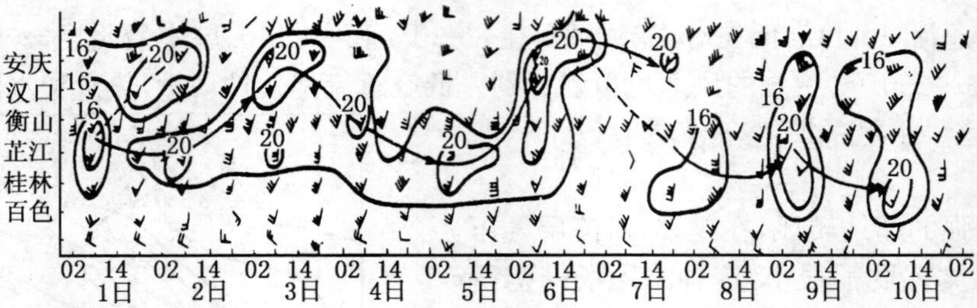

图 3.5.3　850hPa 低空急流大风速中心传播图（引自陆汉城，1993）

3.5.1.2　低空急流的作用

低空急流对强天气的发生发展有重要的作用。很早以来就已认识到低空急流的出现与暴雨有密切关系。根据日本的统计，日降水量大于 100mm 的暴雨大部分同时有低空急流出现。在日本九州地区，低空急流与后 6 h 的降水量的相关系数达 0.5。在我国华南和华北暴雨的发生中，低空急流的作用非常重要。在暴雨和强暴雨出现前期经常有低空急流发展北伸。据统计，70%～80%的暴雨发生与低空急流有关。飑线等强烈风暴发生时也常观测有低空急流的出现。例如 1977 年 6 月 28 日长沙飑线发生时出现 16m/s 左右的西南低空急流。1974 年 4 月 3～4 日在美国中西部在 24h 内连续爆发 144 个龙卷，也与低空偏南急流的向北伸展有关。

低空急流有三个方面的作用：一是通过低层暖湿平流的输送产生位势不稳定层结；二是在急流最大风速中心的前方有明显的水汽辐合和质量辐合或强上升运动，这对强对流活动的连续发展是有利的；三是在急流轴的左前方是正切变涡度区，有利于对流活动发生。根据日本梅雨暴雨发生频率与急流关系的统计，暴雨主要发生在急流轴左侧 200 km 之内的地区。

3.5.1.3　低空急流的种类

低空急流大致可以分为三类。它们的特征和生成原因不完全相同。

(1)大尺度低空急流或强风速带。在美国落基山以东常常出现大尺度低空急流，这种急流的高度很低，其上限离地面约 1～1.5km，平均最大风速高度在 800m。风速值很强，平均为 27m/s，有时高达 30～40m/s，急流的水平宽度为 300～400km，急流两侧的侧向切变约为 0.4×10^{-4}/s。这种急流主要出现在冬、夏季，并且有明显的日变化，一般夜间加强，并多伴有逆温层出现。这种急流存在的时间也长，且有准稳态的特征。它的出现也常与夜间逆温层的生成有关，急流生成的原因目前还不清楚，可能与大尺度地形的动力作用及地球对行星边界层阻力的振荡有关。低空急流的出现机制可能与美洲大陆地形有关，落基山对明显发展和西进的大西洋百幕大高压环流起着西界的作用。高压边缘的浅层东风气流在接触山脉障碍时被迫向北，结果在落基山以东转变为强偏南急流。这种急流可迅速地把墨西哥湾的暖湿空气带向北，并在风速中心前方产生辐合场，这可以说明一些夜间雷暴的发生发展。

在东非沿岸也存在着一支大尺度低空急流，这支低空急流叫索马里急流，它沿非洲东岸从赤道以南向赤道以北，即在马达加斯加岛以北流过，沿非洲东岸转向北和东北，在阿拉伯半岛东南达到 15～20m/s 的风速。索马里低空急流没有明显的日变化，它具有潮湿的南来气流，在 3km 以上有暖而干的空气，这支急流的轴心位置在 1.5km 高度。索马里低空急流的形成，一方面与东非山脉的阻碍作用有关，另一方面也与气压系统的强迫有关。此外，在东亚地区也存在与西南季风或东南季风联系的大尺度低空急流影响中国的天气。

(2)与中纬度气压系统(如锋面、气旋、低涡、高空急流中心等)有关的低空急流。这种低空急流主要出现在冷锋前或低压中心南侧，有时在暖锋前。曾观测到锢囚气旋的暖锋前有低空急流存在，急流中达到 40m/s 的风速出现在深厚暖锋区底部之上约600m 处。观测结果也表明，在冷锋前暖区中常出现一支暖湿的气流带，这就是后面章节所指出的输送带，许多对流系统或雨团就发生在这支输送带下方。输送带内的空气来自较低的纬度，有时来自副热带高压反气旋北侧，在向北流动中在暖区中通过边界层中小尺度混合而变得愈来愈暖湿，这种输送带的风速有时可以达到很高的风速而成为低空急流。在美国也观测到低空急流可以发展以响应天气尺度或次天气尺度过程，尤其是通过对美国大平原上背风气旋的生成的响应。统计表明，每个站约60%的急流日，可以发现有冷锋或低压中心位于该站以西560km内，而这些天中又有一半左右，锋面过境是出现在以后12h内，最近的研究又指出大平原上有组织的LLJ经常与背风面低槽背风气旋生成，或锋面过境有关，这种锋面又与更北方一个气旋有关。

图3.5.4是冬半年美国南部低空急流形成的天气模式图。前期在得克萨斯州和科罗拉多州间的高原地区，有反气旋生成，以后出现南风，当对流层下部出现绝热增暖和暖平流时，反气旋生成结束。这时因高空仍是西风，所以在落基山背风面气压开始下降，导致在得克萨斯州西北及其邻近地区有南风加强，因而科罗拉多的气压下降可以看作是低空急流的直接原因，以后南风在20 h内向墨西哥湾扩展。在低空急流上方，有下沉逆温存在，沿着这支急流，潮湿的空气进入低空急流区，并且急流入口区移到墨西哥沿岸，这种潮湿的热带空气起源于墨西哥湾的附近地区，实际上它是上次寒潮极地冷空气

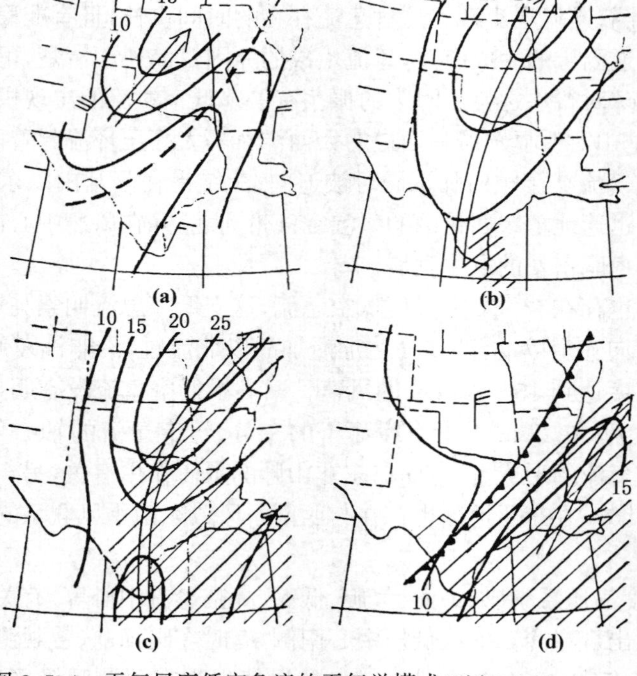

图3.5.4　天气尺度低空急流的天气学模式(引自Djuri'c，1980)
双箭头：急流核中流线；虚断线：脊；实线：等风速线(m/s)；阴影区：相对湿度大于80%的地区

迅速变性而成的。在一个发展的低空急流中，常常在得克萨斯南部可观测到次风速最大值。最后当一条新的极锋从西北抵近时，低空急流离开此区。由上面的过程可见，这种低空急流的发展过程与天气尺度过程是密切相关的。

这些事实都表明：除了地形因子之外，高低空天气系统的发展是引起 LLJ 发展的一个重要因子。天气尺度的低空急流由于是大尺度的，常达千余公里，并且日变化很小，白天和夜间强度基本相同。

(3)中尺度急流。中尺度急流出现在 900～600hPa，主要与激烈的对流活动或暴雨有关。急流一般在暴雨带南侧通过。这种急流是中尺度的，常常表现为大尺度急流带中的强风速中心，其日变化不明显。

与强对流联系的低空急流的风速垂直廓线有一个特点，在急流中心有一强烈的垂直切变，急流中心上空的深厚对流层的风速十分均匀。梅雨锋上的低空急流，即属于这种急流，一般认为这种急流是暴雨或对流活动的结果，由于水平动量的垂直混合过程造成。在雷暴发生前，在湿区并不明显的低层强风中心，随着风暴区对流活动的发展，垂直动量输送加强，下沉运动把较大的水平动量从上面带到下面，而上升气流把下面较小的动量带到上空，因而这种切变气流中的运动使上层风速减小，下层风速增大，最后使对流发生的层次中，风速分布基本上趋于均匀化，而在对流活动层次以外则有强的垂直切变。最大风速中心(急流)也出现在强对流区中对流活动的底部。

只用对流所引起的垂直混合解释低空急流的形成是不够的，因为，低空急流的风场具有非地转特征，使急流轴上、下层质量和运动场发生不平衡，按照动力学理论，这种不平衡会导致一个垂直环流以调整这种失衡。

由于动量下传使低空急流中心附近的风速是超地转的，而以上的风速是次地转的，其结果在急流中心高度以下实测风的垂直切变(正切变)大于地转风垂直切变$\left(\frac{\partial u}{\partial z}>\frac{\partial u_g}{\partial z}\right)$。急流中心高度之上垂直切变(负切变)小于地转风垂直切变$\left(\frac{\partial u}{\partial z}<\frac{\partial u_g}{\partial z}\right)$，这种不平衡的状态将产生力管环流(如图 3.5.5 所示)，可从涡度方程决定这种力管环流的方向。考虑东西向的急流，x 方向指向为正东，y 轴指向北为正。沿 x 方向的涡度分量为$\left(\frac{\partial w}{\partial y}-\frac{\partial v}{\partial z}\right)$，在无辐散，忽略扭转项及伸长、涡旋项后，并引入 y-z 平面中的流函数

$$v=-\frac{\partial \psi}{\partial z},\qquad w=\frac{\partial \psi}{\partial y}$$

可得 x 方向扰动涡度方程和平均运动方程

$$\frac{\partial}{\partial t}\nabla^2\psi=f\left(\frac{\partial u}{\partial z}-\frac{\partial u_g}{\partial z}\right)$$

$$\frac{\partial \bar{u}}{\partial t} = -f\frac{\partial \bar{\psi}}{\partial y} - \frac{\partial}{\partial z}\overline{u'w'}$$

这两个方程决定了低空急流附近的垂直环流，由于水平动量的对流输送（$\overline{u'w'}$）产生动量的辐合，这造成 u 增加，由此产生力管的不平衡，同时加速垂直环流，如在急流轴之下，$\frac{\partial u}{\partial z} - \frac{\partial u_g}{\partial z} > 0$，则正涡度（或环流）加强，如图 3.5.5(b) 下方的环流圈，急流轴右侧下沉，左侧上升，在急流轴之上$\frac{\partial u}{\partial z} - \frac{\partial u_g}{\partial z} < 0$，则负涡度加强，产生如图上部的相反环流图。

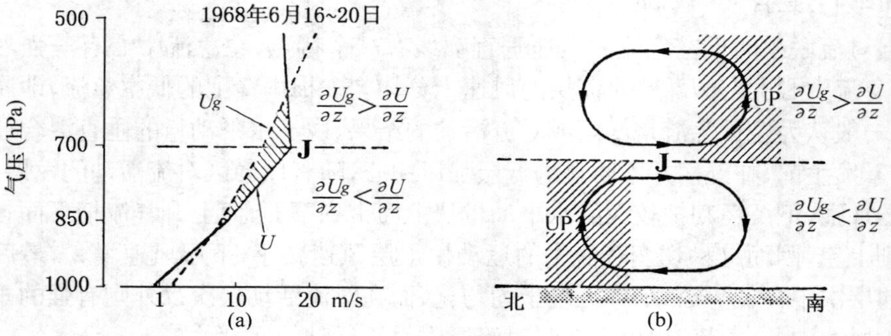

图 3.5.5　急流附近垂直环流的产生(引自松本诚一,1971)

上方的环流圈中，急流轴右侧上升，左侧下沉，下沉气流造成暖、干的空气，上升气流造成冷、湿的气流。急流附近的实际湿度场分布证明了这种环流圈的存在。另外，根据急流附近垂直切变的变化也可推出涡度场的特征，在急流轴以上，由于是负切变（风速减小），据热成风关系应有$\frac{\partial T}{\partial y} > 0$，即气温向北增加，在急流轴以下反之，气温向南增加，观测分析也证明这种温度场分布确实是存在的。

这种中尺度环流是运动场和质量场不平衡造成的，其中运动场是主要的，它与大尺度环流的适应过程是不一样的。因此，暴雨区里的对流运动维持低层非地转风的增加，而超地转风又引起力管环流，力管环流使急流北侧导致上升运动又维持了对流运动。

3.5.2　高空急流的作用

在预报强雷暴或强暴雨天气时，应考虑对流层上部的高空辐散机制。在许多情况下，高空急流是产生高空辐散的机制之一。在中纬度，强雷暴或飑线最常出现的地点是在高空急流（或中空急流）影响区。高空辐散机制具有两个作用：一是抽气作用；二是通风作用。若形象地把对流上升气流看做“烟筒”，那末，当有高空急流时，这个“烟筒”向上呈倾斜状，“烟筒”顶部的强风起着抽风作用，有利于上升气流的维持和加强。另外，在对流云体发展的过程中,由于水汽凝结释放潜热,会使对流云的中上部增暖,整个气柱层结趋于稳定,从而抑制对流的进一步发展。当有高空急流存在时,对流云中上部所增加的热量,就不断被高空强风带走,起着通风作用,因而有利于对流云的维持和发展。

由于高空急流轴线内风速不均匀,有大风速核的传播。近年来,人们又进一步将出(入)口区不同部位的散度分布与对流的发展联系起来研究。在对流层高层(300～200hPa),绝对涡度的局地变化$\frac{\partial \zeta_a}{\partial t}$是很小的,因而,涡度方程中的散度项近似地为涡度平流项所平衡,即

$$\nabla \cdot V \approx -\frac{V}{\zeta_a}\frac{\delta \zeta_a}{\delta s}$$

由上可知,在对流层高层,正涡度平流(PVA)与辐散相联系,负涡度平流(NVA)与辐合相联系。

对于如图 3.5.6(a)所示的高空急流,它的大风核左侧为气旋性涡度中心,因此,在其左前方和右后方(Ⅰ,Ⅲ象限)为正涡度平流和辐散区;大风核的右前方和左后方(Ⅱ,Ⅳ象限)情况相反,为负涡度平流和辐合区。

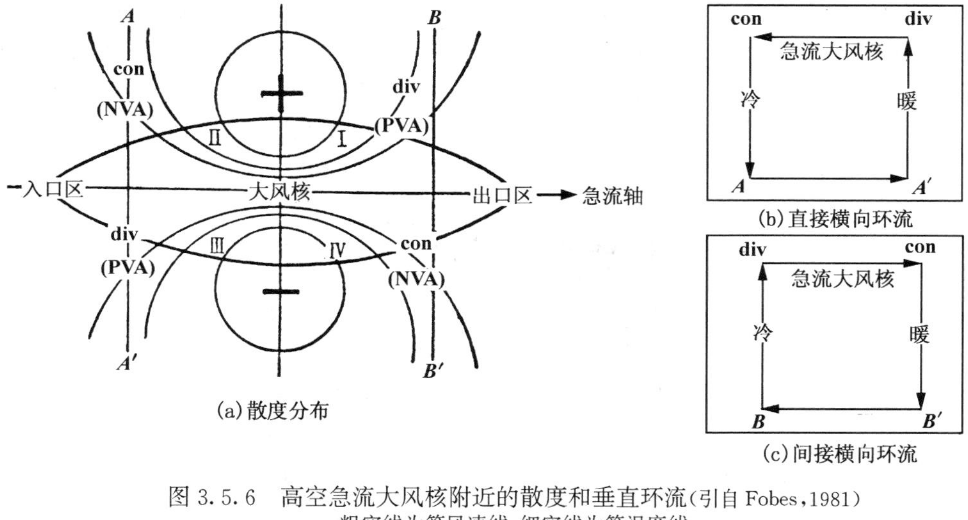

图 3.5.6　高空急流大风核附近的散度和垂直环流(引自 Fobes,1981)
粗实线为等风速线;细实线为等涡度线

根据图 3.5.6 的散度分布可以推出,通过入口区(沿 AA' 线)的垂直环流圈为一暖空气上升、冷空气下沉的直接(正)环流圈,如图 3.5.6(b)所示,在出口区(沿 BB' 线)则相反,为一暖空气下沉、冷空气上升的间接(逆)环流圈,如图 3.5.6(c)所示。大风核两侧这种垂直环流圈的存在,通过数值模拟已经得到了证实。在考虑高空急流出口区的非地转气流所造成的间接环流,其中的垂直运动可大于 0.2m/s。上层气流的横向分量为 5.8m/s,它把空气质量从高空急流的气旋性一侧输送到反气旋一侧,使低层反气旋

一侧气压升高，气旋一侧气压下降；下层的气流横向分量为 4.7m/s，它主要是等变压风引起的。由于在这两个垂直环流圈内出现相当强的垂直运动，在高空急流大风核的左前侧和右后侧的两个区域，即在环流圈的上升支内，有利于对流云的发展。高空急流的入口区与出口区的不同垂直环流还可以用动量方程来解释，由于$\frac{\mathrm{d}u}{\mathrm{d}t}=f(v-v_g)$，在入口区$\frac{\mathrm{d}u}{\mathrm{d}t}>0$，所以产生$(v-v_g)>0$的偏南风分量，是经向环流的一个组成部分；出口区情况相反。

3.5.3　高低空急流的耦合与对流天气

低空急流轴线左前方是正切变涡度区，因此垂直于急流轴线的次级环流是左侧有上升运动、右侧为下沉运动，当高空急流出口区与入口区形成的次级热力环流与低空急流的次级环流形成不同方式的耦合时，对流天气的影响不一样，如图 3.5.7(a)所示。

在高空急流出口区，低空急流轴与高空急流轴相交；而在入口区，低空急流轴与高空急流轴相平行。入口区和出口区的次级环流与高、低空急流之间的联系如图 3.5.7(b)和图 3.5.7(c)所示，出口区的低空急流是高空急流中心附近间接热力环流的组成部分；而入口区的低空急流则与高空急流分别在两个独立的次级环流中，但两个次级环流的上升支重合在一起，由图 3.5.7 可见，与低空急流相联系的次级环流的上升支都位于低空急流左侧，这是有利于强对流和暴雨发生的部位。

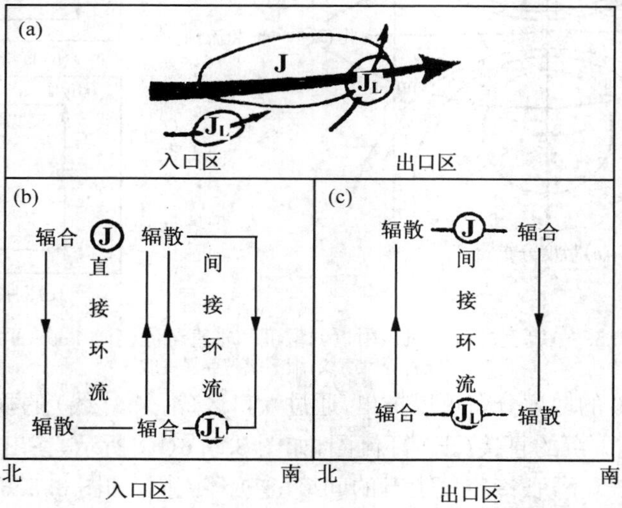

图 3.5.7　高空急流和低空急流的耦合形式及次级环流示意图(引自寿绍文，1993)
J 为高空急流中心，J_L 为低空急流中心

3.5.4　高低空急流耦合对强风暴发展的作用

在有高低空急流耦合的情况下，特别是在高空急流出口区的高低空急流耦合常常有利于强对流风暴的发生和发展。在这种形势下，低层低空急流造成暖湿空气输送，高空急流则造成干冷空气平流，从而加强了大气潜在不稳定。而且高低空急流耦合产生的次级环流上升支将触发潜在不稳定能量的释放。图 3.5.8 是在急流出口区高低空急流耦合触发强对流天气过程的示意图。

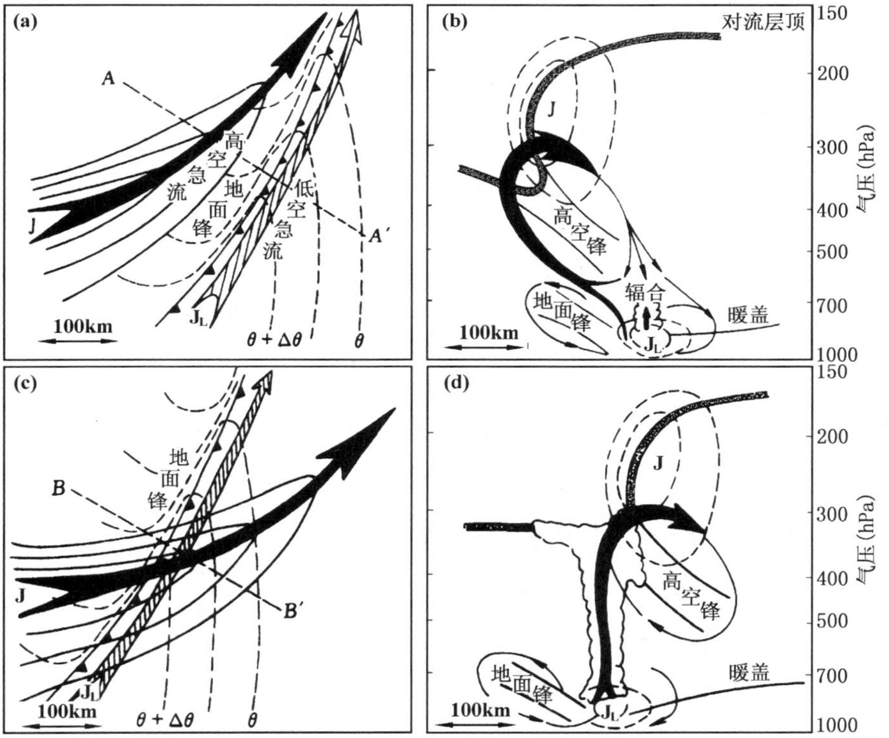

图 3.5.8　高低空急流相互作用引起强对流爆发的过程示意图

图(b)和图(d)分别沿 AA' 和 BB' 垂直剖面图(引自 Shapiro，1982)

由图 3.5.8 可见，在起始时刻，在高空急流中心出口区前方有一条冷锋和低空急流。通过图 3.5.8(a)和图 3.5.8(b)上的 $A'A$ 线的垂直剖面图表明，低空急流与锋面之间有低层辐合上升，而高空急流中心出口区的间接热力环流控制着低空急流及地面锋上方的高空区域，因而低空的上升受到高空下沉运动的抑制，造成对流层中部辐散，阻止对流向上发展，同时也造成对流层中部干燥的环境条件。这时低层的偏南风使低层水汽增加。从而造成上干下湿的对流不稳定层结，而且一个盖帽逆温(或稳定)层，起了贮存不稳定能量的盖子的作用。这样就为产生强对流天气蕴酿了不稳定能量的条件。接着当高空急流向东移到位于地面锋和低空急流上方时，图 3.5.8(c)和图 3.5.8(d)表示在地面锋和低空急流的低层抬升与高空急流中心出口区左侧的高空辐散相重合的区域，便形成了深厚的上升气流。它促使低层暖湿空气抬升，从而释放不稳定能量，造成强对流爆发。

§3.6　积云对流反馈作用

当一潮湿空气块受到某种扰动而强迫抬升时可以逐渐变为饱和，并发生凝结和释放潜热，在条件性不稳定的大气中，则受扰气块受到周围大气的浮力作用而向上加速运动，即产生了积云对流，单体积云对流是大气中的一种局地现象，积云的水平尺度一般为 100m 到 20km 左右，生命史为十几分钟到几小时，垂直尺度大体与水平尺度相当，深厚积云的云顶可达到平流层底部，在积云发展过程中，上升气流很强，一般超过 1m/s，最大可达 20～30m/s。

积云对流的发生，除了大气的层结不稳定外，同周围的环境也有重要的关系，一般说，环境场影响着积云的形成和发展，而积云的存在和活动即积云对流通过对各种物理量（热量、水汽和动量）的输送，改变了环境状况，这就是大尺度大气运动和积云对流的相互作用问题，特别是在大尺度天气系统作用下形成的组织化了的积云对流，它们的生命史和空间尺度及垂直运动要比单体积云大得多，因而组织化的积云对流产生的凝结和释放潜热反过来对大尺度的大气运动有很强的反馈作用。

3.6.1　积云对流潜热反馈对垂直速度的增幅作用

大气中的垂直运动，一般可区别为大尺度和小尺度的垂直运动。大尺度上升运动，如空中槽前、地面气旋附近以及沿锋面滑升等等有组织的积云对流的上升运动。在局地积云对流中的上升运动属于小尺度上升运动。这里主要介绍潜热反馈对大尺度上升运动的增幅作用。

在单位时间内，由于上升运动引起的水汽凝结，所释放的潜热为

$$Q = -L_c \frac{\mathrm{d}q_s}{\mathrm{d}t} \simeq -L_c \frac{\partial q_s}{\partial p}\omega \tag{3.6.1}$$

其中 ω 就是大尺度上升运动。在地转假定下，ω 可由下列诊断方程确定，即

$$\mathscr{L}(\omega) = -\frac{f_0}{\sigma}\frac{\partial}{\partial p}A_\zeta - \frac{1}{\sigma}\nabla^2 A_T - \frac{1}{\sigma}\nabla^2\left(\frac{R}{p}\frac{Q}{C_p}\right) \tag{3.6.2}$$

式中线性算符

$$\mathscr{L}(\quad) \equiv \left(\nabla^2 + \frac{f_0}{\sigma}\frac{\partial^2}{\partial p^2}\right)$$

其中 ∇^2 为水平拉普拉斯算符；

$$A_\zeta \equiv \vec{V}_g \cdot \nabla\left(\frac{1}{f}\nabla^2\Phi + f\right)$$

为绝对涡度平流；

$$A_T \equiv -\vec{V}_g \cdot \nabla\left(-\frac{\partial \Phi}{\partial p}\right)$$

为温度平流。

(3.6.2)式就是考虑非绝热加热项 (Q) 的 ω 方程，它可用于分析讨论潜热反馈对 ω 的增幅作用。需要注意，(3.6.2) 式的右端是强迫项，使用这个诊断方程时 $\sigma = 0$。

由于(3.6.2)式是线性方程，因此按照该式右端的强迫项可将 ω 分为绝热和非绝热两部分，即

$$\omega = \omega_a + \omega_Q \tag{3.6.3}$$

其中 ω_a 和 ω_Q 分别为绝热和非绝热部分的上升运动，并且使

$$\mathscr{L}(\omega_a) = -\frac{f_0}{\sigma}\frac{\partial}{\partial p}A_\zeta - \frac{1}{\sigma}\nabla^2 A_T \tag{3.6.4}$$

$$\mathscr{L}(\omega_Q) = -\frac{1}{\sigma}\nabla^2\left(\frac{R}{p}\frac{Q}{C_p}\right) \tag{3.6.5}$$

显然，将(3.6.4)加(3.6.5)式，并考虑到(3.6.3)式，即得到(3.6.2)式。如果，将(3.6.5)式右端的加热项作用，取成(3.6.1)式所示的潜热作用，即

$$Q \simeq L_c \frac{\partial q_s}{\partial p}\omega_a \tag{3.6.6}$$

下面由(3.6.4)、(3.6.5) 和(3.6.6) 式来讨论潜热反馈对 ω 的增幅作用。

由于(3.6.4) 式是没有水汽凝结、干绝热情况下的 ω 诊断方程，因此在一定的温压场形势下，具有一定的绝对涡度平流(A_ζ) 和温度平流(A_T)，与此相伴随就有一定的大尺度绝热上升运动 ω_a，此种上升运动 ω_a 在(3.6.6) 式中是凝结的原因，但是所释放的潜热 Q，在(3.6.5) 式又作为强迫项，却成了产生上升运动 ω_Q 的原因。因此，凝结对于非绝热上升运动 ω_Q"反果为因" 地起了反馈作用。

正是由于大尺度形势场所伴随的 ω_a 场，产生了凝结和加热，而此种凝结加热又可反过来产生新的上升运动 ω_Q，或者增强了原先产生凝结的上升运动 ω_a，使之成为 $\omega = \omega_a + \omega_Q$，这就是凝结反馈对垂直运动的增幅作用。此种现象，在实际降水过程中也是存在的。例如，在"1975 年 8 月河南特大暴雨研究报告" 中，曾利用类似于(3.6.2) 式，但是比(3.6.2) 式右端多考虑三项其它物理过程的具有六个物理因子的 ω 方程，计算了 5 日 08 时 ～ 8 日 08 时各层的 ω 场。

图 3.6.1 是暴雨区中心附近五个网格点上的空间平均 ω 的时间曲线。图中实线是凝结加热项引起的上升运动 ω_6，虚线是其他五项(主要是大尺度形势场和摩擦地形等)

造成的上升运动 ω_{1-5}，总的上升运动 ω_{1-6} 由点划分表示。

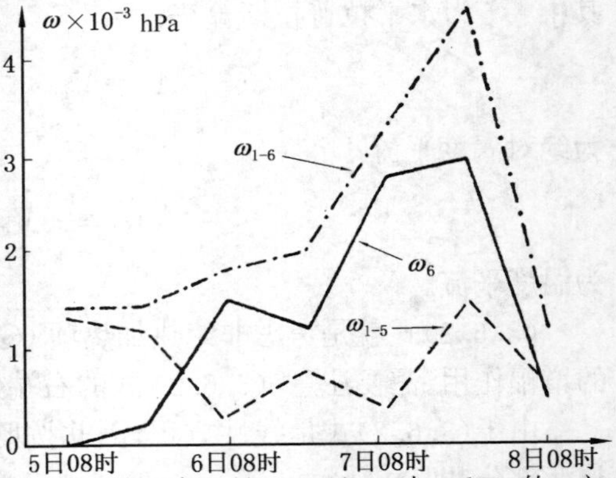

图3.6.1　1975年8月5～8日08时800hPa的ω方程各项比较(引自丁一汇,1978)
图中ω值是暴雨区五个网络上的平均值

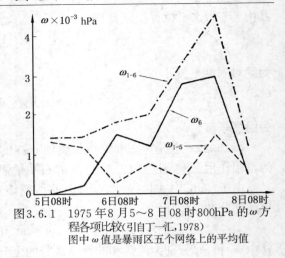

由图3.6.1可知，在暴雨过程刚开始时，暴雨中心附近区域的上升运动主要由大尺度形势场和摩擦地形等因素所引起，即 $\omega_{1-6}\simeq\omega_{1-5}$，而 $\omega_6\simeq 0$。这可以说暴雨初期阶段，凝结是上升的结果。随着暴雨过程的持续和增强，空中释放出大量不可忽视的潜热，到了暴雨过程结束前，竟然可以出现 $\omega_{1-6}\simeq\omega_6$，而 $\omega_6\gg\omega_{1-5}$。亦就是说，到了暴雨过程即将结束时，显著的上升运动可以认为是凝结的结果。

3.6.2　第二类条件不稳定(CISK)

单纯的条件性不稳定(第一类条件性不稳定)不能很好解释热带和中纬度地区有组织的、水平尺度较大、生命史较长的对流云团的发生和发展，条件性不稳定要求大气达到饱和状态，在大气不饱和时，就要求低层辐合强迫上升使湿空气快达到饱和。此外，第一类条件性不稳定产生的不稳定扰动的最大增长率只是单体积云尺度的运动。因此，人们注意到积云对流与大尺度运动相互作用，促进组织化的积云对流发展的问题。

这个问题最初是由Charney和Eliassen(1964)，以及Ooyama(1964)等人所提出来的，称之谓CISK，即第二类条件性不稳定，实际上，CISK只是小尺度积云对流加热跟大尺度流场演变的相互作用中，使得较大尺度系统不稳定增长的一个具体物理机制。

按照Charney所述，在CISK过程中，大尺度流场通过摩擦边界层的抽吸(Ekman pumping)作用，对积云对流提供了必需的水汽辐合和上升运动，反过来积云对流凝结释放的潜热，又成为驱动较大尺度扰动所需要的能量，于是小尺度积云对流和大尺度流场演变相互作用互为因果，相辅相成均得到了发展。

在上述CISK假说中，有两个基本概念需要说明的。首先是小尺度积云对流加热的物理过程和具体表达式问题。这是近代动力气象学中较为重要的问题之一。目前，在没有满意解决这个问题之前，尤其是在跟大尺度流场相互作用关系中，盛行所谓参数化方法，就是在一定的假设条件下用大尺度场的量来表达小尺度积云对流的加热作用。本节的讨论暂先对积云参数化采用早期最简单的形式，也就是假定所有从边界层中抽吸出来的水汽，完全供给了积云发展，并且均凝结释放出潜热，而此种凝结又是跟摩擦层的垂直速度成正比，即

$$Q_c = F\eta\{\frac{1}{2}(|\omega_E| - \omega_E)\} \tag{3.6.7}$$

式中 η 为由经验或由假设条件确定的参数，F 是凝结潜热的铅直分布函数，实际上经常近似地取

$$\begin{cases} \text{当 } \omega_E < 0 \text{ 时}, & F = 1 \quad \text{或} \quad Q_c = -\eta\omega_E \\ \text{当 } \omega_E \geqslant 0 \text{ 时}, & F = 0 \quad \text{或} \quad Q_c = 0 \end{cases} \tag{3.6.8}$$

式中 ω_E 是摩擦边界层顶上的 p 坐标垂直速度，也就是摩擦边界层的抽吸作用。它如何由大尺度的量所确定，这涉及到第二个基本概念。

因为在摩擦边界层或 Ekman 层中，曾求得了风速随高度的分布为

$$\begin{cases} u = u_g(1 - e^{\gamma z}\cos\gamma z) \\ v = u_g e^{-\gamma z}\sin\gamma z \end{cases} \tag{3.6.9}$$

式中 $\gamma = \left(\frac{f}{2K}\right)^{\frac{1}{2}}$，$K$ 为湍流涡动系数，f 是科氏参数。令 $D_e \equiv \frac{\pi}{\gamma}$，则 D_e 为边界层顶的高度，u_g 为边界层顶处的地转风速，由(3.6.9)式可知，在 $z = D_e$ 处，$u = u_g$ 和 $v = 0$，风沿着正 x 方向(或等压线)吹。在边界层内 $z \neq 0$ 的高度上，由于摩擦($K \neq 0$)作用将使得风具有从高压侧向低压侧穿越等压线的南风分量(即 $v > 0$)。并且，v 值大小跟 u_g 成正比。

所以，当 $\zeta_g = -\frac{\partial u_g}{\partial y} > 0$ 时，边界层区域北侧的 v 值应小于南侧的 v 值，于是边界层风将会产生南风辐合，或摩擦辐合，按连续性原理，此种南风辐合将会引起边界层顶的上升运动 $\omega_E < 0$，而 ω_E 与 ζ_g 值成正比。利用(3.6.9)式和连续性方程，进行积分计算，可求得这个比例关系式为

$$\omega_E = -\rho_E g\left(\frac{K}{2f}\right)^{\frac{1}{2}}\zeta_g \tag{3.6.10}$$

式中 ρ_E 是边界层顶的空气密度，(3.6.10)式最初是由 Charney 和 Eliassen(1949)推得的。该式表明边界层顶的上升运动跟大尺度流场的地转涡度成正比。

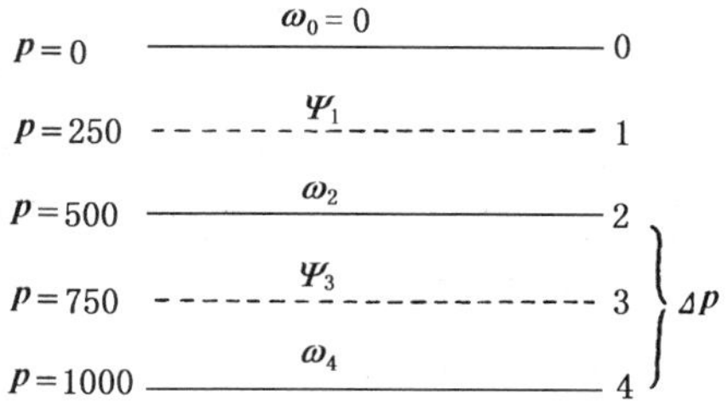

图 3.6.2　两层模式的垂直方向变量分布

联合(3.6.10)和(3.6.8)式，即完成了用大尺度场的量表达小尺度积云对流加热的参数化。因此，利用该两式可讨论 CISK 问题。取图 3.6.2 所示两层模式中的涡度方程和热流量方程为

$$\frac{\partial \zeta_1}{\partial t} + \boldsymbol{V}_1 \cdot \nabla(\zeta_1 + f_0) = \frac{f_0}{\Delta p}\omega_2 \tag{3.6.11}$$

$$\frac{\partial \zeta_3}{\partial t} + \boldsymbol{V}_3 \cdot \nabla(\zeta_3 + f_0) = -\frac{f_0}{\Delta p}(\omega_2 - \omega_4) \tag{3.6.12}$$

$$\frac{\partial T}{\partial t} + \boldsymbol{V}_2 \cdot \nabla T - \sigma\omega_2 = \frac{Q}{C_p} \tag{3.6.13}$$

式中 $V_{1,3} = \boldsymbol{k} \wedge \nabla\psi_{1,3}$ 分别为 1 和 3 层上的风速，相应的涡度为

$$\zeta_{1,3} = \nabla^2\psi_{1,3}, \boldsymbol{V}_2 = \frac{1}{2}(\boldsymbol{V}_1 + \boldsymbol{V}_3)$$

即中间层的风速为上下层风速的平均值，ψ 为流函数；$\sigma \equiv -\dfrac{T}{\theta}\dfrac{\partial\theta}{\partial p}$ 为静力稳定度参数，Δp 如图所示为上下层气压差，f_0 为科氏参数取作常数。假若(3.6.13)式右 端只有大尺度上升运动以及积云对流的两种凝结加热之和，即

$$Q = -L_c\frac{\partial q_s}{\partial p}\omega_2 - \eta\omega_E \tag{3.6.14}$$

而由静力方程可知

$$-\frac{\partial\Phi}{\partial p} = a = \frac{R}{p}T$$

式中 $\Phi = f_0\psi$ 为等压面位势。因此，在两层模式中，温度 T 可表示为

$$T = \frac{p}{R}f_0\left(-\frac{\partial\psi}{\partial p}\right) \simeq \frac{p}{R}\frac{f_0}{\Delta p}(\psi_1 - \psi_3) = \frac{p}{R}\frac{f_0}{\Delta p}h \tag{3.6.15}$$

而 $h = \psi_1 - \psi_3$ 相当于 1 ～ 3 层之间的厚度。将(3.6.14)，(3.6.15)和(3.6.10)式代入(3.6.13)式，得

$$\frac{\partial h}{\partial t} + \boldsymbol{V}_2 \cdot \nabla h - \sigma_m\omega_2 = \eta\lambda\zeta_3 \tag{3.6.16}$$

其中 $\sigma_m \equiv -\dfrac{R}{f_0}\left(\dfrac{T}{\theta_{se}}\dfrac{\partial\theta_{se}}{\partial p}\right)_2$ 为湿静力稳定度参数，$\lambda = k\rho_E g\left(K\dfrac{f_0^{-3}}{2}\right)^{\frac{1}{2}}$，$k = \dfrac{R}{C_p}$ 以及 $\Delta p = p_2$；并且边界层顶的涡度已近似取作第三层上的涡度 ζ_3。在(3.6.16)式的右端中，只有积云对流的加热 η 项，原先的大尺度上升凝结加热作用已包含在该式左端第三项湿静力稳定度参数 σ_m 之中。

由(3.6.16)式解出 ω_2，代入(3.6.11)和(3.6.12)式，并且只考虑线性项，则有

$$\frac{\partial\zeta_1}{\partial t} = \frac{f_0}{\sigma_m\Delta p}\left(\frac{\partial h}{\partial t}\right) - \eta\frac{\lambda f_0}{\sigma_m\Delta p}\zeta_3 \tag{3.6.17}$$

$$\frac{\partial\zeta_3}{\partial t} = \frac{-f_0}{\sigma_m\Delta p}\left(\frac{\partial h}{\partial t}\right) + \eta\frac{\lambda f_0}{\sigma_m\Delta p}\zeta_3 - \frac{f_0\lambda'}{\Delta p}\zeta_3 \tag{3.6.18}$$

在(3.6.18)式的推导过程中已假定 $\omega_4 \simeq \omega_E = -\lambda'\zeta_3$，而 $\lambda' = \rho_E g\left(\dfrac{K}{2f_0}\right)^{\frac{1}{2}}$。

现在，利用(3.6.17)和(3.6.18)式讨论 CISK 的物理机制。由于该两式的右端原先是涡度制造的散度项 $-f_0\nabla \cdot \boldsymbol{V}$ 或 $f_0\dfrac{\partial\omega}{\partial p}$，只是通过 ω_2 把(3.6.16)式的加热量跟流场

变化联系起来了。为了突出积云对流加热作用，在线性方程(3.6.17)和(3.6.18)式中只考虑 η 项引起的流场变化，即

$$\left(\frac{\partial \zeta_1}{\partial t}\right)_\eta = -\eta\frac{\lambda f_0}{\sigma_m \Delta p}\zeta_3 \tag{3.6.19}$$

$$\left(\frac{\partial \zeta_3}{\partial t}\right)_\eta = \eta\frac{\lambda f_0}{\sigma_m \Delta p}\zeta_3 \tag{3.6.20}$$

此两式清楚地表明了，当低层大尺度流场具有气旋性涡度(即 $\zeta_3 > 0$)时，由于边界层摩擦辐合从(3.6.10)式即有上升运动($\omega_E < 0$)，并且由(3.6.8)式产生了小尺度积云对流加热($Q_c = -\eta\omega_E > 0$)，这种加热作用通过(3.6.20)式反过来促进了低层大尺度流场进一步加强$\left(\frac{\partial \zeta_3}{\partial t} > 0\right)$，于是大尺度流场跟小尺度积云对流加热互为因果，相辅相成并可不断发展加强，其过程见图 3.6.3，这就是 CISK 的物理机制。但是，要注意到积云对流加热使得高层大尺度流场的气旋性涡度是减少的，即$\frac{\partial \zeta_1}{\partial t} < 0$，或者反气旋性涡度是增加的。这是由两层地转模式自身的性质所决定的。因为，在两层地转模式中，正的加热作用使得气柱厚度增加，高层等压面升高反气旋性环流增加，低层等压面降低气旋性环流增强。所以，高层$\frac{\partial \zeta_1}{\partial t} < 0$的大尺度环流演变，跟低层大尺度流场由于 CISK 机制增强发展是完全相协调的。

由以上的分析讨论以及图 3.6.3 所示第二类条件不稳定，其实就是大尺度流场的自激(self-excited)不稳定，也是潜热反馈作用的一种具体考虑。

在动力学模式中考虑了参数化形式的积云对流加热以后，将会对大尺度流场产生不可忽视的影响。把这样一个过程概括为 CISK，具有物理图象清楚的优点。但是，通常所称的 CISK，其关键一点，就是要引入摩擦边界层的抽吸作用，也就是要求(3.6.10)式成立。而促使积云对流发展的边界层辐合上升是一个重要的原因，但并不是唯一的原因。例如，R. S. Lindzen (1974)曾指出，倘若大气中的内波尤其是重力内波提供了在 CISK 过程中启动积云对流的上升运动，则根本不需要再引入抽吸作用了，并称此为波型第二类条件不稳定(Wave-CISK)。又如，J. R. Bates(1973)同时考虑边界层摩擦辐合以及变压风辐合，而提出了广义第二类条件不稳定(generalization of CISK)。

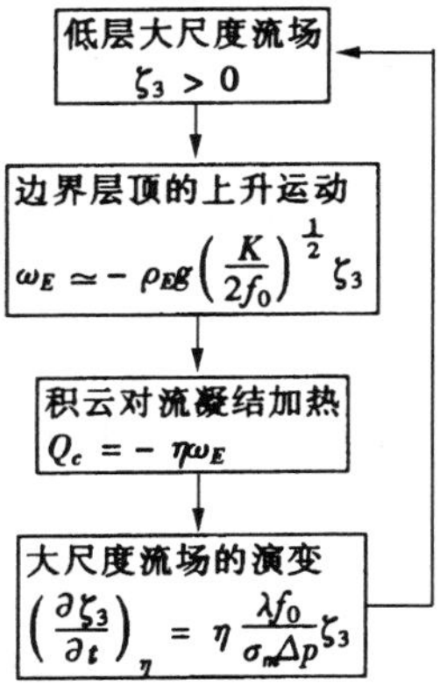

图 3.6.3　CISK 过程示意图

其实，热流量方程

$$\left(\frac{\partial}{\partial t} + V\cdot\nabla\right)T - \sigma\omega = \frac{Q}{C_p} \tag{3.6.21}$$

只要右端的加热量Q/C_p中具有参数化形式的积云对流加热，那末包含此种热流量方程的动力学模式，即具有大尺度流场和小尺度积云对流加热的相互作用的物理机制。如果其中的积云对流参数化又是涉及到 摩擦边界层，则此种动力学模式就具有 CISK 的功能。例如，Oyama(1964)和郭晓岚(1965)等人讨论台风发展的模式，就是属于此种情况。

3.6.3 积云对流潜热对风场的反馈作用

3.6.3.1 对流性增温对高空风场的影响

高层增温使高层高压面抬高并引起高空质量外流，结果在暴雨区上空形成明显的辐散气流，例如中国河南省的"75·8"暴雨过程中，在暴雨上空发展一个单独的反气旋环流，200hPa 上的散度值由 3.8×10^{-5}/s 增至 5.7×10^{-5}/s，这种高空辐散流场的加强，有利于低空低压的增强和维持。

随着高空暖区的出现，还增强了暴雨区以北的水平温度梯度，根据热成风关系，在暴雨区以北建立了高空强风带，它又加速高空流出及把暴雨和周围高空多余的热量带走，加强暴雨区的对流不稳定和垂直环流。

3.6.3.2 对流性增温对低场风场的作用

在对流区内，由于对流活动对动量的输送，造成上下层动量混合，使对流体内风速垂直分布均匀化，因此，在高空急流建立以后，较大动量的空气下传到低层建立低空急流。饱和湿空气动力学可以进一步解释由于凝结潜热释放对于低空风场的影响。

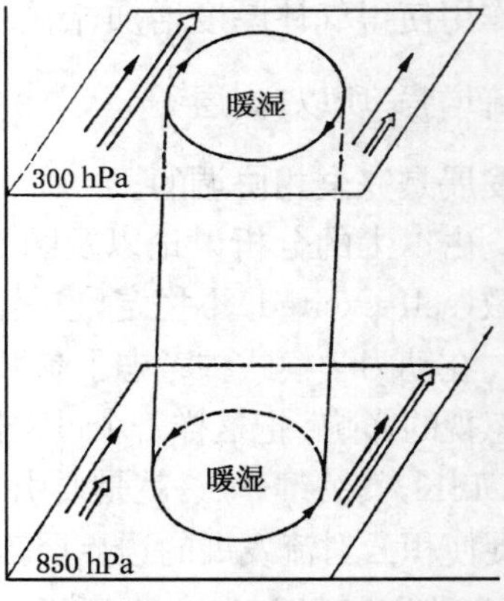

图 3.6.4 湿空气自未饱和到达饱和后气流变化图
图中实线是原盛行西南气流，双箭矢为变化后的气流

当空气从未饱和到达饱和之后，流场会发生明显变化，如图 3.6.4 所示。为了说明这个问题，假设空气在未饱和时是在一个上下均匀的盛行西南气流下满足热成风平衡，达到饱和后，由于凝结潜热加热气柱的效应，在饱和气柱(湿舌伸展方向与盛行气流一致)的低层气压下降，产生气流辐合而使气旋性环流增强，其右侧西南气流增大，而左侧西南风减小或转为东北气流，在饱和气柱上层则反气旋环流增强而使气柱左侧西南风增大。用湿热成风原理也能解释这一现象，由于饱和气柱的加热效应，形成绕气柱的反气旋性的湿热成风，这就是气柱的低层右侧西南风加大高层西南风减小的热成风平衡下的高低空流场，左侧的情况相反。在华南前汛期暴雨期间，经常有西南风低空气流输送暖湿空气，暴雨形成在它的左侧，而凝结潜热释放，又反过来增强和维持低空急流，这是低空急流与凝结潜热的相互作用过程。

第四章　地形性中尺度环流

非均匀下垫面的热力、动力作用形成的地形性环流对于对流天气的形成、发展有明显影响。地形性环流有多种尺度，其范围从行星波直到小扰动，它们的水平尺度经常由地形尺度决定。本章着重介绍由中尺度地形的强迫产生的中尺度环流，如背风波、下坡风、背风低压和涡旋，以及由局地地面热力分布不均匀引起的地形性环流，如热岛环流、海陆风等。

§4.1　背风波

4.1.1　地形波

在地形障碍下，其背风面出现的大气波动主要是由于障碍物引起空气在垂直方向上振荡造成的，因而当空气被迫抬升时，一般说来，重力作为一种恢复力，使气流有一种恢复到原来高度的趋势，换言之，空气质点经历了一次垂直振荡，在稳定层结条件下，这种振荡沿水平气流向下游传播，形成背风波，这种背风波由地形云可作见证，在山的背风面可以观测到与山平行的成带状的云，两个云带之间为晴天，这种地形云移动很慢。

观测研究表明，气流过山引起波动称为地形波，地形波气流分为四种类型，如图 4.1.1所示。四种类型之间的差别是风速垂直分布所致，在风速小时，只出现平滑的浅波于山脊上空；风速稍强时，在山的背风面出现半永久涡旋(这种涡动称为驻涡)，而山脉上空是浅薄的波动；若风速更强且随高度增加，则在背风坡下游出现波状气流，亦即背风波，背风波是地形波的一种形式；而当垂直方向有风的极大值时，则会出现转子气流。驻涡和转子气流是背风波的特殊形式。我国实际天气分析表明，有些地方地形背风面的年降水量比迎风面还要多，而对流性天气往往产生在背风面。造成地形背风面对流发展的机制是相当复杂的，但至少地形波是其中一种作用。

4.1.2　背风波的特征和形成条件

背风波的波长范围从 1.8km 到 70km 之间，但大多数在 5～20km 之间，波长一般随高度变化，高层波长较长，在高度 5～7km 之间的波长大约为 16km，而 2～5km 高度的波长为 8～10km，这些波长的差别与风速大小有关，波长与风速的相关系数为0.91，即一般情况下风速大，波长长。

背风波的波幅定义为流线的波峰与波谷之间的垂直距离，观测得到的背风波波幅在 0.1km 到 2km 之间，最常见的波幅在 0.3～0.5km，波幅与波长无一定联系，但当波长与山脉状匹配时，振幅达最大。

背风波的垂直速度与波长及振幅有很密切的联系，其数值经常是 2～6m/s 的量级，极大值可达 15m/s，研究发现波长与垂直速度的极大值存在某种关系，一般来说，波长为 13km 时，垂直速度达最大。

背风坡往往出现在一定大气条件下，对于给定的障碍物，背风波出现依靠两个大气特征即静力稳定度和风。一般来说，背风波发生时最稳定层的高度正好是山顶高度。由此可见，空气受山脉扰动的层次是明显稳定的，而且背风波的最大振幅一般出现在静力稳定度最大的层次，而较强的风的垂直切变有利于背风波的形成。

根据实际观测结果，山脊背风面出现驻波的条件是：

①气流越过的山脊不是孤立的山峰，而是长山脊或山岳地带；

②在迎风面一侧，低层大气层结稳定，高空稳定度减小；

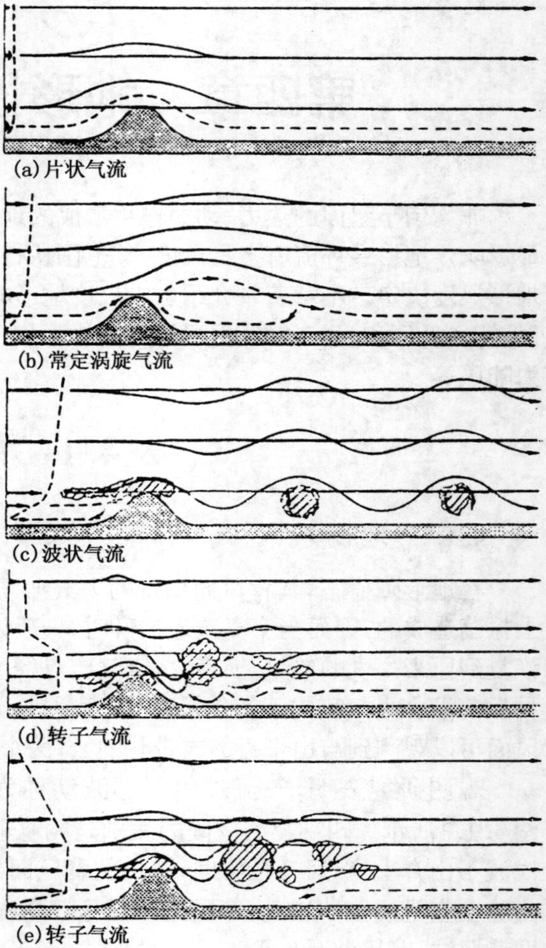

图 4.1.1 过山气流的四种类型(引自 Förchtgott，1949)

③风向在垂直于山脊方向 30°内，并且随高度基本无变化；

④山脊高度的风速要超过一临界值(约 10m/s)，风速随高度增加或保持不变。

4.1.3 背风波理论

地形波的动力学研究从 20 世纪 40 年代开始，经典的理论是 Scorer 的工作。

4.1.3.1 基本方程组和解的分析

考虑有绝热、无粘、常定的气流越过山脉，基本气流为 $U(Z)$，扰动气流为 u,v,w，运动满足的线性化扰动方程组为

$$U\frac{\partial u}{\partial x}+w\frac{\partial U}{\partial z}-fv=-\frac{1}{\rho}\frac{\partial p'}{\partial x} \tag{4.1.1a}$$

$$U\frac{\partial v}{\partial x}+fu=0 \tag{4.1.1b}$$

$$U\frac{\partial w}{\partial x}=-\frac{1}{\rho}\frac{\partial p'}{\partial z}+\frac{\theta'}{\theta_0}g \tag{4.1.1c}$$

$$\frac{\partial u}{\partial x}+\frac{\partial w}{\partial z}=0 \tag{4.1.1d}$$

$$U\frac{\partial \theta'}{\partial x}+w\frac{\partial \theta_0}{\partial z}=0 \tag{4.1.1e}$$

将(4.1.1a)对 x 求导后代入(4.1.1b)式得

$$U\frac{\partial^2 u}{\partial x^2}+\frac{f^2}{U}u+\frac{\partial U}{\partial z}\frac{\partial w}{\partial x}=-\frac{1}{\rho}\frac{\partial^2 p'}{\partial x^2} \tag{4.1.2}$$

如果扰动的特征尺度为 L，$\frac{\partial^2 u}{\partial x^2}$ 的量级为$\frac{U}{L^2}$。当 $L^2 \ll \frac{U^2}{f^2}$ 或者 $L^2 < \frac{U^2}{10f^2}$ 时，(4.1.2) 等式左端代表地球自转影响的第二项，要比第一项小。取 $U=10\text{m/s}$，$f=1.1\times10^{-4}/\text{s}$，要求 $L<30\text{km}$。实际上，许多地形波的水平尺度能够满足这个要求，因而，在地形波的理论研究中，可以略去地球自转的影响。

如存在一流函数 ψ_0，它呈 $\psi_0=\varphi_0(z)e^{ikx}$ 的形式，即有

$$\begin{aligned} u&=\frac{\partial \psi_0}{\partial z}\\ w&=-\frac{\partial \psi_0}{\partial x}=-ik\psi_0 \end{aligned} \tag{4.1.3}$$

将(4.1.3)式的关系代入(4.1.1c)和(4.1.2)式，并消去气压扰动 p' 后可得

$$\left\{1-\frac{f^2}{U^2k^2}\right\}\frac{\partial^2\psi_0}{\partial z^2}+\left\{-\frac{g}{C_s^2}-\beta+\left(\frac{g}{C_s^2}+2\beta\right)\frac{f^2}{U^2k^2}\right\}\frac{\partial \psi_0}{\partial z}+\left\{\frac{g\beta}{U^2}-\frac{1}{U}\frac{\partial^2 U}{\partial z^2}-k^2\right\}\psi_0=0 \tag{4.1.4}$$

式中 $C_s^2=\frac{c_p}{c_v}RT$，$-\frac{1}{\rho}\frac{\partial \rho}{\partial z}=\frac{g}{C_s^2}+\beta$。这里，$\beta=\frac{1}{\theta}\frac{\partial \theta}{\partial z}$，当略去科氏力影响时，有

$$\frac{\partial^2\psi_0}{\partial z^2}-\left\{\frac{g}{C_s^2}+\beta\right\}\frac{\partial \psi_0}{\partial z}+\left\{\frac{g\beta}{U^2}-\frac{1}{U}\frac{\partial^2 U}{\partial z^2}-k^2\right\}\psi_0=0 \tag{4.1.5}$$

作变量转换，令

$$\begin{aligned} \psi&=\left(\frac{\rho}{\rho_0}\right)^{\frac{1}{2}}\psi_0\\ \psi_0&=\left(\frac{\rho}{\rho_0}\right)^{-\frac{1}{2}}\psi \end{aligned} \tag{4.1.6}$$

这里 ρ_0 为高度 $z=0$ 处的空气密度。于是(4.1.5) 式变换为

$$\frac{\partial^2\psi}{\partial z^2}+\left\{\frac{g\beta}{U^2}-\frac{1}{U}\frac{\partial^2 U}{\partial z^2}-k^2-\frac{1}{2\rho}\frac{\partial^2\rho}{\partial z^2}+\frac{1}{4\rho^2}\left(\frac{\partial\rho}{\partial z}\right)^2\right\}\psi=0 \tag{4.1.7}$$

括号中最后两项的量级为 $5\times10^{-3}/\mathrm{km}^2$，它与第一项量级 $1/\mathrm{km}^2$ 相比通常可以略去，于是(4.1.7)式最后简化为

$$\frac{\partial^2\psi}{\partial z^2}+(l^2-k^2)\psi=0 \tag{4.1.8}$$

这里 $l^2=\frac{g\beta}{U^2}-\frac{1}{U}\frac{\partial^2 U}{\partial z^2}$ 称为Scorer参数，(4.1.8)式是Scorer研究地形波的基本方程，当 l^2 为常值时，其中的 β 和 U 仍然是高度的函数。

一般 l^2 的后项小于前项，故 $l^2\approx\frac{g\beta}{U^2}$。在(4.1.8)式中，$\psi$ 的系数为高度 z 的函数，故求解相当复杂。为了能解(4.1.8)式，令 l^2 为常数，在 $z=0$ 到 $z=-h$ 之间，$l=l_1$；而 $z=0$ 以上，则取 $l=l_2$。于是，可得(4.1.8)式的解为

$$\psi=A\mathrm{e}^{\lambda_1 z}+B\mathrm{e}^{\lambda_2 z} \tag{4.1.9}$$

$$\lambda_1,\lambda_2=\pm\sqrt{k^2-l^2}=\pm\mu \tag{4.1.10}$$

其中 A、B 是利用边界条件来确定的。

为了得到方程(4.1.8)的解的性质，进行解的分析是有益的。在解方程(4.1.8)时，取边界条件为：

① $z=0,\psi_1=\psi_2,\left(\frac{\partial\psi}{\partial z}\right)_1=\left(\frac{\partial\psi}{\partial z}\right)_2$；

② $z=\infty,\psi_2$ 有界。

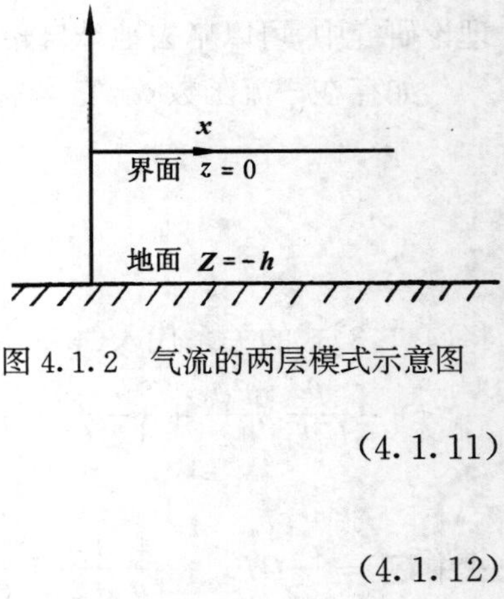

图 4.1.2　气流的两层模式示意图

因为在 $-h<z<0$ 处，$l=l_1$（见图 4.1.2）故其解为

$$\psi_1=A_1\mathrm{e}^{\mu_1 z}+B_1\mathrm{e}^{-\mu_1 z} \tag{4.1.11}$$

而在 $z>0$ 处，$l=l_2$，故其解为

$$\psi_2=A_2\mathrm{e}^{\mu_2 z}+B_2\mathrm{e}^{-\mu_2 z} \tag{4.1.12}$$

利用边界条件②，即得

$$A_2=0 \tag{4.1.13}$$

利用边界条件①，即得

$$A_1+B_1=A_2+B_2 \tag{4.1.14}$$

$$\mu_1A_1-\mu_1B_1=\mu_2A_2-\mu_2B_2 \tag{4.1.15}$$

从(4.1.13)，(4.1.14)和(4.1.15)式便得

$$A_1=\frac{\mu_1-\mu_2}{2\mu_1}B_2=\frac{\mu_1-\mu_2}{2\mu_1}A \tag{4.1.16}$$

$$B_1 = \frac{\mu_1 + \mu_2}{2\mu_1} B_2 = \frac{\mu_1 + \mu_2}{2\mu_1} A \tag{4.1.17}$$

这里令 $B_2 = A$，将以上结果代入(4.1.10)和(4.1.11)式，得到特解

$$\psi_1(z) = (Ach\mu_1 z - A\frac{\mu_2}{\mu_1} sh\mu_1 z) \tag{4.1.18}$$

$$\psi_2(z) = A\mathrm{e}^{-\mu_2 z} \tag{4.1.19}$$

由上可见，只有 $A \neq 0$，才能有波动存在，否则，$A = 0, \psi_1 = \psi_2 = 0$，解就无意义了。

现令 $z = -h$，即在地面上 $\psi_1 = 0$，于是

$$0 = A\left[\mathrm{ch}\mu_1(-h) - \frac{\mu_2}{\mu_1}\mathrm{sh}\mu_1(-h)\right]$$

即

$$\mu_1 \mathrm{cth}\mu_1 h + \mu_2 = 0 \tag{4.1.20}$$

从(4.1.10)式知道 μ 与 k 有关，故从(4.1.20)式可求出 k 并决定出波长，这些波称为地形波，下面的讨论可以看出它只出现在一定大气条件下。

如果 μ_2 为正实数，根据双曲函数的特征，则从(4.1.20)式可知 μ_1 必须为纯虚数，令它等于 $i\gamma_1$，由此

$$\mu_2 = \sqrt{k^2 - l_2^2}$$

$$\gamma_1 = \sqrt{l_1^2 - k^2}$$

又由于 $i\mathrm{cth}ix = \mathrm{ctg}x$，则

$$\gamma_1 \mathrm{ctg}\gamma_1 h + \mu_2 = 0 \tag{4.1.21}$$

由上式即可看出，$\gamma_1 \mathrm{ctg}\gamma_1 h < 0$（$\gamma_1$ 和 μ_2 为正实数），因此必有 $\mathrm{ctg}\gamma_1 h < 0$，由余切函数定义可知 $\gamma_1 > \frac{\pi}{2h}$，所以

$$l_1^2 - l_2^2 > \frac{\pi^2}{4h^2} \tag{4.1.22}$$

从这个条件可知，l_1 必须大于 l_2，也就是在 l 向上减小的情形下才出现地形波。当然，从(4.1.21)式还有 $l_1^2 - l_2^2 > \left(\frac{3}{2}\frac{\pi}{h}\right)^2, l_1^2 - l_2^2 > \left(\frac{5}{2}\frac{\pi}{h}\right)^2$ 等各种情况，与此相应的 k 值也有许多，但(4.1.22)式反映了最低的临界值，它表明，风和稳定度随高度的变化是产生地形波的必要条件，而下面的分析则进一步证明地形波只出现在山的背风面一侧，即它是一种背风波。

4.1.3.2　方程解的背风坡性质

设 ψ 具有谐波形式，即 $\psi = \psi(z)\mathrm{e}^{ikx}$，而 $\psi(z)$ 与 z, k 有关。为方便起见，现在将 z 高度的扰动写成下列形式

$$\psi = f_z(k)\mathrm{e}^{ikx}$$
$$f_z(k) = \frac{\psi(z)}{U} \tag{4.1.23}$$

如果$z=-h$,且$f_{-h}(k)=0$,这就是背风波。因为地形波在地面上不出现,向上逐渐明显起来,波幅加大,待至某高度后,又减小以至波动渐渐消失。

由于地形的存在,在地面上气流要跨过山脉,因而必然造成地面扰动。如果在地面扰动为e^{ikx},则z处的扰动为$\dfrac{f_z(k)}{f_{-h}(k)}\mathrm{e}^{ikx}$。现设山脉为对称的,并成$\dfrac{a}{\pi}\dfrac{b}{b^2+x^2}$,其中$b$为山脉宽度,$a$为高度,它可以用傅立叶积分表示,又因为流线必须与地形廓线一致,故地面气流扰动

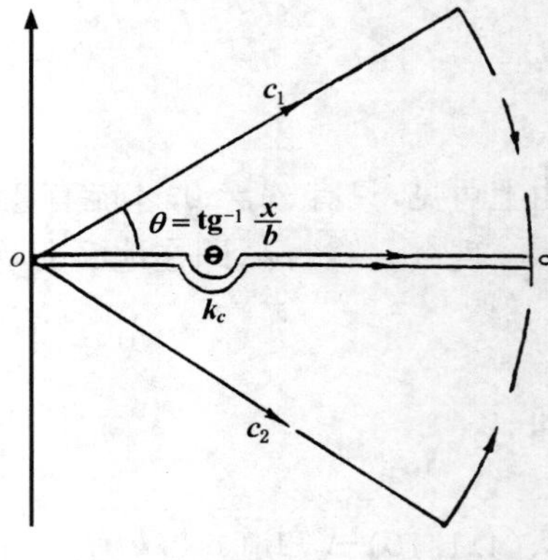

图 4.1.3 积分公式(4.1.25)的路径

$$\zeta(-h) = \frac{a}{\pi}\frac{b}{b^2+x^2} = \frac{a}{\pi}Re\int_0^\infty \mathrm{e}^{-kb+ikx}\mathrm{d}k \tag{4.1.24}$$

Re 表示取实部。在z处有

$$\zeta(z) = \frac{a}{\pi}Re\int_0^\infty \frac{f_z(k)}{f_{-h}(k)}\mathrm{e}^{-kb+ikx}\mathrm{d}k \tag{4.1.25}$$

在山系以外,则须$f_{-h}(k)=0$,这样,$f_{-h}(k)$便成为(4.1.25)式的极点,可以用留数定理求出其积分来。

如上所述,取背风波的最小波数为k_0(为实数),积分路径如图 4.1.3 所示。当$x>0$时取路径c_1,当$x<0$时取c_2,图中的$\theta=\mathrm{tg}^{-1}\dfrac{x}{b}$。结果在$x>0$时

$$\zeta(z) = \frac{a}{\pi}\int_{c_1}\frac{f_z(k)\mathrm{e}^{-kb+ikx}}{f_{-h}(k)}\mathrm{d}k + 2\pi iL_0 \tag{4.1.26}$$

在$x<0$时

$$\zeta(z) = \frac{a}{\pi}\int_{c_2}\frac{f_z(k)\mathrm{e}^{-kb+ikx}}{f_{-h}(k)}\mathrm{d}k - 2\pi iL_0 \tag{4.1.27}$$

其中

$$L_0 = \frac{a}{\pi}\mathrm{e}^{-k_0b+ik_0x}\frac{f_z(k_0)}{f'_{-h}(k_0)} \qquad f'_{-h}(k_0) = \frac{d}{\mathrm{d}k_0}\{f_{-h}(k_0)\}$$

当$x\to\infty$时,第一项积分迅速减小,同样沿圆弧的积分也趋于零,这样为了求出第1项的积分值,作为一种近似,取$\dfrac{f_z(k)}{f_{-h}(k)}$在原点的值,于是,就得到

$$\zeta(z)=\frac{a}{\pi}\frac{f_z(0)}{f_{-h}(0)}\frac{b+ix}{b^2+x^2}+2ia\frac{f_z(k_0)}{f'_{-h}(k_0)}\mathrm{e}^{-k_0b+ik_0x} \tag{4.1.28}$$

式中 $x>0$(取实部)

$$\zeta(z)=\frac{a}{\pi}\frac{f_z(0)}{f_{-h}(0)}\frac{b+ix}{b^2+x^2}-2ia\frac{f_z(k_0)}{f'_{-h}(k_0)}\mathrm{e}^{-k_0b+ik_0x} \tag{4.1.29}$$

式中 $x<0$(取实部)。

上面两式中右边第2项呈波动形式,当 $x<0$ 时,如果 $|x|$ 很大,则(4.1.29)式第2项趋于零,此时

$$\zeta(z)=\frac{a}{\pi}\frac{f_z(0)}{f_{-h}(0)}\frac{b+ix}{b^2+x^2} \tag{4.1.30}$$

可见,在山的迎风坡上游没有波动,地形波只出现在背风侧。由于

$$\frac{\mathrm{d}\mu_1}{\mathrm{d}k}=\frac{k}{\mu_1}\frac{\mathrm{d}\mu_2}{\mathrm{d}k}=\frac{k}{\mu_2}$$

利用(4.1.8)式并对 $f_z(k_0)$ 求导得到

$$f'_{-h}(k_0)=-\frac{A}{U}\frac{k_0}{\mu_1\sin h\mu_1 h}(h+\frac{1}{\mu_2})$$

因为 μ_2 为实数时,$\mu_1=i\gamma_1$,于是

$$\frac{f_z(k_0)}{f'_{-h}(k_0)}=\frac{-U(-h)}{U(z)}\frac{\gamma_1\sin\gamma_1(h+z)}{k_0(h+\frac{1}{\mu_2})}$$

将上式代入(4.1.28)式的第2项得

$$-2a\frac{U(-h)}{U(z)}\frac{\gamma_1}{h+\frac{1}{\mu_2}}\frac{\mathrm{e}^{-k_0b}}{k_0}\sin\gamma_1(h+z)\sin k_o x \tag{4.1.31}$$

(4.1.31)式是呈波动形式出现的。从该式可知,当 k_0 很小(即波长很长)时,波幅很大;b 很小,即山脉形状很陡,也可得到相同的结论。风速随高度减小,也有利于波幅增大。

由 Scorer 两层模式所得的地形波如图 4.1.4 所示,给定的 U 的分布和温度分布满足 $l_1^2-l_2^2>\pi^2/(4h^2)$ 的条件。这不只是在大气模式里 l^2 需要向上足够的减小,更重要的是 l^2 的不连续,因而大气中的不连续面是形成地形波

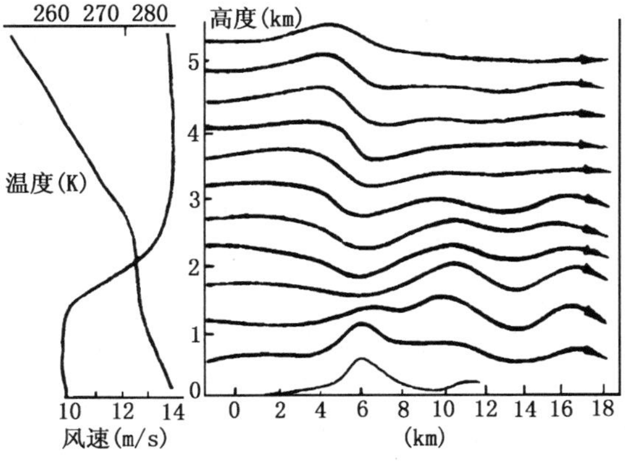

图 4.1.4　两层模式所得的地形波(引自 Scorer,1949)

的重要物理条件。许多观测事实表明，逆温层或稳定层（在 600hPa 以下）几乎是地形波产生的必要条件。

后来的数值试验结果已证实了上面分析的条件和物理作用。在盛行风垂直于山脊，风速到一定的强度，中层大气层结比较稳定，山的坡度越陡，越有利于地形波的形成。图 4.1.5是在偏西风形势下，根据非线性方程计算太行山东侧地形波的数值试验结果。图 4.1.5(a)是流线图，从图中可看出流线的波脊位于山顶，并随高度稍向西倾斜，而波谷位于山脚上空即是背风波。图 4.1.5(b)是垂直速度和 24h 降水量曲线。上面的曲线是 2～5km 的平均 w，在背风坡有一强上升气流带，其值为 2m/s。下面一条曲线为观测到的降水量在南北方向（沿山脉）平均值，比较两条曲线可知，降水区位于背风坡的上升气流区，最大降水量与 w 的波脊一致。

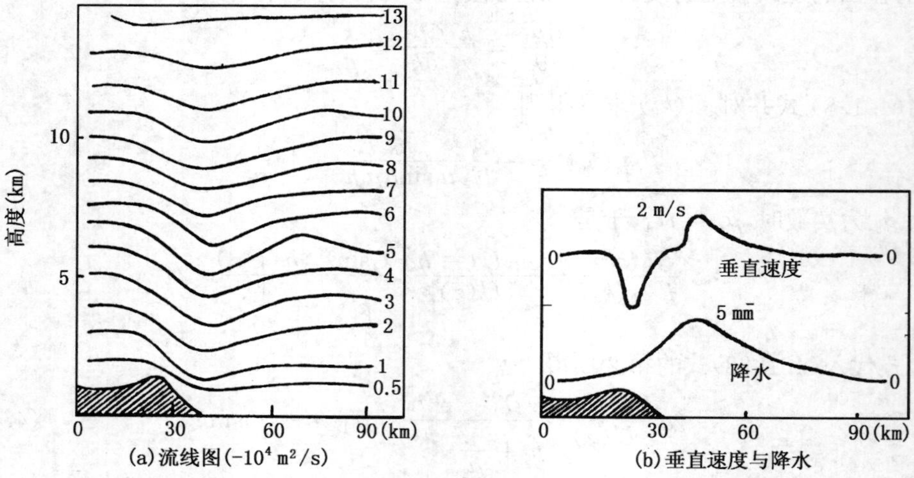

图 4.1.5　1975 年 10 月 14 日地形影响的数值试验结果（引自李骥，1978）

§4.2　下坡风

在山脉的背风坡，由于山脉的屏障作用，通常风速较小，但在某些情况下，空气越山后，在山的背风面一侧会出现局地强风，这种局地强风称下坡风，我国许多山脉背风一侧都会有下坡风，如越过帕米尔高原下达库车、喀什等地的西北大风，越过天山山脉到达吐鲁番的偏西大风，越过贺兰山到银川的西北大风，以及阿尔卑斯山北侧干暖偏南焚风(foehn)和喀尔巴阡山背后干冷东北布拉风(bora)。

下坡风与背风波具有类似的机制，但背风波的气流呈波状形式，而下坡风气流呈水跃(hydraulic jump)型。下坡风可以按动力判据分类为中尺度现象，图 4.2.1表明落基山东部科罗拉多州博尔德(Boulder)地区的下坡风具有 40km 特征水平尺度，它表明下坡风强烈的程度，可以具有20m/s的平均风速和36m/s的阵风，不管下坡风强度如何，大量的研究是集中在下坡风的建立时温度和湿度的明显变化，因此将下坡风分为焚风和布拉风。

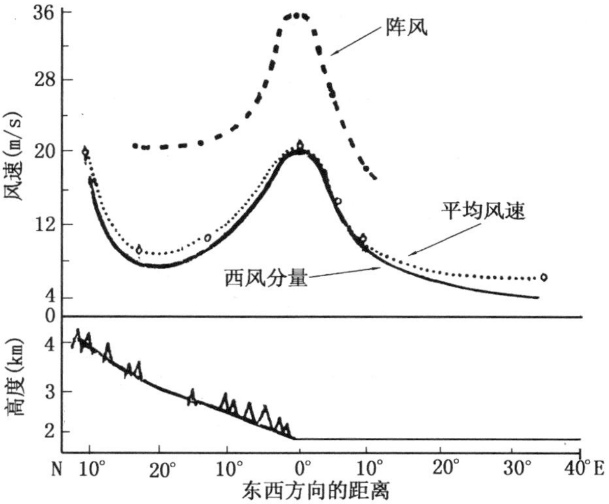

图 4.2.1 科罗拉多州博尔德地区 20 个风暴的平均地面风（引自 Brinkmann，1974）

4.2.1 暖风——焚风

焚风造成的温度、相对湿度和风速的变化是强烈的，如 1943 年 1 月 15～16 日黑山的出现焚风个例中，当时在 2min 内温度变化从 －20℃升到＋7℃，与温度上升紧密联系的是相对湿度的陡然下降（可达 50%），但绝对湿度通常没有这种现象。风速变化，在几秒钟内从 5m/s 加大到 45m/s。一旦焚风发生，它常是一种很强的阵风，但却维持十分稳定的风向，许多焚风是在几小时内发展起来的。如图 4.2.2所示的是日本 Obihiro 焚风起始（1963 年 5 月 26 日）的风、温度和湿度的剧烈变化。

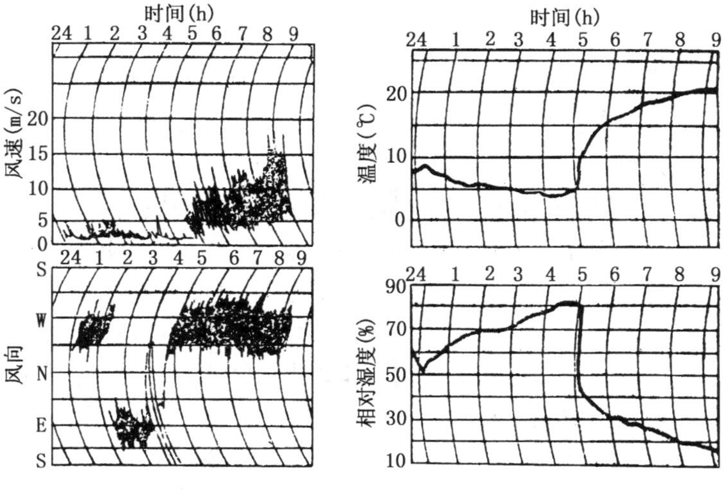

图 4.2.2 日本 Obihiro 焚风起始的风、温度湿度的剧烈变化（引自 Julian，1969）

4.2.2 冷风——布拉风

对“布拉”类型的下坡风的描述集中在温度和风速上。吉村（Yoshimura，1972）等人发现南斯拉夫海岸上的布拉风，阵风从 9～32m/s 不等，温度下降率在 0.5～10.3℃/h 之间。图 4.2.3 表示 1972 年 11 月 12 日亚得里亚海岸由于大约 10m/s 风速的东北风的突然到达，正好 2h 内温度下降 10℃时的布拉风的影响。

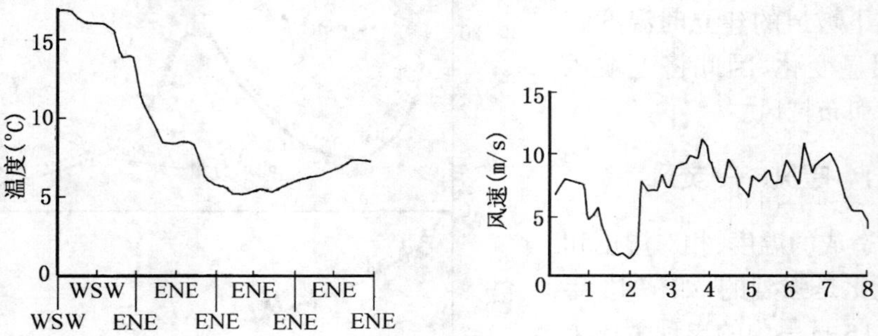

图 4.2.3　亚得里亚海岸布拉风开始风、温度的变化（引自 Yoshimura，1976）

冷暖下坡风在以下几方面上相似的：

①突发性强，风速大且具有阵性，并且风向不变；

②它们与低的相对湿度有关，但绝对湿度变化很小；

③日频率和月频率表明夜间和冬季达到最大值；

④通常在下坡风发生的气流中，在某一临界高度上包含有一稳定层，且气流移动的方向垂直于山脉。

4.2.3　下坡风的机制

产生下坡风的机制至少有两个问题需要解决，即下坡风相对暖和相对冷的原因和下坡气流产生的原因。

显然焚风和布拉风之间重要的差别是它们引起的山坡底部的温度，很明显，温度的“暖”和“冷”仅仅是相对于风发生以前在坡底的温度而言，因而相对于北美中部和阿尔卑斯山相邻的欧洲典型的冬季大陆气团，下坡风是暖的；另一方面，布拉风对于冬季通常位于海岸的温暖海洋空气，它是冷的。而热力学理论部分解释了温度变化的原因，即湿空气在山脉上抬升、冷却，绝大部分成云和在山顶降水，凝结过程释放潜热，于是使上空空气变暖，以后当它在山脉背风面下降时，空气比同一层的迎风坡暖，此外空气下沉绝热压缩使其变暖，除了这两方面的原因外，如果组成焚风的温暖暖空气置换山脉底部冷气团也可造成温度变化。

对于下坡气流的物理机制是很复杂的，目前认为有四种原因：

(1)焚风空气的下降是背风谷地地面冷空气的撤退造成的。

(2)由低层逆温层的阻塞和大振幅背风波造成。

(3)水跃理论是指管道中速度和水深密切有关，当流体具有临界高度，并且速度达临界值时，流量最大，此时若弗罗德数 $F_r=1$ 则发生临界流动，如果 $F_r>1$，发生超临界流，如果 $F_r<1$，则平缓流发生，大气中的情况与上述情况十分相似，越过山脉的气流厚度收缩大约 50%，而速度加一倍。

根据气球和飞机观测，山脉背风面气流型式表现为两种类型：第一种是有规则的地形波，从山脊到下风方向 50～100km 的地方，气流基本上维持波动的型式而不衰减，波动中的风速分布也是如此；第二种是水跃型气流，如图 4.2.4 所示，沿山脉背风面有强下滑气流，在它的下风方有强上升气流。这时的风速在背风坡上最大，并向下风方减弱。下坡风主要是同这种水跃型地形波直接联系的。在这种情况下，可将大气中层（700hPa 或 500hPa）具有大动量的空气带到地面，使地面出现强风。如 1966 年 10 月 25 日 14 时 27 分我国新疆马兰出现一次下坡风，地面最大瞬间风速为 27m/s，大体上与前期 500hPa 风速相近。但在中层空气冷于周围空气时，在下滑的过程中，由于位能转化为动能，地面风速就会超过中层大气风速。如美国落基山西麓出现的一次下坡风（东北风），风速达到飓风风速，而 500hPa 风速不足 27m/s。

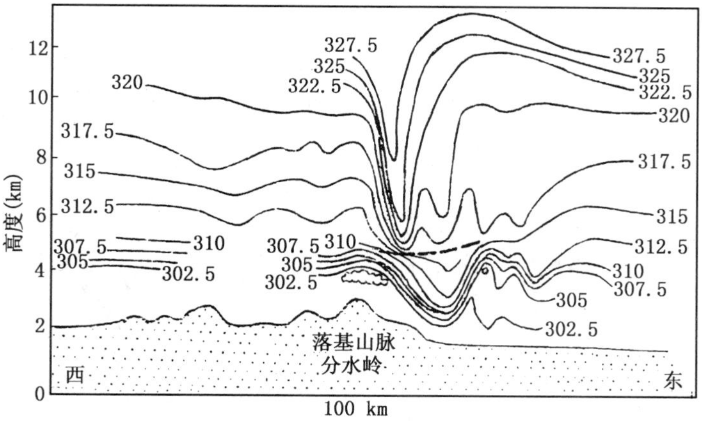

图 4.2.4　穿过美国科罗拉多州博尔德地区背风面东西向位温垂直剖面（引自 Klemp et al，1975）

有水跃型地形波发展，对流层中（或低）层有明显的逆温层。图 4.2.4 是在美国落基山东麓发生下坡风时垂直剖面中的等位温线分布。在绝热和常定情况下，等位温可看作流线。图中位温是由飞机观测得到，但 5km 以上，比以下的记录观测时间早 3h。因此，上下波动的位相可以认为是连续的。从图可见，在靠近山顶的背风侧的对流层上层，有振幅为 6km 的大振幅波存在，这是水跃型地形波。在跃变附近有强湍流发展。上风方向 500hPa 附近密集的等位温线表明，出现这种地形波时，对流层中层存在着明显的逆温层。这种逆温层，一般是同不连续面相对应的。当有强大而深厚的冷空气越山，在山脉背风面出现下坡风时，山脉的上风一侧都可见到明显的冷锋逆温。

(4)用线性多层模式的解析解分析下坡风形成原因，多层模式是由不可压缩大气组成，其中低层为稳定层，以及由稳定度较小的对流层和稳定的平流层组成，从而得到下坡风的解析解，由于波的反射发生在具有不同传播特征的多层介质中，当低层的稳定层与上面的不稳定区具有最佳厚度时，部分的波动的反射增加大气低层的波动，并产生一个振幅几倍于山脉高度的波，这种大振幅的水跃型气流就是下坡风。

§4.3　尾流区环流

地形以多种方式影响气流。除了产生背风波和下坡风等现象外，高原地区经常引起很易看到的尾流。Huschke(1959)对尾流定义为：紧接在一个相对于流体作运动的固体后部的湍流区。他继续说明：在某种条件下，一系列涡旋会在尾流区形成并向下游延伸。这类在湍流尾流中的一列涡旋称为涡列。除了这种涡旋外，就广义看，中尺度低气压区也可以在尾流区中观测到，它们并不一定有气旋性环流。因而它们是大家所熟知的特别类型的"背风低压"。关于尺度非常小的低压的观测和分析的文献很少，而不同于这些中尺度背风低压，以涡列形式出现的背风涡旋在过去 20 年中有很充分的研究。

4.3.1　中尺度背风低压

实际大气中，气流越过长条形山脉时，往往在山的背风侧出现背风槽，槽内有中尺度低压。在强风的条件下，背风槽可以维持一天，槽内中尺度低压随气流移向下游，槽内又代之以新的中低压。迎风侧有中高压产生。Aanensen(1965)对英国境内奔宁山脉背风区中尺度低压作了一个出色的分析。图 4.3.1 给出奔宁山东侧南北向低压槽中三个这样的低压。还有一个很小的低压中心位于北威尔士高地东侧的弗林特郡上空。与奔宁山脉背风低压相联系的是一个相邻的高压中心，位于奔宁山之西。Aanensen 认为背风槽持续的时间与这一天非常强的风所持续的时间一样长(约 24h)。但在槽内，某些"中尺度低压"有时从中分离出来并移向下游，该处又被另一个中低压所取代，并重复这个过程。Aanensen 的例证清楚表明这些中低压中，风与气压场是不平衡的。此外，上风方的中高压和背风中低

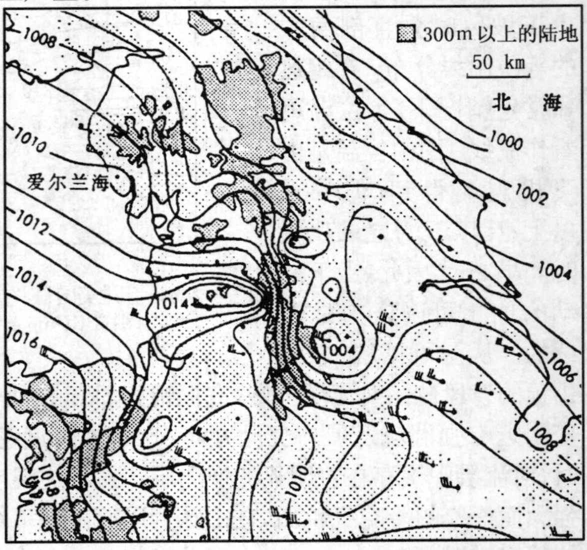

图 4.3.1　英格兰北部 1962 年 2 月 16 日 0900 GMT 地面气压图(引自 Aanensen，1965)

在奔宁山地的东西两侧，背风低压和迎风高压清晰可辨

压之间的水平气压梯度其量级为每 1hPa/(3km)。对于这样的气压梯度来说，平衡的地转风将必须是风速达 180m/s 的偏北风，显然并没有观测到过这么强的风，因此并未达到地转平衡，因而高低压内的空气是非地转的。

一般来说背风槽和背风低压不管其尺度如何皆用涡度守恒来解释。对于一个厚度为 D 的气柱来说，作适当改变的涡度守恒方程可以写成

$$\frac{\mathrm{d}}{\mathrm{d}t}\left(\frac{f+\zeta}{D}\right)=0 \tag{4.3.1}$$

ζ 是垂直方向的相对涡度。该方程适用于研究越山气流和背风气流。当气流上山时，D 减小，引起反气旋性涡度，到了背风坡，气流下山，D 增大，气旋性涡度增大，它无疑可以解释背风槽的形成。同时我们注意到这些系统中的气流是非地转平衡的，因此解释中尺度低压的形成要考虑到由于在山的迎风一侧气流减速，产生低层速度和质量的辐合，产生中尺度高压，在山的背风侧，加速气流将会引起低层速度和质量的辐散从而产生中低压。

4.3.2　中尺度背风涡旋

气象卫星观测能力最主要收益之一是对至今观测站很稀少的海洋地区的上空云型进行了日常的监测。观测到了许多吸引人的新的云型，其中最明显的类型之一是在小而密布的岛群的下风方出现的涡列，如图 4.3.2所示。涡型包括大致平行的两排涡旋：一排中的涡旋位于另一排邻近两个涡旋的中点，如图 4.3.3所示。当涡旋开始形成时，涡旋的直径与岛屿的直径相当，一般来说可达 40km 左右。当它们向下游移动时，同列涡旋东西向涡旋间距可到 50～100km(图中的距离 a)，两列涡旋的南北向间距为 30～50km(图中的距离 h)。向下游移动时，涡旋的直径常增大，可维持一个 100km 宽，400～600km 长的尾流区，当涡旋离开尾流区下游很远时，它就发散。岛屿约每 8h 形成一对涡旋，并能持续约 30h。同一排中所有涡旋的环流相似，但其方向与另一排相反。Tsuchiya(1969)在对济州岛背风涡旋的研究中指出：这些涡旋的位移速度大约是总气流速度的四分之三，涡旋中的切向速度约为 3m/s 或者是非扰动流速的三分之一，涡度则为 2.5×10^{-4}/s。

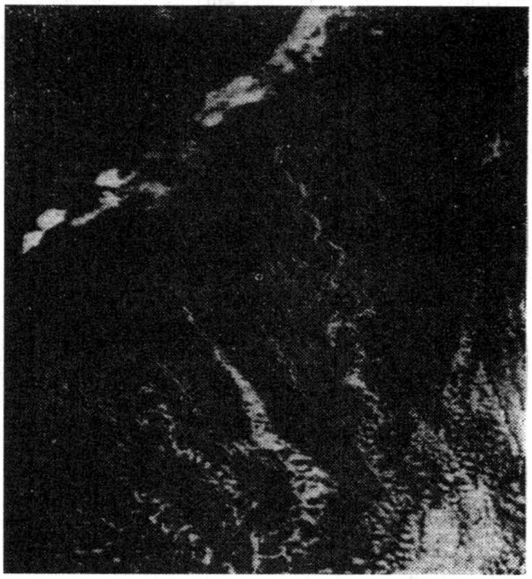

图 4.3.2　1976 年 4 月 5 日 2006GMT 在 NOAA4 卫星 VHRR(甚高分辨率辐射仪)(可见)图象上显示的太平洋东北部上空的背风涡旋[转载自 MacDonald，Dettwiler 和 Associates Ltd(有限公司)]
阿拉斯加半岛和阿留申群岛东部在图的左上角

涡列出现时，大气条件一般如下：组成涡旋的层积云正好出现在洋面以上 450～2000m 的低层逆温层之下；岛的顶部正好在逆温层之上；风通常是稳定的，在 10m/s 左右；涡旋常出现在大范围内地面等压线接近平直的地区。逆温层的高度特别重要，因为空气绕过障碍物比越过它要更容易些。

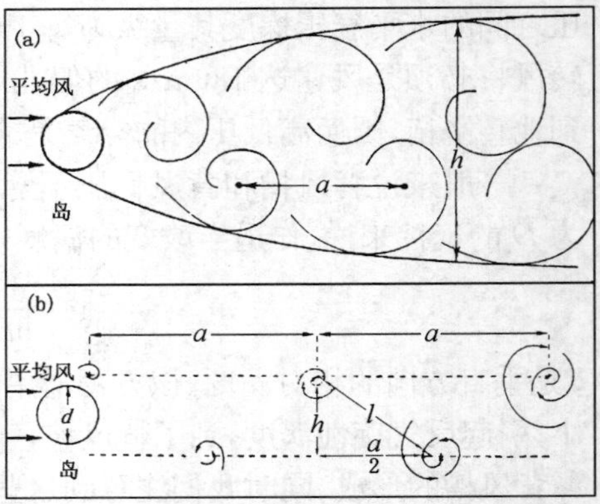

图 4.3.3 孤立岛屿背风侧大气涡旋概略图（引自 Chopra，1975）

中尺度涡旋街的成因，可用流体力学中的卡曼涡旋街(Karman Vortex Street)的产生原理来解释。涡旋街是由两排近于平行的涡旋组成，如图 4.3.3(b)所示。实验表明，当具有小或中等雷诺数的粘性流体绕圆柱流动时，在障碍物后边的尾迹区内，出现卡曼涡旋街。粘性产生的水平动量扩散在出现涡旋街现象中有两方面的作用：第一，在柱体表面附近形成边界层，两侧边界层内产生涡度和形成成对的涡旋；随绕流有涡旋交替地流入柱体背后的尾流区；第二，由于水平扩散机制，涡旋向下游传播的过程中，涡旋范围扩大，强度减弱，直至受到邻近相反环流涡旋的叠加作用后，涡旋逐渐趋于消失。由粘性产生的垂直动量扩散，会使涡度丧失于海面和覆盖在上边的大气之中，但理论证明这种作用比较小，垂直输送可以略去不计。

§4.4 海陆风环流

海陆风环流是沿海地区最突出的中尺度环流。在近海岸地区，白天，由于陆地增温大于海洋，出现海风环流；夜间，由于陆地降温大于海洋，出现陆风环流。图 4.4.1 给出海风环流的定性机制。在静风，或近于静风的晴空大气中，太阳辐射加热在陆面比水面更快，从而产生约 1℃/20km 的水平温度梯度。由于静力平衡条件的要求，在水面上空较冷的空气中其气压垂直梯度较陆面上空较暖的空气中的气压垂直梯度大，这样，在陆面和水面上空的某一高度上，陆地上空的气压较水面上空的高。这个气压梯度力(量级约为 1hPa/50km)产生一个弱的从陆地 B 流向海洋 C 的气流。靠近 C 处的辐合导致此处气压增加，结

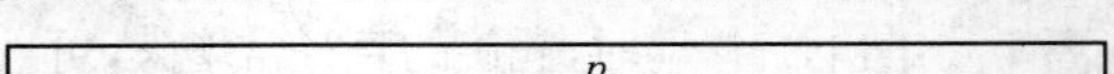

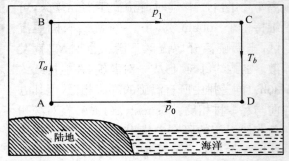

图 4.4.1 成熟的海风环流概要图和沿海陆风环流的积分路径(引自 Hsu，1967)

果出现从 C 到 D 的下沉气流，以响应此处出现的静力平衡的偏差。由于在 D 和 A 之间存在静力气压梯度，使气流从 D 流到 A，这就是海风。同时，靠近 B 处的辐散导致该处气压减小，随着在 AB 垂直方向出现静力平衡偏差，结果出现从 A 到 B 的气流，这就是海风产生的机制。

与海风环流相反，在夜晚陆地比海洋冷却得快，形成与白天相反的过程，形成陆风环流。海陆风环流对沿海地区的天气气候影响很大，它虽是由海陆温差引起，但反过来又影响沿海地区的温度场、湿度场和风场，有时还会造成低云、雷暴等恶劣天气。

海风深入内陆的距离是随地域不同而有差异的，在中纬度一般为 20～50km，但在热带地区可达 50～60km，有时甚至在 100km 以上。海风高度一般为 100～1000m，陆风高度为 100～300m。在摩擦层上约 100m 高度附近，其最大风速可达每秒数米，热带地区的海风强度比中纬度强，有时甚至可达风暴强度。

海陆风现象早就引起人们的注意，但是从理论上对许多问题的解决还是近廿多年的事。研究的问题包括：海陆温差、科氏力、摩擦、涡度扩散率的垂直分布、垂直稳定度、地转风和地形等对海陆风环流的影响，这些因素的理论分析起初是解析的，1955 年以后研究的主要方法是数值模拟，研究取得明显的进展。

4.4.1　经典海陆风环流理论

20 世纪初，人们发现海陆风是一种穿越海岸的垂直剖面的直接环流，它起因于海陆间的温度差异。Jeffreys(1922)把海陆风看成主是是气压梯度力同摩擦力平衡的摩擦风，从而奠定了海陆风定量理论的基础。他假定海陆表面温差为 20℃，水平方向的波长约为 60km，气温递减率为 5℃/km，涡度扩散系数为 $10^4 \mathrm{cm}^2/\mathrm{s}$ 的情况下，计算得到地面海风风速为 8m/s，150m 高度为风的转换层，以上存在着海风的回流。这些计算结果，已相当明确地描述了海风的垂直结构，并抓住了海风现象的最根本机制。此后，Kobayashi 和 Sasaki(1932)，Arakawa 和 Utsugi(1973)，Haurwitz(1947)，Schmidt(1947)，Pierson(1950)，Defant(1950)等对有关物理过程给以某种程度的考虑之后，对上述理论作了反复改进。根据选择的物理因子不同而处理不同的情况，表现出各种不同的理论模式。下面，着重介绍 Haurwitz 的理论结果。

考虑海陆风环流发生在 x-z 剖面上，且 x 轴与海岸线垂直，现先只分析摩擦影响，而略去科氏力。摩擦力取 Guldberg-Mohn 摩擦公式：$k\vec{V}$，其中 k 为摩擦系数。在这些条件下的运动方程

$$\frac{\mathrm{d}u}{\mathrm{d}t} + ku = -\frac{1}{\rho}\frac{\partial p}{\partial x} \tag{4.4.1}$$

$$\frac{\mathrm{d}w}{\mathrm{d}t} + kw = -\frac{1}{\rho}\frac{\partial p}{\partial z} - g \tag{4.4.2}$$

这里 k 是常数,表示摩擦力的强度。方程经线性化处理后,式中的$\frac{du}{dt}$ 和$\frac{dw}{dt}$ 可用$\frac{\partial u}{\partial t}$ 和$\frac{\partial w}{\partial t}$ 表示。如果将(4.4.1)式乘以 dx,(4.4.2)式乘以 dz,然后相加,再沿 x-z 平面内的闭合曲线积分,便得环流 C 的变化为:

$$\frac{dC}{dt} = \oint\left(\frac{du}{dt}dx + \frac{dw}{dt}dz\right) = -\oint\frac{dp}{\rho} - \oint g dz - kC \tag{4.4.3}$$

若沿图 4.4.1 的四边形路径进行曲线积分,上边界的气压为 p_1,下边界气压为 p_0,在陆地上平均温度为 T_a,海洋上平均温度为 T_b,于是(4.4.3)式可写成

$$\frac{dC}{dt} = R(T_a - T_b)\cdot\ln\frac{p_0}{p_1} - kC \tag{4.4.4}$$

如果积分路径长度为 L,沿 L 的平均加速为$\frac{dV}{dt}$,则$\frac{dC}{dt} = L\left(\frac{dV}{dt}\right)$和 $C = \overline{V}L$。这里 $\overline{V}$ 是平均速度。(4.4.4)式可再写成

$$\frac{d\overline{V}}{dt} + k\overline{V} = (T_a - T_b)\frac{R}{L}\ln\frac{p_0}{p_1} \tag{4.4.5}$$

由于海陆风环流主要是海陆温差引起的,此温差随时间而变化,白天陆地暖于海洋,夜间相反,因而可设海陆温差是时间的周期函数,即

$$\frac{R}{L}\ln\frac{p_0}{p_1}(T_a - T_b) = A\cos\Omega t \tag{4.4.6}$$

其中,Ω 为地转角速度,t 是从最大温差开始算起。将(4.4.6)式代入(4.4.5)式并加以积分,得到

$$\overline{V} = ce^{-kt} + A(k^2 + \Omega^2)^{-\frac{1}{2}}\cos(\Omega t - a) \tag{4.4.7}$$

其中

$$\mathrm{tg}\alpha = \frac{\Omega}{k} \tag{4.4.8}$$

无海陆温差($A = 0$)时,海陆风不再发生,因而在(4.4.7)式中的任意常数 c 可设为零;只有在$t = \frac{\pi}{2}\Omega$时,海陆温差和风速均为零,而任意常数 c 不为零。但随着 t 的增加,e^{kt} 项的作用趋于减小。当不考虑摩擦作用,即 $k = 0$ 时,$\alpha = \frac{\pi}{z}$。由(4.4.7)式得

$$\overline{V} = A(k^2 + \Omega^2)^{-\frac{1}{2}}\sin\Omega t \tag{4.4.9}$$

比较(4.4.6)和(4.4.9)式可见,$\overline{V}$ 的位相与$(T_a - T_b)$的位相相差$\frac{\pi}{2}$,即当海陆温差为零时,风速达到最大,而在温差最大时,风速为零。显然,这与实际结果是不一致的。如果考虑摩擦作用,当摩擦增大;相差逐渐减小,最强海风与最大温差出现的时间便逐渐接近了,也就是说,与实际情况逐渐一致。

不同的 k 有不同的相角，其对应关系为：

$k(10^{-5}/s)$：	0	2	4	6	8	10	12
$\alpha(h)$：	6.0	5.0	4.1	3.4	2.8	2.4	2.1

一般来说，k 的估计值为 $2\times10^{-5}/s \sim 8\times10^{-5}/s$，因而最大温差出现以后 3h 左右，海风才达到最大。实际上，出现海风最强的时间，大致在午后 2h 左右，即近于温差最大的时间。在海陆风的理论研究中，除了摩擦力之外，如科氏力、非线性影响等其它因子也应该考虑进去。

Hsu（1970）和 Feit（1969）曾应用 Haurwitz 的研究结果，分别估计美国得克萨斯海岸地区的海陆风环流。取 $p_0 = 1000\text{hPa}$，$p_1 = 700\text{hPa}$，$L = 200\text{km}$，$T_a - T_b = 5℃$，$\left(\dfrac{R}{L}\right)\ln\dfrac{p_0}{p_1}$ 为 0.05cm/(s^2·k) 和 $A = 0.25$ cm/s 以及 $k = 2\times10^{-5}/s$ 情况下计算得到垂直于海岸的平均海风为 8.8m/s。取 $p_0 = 1015\text{hPa}$，$p_1 = 1000\text{hPa}$，$L = 80\text{km}$，$T_a - T_b = 8℃$ 和 $A = 4.37\times10^{-2}\text{cm/s}$，由（4.4.7）式计算所得的平均陆风风速为 5.8m/s。在 28m 高度上的最大陆风强度约为 4～5m/s。这些结果都是在忽略了科氏力的作用情况下求得的。事实上，在中纬度海岸地区，白天始终存在着海风环流，在科氏力作用下，海风方向逐渐趋向与海岸平行。Hsu 指出，在得克萨斯海风向转 90° 变成平行海岸方向的时间约需 12h，即在地方时的 21 时。

4.4.2　近代海陆风环流的数值研究

与其他的气象理论工作者一样，在 20 世纪 50 年代以前，为了使求解容易，对海陆风有兴趣的研究者都被迫使用线性化的运动方程组。所有上面提到的那些作者都知道他们工作的局限性，其中最主要的是在运动方程中略去了平流项，任何满意的海风理论还必须考虑速度和温度分布之间的反馈作用。这是因为海风产生以后，冷空气侵入陆地并使温度变化，从下面简单分析可以看到非线性过程的重要性：

在海陆风环流中，水平方向特征速度为 $u^* = 6\text{m/s}$，从海陆风开始至最强的时间，即特征时间 $T^* = 6\text{h}$，水平方向的特征长度 $L^* = 10\text{km}$，因而在运动方程中的时间变化项的概量为

$$O\left(\frac{\partial u}{\partial t}\right) \sim \frac{u^*}{T^*} = \frac{1}{3600}(\text{m/s}^2)$$

而非线性项为

$$O\left(u\frac{\partial u}{\partial x}\right) \sim \frac{u^{*2}}{L} = \frac{1}{278}(\text{m/s}^2)$$

由此可见，非线性项的概量较时间变化项要大一量级，在粗略的近似下，可将 $\dfrac{\partial u}{\partial t}$ 略去，

把问题看作是常定的，但不能略去非线性项，如果略去，就掩盖了海陆风问题的本质。

随着计算机和数值方法新技术的不断革新，开始了用数值方法去求解非线性海陆风环流的数值模式。

4.4.2.1　基本方程

设有无限长的海岸线，取 x 轴与海岸线垂直，且指向内陆为正。y 轴与海岸线平行，且沿海岸线方向的气象变量没有变化。于是，运动方程可写成

$$\frac{\mathrm{d}u}{\mathrm{d}t}=-\frac{1}{\rho}\frac{\partial p}{\partial x}+fv+\frac{1}{\rho}\frac{\partial}{\partial z}\left(K_m\frac{\partial u}{\partial z}\right) \tag{4.4.10}$$

$$\frac{\mathrm{d}v}{\mathrm{d}t}=-\frac{1}{\rho}\frac{\partial p}{\partial y}-fu+\frac{1}{\rho}\frac{\partial}{\partial z}\left(K_m\frac{\partial v}{\partial z}\right) \tag{4.4.11}$$

$$\frac{\mathrm{d}w}{\mathrm{d}t}=-\frac{1}{\rho}\frac{\partial p}{\partial z}-g \tag{4.4.12}$$

式中 K_m 为动量涡动扩散系数。连续方程为

$$-\frac{1}{\rho}\frac{\mathrm{d}\rho}{\mathrm{d}t}=\frac{\partial u}{\partial x}+\frac{\partial v}{\partial y}+\frac{\partial w}{\partial z}$$

连续方程中的可压缩项可略去，得到

$$\frac{\partial u}{\partial x}+\frac{\partial v}{\partial y}+\frac{\partial w}{\partial z}=0 \tag{4.4.13}$$

由于$\frac{\partial v}{\partial y}=0$，则必定存在有一个流函数 ψ 满足

$$u=\frac{\partial \psi}{\partial z},\qquad w=-\frac{\partial \psi}{\partial x} \tag{4.4.14}$$

令 $\eta=\frac{\partial u}{\partial z}-\frac{\partial w}{\partial x}$，则从(4.4.10)和(4.4.12)可得二维海陆风环流涡度方程

$$\frac{\partial \eta}{\partial t}=-\vec{V}\cdot\nabla\eta+f\frac{\partial v}{\partial z}+\frac{\partial \alpha}{\partial x}\frac{\partial p}{\partial z}-\frac{\partial \alpha}{\partial z}\frac{\partial p}{\partial x}+\frac{\partial}{\partial z}\left[\alpha\frac{\partial}{\partial z}\left(K_m\frac{\partial u}{\partial z}\right)\right] \tag{4.4.15}$$

式中，$\alpha=\frac{1}{\rho}$，将力管项改写为用温度表示的形式

$$\frac{\partial \alpha}{\partial x}\frac{\partial p}{\partial z}-\frac{\partial \alpha}{\partial z}\frac{\partial p}{\partial x}=\frac{R}{p}\left[\frac{\partial T}{\partial x}\frac{\partial p}{\partial z}-\frac{\partial T}{\partial z}\frac{\partial p}{\partial x}\right] \tag{4.4.16}$$

由尺度分析得：$\frac{\partial T}{\partial z}\frac{\partial p}{\partial x}$ 比$\frac{\partial T}{\partial x}\frac{\partial p}{\partial z}$ 至少要小一个量级，在(4.4.16)式中可以略去。再利用(4.4.12)式将$\frac{\partial p}{\partial z}$ 消去，即得

$$\frac{R}{p}\frac{\partial T}{\partial x}\frac{\partial p}{\partial z}=-\frac{R}{p}\frac{\partial T}{\partial x}\left(\rho g+\rho\frac{dw}{dt}\right)\sim-\frac{R}{T}\frac{\partial T}{\partial x}g \tag{4.4.17}$$

又因为

$$\frac{g}{T}\frac{\partial T}{\partial x}=\frac{g}{\theta}\frac{\partial \theta}{\partial x}+\frac{Rg}{C_p p}\left(\frac{\partial p}{\partial x}\right)$$

上式右边第一项量级为 $10^{-6}/s^2$，第二项量级为 $10^{-7}/s^2$，因而可近似地写成

$$\frac{g}{T}\frac{\partial T}{\partial x} \sim \frac{g}{\theta}\frac{\partial \theta}{\partial x} \tag{4.4.18}$$

将(4.4.18)式代入(4.4.15)式，再用 ψ 来表示，则海陆风环流方程为：

$$\frac{\partial}{\partial t}\nabla^2\psi = -\vec{V}\cdot\nabla(\nabla^2\psi) - f\frac{\partial v}{\partial z} + \frac{g}{\theta}\frac{\partial \theta}{\partial x} - \frac{\partial^2}{\partial z^2}\left(\alpha^* K_m \frac{\partial u}{\partial z}\right) \tag{4.4.19}$$

这里以平均比容 α^* 代替比容 α。式中出现了 v、ψ、θ 三个变量，v 可由(4.4.11)式来决定，而 θ 可由热扩散方程来决定，即

$$\frac{\partial \theta}{\partial t} = -\vec{V}\cdot\nabla\theta + \frac{\partial}{\partial z}\left(K_H\frac{\partial \theta}{\partial z}\right) \tag{4.4.20}$$

其中 K_H 是涡动热扩散系数。这样(4.4.11)、(4.4.19)和(4.4.20)式便构成了闭合方程组。

4.4.2.2　求解条件

在求解时取下列近似式 $K_H = \alpha^* K_m, K_m = K$，初始条件为 $t = 0, \psi = 0, \nabla\psi = 0$。$K$ 随高度变化及内陆地区温度随时间变化是给定的曲线，$z = 0$ 时的海上温度保持不变，且 $\nabla T = 0$，边值条件为

$$\begin{array}{ll} z = 0 & u,v,w = 0 \\ z = H & u,v, = 0 \\ x = \pm l & u,v,w = 0 \end{array}$$

位温随高度的变化也是给定的。

4.4.2.3　计算结果

图 4.4.2 表示在 07 时开始后 6～10h 海风环流中的 u,v,w,θ 分布，从中可见海风环流的一般情况。计算出的最强海风出现在 200～400m 高度，最大海风风速为 7m/s。垂直速度和由科氏力作用产生平行于海岸的风速位置、大小以及温度分布，均与实况十分一致。

在 Fisher 研究海陆风环流的同期，Estoque(1961，1962)也以数值方法求解非线性方程，对垂直于海岸线的垂直平面中的海陆风进行了数值试验，研究在有天气尺度风和无天气尺度风两种情况下平直海岸线的海陆风环流，即讨论了盛行风对海陆风环流的影响，发现离岸风加强了海陆风环流。同时还成功地解释了某些观测现象(例如在弱地转风影响下海风锋形成的问题)。这些研究结果与以前的线性理论结果相比，表明非线性理论研究的结果更为接近实际，而且讨论了海陆风现象的详细特征。但在 1976 年前的非线性理论研究中都未考虑山脉对海陆风的影响，直至近 10 年来，才开始使用数值方法讨论山脉对海陆风环流的影响。结果发现，山脉在热力上起了加强海陆风环流的作用，而在动力机制上却抑制了海陆风，而且由于山脉雷暴的影响，陆风开始的时间多变。

与海陆风环流类似，在大陆内部，湖泊与其周围陆地之间，也存在着由湖陆效应引

起的湖陆环流。湖泊面积越大，大尺度环流形势越弱，这种效应越明显。Estoque(1981)利用 1972 年国际野外考察获取的资料，详细分析了由安大略湖引起的湖陆风环流系统的三维结构特征。指出在弱盛行气流情形下，湖陆之间不仅存在着由热力性质差异引起的湖陆风环流及湖(陆)风锋，而且存在着明显的日变化特征。它们不仅是对流天气的重要触发机制，而且也是空气污染的原因。夏季，对流单体移近湖陆地区，有时还能组织成为飑线，数值模拟的结果也进一步说明了这点。当积云移经冷水面时，在湖陆风环流和冷变性的共同作用下，使积云移入水面后发展受到抑制，强度减弱。

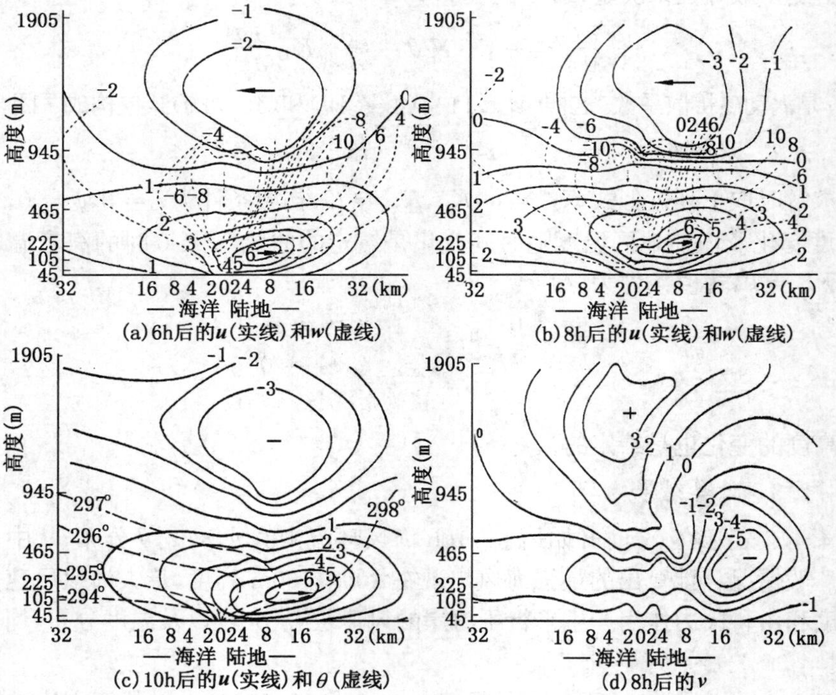

图 4.4.2　理论上的海风垂直剖面(引自 Fisher,1961)

§4.5　城市热岛环流

晴朗无风的夏日，海岛上的地面气温，高于周围海上气温，结果，在热力作用下形成海风环流以及海岛上空的积云对流。如果有盛行风的影响，在岛的下风方出现积云对流。它伸展相当长的距离，并间隔排成云列(cloud row)。Malkus 等研究认为，这种云列的出现，是海洋热岛效应的表现。在常定条件下，盛行气流在越过热岛上升气流时，就会在小岛下风方向产生类似于前面所述的背风波动，而云列是背风波作用下的产物。

近几十年来，由于城市大气污染日益严重和人类活动对天气气候的影响，人们越加关注城市对环境和天气、气候的作用。研究表明，这种作用同前面说的海洋热岛效应十分类似，因而通常称为城市热岛效应(urban heat island effect)。这种热岛效应对天气的影响，能造成恶劣的能见度、城郊降水和雷暴分布不均匀等等，在国民经济建设和军事活动的组织保障中，都是必须加以考虑的。因此，有必要在这里对城市热岛的特征及其形成的环流和对天气的影响作一概要的介绍。

4.5.1　城市热岛的基本特征

在人口稠密、工业集中、交通发达的大城市内，大多数建筑物由石头和混凝土建成，它们的热传导率和热容量很高，加上建筑物本身对风的阻挡或减弱作用以及人类的频繁活动，可使城市中的年平均温度比郊区、农村高1℃左右(表4.5.1)，从而形成城市热岛。

表4.5.1　城市年平均温度高于郊区的数值
(引自河村武，1977)

城　市	气温差(℃)	城市	气温差(℃)
芝加哥	0.6	纽　约	1.1
华盛顿	0.6	巴　黎	0.7
洛杉矶	0.7	莫斯科	0.7
费　城	0.7	柏　林	1.0

城市热岛在冬季最为明显。据粗略估计，在一些大城市中，冬季由燃烧过程放出的热量，比太阳光得到的热量大2.05倍，而夏季这个量只有太阳光加热的1/6，因而冬季夜间的最低气温，市区往往比郊区高几度。在夏季，白天城市和郊区所达到的最高气温一般差异不大，但在夜间，由于城市中大面积的石头和混凝土建筑具有很高的热容量，城市的冷却比郊区、农村慢，因而也就出现热岛现象。不过，夏季的热岛强度要比冬季弱。图4.5.1和图4.5.2分别表示南京夏冬两季的城市和郊区的最低气温分布图。

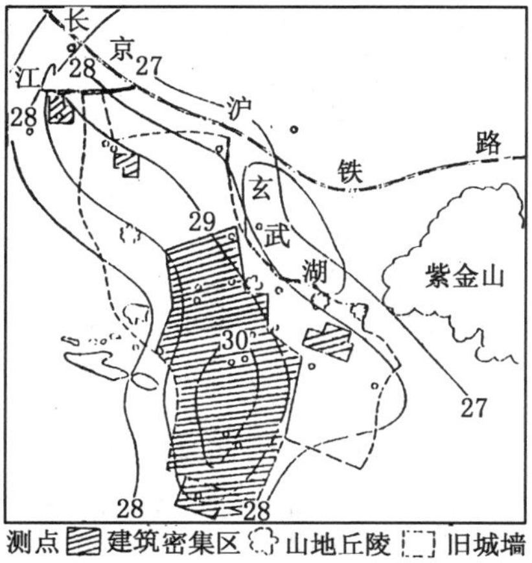

图4.5.1.　1959年7月30日南京地区最低温度分布(引自南京大学气象系，1974)

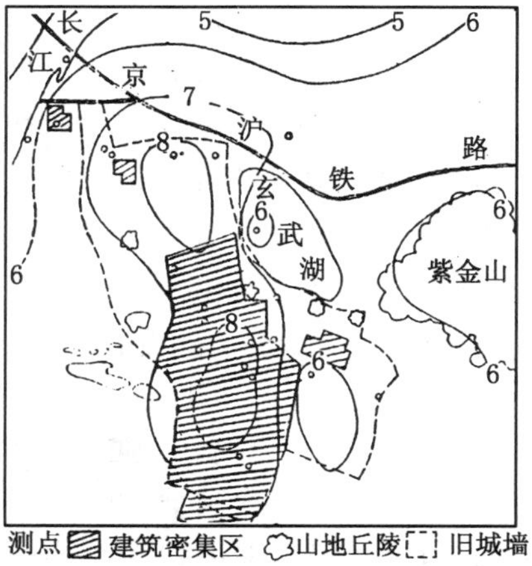

图4.5.2　1960年2月9日南京地区最低温度分布(引自南京大学气象系，1974)

1959 年 7 月 30 日，晴朗炎热，东南风风力不大，是典型的盛夏天气。从图 4.5.1 可见，该日最低气温，在建筑密集区（以阴影表示）最高，市区与郊区之间相差 2～3℃。1960 年 2 月 9 日有冷空气南下，风速较大，最低气温的高值出现在市区和玄武湖湖面，与郊区温度也差 2～3℃，如图 4.5.2 所示。由此看出，即使象南京这样建筑物不算密集，并且绿化较好的城市，热岛现象还是比较明显的。至于人口众多、工业和建筑物密集的大城市，所形成的热岛强度要比南京大得多。据河村武的研究，热岛强度与城市人口有密切的关系，在晴朗无风的条件下，城市内外的气温差，数百万人口的大城市，可达 5℃以上，数十万人口的中等城市为 3～5℃，几万至十几万人口的小城市为 2～3℃。

在出现城市热岛现象时，城市象孤立的小海岛，上空的暖空气被周围较冷的空气所包围。夜间，城市周围的郊区农村，由于辐射冷却在近地面层产生强的辐射逆温。城市内这种情形不大明显，由于下垫面温度较高，近地面层为弱稳定或中性层结。白天，郊区的地面辐射逆温消失，城区内的热力稳定度也同时减小。出现热岛现象时城市上空的暖空气为冷空气包围和覆盖，热岛可到达 500m 高度，并且在盛行风影响下，热岛暖空气向下风方和郊区延伸开去。

热岛强度在一日间也有变化，一般夜间要比白天大得多。图 4.5.3 是北京地区秋季热岛强度日变化的例子。由图可见，17 时以后，热岛强度有一显著增大过程。18 时之后继续增加，但速度较平缓，到第二天 05 时左右热岛强度达最大值，其值为 6℃左右。06 时以后，热岛强度迅速减小，中午前后，其值最低，有时甚至出现负值。昼夜热岛强度的差异，主要是夜间大气层结稳定，有利于增强热岛，白天风速一般比夜间大，垂直湍流交换发展，因而不利于热岛的形成。

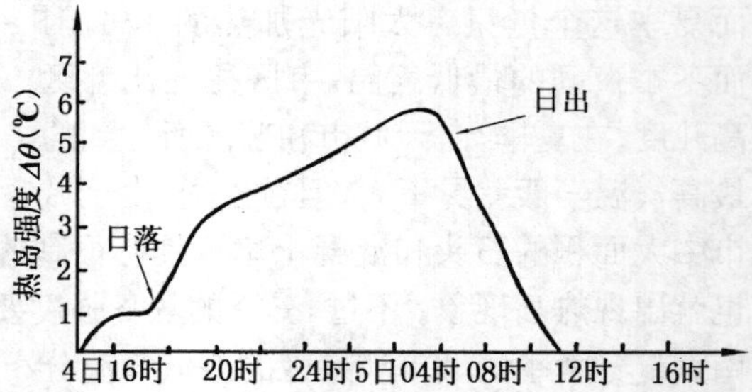

图 4.5.3　1971 年 10 月北京地区热岛强度日变化（引自张景哲，1982）

图 4.5.4 北京地区冬季热岛强度日变化的特征。可以看出，它的变化趋势与秋季很相似。但冬季出现明显的双峰，峰值出现在 08 时和 20 时，其强度各为 5℃和 4.5℃，其中一个峰值和秋季相似，出现在日出之前，原因也大致相同。

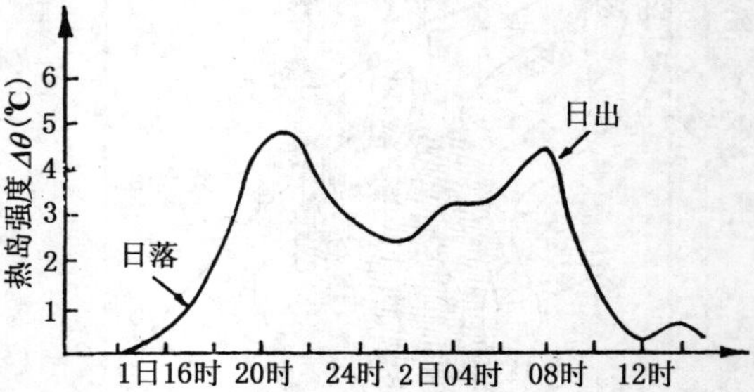

图 4.5.4　1971 年 1 月北京地区热岛强度日变化（引自张景哲，1982）

由于冬季是北京地区的取暖季节，人工释放的热量明显超过其它季节（以用煤为例，冬季是夏季的两倍）。人们取暖活动具有明显的时间性，20 时热岛强度峰值的形成与取暖活动有密切的关系，日落以后，城乡地面长波辐射差异和城区人工热的释放(包括取暖释放的热量)，使得热岛强度明显增大。20 时以后，随着居民取暖活动逐渐减弱，热岛强度也随之减弱。

4.5.2　城市热岛形成的天气学条件

城市热岛的形成与盛行风速有密切的关系。在出现热岛的时刻，如果风速较小，热岛将随盛行气流移向下风方向。当风速增大而到某一定值时，在强通风条件下，热量会很快被风带走，加之随着风速的增强，动量交换作用也将加大，因而热岛强度减弱以至完全消失。这个使热岛现象消失的临界风速值，通常称为极限风速。据国外的资料统计(见表 4.5.2)，城市热岛的极限风速，对于百万以上人口的大城市为 10m/s，数十万人口的中等城市为 8m/s，十万以下人口的城市为 5m/s。当超过极限风速时，热岛现象趋于消失。

表 4.5.2　城市热岛现象的极限风速

城　　市	年　　份	人　口	极限风速(m/s)
伦敦(英国)	1959～1961	8500000	12
蒙特利尔(加拿大)	1967～1968	2000000	11
不来梅(德国)	1933	400000	8
汉米敦(加拿大)	1965～1966	300000	6～8
雷丁(英国)	1951～1952	120000	4～7
熊谷(日本)	1956～1957	50000	5

表 4.5.3　北京地区热岛消失的极限风速

季节	热岛消失的风速(m/s)
春	4～5
夏	2～3
秋	5
冬	5～6

我国城市热岛消失的极限风速一般要小一些。以北京地区为例，若把城区热岛强度小于 0.5℃时的水平风速定为热岛消失的极限风速，不同季节的极限风速如表 4.5.3 所示。从表中看出，冬季热岛强度最强，极限风速也最大；秋季热岛强度次之，其极限风速略小于冬季，夏季的热岛强度是四季中最弱的，因而极限风速也最小。

城市热岛强度除了同盛行风速有关之外，还受天空状况的影响。在晴空时，热岛强度最大，而当有云覆盖时，热岛现象趋于减弱。由于天空状况和风速大小都随天气形势而异，因而总起来看，热岛现象是否出现，取决于天气形势。周明煜等统计分析了不同季节北京地区出现热岛的天气形势，定义秋冬季城乡温差≥4.0℃时为强热岛，春季城乡温差≥2.5℃、夏季城乡温差≥2.0℃时为强热岛；小于上述标准而城乡温差又>0.5℃时为弱热岛；城乡温差<0.5℃时为无热岛。根据这个定义，分析了 186 个强热岛的例子。从这些例子的分析中得知，秋冬季节出现强热岛的天气背景，大部分是地面图上北京处于高压内部或两小高之间，这时的天空状况，绝大数是晴天，无风或微风(<3m/s)。在 500hPa 等压面图上，北京的上游一般是弱高压脊，上空盛行西北或偏西气流。春夏两季由于天气形势同秋冬有很大的差异，处于高压内的强热岛次数，比秋冬少很多，而处于低压槽和低压内部的强热岛占一半左右。

4.5.3　城市热岛环流及其对天气的影响

由于热力作用，城市热岛上空暖而轻的空气要上升，四周郊区的冷空气向城区辐合补充，这样，在城市近地面层形成明显的辐合环流，北京地区的热岛水平环流背景场风很弱，城区和近郊区都是静风，从郊区的风场，可以看到向城区呈气旋状辐合气流，这种从郊区农村吹向城市区的风，可称为乡村风(country wind)。

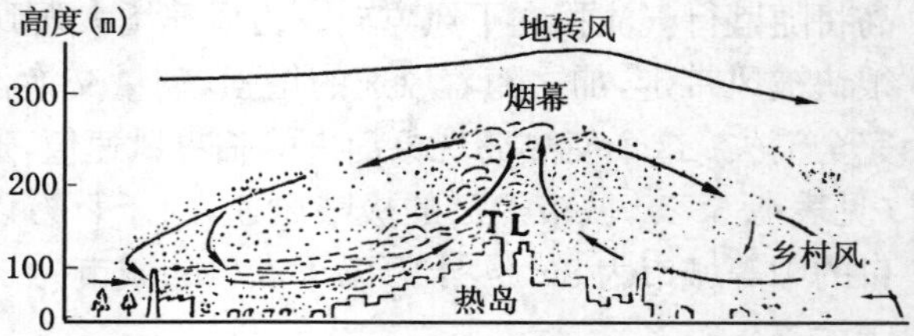

图 4.5.5　日出后的城市热岛垂直环流模式
(引自河村武，1977)

乡村风出现在近地面的几百米气层内，再上去，空气以相反的方向从城市区向郊外流出，构成城市热岛的垂直环流。图 4.5.5 这是这种热岛环流的模式。对于城市中心，呈现出两个对称的环流圈，煤烟和尘粒在局地环流作用下，聚集在城市上空，并在上空形成烟幕，热岛环流加上城市内外水汽蒸发和空气污染不同，对城市的中尺度天气有着明显的影响。由于空气污染造成城市上空的 CO_2，SO_2，CO 及大的尘埃粒子等凝结或冰晶核大量增加，而城市热岛环流中的上升气流又能达到 5～10cm/s，因而大城市区内的降水比郊区一般要多，其降水量可增加 10%左右。当有盛行风时，降水量的增加区出现在城市的下风方。夏季雷暴和冰雹的次数，在城市的下风方也有所增加，对流发展的时间主要在清晨。据 Boatman 等的研究，城区温度高于郊区，但由于城市内外蒸发量不同，市区小于郊区，因而水汽混合比市区小于郊区，水汽的多寡对 θ_{se} 的影响比气温明显，所以城区夏季的对流不稳定度，相对于郊区要小一些，当有雷暴云从郊区经过城市区时，它的强度就会减弱。龙卷的发生在城市明显地减少，而郊区龙卷的频数增加，一个大城市可以明显地划分为无龙卷区和龙卷区两部分，城市龙卷主要出现在城市的上风方向的区域内，但对这个事实发生的内在过程，目前还不清楚。最近在实验室中的实验表明，当一个龙卷在模型城区上空通过时，如果在城市下面或在其上空不同高度分别加热(模仿热岛效应)，可以发现龙卷强度减弱或消失。

城市热岛效应的理论研究，目前常用的办法是利用线性模式，包含了城郊不同地面气温变化曲线的加热函数，进行数值计算，得到城市热岛环流的结构、分析盛行气流、层结状态等因素影响热岛环流的情况。

第五章　强烈对流性中尺度系统

大气中的对流性环流经常表现为非强烈的，它以普通积云对流形式出现，有时伴有对流性天气（阵雨或雷暴），一般情况下没有明显的强烈天气。但是，组织化的积云对流形成对流风暴是一类强烈对流性环流，它由一个或多个积雨云组成，这种组织化常是中尺度型式，它能持续制造出新的对流风暴，因此它们的水平尺度较普通雷暴大，而且生命史也较长，当若干个对流风暴集合在一起，即经常以对流复合体形式出现，则构成中尺度对流系统（MCS），中尺度对流系统是指水平尺度几十千米到几百千米左右的具有旺盛对流运动的天气系统，它们的空间尺度和时间尺度有较宽广的谱，在这种系统内则经常出现强烈天气如强雷暴、大风、暴雨、冰雹等。

中纬度地区常见的强烈对流性中尺度系统有三类：局地对流系统（普通雷暴单体和局地强风暴）、二维线状（带状）对流系统（如飑线、锋面中尺度雨带）、近于圆形团状结构的中尺度对流复合体（MCC），线状对流和圆形对流分别位于中尺度对流系统波谱的两端。局地强风暴常常是带状对流等其它中尺度对流系统的组成部分，因而本章首先讨论局地强风暴，然后概述除中尺度雨带以外的其它中尺度对流系统。

§5.1　普通单体雷暴和局地强风暴

根据 Chisholm 和 Renick（1972）分类，局地对流系统有三种基本类型，即普通单体雷暴、多单体风暴以及超级单体风暴，后二者又称为局地强风暴。

5.1.1　普通单体雷暴

通常把一个上升运动区（其垂直速度≥10m/s，水平范围从十千米至数十千米，垂直伸展几乎达整个对流层）称为一个对流单体。只由一个对流单体构成的雷暴系统叫做单体雷暴。不同的雷暴，其所伴随的天气现象的激烈程度差别很大。以一般常见的闪电、雷鸣、阵风、阵雨为基本天气特征的雷暴称为“普通雷暴”，而伴以强风、冰雹、龙卷等激烈灾害性天气现象的雷暴则称为“强雷暴”。普通雷暴又有单体雷暴和雷暴群之分。其中的单体雷暴即称为普通单体雷暴。

1946 年及 1947 年夏季，Byers 和 Braham 等在美国组织了雷暴的野外观测研究。他们利用雷达和站距为 1 英里（约 1609.4m）的测站网以及 1～5min 间隔的连续观测记录，对雷暴的结构和发展过程作了细致的研究，建立了普通单体雷暴生命史模式。图 5.1.1是经过 Doswell 修改后的 Byers-Braham 雷暴生命史模式。

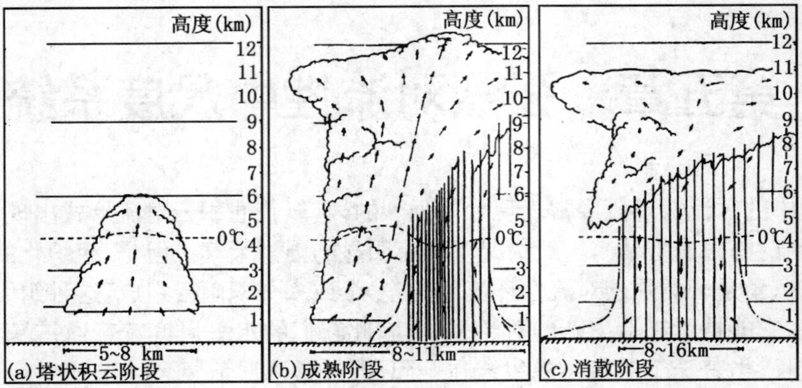

图 5.1.1　雷暴单体生命史及各发展阶段的结构特征(引自 Doswell,1984)

由图可见单体雷暴的发展经历了塔状积云、成熟和消散三个阶段。

在塔状积云阶段,云内为一致的上升气流,单体向上发展,通过积云边界有干空气被挟卷进来,单体形成后,大量湿空气凝结,降水形成,下沉气流开始出现。

成熟阶段的特点是降水落地,上升气流更加强盛,云顶出现上冲峰突,由于降水质点对空气产生拖曳作用,使对流单体下部产生下沉气流,雨滴蒸发使空气冷却,下沉气流受负浮力作用而被加速,当下沉气流达到地面时,形成地面冷空气和水平外流,其前沿形成阵风锋,流出气流处有新的单体发展。

消散阶段时云内下沉气流逐渐占优势,最后完全替代上升气流。

每个单体的生命史平均为 1h,单体可随 5～8km 高度的环境平均风移行 20km 左右。

5.1.2　局地强风暴

局地强风暴被认为是大气运动中最重要的中尺度环流,它们的特殊性使 Ligda 首先应用了"meso-"这一前缀(1951),而它们的猛烈和壮观则使气象学家们对它发生了浓厚的兴趣。除了作为一种大气现象所固有的兴趣以外,还由于它们常和灾害性破坏联系。例如仅在美国平均每年就因其发生造成约 100 人死亡,2000 人受伤,而要求人们对它高度重视。

局地强风暴是在特定的大气环境中发展起来的强大对流系统,环境场的最重要特征是强位势不稳定和强垂直风切变,在这种环境中,对流获得充分发展,并进行组织化,形成庞大而高耸的积雨云体,并可准稳定地维持较长时间,从而构成对人类活动的威胁,近三十年来,人们对强对流风暴作过多方面研究,取得了许多成果,这里主要介绍局地强风暴的两种类型:多单体风暴和超级单体风暴。

5.1.2.1　*多单体风暴*

多单体风暴是由一些处于不同发展阶段的生命期短暂的对流单体所组成的,这些单体在风暴内排成一列，是具有统一环流的强雷暴系统，其水平尺度为 30～50km，垂直伸展能达到整个对流层，有时穿入平流层几千米。在多单体风暴中包含有很多对流单体，每个单体可能都有冷的外流，这些外流结合起来形成大的阵风锋，沿阵风锋前沿有气流辐合，通常在风暴移动方向上辐合最强，这种辐合促使沿阵风锋附近新的上升气流发展，然后每个新生对流单体又经历自身的发展过程。

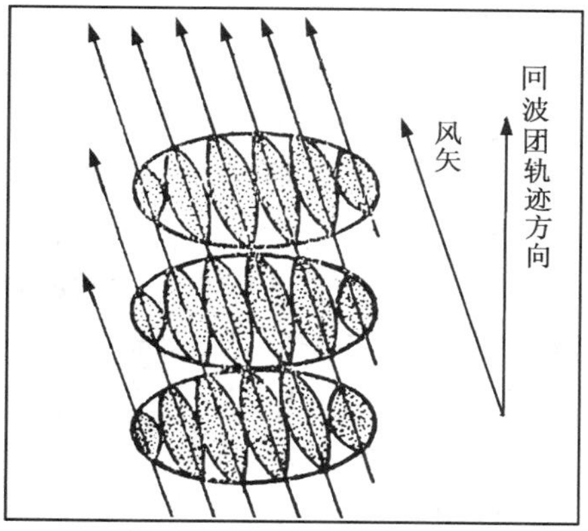

图 5.1.2　新单体在多单体风暴右侧触发产生，左侧单体消亡，整个风暴向气流右前方移行（引自 Browning，1960）

多单体风暴中的单体呈有组织状态是和新单体仅出现在一个方向有关，否则，如果新单体出现在任意各个方向上，则出现无组织状态，在风暴移动方向的右侧易有新单体产生，每个单体在平均风方向上移动，每个单体直径为 3～5km，上升速度为 10～15m/s，新单体并不与风暴合并，而是很快成长为风暴中心，这样，在风暴右前方有新单体发生，而在后方的单体消亡，一般单体每隔 5～10min 形成并存在 30～45min，看起来风暴像一个整体向前运动，如图 5.1.2 所示。有人指出，一个典型风暴在生命史中，可有 30 个以上的单体发展。

图 5.1.3 是发生在美国科罗拉多地区的多单体风暴垂直剖面图，这是根据常规雷达和多普勒雷达、地面和高空观测以及飞机探测等资料概括得到的。这个模式可以用两种方

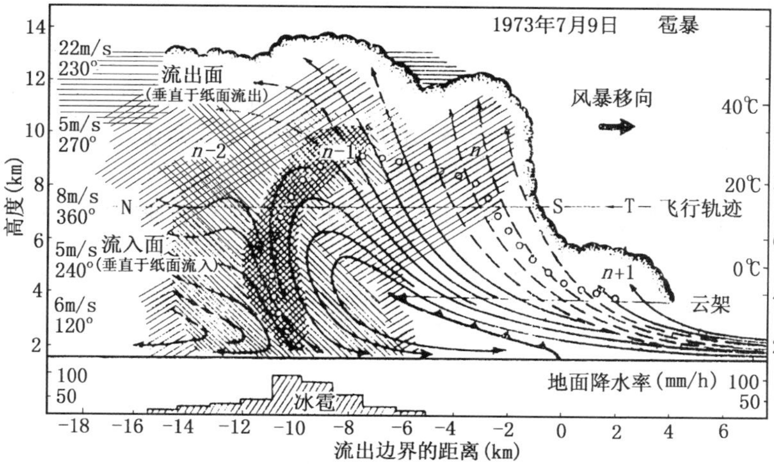

图 5.1.3　沿多单体风暴移向，通过一系列单体的垂直剖面图（引自 Browning，1976）

剖面沿风暴移动方向，依次穿过处于不同发展阶段的单体。箭矢线表示相对于风暴的流线；小圆圈代表在云底从一个小水滴开始的雹块轨迹；波线表示云区范围，三个阴影区的雷达反射率分别为35dBz、45dBz 和 50dBz。右边为温度标尺，左边为相对于风暴的环境风。7.2km 高度的水平线 NS 是飞机探测路径

式解释：它可看作四个处在不同演变阶段的单体在某一瞬时的典型结构，即 $n+1$ 为初生阶段，n 为发展阶段，$n-1$ 为成熟阶段，$n-2$ 为消散阶段。也可看作某一个单体在其四个不同发展阶段的结构。约在 15min 以前，单体 n 开始由所谓的"陆架云" 增长起来，这种陆架云是一种明显的"子" 云（$n+1$）。单体 $n-1$ 正处于具有强烈上升和下沉气流的成熟阶段，几乎达到了它的最大反射率。单体 $n-2$ 正在衰亡，多数层次上出现弱下沉气流。前后两个单体之间的时间间隔约 15min 左右，每个单体的整个生命期约 45min。

分析表明，风暴内的上升气流起源于云系前方大量的水平流入。在这个模式内整个入流发生在距地面 500m 范围内，它在风暴前 20km 内均存在。这支入流没有混合上升到云底，云底以下是片流。实例观测指出，单个单体上升气流的侧向范围约 8km，在对流层中层减小到 5km。相继发生的上升气流单体在云底处可以被一个弱的下沉区分隔，而在较高层次它们又连在一起，结果在上面形成一个较宽广的上升气流区。

不同个例上升气流强度变化范围较大，但在云底或云底以下一般为 5m/s，而在云顶经常为 20～25m/s。上升气流强度的垂直变化和上升气流与环境空气间的虚温差有密切关系。在图示的模式中，上升气流直接向风暴的左后方流出，形成砧云。整个上升气流斜向风暴的后部，使在一个单体内增长的降水水滴很少甚至没有机会再循环到另一个更年轻的单体内以增长到较大的雹块。风暴区的下沉气流有两部分来源，一部分是从风暴后方进入的对流层中层干空气；另一部分由原先的上升气流转变而成，下沉气流在雷达最高反射率区最大，达15m/s。地面流出气流在风暴前方厚达 1km，它与从东南方流入的气流形成明显的辐合线和飑锋。向前扩展的强下沉辐散气流是一种触发机制，不断启动其前方新单体的形成。这是强而持续的雷暴集合体的特征。

5.1.2.2　超级单体风暴

超级单体风暴一词由 Browning 于 1962 年首先提出，用于描述多单体风暴成熟阶段的一种特定形式。顾名思义，"超级单体"比通常的成熟单体更巨大，更持久，并带来更为强烈的天气，而且，它具有一个近于稳态的，有高度组织的内部环流，并与环境风的垂直切变有密切关系。超级单体形成后，连续向前传播，沿途都受到它的影响。

超级单体一般发生在下列天气尺度环境中：

①强的不稳定层结；

②强的云下层平均环境风；

③强的环境风垂直切变；

④风向随高度强烈顺转。

用雷达回波观测，典型的超级单体有以下主要特征：

①在风暴移动的右边有一个持续的有界弱回波区（BWER），在 RHI（距离高度显示器）上有穹窿，它的水平尺度 5～10km，弱毁波区经常呈园锥形，伸展到整个风暴的一半到三分之眼的高度，穹窿是风暴强上升气流处，上升速度达 25～40m/s，由于上升气

流强，水滴尚未来得及增长便被携带到高空，形成弱回波区。

②在平面上，超级单体是一个单一的细胞状结构，其外形呈圆到椭圆形。它的水平特征尺度 20～30km，垂直伸展 12～15km。

③最强的回波位于 BWER 的左边，在紧靠 BWER 的一侧有夹杂大冰雹的降水。

④风暴中存在从中心向下游伸展的大片卷云羽，长度达 60～150km。与其相伴的是 100～300km 的可见云砧。

超级单体风暴是单一的强大环流系统。1962 年 Browning 和 Ludlam 曾给出一个风暴内部气流的二维模式，如图 5.1.4 所示。

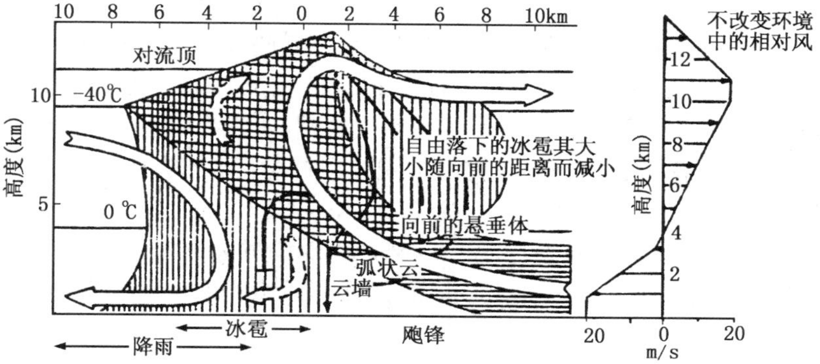

图 5.1.4 强风暴气流模式(沿强风暴移向通过风暴中心的垂直剖面)水平阴影表示上升气流，垂直阴影为雷达回波区(引自 Browning，1962)

图 5.1.4 表明风暴生长在强切变环境中，其内部有组织化的的上升气流和下沉气流同时并存，上升气流来自对流层低层，下沉气流来自对流层中层。以后对这种气流模式提出改进，加上了第三维，如图 5.1.5 所示，清楚表明了上升气流从右前方进入风暴，到高层作气旋式扭转进入云砧区。下沉气流在对流层中层从风暴右边进入，在左后方低层离开风暴。这支气流干冷，当它进入云体后，云内液态水便在其中蒸发，造成强烈下沉，下沉速度与被冷却的空气和其环境间的温差成比例。空气下降越快，风暴低层流出的气流越强，对风暴的维持越有利，因而强风暴是在十分干的对流层中层大气中发展起来的，中层环境空气的水汽含量常常是决定风暴强度的一个因子。这和热

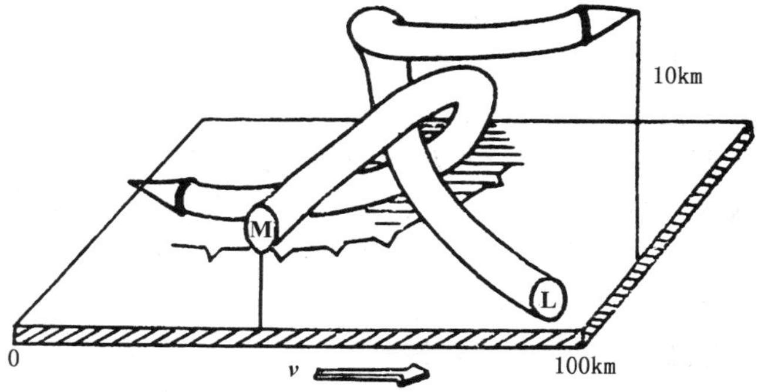

图 5.1.5 强风暴三维气流模式(引自 Browning，1964)
L(低)和 M(中)分别表示上升气流和下沉气流起源的主要层次，阴影区表示地面降水的范围；锯齿线是地面飑锋的位置；V 是风暴移速

带地区不同，在那里环境空气湿层很厚，云内外湿度差小，通过蒸发冷却对下沉气流加强的作用不大，下沉主要由降水拖带所导致，因而热带地区对流风暴常不如中纬度地区强烈。

§5.2　飑　　线

5.2.1　飑线的概念

飑线一词，在上个世纪的后期即已提出。但关于飑线的定义，漫长时间以来经历了多次沿革。1919 年以前，认为任一发生强风的线都是飑线。直到 1946～1947 年的美国雷暴计划，才将飑线研究集中到对流特征方面。20 世纪 50 年代后期，将飑线重新定义为任何非锋面的或狭窄的活跃雷暴带。70 年代后期，认为飑线就是雷暴线，非锋面的或锋面有关的雷暴都包括在内；同时，提出了飑线系概念，认为飑线是由对流区和层状区组成的系统。到 80 年代，随着中尺度对流复合体（MCC）的被发现，Maddox 将飑线定义为线状的中尺度对流系统（MCS）。这个定义将飑线和团状的中尺度对流系统（MCS）区别开来；并明确指出了飑线的尺度范围，而且，强调了飑线是对流系统，即包括对流区和层状区，这就是当前对飑线定义的概括。

5.2.2　飑线形成的大尺度条件和形成方式

飑线形成依赖有利的大尺度环境条件，主要包括：大气层结呈条件性不稳定；低层水汽丰富；高、低层存在强风带（急流），风向通常向上顺转；大气中具有某些动力机制以释放不稳定。图 5.2.1 是美国中部地区有利于飑线等强风暴形成的环境场特征。飑线最可能在发展中的地面低压东南方湿舌附近发生；高、低空急流相交区是最可能发生飑线的落区。

图 5.2.1　利于飑线形成的环境场特征
实线，海平面等压线；断线，对流层高层流线；阴影区为低层潮湿区及潜在不稳定区

中国的江淮地区在春夏季节交替之际，常处于高空副热带急流和温带急流之间，又处于西南低空急流的左前方，是出现飑线一类强对流天气的重要天气类型。

在有利的大尺度环境中，从对流单体发生，到组织为线状的中尺度对流系统，中纬度飑线可能有多种形成方式，Bluestein 等（1985）根据美国俄克拉何马 11 年 40 次飑线天气过程总结出四种类型，如图 5.2.2 所示。图中 Δt 是每个阶段的时间差。

5.2.2.1 不连续线发展型

这类飑线在起始时只有少数单体不连续地排列成线，然后每个单体都形成新单体并各自发展，形成新单体，这些新老单体连接起来，最终形成飑线。这类飑线一般出现在大的粗里查森数 BRN 及垂直切变较弱的环境之中，其中

$$\mathrm{BRN}=\frac{\mathrm{CAPE}}{\frac{1}{2}U_z^2}$$

CAPE 为对流有效位能（见第九章）。

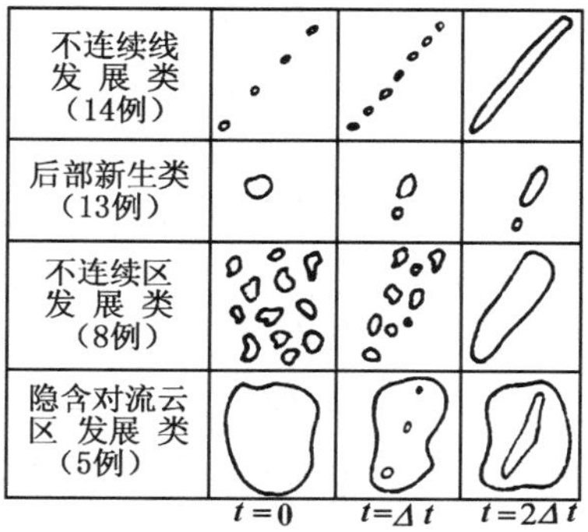

图 5.2.2 飑线形成的方式（引自 Bluestein，1985）

5.2.2.2 后部新生类

这类飑线是通过新单体在单体后部周期性地形成，并最后与老单体合并而形成的。它常发生在 Ri 数不大，垂直切变很强的环境中。

5.2.2.3 不连续区发生类

这类飑线开始时是一些分散的单体，由于每个孤立单体各自分裂几次，沿着单体之间的冷的外流边界（飑锋），便会有新对流发展，最后它们联结成一条飑线。图 5.2.3 是这类飑线的一个例子。在这个例子中 14 时 28 分回波发生一次分裂，形成 L，R 两个回波，各自向偏东和东北方向移动，16 时 27 分前后，L 又分裂出 R_A，同时不同雷暴的外流共同作用结果又造成 R_B，这样 L、R_A 和 R_B 排列成一条飑线。

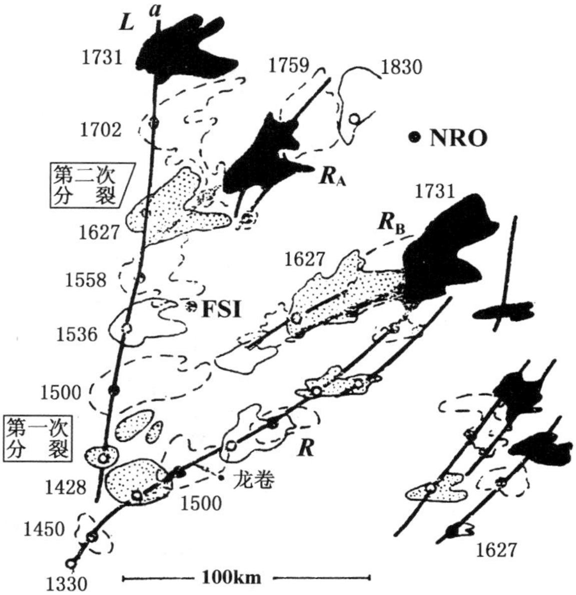

图 5.2.3 飑线形成过程（1964 年 4 月 3 日）
（引自 Wilhelmson 和 Klemp，1981）
图中给出仰角为 0 时大于 12dBz 的回波区，每隔 30min 的回波交替用实、虚线绘出，回波极大值用实线连结，有的回波用影区表示

5.2.2.4 隐含对流云区发展类

这是在广阔的层状云区中形成一条强对流带的过程。

以上四种形成方式为识别飑线提供了方便。

由于天气系统的复杂性，产生飑线的大尺度环境条件有很大的差异，中纬度大陆地区，包括中国和美国中、东部地区，春夏季节经常观测到飑线。从环境场分析，飑线可出现在对流层中上部偏南气流型中，也可出现在偏北气流型中；有的出现在地面冷锋前或气旋波的暖区，有的出现在冷锋后，也有的出现冷、暖锋上或切变(辐合)线附近。在偏南气流型中，位势不稳定的建立主要通过差动的湿度平流；而在偏北气流型中，差动的温度平流对位势不稳定的建立起了主导作用。在中纬度地区，高、低空急流及其有利的配合，对飑线活动有多方面的影响。

和干线联系的干暖盖，对能量的积累和飑线的触发有突出作用。有时干线两侧的风速不均匀形成了对流扰动的源，例如，1983 年 4 月 28 日发生于中国长江中下游地区的一次冷锋后飑线的形成机制是与边界层内的干线活动及特定的地形有关，28 日 13 时冷锋移入江淮流域，以大约 50km/h 的速度向东南方移动。这条东北－西南向的冷锋东段移动快，西段受大别山等地形阻挡移速减慢，锋后冷空气受到拦截。图 5.2.4 是冷锋 13、16、19 时的位置，主冷锋后，在 34°N 附近又有新的副冷锋形成，它在边界层表现为：锋后露点温度陡降，锋区以露点梯度为主，伴有弱的温度梯度，它具有干线特征，用逐时滑动差表示露点和温度的变化，干线后露点逐时滑动差最大值 11K，而温度差 6.4K，干线附近的露点梯度达 10K/(50km)，如图 5.2.5 所示。干线形成后，有两个露点差值中心，并均以50km/h的速度分别从河南省向偏东、偏东南方向移动。从图 5.2.4 可以看出干线向东南方向移动时受到山脉的拦截，这表现在 13 时、14 时干线呈舌状伸向大别山东侧，以后，干线呈南北向沿黄山山脉北坡向东传播，图中强对流雷达回波带分别与主

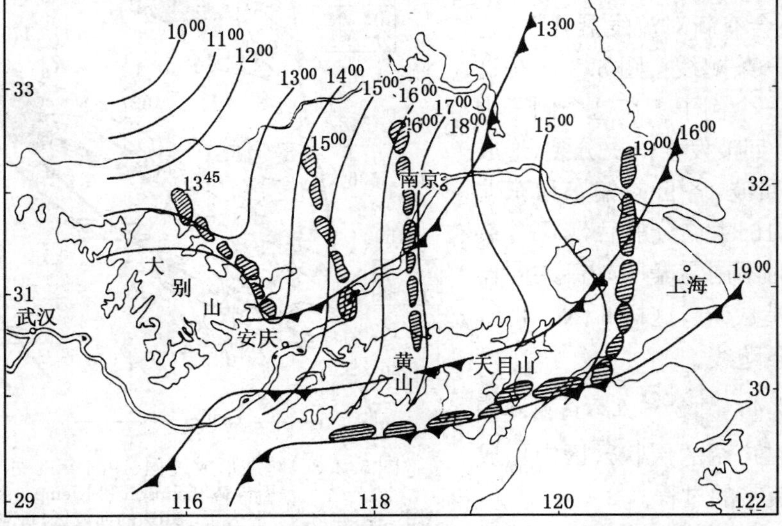

图 5.2.4　冷锋和干线动态图(1983 年 4 月 28 日)(引自陆汉城，1992)
细实线为干线，阴影区为雷达回波

冷锋及飑线对应，干线几乎与主冷锋垂直，沿锋后低空气流的方向向东传播。

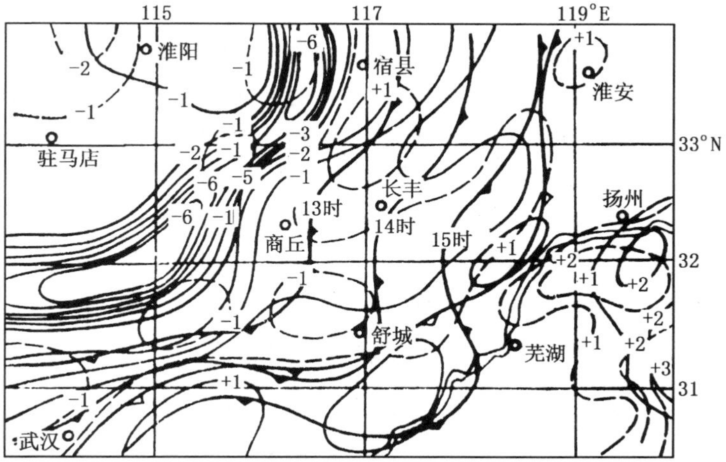

图 5.2.5　28 日 12 时地面中尺度图及干线动态(引自刘华强，1992)
实线为 1h 等变露点线，断线为 1h 等变温线，锯齿线表示干线，(单位：℃)

由于主冷锋及干线受到地形阻挡，它们后部的冷空气被迫沿地形边缘流动，冷空气活动具有冷涌特征，它在沿山坡顺时针移动时与沿长江河谷的西南暖湿气流在山坡东侧汇合形成很强温度梯度(5K/(100km))的边缘锋，锋区的露点梯度也十分明显[10K/(100km)]。

在风廓线变化上可分析得到冷涌推进的鼻状结构十分明显，具有重力流特征，如沿飑线前进方向的剖面图(图 5.2.6)所示。其前部凸起的鼻状最前端位于 600m 高度上，冷空气顶约在 1200～1500m，冷空气头前暖空气侧的上升运动达 16cm/s，在冷空气头的后部，变成较弱的下沉运动，由于重力流中层结稳定(边界层内 $\partial\theta_{se}/\partial z>0$)，并且具有强的风垂直切变(边界层内风切变达 30m/(s · km)以上)，这就十分有利于重力波的

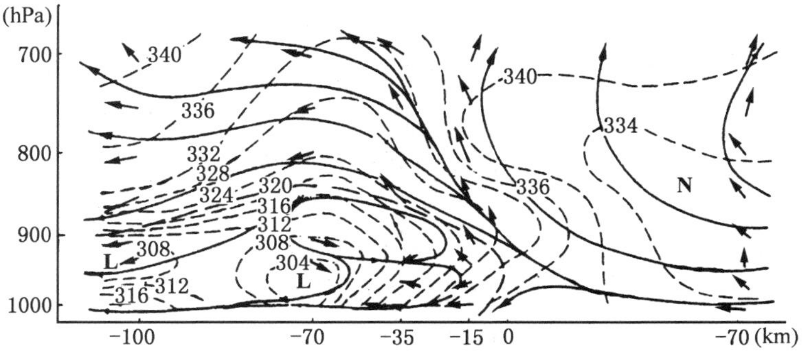

图 5.2.6　冷涌前部重力流边界层结构(引自陆汉城等，1992)
实矢线为相对流线，断线为等 θ_{se} 线，(单位：K)

活动。因此,就中尺度触发机制而言,本次飑线过程与干线、冷涌及激发的中尺度大振幅重力波有关。

飑线是一种线状对流系统,其线状形态的形成与先前有线形大气扰动有关,例如锋线接近不稳定区,并且移速快于不稳定区时,在它与不稳定边界(强对流的线源)交割处就可能产生雷暴,当雷暴移速大于冷锋时,就会产生锋前飑线。大气中可以触发飑线的机制,除锋、干线、重力波外,还有海风锋、地形作用、急流及对称性不稳定等。

飑线形成后,在其成熟阶段,伴有一系列中尺度特征,导致地面气象要素呈现急剧变化。根据观测主要有四方面特征:

(1)冷空气丘。冷空气丘呈浅圆顶形,发生于飑线后方下沉气流低层。通常称其为雷暴高压,造成的气压上升约 2～5hPa。按伯努里方程 $\frac{\Delta P}{\rho}=\frac{\Delta V^2}{2}$ 估计,可引起 18～28m/s 风速。此下降气流前缘附近,即飑线两侧有明显的水平温度梯度,通常为 5℃/50km,强的可达 1℃/km。因而飑线过境,温度急降。

(2)气压跳跃线。位于雷暴高压前缘,水平气压梯度约 1hPa/km,造成的气压倾向可达 1hPa/min。导致飑线过境,伴随气压剧增。

(3)飑锋。飑线后方强下沉出流的前缘,其两侧常伴随风向急变和风速剧增。由于下沉空气来自对流层中层,风速较强,加之雷暴高压区强水平气压梯度的加速,造成的风速很强,可酿成灾害性破坏。

(4)中尺度低压。常位于风暴后方,因而又称尾流低压。有时在飑线前方也观测到中尺度低压(槽),称前中低。根据研究,对这类中尺度低压的形成曾提出三种看法:一是认为地面低压是由飑线前方平流层下部和对流层上部的补尝下沉气流引起的增暖造成的;二是认为由积云对流凝结潜热释放过程产生的;三是认为中尺度低压的形成和重力内波的不稳定有联系。

5.2.3 中纬度飑线的结构

飑线的结构与环境场条件有密切的联系,在中纬度不同条件下,有不同的飑线结构,尽管各飑线间存在细节上的差别,但却显示出常见的特征,飑线是线状中尺度对流系统的概念模式如图 5.2.7 所示。从图中可看到飑线上的雷暴云经常是排列成带,其流场特征包括中低层上升气流的逆切变倾斜、低层暖湿空气入流和中层干冷空气入侵,以及飑线后方冷的下沉气流等。在过去,几乎所有的对飑线结构的研究都局限于单站探空的时间剖面分析,因而缺乏对某些关键变量例如水平散度和垂直速度空间分布的定量描述。1980 年 Ogura 等利用美国国家强风暴实验室(NSSL)提供的加密观测资料,采用合成方法,详细研究了 1976 年 5 月 22 日通过 NSSL 站网强飑线的热力、动力结构,其结果有一定的代表性。

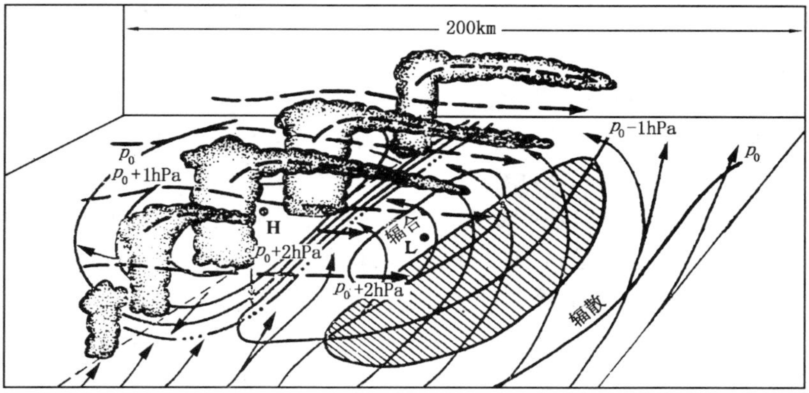

图 5.2.7 飑线的三维模式
阴影区是气压急降区，虚线是高层流线，粗实线是地面气压，细实线是地面流线，点划线为飑锋

图 5.2.8 给出了横截飑线剖面上相对于飑线的 u、v 速度分量、垂直速度 ω 以及由

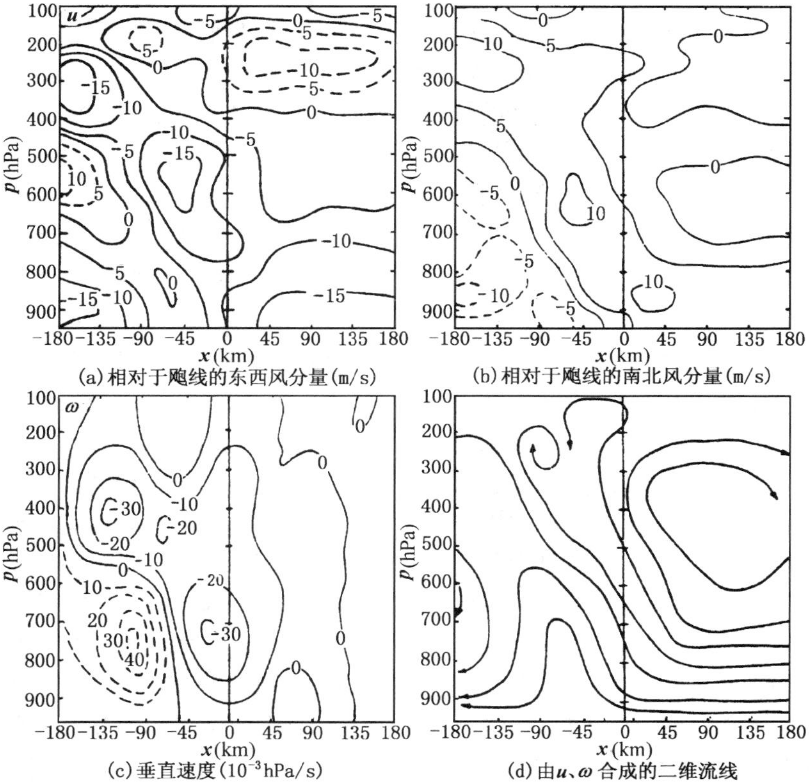

(a) 相对于飑线的东西风分量(m/s)　(b) 相对于飑线的南北风分量(m/s)
(c) 垂直速度(10^{-3}hPa/s)　(d) 由u、ω 合成的二维流线

图 5.2.8 中纬度飑线的运动学结构(引自 Ogura, 1980)
x 表示相对于飑线前缘的距离，正值为飑线前方

u、v 合成而来的二维流线分布。由图 5.2.8(a)图可见，在低层飑线前部存在强的相对入流，速度约－15m/s；后部有同样强度的相对出流，出流和入流之间几乎是静风。在高层，飑线前方约 200hPa 层有一个出流的极大区，厚度约 250hPa；后方 300hPa 层附近也存在一个出流区。在对流层中层，有气流从后部流入。图 5.2.8(b)表明，风暴前低层是偏南风，且正值 v 动量向上和向北输送，形成一条倾斜的正值 v 动量带。这条带的右侧(飑线前部)环境场是偏西风，左侧是偏北风，偏北风区域由强出流所控制。图 5.2.8(a)和图 5.2.8(b)揭示出一个很重要的特征：上升气流到达高层出流区前，空气的水平动量 u、v 近于守恒。这个特征和云中的垂直速度足够大有关。散度场表明，低层飑线前缘附近为辐合，后方为辐散，高层也表现出辐散特征。在对流层中层飑线后方约 120km 的 550hPa 层附近，由于起源于低层入流层的大水平动量向上携带，和中层进入的空气相遇，而产生第二个最大辐合区。与此对应，形成了两个上升气流中心，如图 5.2.8(c)所示，分别位于飑线后方 700hPa 和 400hPa 层附近，量级达3×10^{-2}hPa/s。在上升气流带的左下方存在下沉气流，中心位于飑线后方 100km 的700hPa附近，强度大于上升气流速度。飑线区涡度分布的主要特点是中低层为气旋式涡度而高层为反气旋式涡度，显然这种特征受散度场所制约。二维合成流场如图 5.2.8(d)所示，清晰显示出，从地面到 500hPa 深厚层次内，都是流入飑线的气流，这和环境西风同飑线移速相比较弱，以及环境西风垂直切变较小有关。中层从飑线后部的入侵气流也是明显的。

剖面上的相当位温 θ_e 揭示出，和上升气流对应的是高 θ_e 区，而和后部下沉气流对应的是低 θ_e 空气；沿流线 θ_e 并非常量。水汽混合比场表明，湿舌沿上升气流流线向上和向后延伸，在飑线后部的下沉气流区内，是低值混合比。这些特征反映了飑线区不同属性空气的来源，并和飑线天气特征对应。

需要指出，上述结构是飑线成熟阶段的平均特征，实际上飑线的天气和相应的结构是变化的。通过 NSSL 站网的这条飑线宽度随时间增大，其前缘的峰值降水随时间减小。这种减小和低层相对入流强度及高层相对出流强度随时间减小相对应。

Houze 和 Smull(1982)曾对上述由 Ogura 等研究过的同一条飑线进行了多普勒资料的分析，得到了图 5.2.9 所示的中纬度飑线的概念模式。由图可见，在东部(图右边)有一支上升气流向后倾斜，经过大约 30km 的水平距离，到达约 8km 高度上的飑线的最强单体，然后在单体顶部产生分叉，一支向前，一支向后，强对流单体顶部产生大量冰质点，下落时受水平气流影响，朝西平流，最后落到 4～5km 高度上的急流附近发生融化，因此在飑线后方 55～110km 的 4km 高度上形成一个融化层，在雷达回波上表现为一条亮带，这就是飑线的尾随层状降水区，其水平范围达 100km 数量级，因此，对中纬度飑线，不仅要特别关心其强烈的对流部分，还要注意其尾随的层状降水区，早在 20 世纪 50 年代，Newton 和 Fujita 就曾描述过中纬度飑线具有尾随的小雨区，其后许多人都指出过类似的特征。

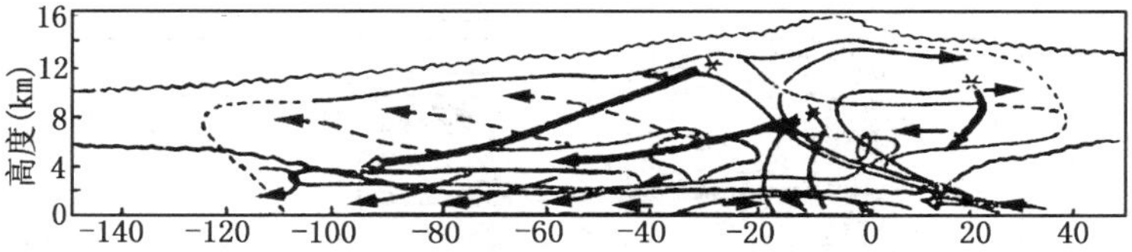

图 5.2.9　经过美国俄克拉何马州的一个飑线剖面结构概念模型(引自 Houze etal,1982)
波纹线表示云区轮廓,细实线和虚线表示雷达回波,右是东方,左是西方,双箭头判断为冰粒轨迹,
* 为冰粒,虚线为推理分析

但是,发生在中国的飑线,有着与美国飑线不同的特征,前面提到的与干线相联系的长江中下游的飑线过程具有短时阵雨性降水,没有尾随层状降水区,就中尺度特征而言,也没有尾流低压,但出现前方中尺度低压,因此,环境条件的差异导致飑线结构的差异是显而易见的。

5.2.4　热带飑线

热带海洋地区,由于水汽充沛和层结常呈条件性不稳定而多对流活动。但观测表明,热带地区极少发现孤立的积雨云,大部分积雨云常集合在中尺度对流系统内,飑线就是其中的一种。它们的通常特征是对流单体群呈现组织化以致使系统作为一个整体运行。和中纬度飑线相比,热带飑线有与其相似和相异的特征,相似表现在飑线系统的天气都含有前缘强烈对流区和尾随的层状区,飑线结构上,两者都有两支来自环境的入流作为环流的骨架等。两者的主要差别表现在环境风切变和热力学结构上,在热带,风的切变较弱,因而热带飑线不经常出现像中纬度飑线那样向前伸出的云砧;热带的弱不稳定导致垂直气流比中纬度弱。对热带积雨云的观测表明,平均的上升和下沉气流速度相当弱,只有 2～5m/s,而中纬度,通常比热带强 2.5 倍,因此,在热带地区最初的雷达回波比中纬度的高度要低。热带飑线和典型的温带飑线的其它区别在于它不存在引导层。在整个对流层都是流入层,所以形成广阔的尾随层状云区。此外,热带飑线的最强回波出现在对流单体的下部。

图 5.2.10 是 Houze(1977)描绘的热带飑线结构的示意图。热带飑线是由排列成带的成熟积雨云组成的。在对流云带前方不断有新的对流云生成,而在对流云带后方,老的对流云消亡,形成宽阔的尾随层状云区。飑线前方低层有高温、高湿空气流入飑线对流云区,云顶高达 16～17km。尾随层状云区的范围可达 200km 以上。层状区中的降水是水平均匀的。其上层的降水物主要是冰质点,这些冰质点来源于飑线前缘上的对流单体,当飑线向前移动时,这些冰质点便相对地向后运动。一支由前向后的中层急流,把质点带到尾随层状区中。冰质点在尾随层状云区中下降并融化,形成一个融化层,在雷达回波上形成一条亮带。

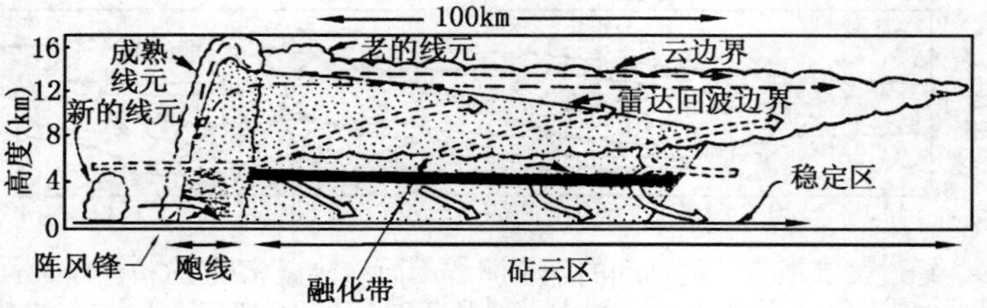

图 5.2.10　热带飑线垂直剖面示意图(引自 Houze,1977)

单虚线流线表示对流尺度上升气流,双实线流线表示中尺度下沉气流,双虚线流线表示中尺度上升气流环流。浅影区表示弱的雷达回波。黑影区表示在融化带中和在成熟对流云区中的强降水区中的强雷达回波。波纹线表示云的外观边界

§5.3　中尺度对流复合体(MCC)

上节中介绍的飑线是中尺度对流系统波谱的一个极端的例子,而近年来发现的一种圆形团状结构的中尺度对流系统,也称中尺度对流复合体(MCC,Mesoscale Convective Complex),对广阔地区的天气变化有重要影响,目前对 MCC 的物理问题尚未充分认识,但对 MCC 的发生、发展的环境特征及中尺度结构,已有不少研究成果,它可能位于波谱的另一端。

5.3.1　MCC 的一般特征

中尺度对流复合体(MCC)是 20 世纪 80 年代初从增强显示卫星云图分析中识别出来的一种 α 中尺度对流系统。它由很多较小的对流系统,如塔状积云,对流群或 β 中尺度飑线组合起来。MCC 的卷云罩范围比单体雷暴大两个量级以上,它的突出特征是有一个范围很广、持续很久、近于圆形的砧状云罩。图 5.3.1 是 MCC 的代表性个例和 MCC 的合成降水。显见,MCC 的高层云罩复盖了美国 5 个州的部分地区,其最冷云顶表示对流云伸展达 19km;而降水分布特点是越接近中心部位的降水概率越高。为了能通过卫星云图对其识别,又可以应用日常的高空、地面观测资料研究这类中尺度系统。1980 年 Maddox 根据增强红外卫星云图分析,概括出如表 5.3.1 的定义和物理特征。

表 5.3.1　MCC 的定义和物理特征

尺　　度	A:红外温度≤−32℃的云罩面积必须>100,000km^2 B:内部≤−52℃的冷云区面积必须≥50,000km^2
开　　始	A 和 B 的尺度条件首先满足
持 续 期	符合 A 和 B 尺度定义的时段必须≥6h
最大范围	邻近的冷云罩(红外温度≤−32℃)达到最大尺度
形　　状	最大范围时的偏心率(短轴/长轴)≥0.7
结　　束	A 和 B 的定义不再满足

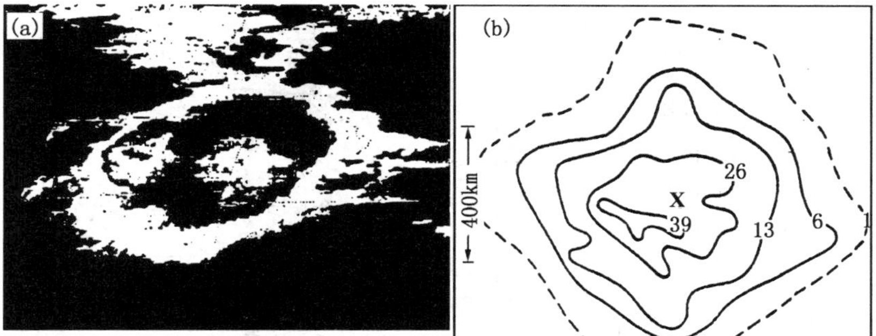

(a)1981年6月22日1500GMT增强红外卫星云图
(b)对8个MCC个例合成的12h降水(单位：mm)

图 5.3.1　美国中部地区 MCC 个例图示(引自 Fritsch,1981)

由表 5.3.1 可见,MCC 是一种生命期长达 6h 以上,水平尺度比雷暴和飑线大的多的近于圆形的巨大云团。它的内部红外温度很低,表示它的云塔很高,经常可达十余千米以上。MCC 的形成有一个过程。它的生命史一般包括四个发展阶段。

5.3.1.1　发生阶段

表现为一些零散的对流系统在具有对流发生条件的地区开始发展。

5.3.1.2　发展阶段

各个对流系统的雷暴外流和飑锋逐渐汇合起来,形成了较强的中高压和冷空气外流边界线,迫使暖湿空气流入系统。由于外流边界和暖湿入流的相互作用,使系统前部的辐合加强,因此出现最强对流单体,并形成平均的中尺度上升气流,于是对流云团开始形成并逐渐加大。

5.3.1.3　成熟阶段

在这一阶段,中尺度上升运动发展旺盛,高层有辐散,低层有辐合,并有大面积降水产生。这一阶段在卫星云图上的形态,具有上面所说的由 Maddox 规定的各种条件。

5.3.1.4　消亡阶段

MCC 下方的冷空气丘变得很强,迫使辐合区远离对流区,暖湿入流被切断,强对流单体不再发展,MCC 逐渐失去中尺度有组织的结构。在红外云图上,云系开始变得分散和零乱。但还可以看到有一片近于连续的云砧。由此可见,MCC 在成熟以前主要是强对流的发展阶段,而在成熟阶段以后则过渡到一个层状的减弱阶段。

5.3.2　MCC 的中尺度结构

5.3.2.1　MCC 的 α 中尺度结构

研究表明,成熟阶段的 MCC 具有相对稳定的中尺度统一环流。Maddox 对美国的 10

个 MCC 进行了合成分析。分析结果表明，成熟的 MCC 结构有如下特点（见图 5.3.2）：

①在对流层下半部（尤其是 700hPa 附近），有从四面八方进入系统的相对入流。

②在对流层中层，相对气流很弱，因为系统几乎是随对流层中层气流移动的。在对流层上层，相对气流向系统周围辐散，下风方的辐散比上风方更强。

③最强的 β 中尺度对流元通常出现在系统的右后象限，有时呈线状，排列方向平行于系统移向。

④大面积的轻微降水和阵雨，通常出现在强对流区的左边的平均中尺度上升区内。

⑤MCC 出现在低空偏南气流最大值前的强暖平流区及明显的辐合区中。

⑥系统在浅边界层中是一个冷核，贯穿于对流层中层大部分的则是暖核。然后在对流层上层又是冷核。

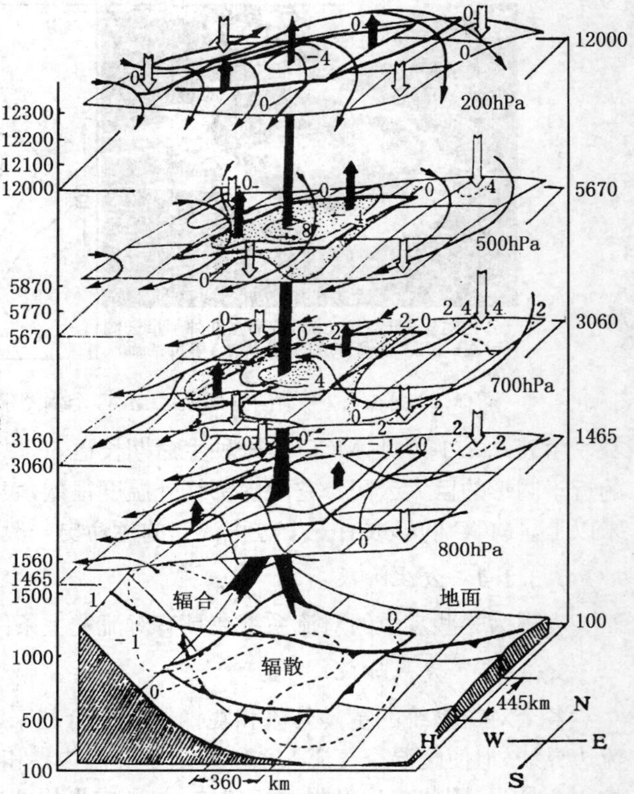

图 5.3.2　成熟 MCC 及其附近的环境的示意图
（引自 Maddox，1981）
细箭头线为流线，黑箭头为上升运动，空心箭头为下沉运动，垂直尺度作了大很大夸张

⑦由热力结构在边界层中产生一个中尺度高压，其上则有中尺度低压，到对流层上层，又有中尺度高压盖在系统之上。中低压起了增强进入系统的入流的作用。而高层的中高压则加强了系统北部边缘的高度梯度，并加强了反气旋性弯曲的外流急流。

5.3.2.2　MCC 的 β 中尺度结构

虽然 MCC 具有相对稳定的，如卫星云图表示的形状和 α 中尺度的结构，但它包含复杂的 β 中尺度及 γ 中尺度的结构。图 5.3.3 是穿过成熟 MCC 及其附近环流的南北向截面图（图中垂直尺度作了很大的夸张）。图中相对气流流线及打阴影的云区表示 MCC 的 α 中尺度特征。对流云塔及空心箭头表示可能是较小尺度的结构。

β 中尺度分析表明，MCC 的次网格尺度结构具有明显的多变性，而多变性中又有一定的一致性，它表现在 MCC 前期发展时，对流表现为分散的多个 β 中尺度对流群，这些对流群是沿着不同形状的α中尺度线被触发出来。而到了α中尺度的胞状对流云团的生长期，它是由两个或多个β中尺度对流群汇合或合并形成的。这些对流群一般发生在两条α中尺度线的交点附近，并沿中α中尺度线排列。但在有些情况下，有多个强β中尺度积云群，它们在整个胞状阶段都始终保持分散相处状态。当MCC达终止阶段以后，MCC开始消亡。这个时期有持续的但逐渐减弱的层状降水。这时中β中尺度对流群呈分散移动。

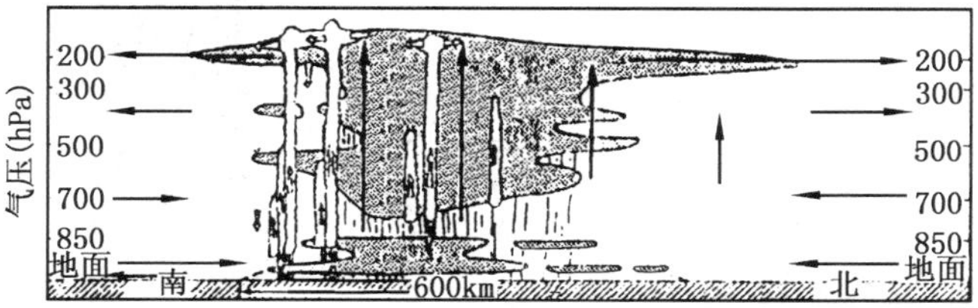

图5.3.3　穿过成熟MCC及其附近环境的南北向截面(引自Maddox,1981)

5.3.2.3　MCC降水的中尺度特征

MCC具有α中尺度、β中尺度结构，这些结构特征也反映在MCC所形成的降水量的分布上，也就是说MCC造成的总降水量分布和某一时段的降水量分布有很大的不同，MCC作为一个α中尺度系统所造成的降水量，分布特点是比较光滑，平均而言，愈接近MCC中心部位，降水概率愈高，降水量愈大，如图5.3.1(b)所示。

Cotton和McAnelly(1984)分析了MCC的合成降水趋势和某一时段的降水量分布。他们对美国大平原区域的三个MCC按其发展特征时刻，制作了合成降水趋势图和每小时降水强度分布。分析表明，最大平均降水率出现在MCC快速增长之前，在最大平均降水率出现之后，降水率就稳定地减小。MCC的降水面积(红外云图上−32℃等值线所围面积)的最大值落后于MCC极大值时刻1～2h，而合成总降水体积的最大值出现在胞状时期的后期，先于MCC的极大值时刻。MCC形成的初期强降水所占的比例大，至胞状阶段后期比例达到最大，以后相对减少。这事实说明，对流降水对于MCC环流强迫的重要性。

5.3.3　MCC生成和发展的天气尺度环境

MCC是在特定的天气尺度环境中生成和发展的。尽管各个个例的环境条件在细节上可能存在这样或那样的差别，但在主要特征上有许多相似之处。1983年Maddox对1975～1978年4～8月发生于美国中部的10个MCC进行合成分析，将MCC发展、成熟和消散期所处的范围分别叫做MCC形成区(GR)，成熟区(MR)和消散区(DR)以揭示其生命史各阶段环境场的基本特征。

5.3.3.1　MCC 形成区(GR)的合成环境特征

图 5.3.4 以雷雨最先发展范围为中心区(实线四方形内),即 MCC 形成区(genesis region,GR)的合成分析,其下游虚线四方形是 12h 后的中尺度对流系统区,即 MCC 成熟区(或 MCC region,MR)。

地面分析表明,有一微弱大尺度锋区由 GR 西侧向东北方伸展,GR 区内的辐合和水汽平流导致低层水汽增加,并受暖平流影响。850hPa 最显著的表现是有一支相当强的偏南风急流(>10m/s)伸入 MCC 形成区中,如图 5.3.4(a)所示。这是 MCC 发展前环境的重要特征。GR 内大部分地面暖平流较强。

在 700hPa 层上,GR 区内风场较 850hPa 弱,且和暖平流对应,风向呈顺转特征,GR 区北缘有弱短波槽移入,且在 GR 区及大部分 MR 区有暖平流。500hPa 层上风向继续顺转为西至西南西风,GR 与 MR 间有一脊线;虽然 GR 区温度平流很弱,但存在南北向温度梯度及与之对应的较强的水平风切变,风场、高度场及湿度场表明,有一弱短波槽接近 GR 区。

在 200hPa 层上 GR 区西北有一支近于 32m/s 的高空急流,如图 5.3.4(b)所示,MCC 发生在急流出口区右侧。按通常理解,这个部位对剧烈风暴发展不利。因此,就 MCC 而言,与急流伴随的二级垂直环流相比,对流不稳定及对流层低层的强迫作用显然较为重要。

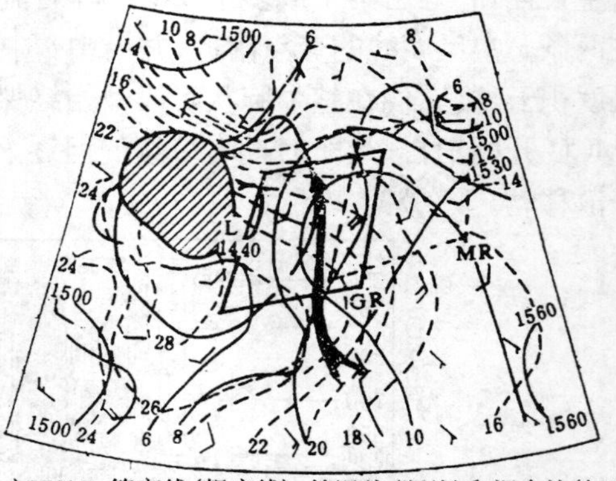

(a) 850hPa 等高线(粗实线)、等温线(断线)和混合比(细实线)

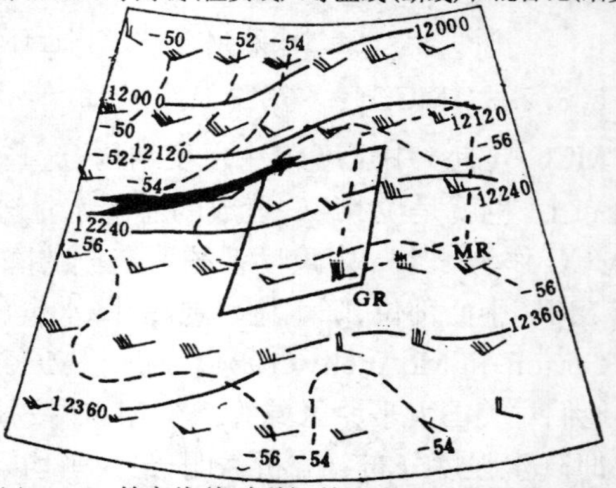

(b) 200hPa 等高线(粗实线)、等温线(断线)和混合比(细实线)

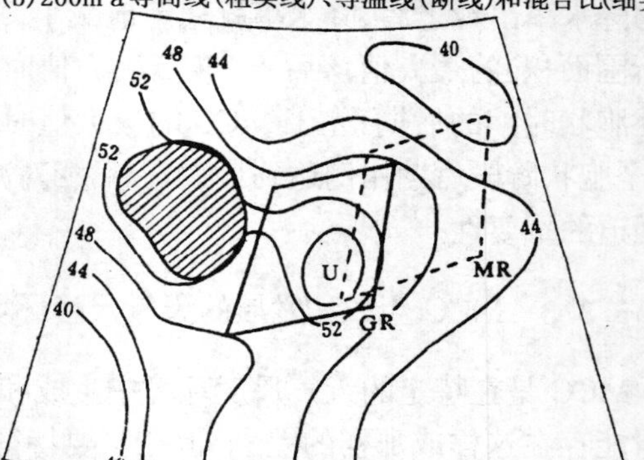

(c) 总指数(TI)

图 5.3.4　MCC 形成期的环境特征(引自 Maddox,1986)
各图中风速长划表示 5m/s,风旗表示 25m/s;图中阴影区表示超过 850hPa 的地形高度

由图 5.3.4 可见，GR 区气流呈微弱分流型，且急流右侧脊上温度最低（<−56℃）。由 850hPa 及 500hPa 资料分析总指数

$$TI=(T_{850}-T_{500})+(T_{d850}-T_{d500})$$

据美国经验，$TI>44$ 时有利深对流发展，若 $TI>54$，则可能发展为强烈对流。图 5.3.4(c)表明，GR 内具有大气不稳定以提供 MCC 发展。

5.3.3.2　MCC 成熟区(MR)的合成环境特征

图 5.3.5 是 MCC 成熟期环境条件的合成分析，图中四方形即 MR 区。地面分析表明，MCC 已移出辐合区而位于弱辐散区，这是 MCC 降水区的弱中尺度高压及伴随的辐散外流的反映，MR 区内存在明显的温度脊，这可能是由于大部分 MCC 在夜间成熟，MR 区因云覆盖而减少地面辐射冷却，但 MCC 外围晴空环境辐射冷却较大所表现出的特征。MR 区内水汽含量显著增大，混合比大于 15g/kg，这主要是降水蒸发及湿下降气流的结果。850hPa 近于南北向的温度梯度仍较强，显著的变化是风速稍增以及短波槽的移近，风向有明显的顺转，如图 5.3.5(a)所示。此时西南风急流大于 15m/s，位于 MR 西南，使 MCC 区仍受较强的暖平流影响。700hPa 层上，气流来自西南西方向，风速增强超过 5m/s，表现出明显的急流特征，和 12h 前 MCC 形成期相比，MR 区内温度变化不大，但仍较强的暖平流影响。500hPa 图上，MR 区的高度场及风场因同时受短波槽及 MCC 扰动的影响，很难确定短波的位置，等温线显示出 MR 区为明显的温度脊。200hPa，如图 5.3.5(b)所示，MR 区北侧及东北侧发展出强反气旋式急流，风速约 50m/s，比 12h 前的最大值增大超过 15m/s，很明显的特征

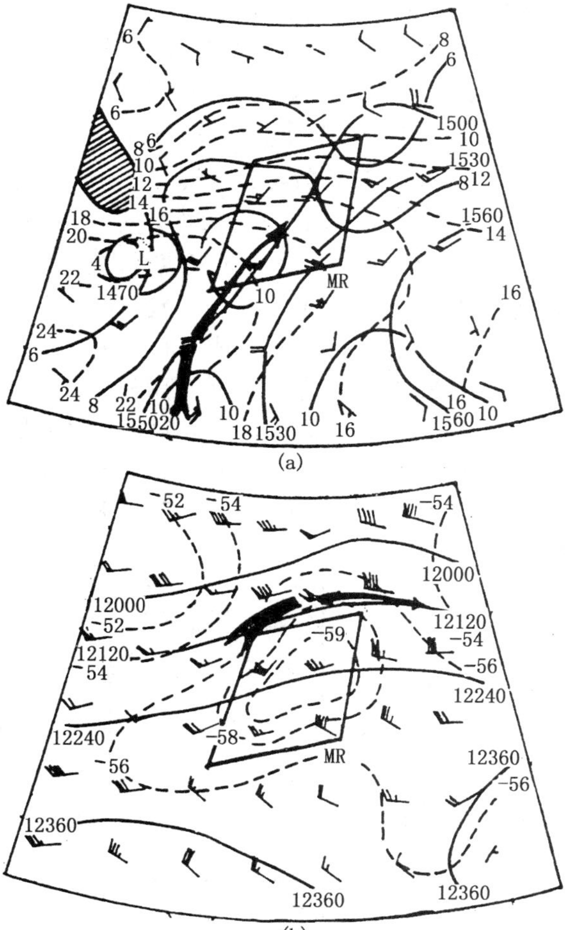

(a)　(b)

图 5.3.5　MCC 成熟期的环境特征（引自 Maddox，1986）

是 MCC 区呈现冷心结构。这可能是 MR 区内 α 中尺度上升及辐射效应的结果。稳定度分析表明，MCC 已向东北东方向移至较稳定的大气层内。

5.3.3.3 MCC 消散区(DR)的环境场特征

MCC 消散期的合成地面分析显示，消散区(DR 区)为伴有辐散的反气旋式环流，MCC 中尺度高压伴有弱外流边界。850hPa 最显者的特征是温度平流符号的改变，由暖平流变为冷平流，且低空急流不再存在，DR 区内风向与 MCC 移向平行。700hPa 层上，DR 区内主要为冷平流或无温度平流，高度场及温度场的短波槽更为明显，但风与等高线不呈地转平衡状态。500hPa 高度场与温度场的短波槽十分明显，DR 区以东的脊内有冷平流，以西槽内有弱暖平流，相对潮湿区与 MCC 一齐东移，在 MCC 整个生命期中，MCC 与波长近于 1500km(约 MCC 直径 2 倍)的 α 中尺度短波槽同时东移。200hPa 图上 12h 前的强急流已减弱，且失去原来的反气旋式曲度，并移至系统下游，同时高层冷空气已带到系统的东面。稳定度分析表明，MCC 已移入相当稳定的区域。显然，由于 MCC 东移到不利深对流的环境而导致其进入消亡期。

5.3.3.4 MCC 的垂直结构

图 5.3.6 表示 MCC 生命期各阶段平均的散度和垂直速度。在 MCC 发展前(GR 区)低层(地面～750hPa)存在强辐合，辐合层以上的深厚对流层为弱辐散，与此对应，对流层内的环境平均皆为上升运动，最大值在 700hPa 左右，表明 MCC 生成在有利于辐合上升的环境区中。MCC 成熟时(MR 区)，地面至 500hPa 的对流层中低层有显著的辐合，200hPa 附近则为浅层的强辐散区。上升速度比形成期增大约 5 倍，而且最强上升运动上移至 500hPa 附近。消散期(DR 区)低层(地面到 850hPa)转为弱辐散，而高层 300hPa 则转为弱辐合，与其匹配的垂直运动是对流层中低层转成下沉气流，而高层仍存在弱的上升运动。显然，这种在降水减弱及残余云覆盖区下方的下沉气流指示了 MCC 的消散。

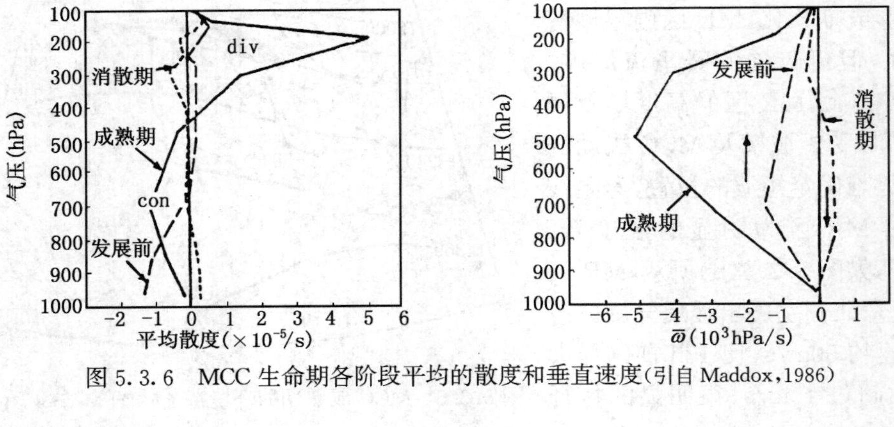

图 5.3.6 MCC 生命期各阶段平均的散度和垂直速度(引自 Maddox,1986)

§5.4 龙　卷

龙卷是大气中最猛烈的对流风暴。最强龙卷的最大风速可能界于110～200m/s之间，因为龙卷具有高能量密度，它能在局地使机械能高度集中，龙卷中产生的动能速率为10^9kW，因而龙卷的破坏性极大。

5.4.1 龙卷的基本特征

5.4.1.1 形态和生命期

龙卷是强旋转、长而细的气柱，其平均直经约为100m，从积状云延伸到地面。所以认为龙卷是一种和强烈对流云相伴出现的具有垂直轴的小范围强烈涡旋。当有龙卷时，总有一条漏斗状云柱从对流云云底盘旋而下，有的能伸达地面，在地面引起灾害性风的称为龙卷；有的未及地面或未在地面发生灾害性风的称为空中漏斗；有的伸达水面，称为水龙卷。水龙卷与陆龙卷实质上是相同的，但不如陆龙卷那么猛烈，但它经常发生，易由浓积云线和积雨云形成。龙卷、漏斗云和水龙卷都是涡旋流体在大气中的例子，而涡旋是具有集中的涡度核心的一种气流。

龙卷漏斗云可有不同形状，有的呈园柱状或圆锥状的一条细长绳索，有呈粗而不稳定且与地面接触的黑云团，有的呈多个漏斗状的。漏斗云外形也明显有多种，有呈尖锲形的，也有呈粗而参差不齐的，这启示着龙卷中的气流或许是平稳的，或许是高度湍流的。几乎所有龙卷都是气旋性旋转，但反气旋性的也可发生。在漏斗面上及其紧贴外侧的气流总是近乎螺旋形上升。

在龙卷生命期内，漏斗云形状和大小经历相当大的变化，生命史可分为五个阶段，但彼此有些重叠：

(1)尘旋阶段。此时环流的第一特征是看得见尘埃由地面向上旋转，兼或有短漏斗云从云底下垂(有轻度破坏)。

(2)组织化阶段。其特征是漏斗云整个向下沉，龙卷强度增大。

(3)成熟阶段。此时龙卷达到它的最大宽度，而且几乎呈垂直状(破坏最激烈)。

(4)缩小阶段。其特征是漏斗云宽度减小，倾斜度加大，有一条狭而长的破坏带。

(5)减弱阶段。此时涡旋拉成绳索状(由于垂直风切变或地面拖曳的影响)。可见到的漏斗云变得越来越扭曲，直到它的消散。

龙卷生命史很短，一般为几分钟到几十分钟，空中漏斗生命史更短。根据观测记录统计，陆龙卷持续时间多在15～30min左右，空中漏斗平均持续时间是12min。

5.4.1.2 龙卷的尺度和气象要素分布

龙卷的水平尺度很小。在地面上，根据龙卷的破坏范围来推测，其直径一般在几米到几百米之间，最大可达 1km 左右；在空中，根据雷达探测资料判断，在高度 2～3km 处的龙卷直径大多为 1km 左右，再往上，直径更大，可达 3～4km，最大可达 10km。

龙卷在垂直方向伸展的差别很大，有的能从地面一直伸展到母云（产生龙卷的对流云）的顶部，其高度一般超过 10km，最高可达 15km，有的从地面伸达母云中部为止，其垂直高度为 3～5km；有的仅在母云中部出现龙卷涡旋，而在云顶和地面都看不见。

龙卷的直径虽小，但其风速却极大，最大可达 100～200m/s。其风速分布自中心向外增大，在距中心数十米的区域达到最大，再往外，风速更迅速减小。

龙卷内部垂直速度分布也不均匀，许多观测事实和理论研究证明，龙卷内部为下降气流，外流是上升气流。如图 5.4.1 所示，龙卷漏斗是由内层气流（即对流云底部向下伸展并逐渐缩小的涡旋漏斗）和外层气流（即地面向上辐合合并逐渐缩小的涡旋气柱），由这样的双层结构所组成。漏斗的内层发展着下沉运动，外层发展着上升运动。上升气流常自地面卷起沙尘或自水面卷起水滴。

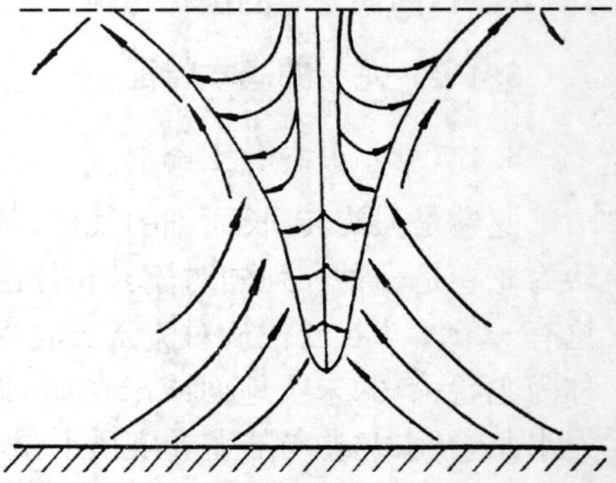

图 5.4.1　龙卷中气流分布示意图
（引自 Hoecker，1960）

由于龙卷中心附近空气外流，而上空往往又有强烈辐散，因此龙卷中心的气压非常低。据估计，龙卷中心处的气压可低至 400hPa 以上，甚至达到 200hPa。由于龙卷内部气压的剧降，造成了水汽的迅速凝结，龙卷才由不可见的空气涡旋变为可见的漏斗云柱。由于龙卷中心的气压非常低，再加上龙卷的水平尺度又非常小，因此龙卷内部具有十分强大的气压梯度。据推测，其中水平气压梯度最大的地方，是距中心 40～50m 的区域，气压梯度为 2hPa/m。而在大尺度系统中，气压梯度为 1～2hPa/(100km)，可见龙卷中水平气压梯度之大。

5.4.2　龙卷与母体风暴

一个龙卷核心在水平尺度上比一个雷暴小两个数量级。母体风暴的总能量和环流大大超过龙卷。因此，母体风暴已经具备产生龙卷足够的能量与环流量，需要了解的是龙卷产生期间起作用的物理过程，而这些过程将导致产生很高的能量密度（单位体积内的能量）和涡度。

一个典型龙卷雷暴的基本气流如下：暖湿空气在低层由它的右侧流入风暴，在其右后部以旋转上曳气流形式升起，在砧状云中流出风暴，如图 5.4.2 所示。

在上曳气流周围来自环境的中层干空气因蒸发降水而冷却。当它下沉到地面并向外扩展时，这种因雨致冷的部分气块在上曳气流周围呈气旋性抽吸，并在它的前缘形成

"伪冷锋"或"阵风锋"。当它前进时,锋面抬升它前面湿而不稳定的空气,不断产生新的上曳气流。这种锋面过境的特征是迅速变冷,气压陡升和强阵风。因为环境风随高度增大,所以另一下曳气流可在风暴后翼产生。这种下沉似乎同低层上曳气流旋转增强和近地面气压下降有联系。

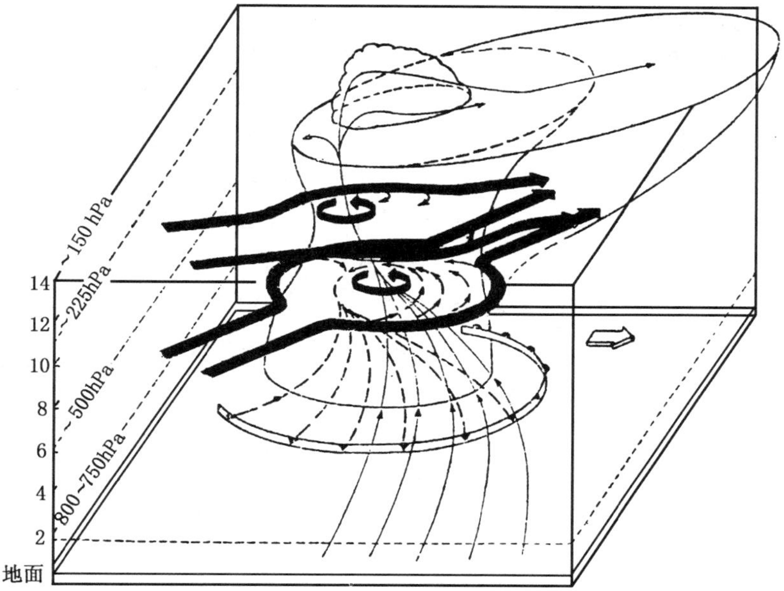

图 5.4.2　与产生龙卷的对流风暴(个别的且持续存在)相联系的内外气流相互作用的三维说明
细实的向内和向上的流线表示起源于低层(地面到 750hPa)的湿空气来源。粗虚流线描绘潜在的冷而干的中层(700hPa 到 400hPa)空气的进入和下沉,并并入下冲的和辐散的下曳气流。内流和下曳气流之间的地面边界层以倒钩带示出。内环带表明净的上曳气流的旋转。分开的外带形状和方向表示中层(~500hPa)和上层(~225hPa)典型的垂直切变以及这些高度上大气相对水平气流的特征。近似的气压高度关系表示在透视箱的左前角。右部宽而平的箭头代表移动方向(引自 Fankhanser,1971)

按照中尺度母体环流(直径 3~19km)存在与否,龙卷可归划为两类:

母体环流不存在(A 型)的龙卷:这是主要的一种龙卷,它形成于新单体侧翼线下的阵风锋上,这种新单体不断在激烈的雷暴右后侧发展起来,如图 5.4.3 所示(图中水平尺度被缩小)。这个位置上,Bates(1968)曾见到同积云底部有很微弱联系的一条尘旋线。几个涡旋夭折,但有一或二个涡旋发展成龙卷。在涡旋形成时云顶部仅在上空 4km,尽管母体云通常靠近较高的云系。这些龙卷离母体风暴的主要下雨区可有相当大的距离(达 20km)。直径达 1km 的涡旋有时可在与这些龙卷相联系的云底部见到,但由于太小太弱,雷达难以有效地识别它们。

母体环流存在的(B 型)龙卷:这种龙卷起源于中尺度涡旋(产生龙卷的中尺度涡旋称为龙卷气旋),这种气旋在空间上是同上曳气流相联系的。A 型也可演变成 B 型。

激烈的龙卷属于B型。Brooks(1949)首先发现了中尺度气旋,他注意到龙卷经常嵌在直径15km左右的小低压区域中。在雷达回波右后部形成的下垂状或钩状经常可识别中尺度气旋,钩状的产生是因为降水被吸进到气旋性螺旋里,与回波联系的凹口是由于非降水的暖湿气流流入风暴而产生的。向内的气流主要在最下面3km以内。产生龙卷的中尺度气旋低层风和温度场与中纬度气旋经典模式类似,如图5.4.4所示。这是Lemon等分析的(1979)结果,表示龙卷型超级单体风暴的地面特征。由该图可见,在钩状回波所在处,地面有一个非常类似于天气尺度锢囚波动的中尺度波动。这是一个与地面中尺度气旋相联系的强烈环流。图中标注FFD处为风暴前侧的下沉气流区,标注RFD处为后侧的下沉气流区,标UD处为上升气流所在位置。龙卷通常形成在“锢囚”点附近(在钩状回波边缘上),在上升和下沉过渡带上(但在上升气流之中)。

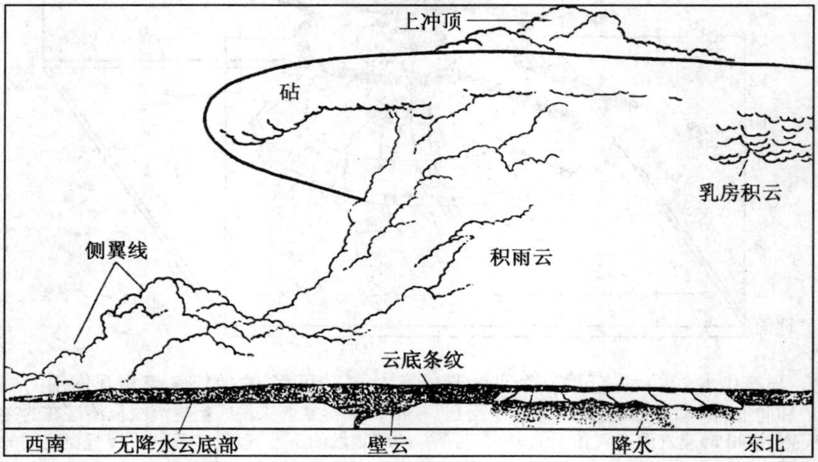

图5.4.3　从东南部见到的典型产生龙卷积雨云的合成图(引自Bates,1968)

在“伪冷锋”和“伪暖锋”(后者是图5.4.4波顶前面阵风锋的一部分)处可以观测到风有明显的气旋性变化。龙卷可在波顶形成,也可在中尺度气旋前缘形成,因为“伪冷锋”是一有利的位置。中尺度气旋有时可存在几小时,它可产生几个龙卷。龙卷由较大尺度的中尺度气旋环流(龙卷嵌在其中)所引导。

有时一个超级单体风暴可以依次形成几个龙卷,造成“龙卷簇”。其原因是由于超级单体中的中尺度气旋在一定的条件下,可能出现多次锢囚和新过程。

一个龙卷风暴可能包含几种不同尺度的涡旋。图5.4.5描绘了这些不同尺度涡旋共存的情景。由图可见,在一个尺度较大的中尺度气旋之中,可能包含几个龙卷气旋,每个龙卷气旋之中又可能有几个龙卷,它们围绕龙卷气旋的中心轴旋转。而每个龙卷周围也可能有几个吸管涡旋,围绕其中心轴旋转。

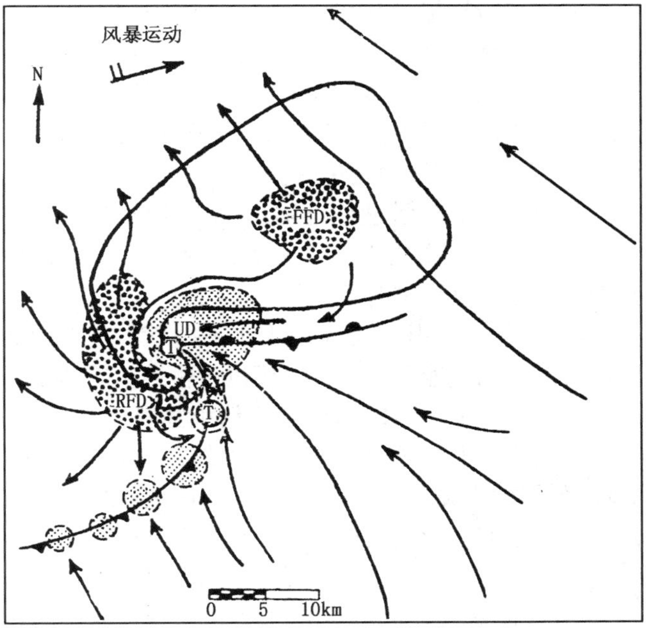

图 5.4.4　龙卷雷暴在地面上的示意图(引自 Lemon 和 Doswell,1979)
粗线包围雷达回波。雷暴波状的"阵风锋"结构也采用实线和锋的符号示出。上曳气流的地面位置以细点绘出;前方侧翼下曳气流(FFD)和后侧翼下曳气流(RFD)与其有关的流线(相对于风暴)一起用粗点示出。龙卷可能位置用 T 表示。主要的气旋性龙卷大多在波顶部,而弱小的气旋性龙卷可能在冷锋突出部位(南部的 T),此处也是产生新的中尺度气旋的有利位置。即使有反气旋性龙卷发现是在冷锋线上更南的部位

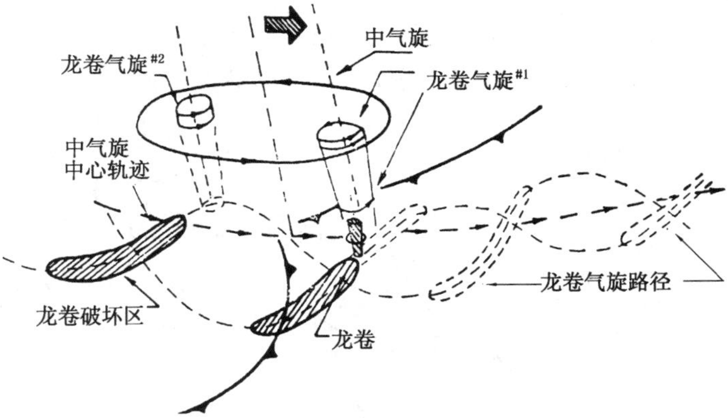

图 5.4.5　包含两个龙卷气旋的中气旋以及由龙卷引起的破坏路径的示意图(引自 Snow 和 Agee,1975)

5.4.3　龙卷形成的机制分析

龙卷形成的最简单机制包括由强上曳气流引起原先存在的低层垂直涡度集中,这

种过程曾为许多实验室装置所模拟，也由解析解分析和数值模式模拟。上曳气流可能比由它产生的龙卷要大一个数量级，而且涡旋形成是作为强浮力（作用在高空母体上曳气流）的结果，而且只有当上曳气流的强度和旋转处在一定范围内才能积聚涡旋，如果上曳气流太强，边界层分隔妨碍近地面强涡旋形成，对于高速旋转运动，离心力会抑制径向运动，因而也抑制涡度在靠近旋转轴处集中。

关于涡旋集中的机制分析有各种理论推测，其中一种机制认为在风垂直切变环境中，形成的水平螺旋度受上曳气流的扭转成为垂直螺旋度，而下面的分析对了解关于高空涡旋最初形成和龙卷向地面延伸是有益的。

因为低层辐合，高层辐散，上曳气流表现为水漏斗状，它在中层的宽度较小（“喉口”），根据环流守恒性，最大切向速度和最低气压位于中层。旋转平衡首先在“喉口”建立，这种平衡将抑制该平面上的径向卷入，但它不约束垂直运动和切向运动，喉口处的低气压，减小了该面上的垂直速度，增强了来自下面的入流，被加大的下部气流增强旋转分量，并且越来越向低层建立旋转平衡，因此具有有限卷入（通过侧边）的强旋转流体的柱体向下朝着地面建立起来，这个柱体作用实质上象一根导管把空气引向它的低层未端。当涡旋开始接近地面时涡度大大增强，因为向内气流受阻，结果气压降低，当涡旋已接近地面，径向内流几乎限制在较低边界层内。在向下建立的同时，涡旋也向上建立。这种导管或烟囱效应说明中高层最强浮力为何能在具有最大风速的上游（即接近地面）形成一个对龙卷发展是有效的涡旋。

Fujita（藤田）根据雷达探测的结果，提出一种龙卷形成过程的模式如图 5.4.6所示。左图是龙卷形成的开始，表示在中尺度涡旋场中发生了具有气旋性旋转上升气流的雷暴云体，低层有充分的水汽流入；中图表示在入流的湿空气上复盖干空气的对流不稳定大气中，旋转性雷暴进一步发展为对流风暴，并出现上冲云顶；右图是在降水出现后，上冲云顶崩溃，下沉气流把高层大动量空气带至近地面层，在对流风暴的右后侧产生具有扭曲作用的下击暴流，称为扭曲下击暴流。在扭曲作用下产生具有强水平风切变的气流，以后在其中形成龙卷气旋和龙卷。

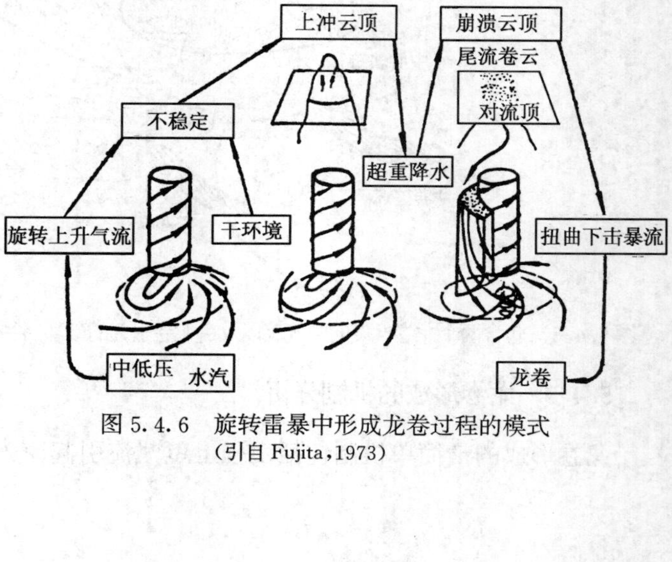

图 5.4.6　旋转雷暴中形成龙卷过程的模式
（引自 Fujita，1973）

龙卷是小尺度的强风暴，其动力学机制涉及不同尺度扰动相互作用及复杂的动力和热力学理论，目前，从龙卷的涡旋加强或其它方面的理论解释是多方面的，有助于揭示龙卷发生发展机制，随着大气探测条件和数值模式的完善，龙卷产生的物理问题将有进一步的阐述。

§5.5　下击暴流

对流风暴发展到成熟阶段后，其中雷暴云中冷性下降气流能达到相当大的强度，到达地面形成外流，并带来雷暴大风，这种在地面引起灾害性风的向外暴流的局地强下降气流，称为下击暴流(downburst)。

产生下击暴流的雷暴云，在雷达回波显示器上常常反映两种类型的回波：钩状回波和弓状回波，如图 5.5.1 所示。下击暴流位于回波钩内或钩的周围。这种钩状回波在低空扫描(一般低于 3000m)的平显上可以探测到，它是在雷暴旋转上升气流中形成的，随着仰角的增加，反射率中心移向旋转中心，旋转中心的顶部是一高回波圆盖。相对于高层 PPI 回波，下击暴流通常产生在反射率中心的右边。弓状回波常嵌在线状或圆形回波内，在线状或圆形回波首先出现凸出部分，这部分的回波比其附近两边的回波移动得快，结果造成弧状结构。而后，又发展为箭状或逗点状回波。最强的下击暴流就发生在弓状回波前进中心的附近。

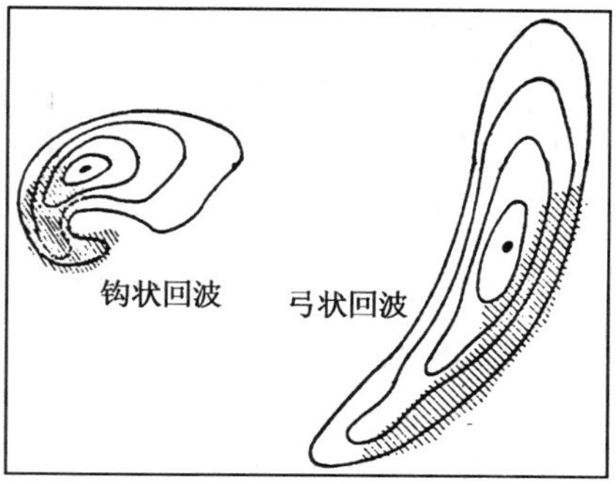

图 5.5.1　钩状回波和弓状回波
(引自 Fujita，1978)

图 5.5.2(图中距离 50，100，125 以海里① 表示)表明 1976 年 6 月 23 日 17 时 06 分，17 时 12 分和 17 时 17 分(美国东部时间)美国费城机场雷达回波照片。17 时 06 分的雷达回波照片上显示有一个正在向弓状发展的小圆形回波，这是一个雷暴单体，到了 17 时 12 分这个回波迅速演变为一箭头状回波。5min 后，这个回波增大为宽 13km，长 27km。当时机场正下着大雨，在雷暴云内产生了下击暴流。这时有一

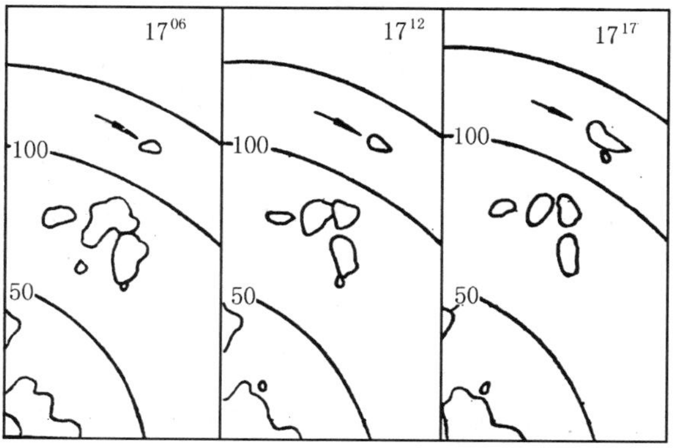

图 5.5.2　美国费城机场上空一个正在迅速发展的箭头状回波(引自 Fujita，1981)

① 注：1 海里＝1.85318km。

架飞机在跑道入口处着陆，突然遇到了强烈逆风切变，逆风增大到 25～30 m/s，飞机的地速下降到50m/s以下。飞机在跑道入口附近离地高约 18m 时，飞机开始爬高，打算复飞。当飞机上升到 79m 高度时，逆风消失，飞机坠毁在雷暴云雨墙后的跑道上，造成一起严重的飞行事故。

5.5.1 下击暴流的尺度和种类

下击暴流是地方性强下沉气流，其垂直速度超过飞机降落和起飞时的垂直速度，在 91m 处的垂直速度约 3.6m/s，根据下击暴流对建筑物破坏状况分析，发现其破坏范围是多样的，可分为五种尺度，其水平范围从几十米到几百千米，如图 5.5.3所示。

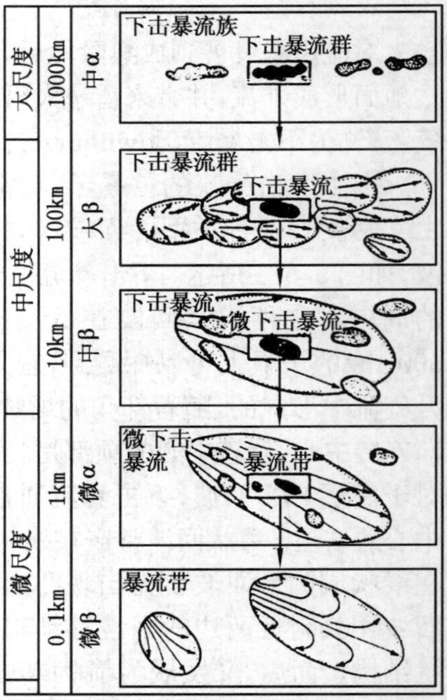

图 5.5.3　五种中尺度的下击暴流型模（引自 Fujita，1981）

5.5.1.1　β中尺度下击暴流

一般情况下，下击暴流的下降气流的速度在离地面 100m 处为 1～10m/s 的数量级，在地面附近能引起 18m/s 的大风，这种风是从雷暴母体云下基本上呈直线型向外流动的，其水平尺度一般 4～40km，是β中尺度。

5.5.1.2　微下击暴流

在整个直线气流中，嵌有宽度只有 3～5km 的小尺度辐散型气流，这些小尺度外流统称为微下击暴流，它的水平尺度为 0.4～4km(α 微尺度)。地面风速在 22m/s 以上，由此引起的水平辐散气流值为 10^{-1}/s，在离地 100m 高度上的下降气流可达 10～100m/s。

5.5.1.3　下击暴流爆发带(暴流带)

在微下击暴流中往往还嵌有水平尺度更小(＜400m)的下击暴流爆发带(β 微尺度)。它是有更强辐散和极值风速出现的地方，在其中心线两则，分别具有气旋和反气旋环流。这种微下击暴流或下击暴流爆发带，能诱发出强的垂直风切变和水平风切变，对飞行的威胁特别大，它们所带来的强风，对地面农作物和建筑设施会造成严重破坏。

5.5.1.4　下击暴流群

在被强风破坏的整个区域内，包含了两个或更多个的下击暴流，可称它们为下击暴流群，其水平尺度为 40～400km(它们是大的β中尺度)。

5.5.1.5 下击暴流族

当一个强风暴系统移动数百千米时，它所产生一连串的下击暴流群，水平尺度 1400km（它们是中的 α 中尺度），故又称为下击暴流族。这种下击暴流族和下击暴流群，必然会给人类在更大范围内带来严重的灾害。

在下击暴流区内，出现中尺度高压，与它相联系的直线风前缘为飑锋，通常可远离雷暴体向外伸展 20km 以上。在微下击暴流区内出现小尺度高压，当它经过某地时，在气压自记曲线上表现为鼻状的气压变化，称为雷暴鼻。与微下击暴流相联系的辐散型气流的前缘，又可出现如图 5.5.4所示的下击暴流锋。这些中尺度锋系不仅带来了地面强风，而且又都是对流进一步发展的触发机制。

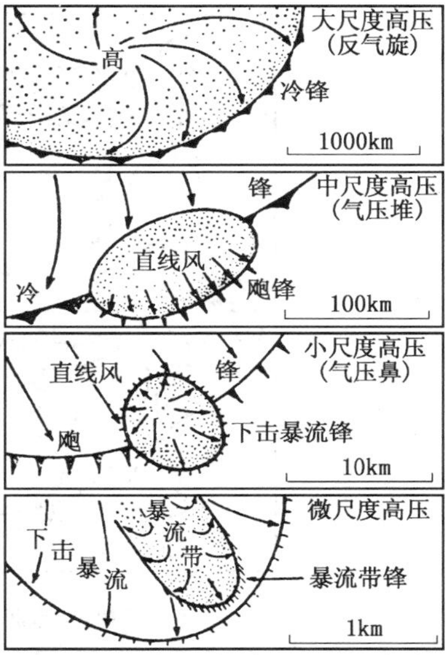

图 5.5.4　与下击暴流联系的中小尺度锋系模型(引自 Fujita,1981)

5.5.2 下击暴流的形成

下击暴流的形成是与雷暴云顶的上冲和崩溃紧密联系着的。从卫星云图分析，当对流风暴发展成熟，有时可以见到从云砧上突起的上冲云顶。这是雷暴中的上升气流携带的空气质点，由于运动的惯性，穿过对流高度，上冲进入稳定层结大气的结果（有时能越过对流层顶）。上升气流在其上升和上冲的过程中，从高层大气运动中获得了水平动量。随着上冲高度的增加，上升气流的动能变为位能（表现为重、冷的云顶）而被储存起来。以后，一旦云顶迅速崩溃，位能又重新变成下降气流的动能。

重冷云顶的崩溃取决于雷暴云下飑锋的移动。飑锋形成后，它加速朝前部的上升气流区移动。随着飑锋远离雷暴云母体，维持上升气流的暖湿气流供应逐渐被飑锋切断（图 5.5.5），于是，上升气流迅速消失，重、冷云顶下沉，产生下沉气流。下降空气由于从砧状云顶以上卷挟了移动快、湿度小的空气，增强了下降气流内部的蒸发，同时，这个下降气流的单体，由于吸收了巨大的水平动量，而迅速向前推进，这样，下降气流到达地面时，就可以形成下击暴流。

近年来，根据多普勒雷达测定所得雷暴内部的空气运动，来证实上冲云顶崩溃产生强下降气流的解释，如图 5.5.6 所示，在迅速瓦解的云顶部分，气流从砧状云顶一直下沉到地面，这种下降气流就能形成下击暴流，这个实例测定的结果证实了以上关于下击暴流形成的看法。

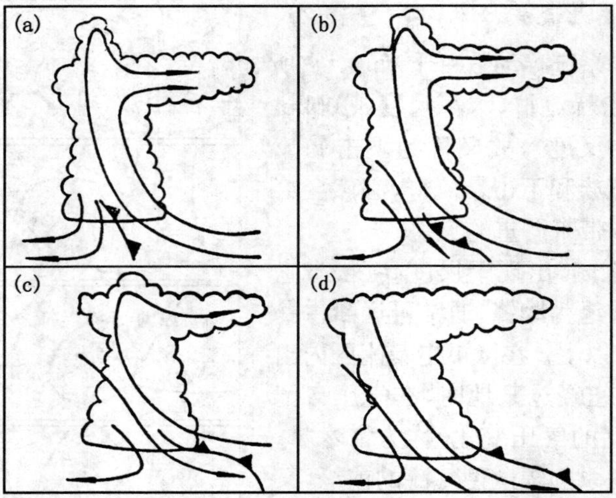

图 5.5.5 上冲云顶的崩溃与飑锋移动的的关系(引自 McCann,1979)

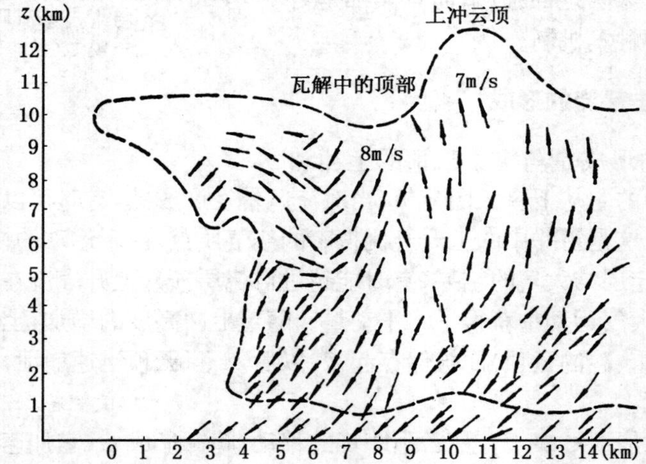

图 5.5.6 用多普勒雷达测定的一次雷暴中气流垂直剖面图

第六章　中纬度锋面的中尺度天气特征和锋生环流动力学

挪威学派早期的锋面气旋模型描绘了锋面附近降水分布的简单形式，近年来的观测和研究表明：沿着大尺度锋和气旋内的各种气象要素分布是非均匀的。锋面附近的降水和造成降水的垂直运动分布是十分复杂的，一般说来，中纬度锋面系统中，常常含有天气尺度降水区，中尺度降水区（带）及小尺度的对流单体，其中中尺度雨带是与带状中尺度对流系统的相联系，与锋面正交方向的垂直环流（也称锋面次级环流）是中尺度环流，它涉及到锋系的基本动力学问题，它是锋面强烈天气现象的启动机制。

§6.1　中纬度锋面的中尺度天气特征

中纬度锋面的中尺度特征是从锋面附近的不同尺度降水特征开始研究的，表 6.1.1描述了这种降水特征。

表 6.1.1　不同尺度降水区的特征摘要（引自 Browning，1973）

	天气尺度的降水区	中尺度降水区		小尺度的对流单体
		大的中尺度降水	小的中尺度降水	
出现位置	出现在冷暖锋前头	在天气尺度降水区中有几个大的中尺度降水区	在大的中尺度降水区中有 3～6 个小的中尺度降水区	在小的中尺度降水区中有 3～6 个对流单体
动力学机制	与暖输送带（见下文）相联系的总的斜升区	中尺度环流		小尺度翻转运动
面积（km^2）	10^4	1300～2600	250～400	5～10
水平尺度（km）	宽约 10^2，长约 10^3	宽约 $10^{1\frac{1}{2}}$，长约 10^2	宽约 10^1，长约 $10^{1\frac{1}{2}}$	$10^{\frac{1}{2}}$
持续时间（h）	＞12	2～5	1	0.1～0.5
垂直速度（cm/s）	约 1	约 10	约 10	约 10^2
水平散度（/s）	约 10^{-5}	约 10^{-4}	约 10^{-4}	约 10^{-3}
降水率（mm/h）	1～2	2～4	4～8	8～80

锋面气旋中，天气尺度降水面积可达 10^4km^2 以上，持续 12h 以上，在天气尺度降水区中往往包含有几个面积为 1000～2000km^2 的 α 中尺度降水区，在这些大的 α 中尺度降水区内又包含有 3～6 个面积为 250～400km^2 的 β 中尺度降水区，它们经常在 α 中尺度降水区内成带状分布，每个 β 中尺度降水带内往往有 1～7 个对流单体。一般说来，降

水系统水平尺度越小，持续时间越短，而垂直速度和水平辐合越大，降水率越高，就降水的动力学机制而言，天气尺度降水主要由大尺度倾斜运动造成，中尺度降水区(带)是由中尺度环流造成的，而小尺度降水则由小尺度对流单体造成。

因此，锋面附近中尺度雨区(带)，按对流情况分为三类，如表 6.1.2所示。当对流可以贯穿整个对流层时为“深对流”或称为 D 型对流(deep convection)，对应 D 型雨带。更为一般情况下，锋面附近的对流只限于浅层对流，此时，当浅层对流有时出现在对流层中上层的 700～500hPa 时，称为 U 型对流(upper convection)，对应的中尺度雨带为 U 型雨带。而当浅对流只发生在对流层低层和边界层时，称为 L 型对流(low-lever convection)，其形成的雨带为 L 型雨带。本节主要介绍 U 型、L 型雨带。

表 6.1.2　中尺度雨带的分类(引自 Hobbs，1978)

粗分类		细分类名称	宽度	所伴随的锋原型	位置及走向
U 型	对流层上层或中层的对流性雨带	暖锋雨带	50km	朝前斜升	平行于暖锋，在暖锋上或暖锋前
		锋前冷涌雨带	同上	同上	于前倾的高空冷锋平行，并在其紧前方
		宽冷锋雨带	同上	朝后斜升	平行于活跃的地面冷锋，或在其后方或位于其上
L 型	对流层低层的对流性雨带	窄冷锋雨带	<5km	同上	伴随很陡的地面冷锋的线对流
		小雨带(横向)	10km	朝前斜升	在冷涌雨带后方；垂直于风向
		小雨带(纵向)	同上	两者皆可	在暖区内部；平行于风
D 型	深对流雨带	暖区雨带	50km	同上	在地面锋前，平行于地面锋
		锋后雨带	同上	同上	在卷云盾后头，平行于主要冷锋

在 L 型对流中，有一种特殊的形式，上升气流只集中在几千米宽，但有几十千米长的狭长地带中，这就是线对流。

6.1.1　天气尺度的降水系统

20 世纪 70 年代初，Browning 等提出了输送带的概念，建立了大尺度气流的输送带模型，从而对原来的锋面气旋模式进行了重大的改进，所谓输送带是指在一个相对坐标系内，产生云和降水的大尺度气流带。

6.1.1.1　暖输送带

在锋面系统中，在槽前辐合区边界上通常可见到一支狭长的云雨带，倾斜上升气流支配着云和降水的形成及结构。

图 6.1.1 显示的是以高空槽脊为主的大尺度流型的等熵分析。由该图可见来自南或西南的低纬暖湿气流，从对流边界层向北、向上升入到对流层中、高层，由于这支气流向极地方向和向上空输送大量热量、水汽和动量称为暖输送带(warm conveyor belts，WCB)。

暖输送带具有下列特征：

①它的位置一般处于冷锋前头，然后上升到地面暖锋上面，它的西边界清楚，东边界模糊。

②暖输送带经常与一条低空急流相对应。这是因为在暖输送带西边界通常有较大的气压梯度，因而有较强的偏南风，但由于暖输送带是由从高压外围到冷锋南端的边界层空气源源流入而形成，一般说来，其西边界的空气来源于具有较高温度南方，造成西高东低的温度差异，由此形成偏北的热成风使南风风速随高度减小，而地面摩擦又使地面风减小，这样形成低层和高空风速小、中空风速大的垂直分布，即暖输送带以低空急流为特征。

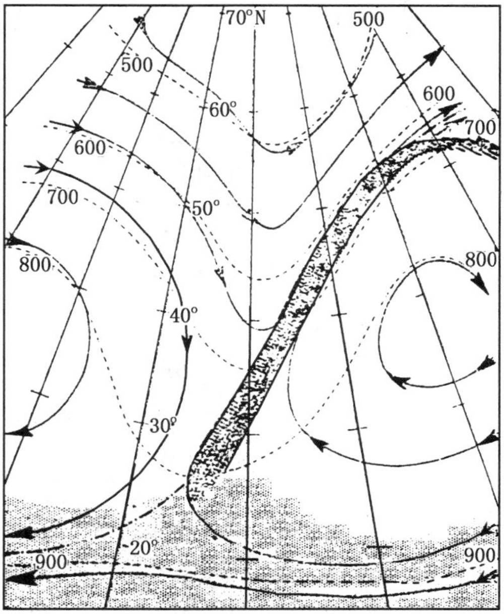

图 6.1.1　表示在等位温面（$\theta \approx 30℃$）上，海洋上空大尺度倾斜对流主槽中相对气流的示意图（引自 Green 等，1966）

虚线表示等位温面高度，单位：hPa；点划线表示两股基本气流之间的辐合线。在冷锋锋区中两条等压线之间空间的变窄表示等θ面变陡。南部的点影区表示在那里平均气流的轨迹位于对流边界层中。在边界层中，θ以及θ_w沿气流增大。画影线的区域标志一个在等θ面上上升的云带。除这个区域外，大部分区域的空气均不饱和。这是强南—西南气流区，这股气流便是所谓的“暖输送带”

暖输送带对应的低空急流是天气尺度系统，低空急流内的风速分布也是非均匀的，在几千千米的急流内，有数个大风中心，具有中尺度特征。由此可见，暖输送带中主要的运动分量平行于冷锋，但相对小而垂直于锋的非地转风分量，是锋的中尺度结构和造成垂直运动重要方面。根据垂直于锋的运动情况将暖输送带分为两种类型：

向后斜升（或向后上滑）模式：在这种情况，当暖输送带抬升时，它作逆时针转向，如图 6.1.2(a)所示，即有相对于冷锋的向后运动，相当于经典上滑冷锋，地面锋附近的冷锋坡度陡，如图 6.1.2(b)所示，边界层内的暖空气被急剧抬升，在附近形成具有 1～10m/s 垂直运动的狭长上升带，这种急剧抬升作用，只将空气上升到 2～3km。以后，在冷空气楔上面的暖空气以 0.1～1m/s 的垂直速度进一步作上滑运动，因而形成不同的上升运动区，即在狭长上升运动区或宽广上滑运动区分别对应窄的暴雨带及宽广中、小雨区。

向前斜升（或向前上滑）模式：暖输送带抬升时有朝向暖锋前的相对气流分量，并具有顺时针转向，如图 6.1.3 所示，相当于经典的下滑冷锋，主要上升运动发生在地面冷锋前，具有低θ_w的对流层中层下滑气流叠加在暖输送带（具有高值θ_w）之上，在暖输送带顶部建立了对流不稳定区，而下面的空气一般是静力稳定的。如果有足够的抬升作用，就会有对流发生，有时产生深对流，更多的情况是发生在中层的浅对流。

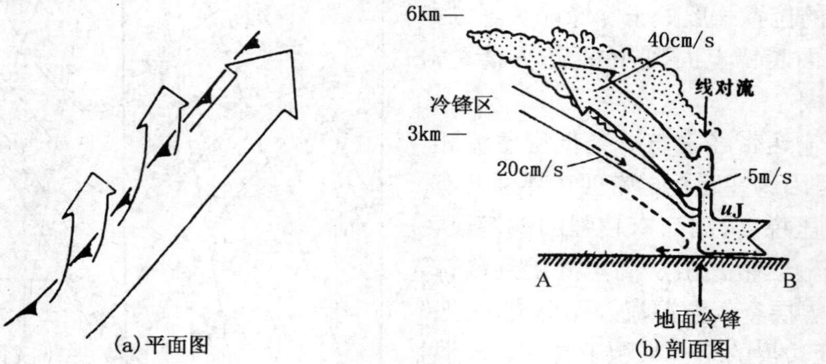

图 6.1.2 向后斜升模式(引自 Browning，1983，1973)

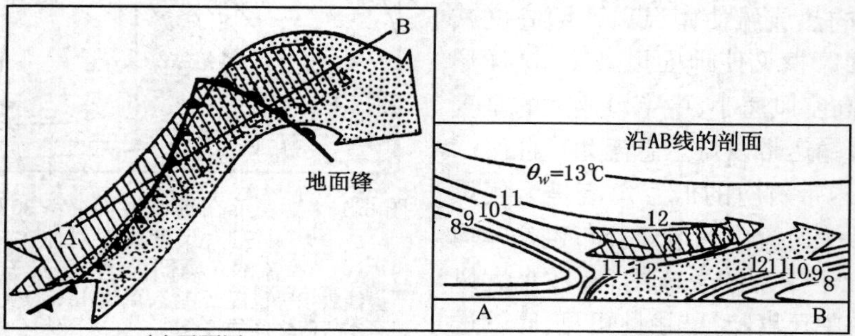

图 6.1.3 向前斜升模式(引自 Browning，1979)

点矢线为高 θ_w 气流，阴影矢线为低 θ_w 气流

因此在向前斜升模式中，叠加在暖输送带之上的低 θ_w 空气前沿，通常就是高空冷锋所在区，在它的前头，暖湿空气厚度增加，形成有组织的对流云带，从而在弱的暖锋降水之后，有中到大的对流性降水带。高空冷锋过境之后，除了气旋中心附近还有深对流之外，则以小雨和弱对流降水为主。

6.1.1.2 冷输送带

冷输送带(cold conveyor belts，CCB)是形成锋面云系的次要气流，它来源于气旋东北部的高压外围，是一支反气旋低层气流，它将北方冷空气向南输送，那里的空气下沉和干燥，因而从暖输送带降落到那里的降水物，迅速蒸发。它相对于前进中的气旋朝西运动，当冷气流向西接近气旋中心时，正好位于地面暖锋前和暖输送带之下，冷输送带边沿上低层空气由于摩擦辐合而上升，然后继续西行，并逐渐上升到达对流层中层暖区顶点的地方，形成一个云带，当冷输送带出现在暖输送带西部时，可能有两种情况，一种是可能与暖输送带合并作反气旋上升，另一种可能是沿气旋中心作气旋式下沉。

6.1.2　锋面中的中尺度雨带

Hobbs 等研究了太平洋气旋，发现锋面气旋的降水常具有中尺度带状结构，雨带同气旋的某一锋面走向一致。表 6.1.2 根据对流的情况将雨带分为三类，又根据雨带处于气旋不同部位及其特征，再把雨带分成六类，概括了锋面气旋云和雨带的概念模式。如图 6.1.4 所示，这六种雨带分别是暖锋雨带、锋前冷涌雨带(为 U 型)，窄冷锋雨带(为 L 型)，暖区雨带和锋后雨带(为 D 型)。图 6.1.4 中 1 为暖锋雨带，2 为暖区雨带，3 为宽冷锋雨带，4 为窄冷锋雨带，5 为锋前冷涌雨带，6 为锋后雨带。

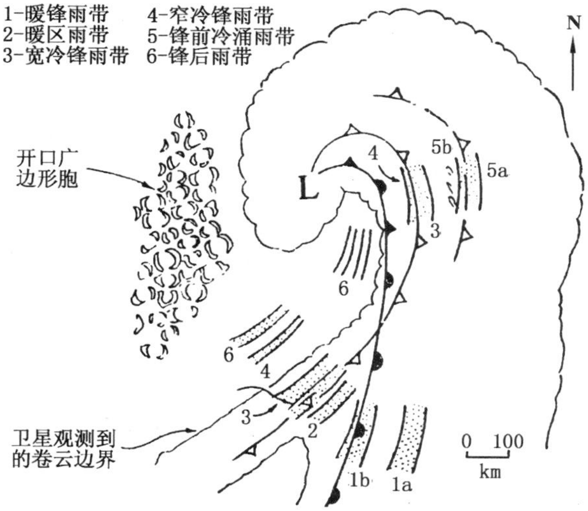

图 6.1.4　中纬度锋面中的中尺度雨带
(引自 Hobbs，1978)

6.1.2.1　U 型雨带

图 6.1.5 给出了三类 U 型雨带的结构。其中图 6.1.5(a)表示暖锋雨带，它发生在朝前斜升的形势下，走向平行于暖锋，位于暖锋上或暖锋前，有时伴有 L 型雨带。图 6.1.5(b)表示锋前冷涌雨带。它也发生在朝前斜升的形势下，雨带平行于高空冷锋并在其紧前方。图 6.1.5(c)表示冷锋雨带。这种雨带发生在朝后斜升形势下，雨带平行于冷锋或跨在其上，在地面冷锋附近有窄的冷锋雨带。然而应当指出，在实际情况下雨带通常是不太规则和轮廓不清的。因此从这个意义上来说，雨带只是一个理想化的概念。雨带的这种不规则性部份地是由于观测资料的不充分造成的，但它也是锋面降水型式复杂性的一种反映。

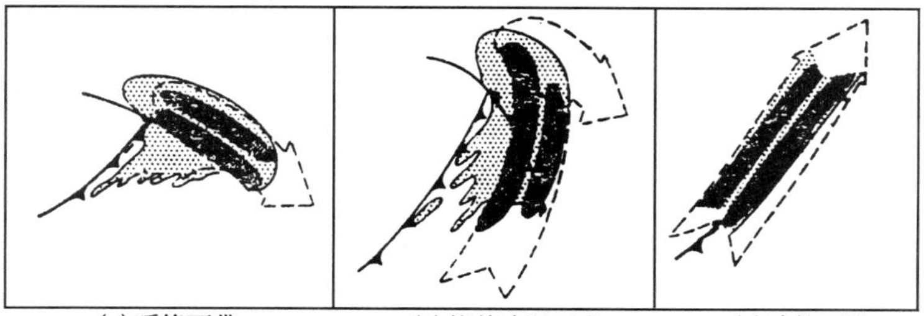

(a)暖锋雨带　(b)锋前冷涌雨带　(c)冷锋雨带

图 6.1.5　在英国常见的三种 U 型雨带结构的理想表达(引自 Browning，1983)
轻和重的点影区分别代表小雨及中到暴雨，宽的虚箭头表示在对流层中层暖输送带的范围和走向

从观测研究的结果,U 型雨带具有一些共同特征:

①都与暖输送带的上升部分相联系。一般发生在对流层中、上层,典型地在 700hPa 和 500hPa 之间。

②宽度一般在 50km 左右,典型的长度为几百千米。它们的走向平行于它们所在高度上的斜压带。

③包含上层或中层对流单体,通常成群。这些单体或群发生在位势不稳定的浅层中。

暖输送带顶部对流不稳定的发生机制在向前斜升模式(图 6.1.3)中得到了说明,暖输送带中的等 θ_w 面有时发生皱褶,这种结构往往使等 θ_w 面陡峭,从而增强了上升运动。已经提出的几种机制来说明 U 型雨带的发生,其中之一便是条件性对称不稳定机制。如第二章所述,对称不稳定是一种干空气的二维不稳定。这种不稳定干空气本身呈螺旋式的滚动扰动。滚动轴平行于斜压带。大部分锋区是对称稳定的,然而在饱和锋区中,上升空气中释放的潜热助长了对称不稳定,导致了所谓的条件性对称不稳定(CSI)。条件性对称不稳定的判据为 $q_w < 0$。由 §2.4 的讨论可知,当热成风方向上湿度增大时,$\frac{dq_w}{dt} < 0$,有可能出现 $q_w < 0$ 的情况。

如上所述,U 型雨带是和所在高度上的斜压带相平行的。因此,可以认为它是由条件性对称不稳定引起的。雨带的发生过程可以设想分为三个阶段。首先,当空气朝北移动并上升穿过斜压波时,由于热成风方向上有湿度增大的缘故,它的湿球位涡 q_w 变成负值。其次,当空气充分抬升而成为饱和时,CSI 机制导致滚轴状环流和云带出现。最后,滚轴状环流在对流层中层产生条件性重力不稳定(因 $q_w < 0$,就可能产生 $N_W^2 < 0$),由此而形成的对流单体导致强的带状降水。

Emanuel(1981)提出了另一种雨带发生的方式。在这种方式中,对称不稳定可能在本身是对称稳定的锋区之中增强起来。这种机制叫做对称性斜压波第二类条件不稳定(symmetric baroclinic wave-CISK,简写为 SBWC)。它和 CSI 的不同之处在于,在饱和锋区中,CSI 是由潜热释放助长的,而在 SBWC 中,扰动是由对流性的有效位能的释放助长的。这意味着 SBWC 只能在已经是对流不稳定的区域中生长,而不像条件性对称不稳定(CSI)机制那样可在那些预先并无对流不稳定的地区中发生对流性不稳定。SBWC 机制的另一个特征是雨带可以对于平均气流传播,而和 CSI 机制相联系的雨带是随着它所嵌在其中的平均气流平移的。

正如第二章讨论的那样,无论是 CSI 或 SBWC,都是潜在不稳定,不稳定的释放需要抬升机制,而锋生强迫即可能就是一种强迫作用。

6.1.2.2 L 型雨带

L 型雨带可分为暖区小雨带(包括横向和纵向的小雨带,图 6.1.4 中没有标出)和窄的冷锋雨带(即线对流带):

暖区小雨带：横向小雨带发生在高空冷涌雨带的后方，沿横截于风的方向排列，它们有时只是以不规则分布的对流单体形式出现在高空冷涌带的后头。纵向小雨带也发生在暖区内，它沿平行于风的方向(即平行于地面锋的方向)排列。这些浅层对流常常通过合并机制产生小雨为特征，由于受地形作用影响，常常是不规则以及不定形的。

在暖输送带的低层对流是一种暖区现象，低空几乎饱和的气流被组织起来并被机械地扰动时，对流性环流便出现在这个气层中，对流性环流可能取经向滚轴状涡旋形式，涡旋排列方向几乎是沿着地转气流的，涡旋之间的间隔大约是充分混合层深度的几倍，有时涡旋会造成轮廓不清楚的狭窄小雨带，这就是暖区小雨带形成的可能解释。图 6.1.6给出了与这类小雨带相正交截面中弱横向环流的气流型式。

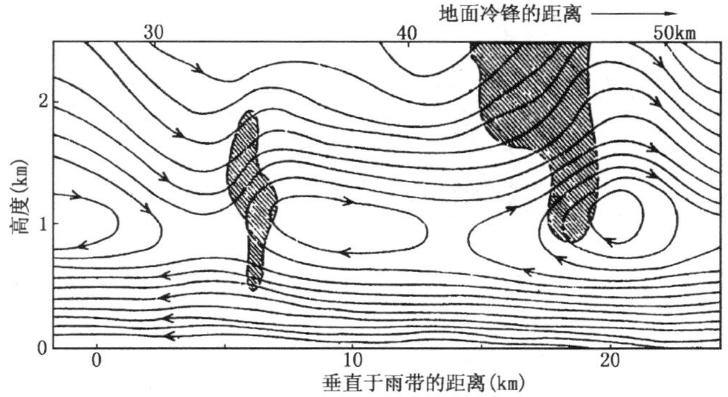

图 6.1.6　与暖区小雨带(阴影区)相正交(小雨带走向沿地转气流)的垂直截面中的气流型(引自 Browning,1975)

线对流带：除了暖区小雨带外，还有一类 L 型雨带，即狭窄的冷锋雨带，这类雨带以非常狭窄的线对流的形式出现在暖输送带的西部边界上，图 6.1.4 中冷锋附近狭窄的强对流带就是这种窄的线对流元，其宽度一般只有几千米，但上升速度却有 1～10m/s。

如前所述，低空急流所在的气层是一个几乎饱和并且中性稳定的气层，这个气层常常被一个位于 700hPa 的稳定层像盖帽似的罩着，在低空急流较低部位的空气由于摩擦作用而向后运动，由于和锋后气流辐合的结果，产生上升运动，潮湿空气抬升后释放潜热，从而形成一个陡然的上升运动区，其形态好象是一座峭壁悬崖，在峭壁顶部气流稍有下沉，一部分朝前流向急流，大部则向后流去，在进入到地面冷锋后头的冷空气楔的上方，这些空气立即重新上升，图 6.1.7是线对流垂直截面上的气流型式和与低空急流配置的示意图，图中 cc 表示卷绕的冷空气前沿线，LLJ 表示急流。

“峭壁”只是在少数情况下是完整的，而在多数情况下它们是卷曲的，因而线对流实际上破碎成一系列的线元，每个长约十几千米至几十千米，从天气现象看，它们表现为狭窄的暴雨带，并常常伴有小冰雹，有时伴有龙卷，这些小雨带一般只有 3km 左右宽，并有明显的边界，它们是浅薄系统，主要位于 700hPa 以下，如图 6.1.8 所示。它们常常

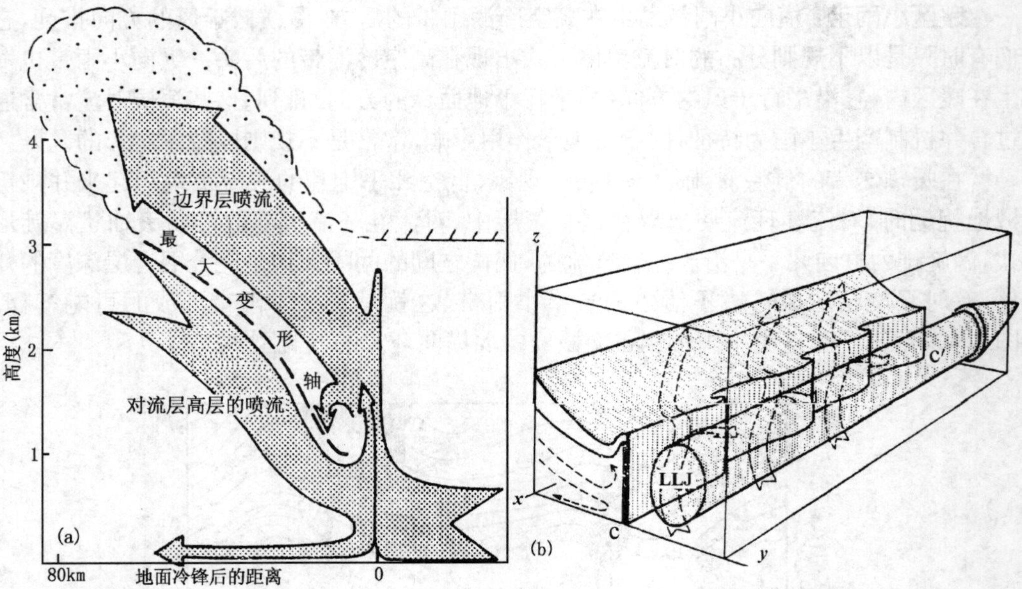

图 6.1.7　线对流的剖面结构(a)(引自 Browning，1970)与沿低空急流左侧的线对流相联系的气流示意图(b)(引自 Browning，1983)

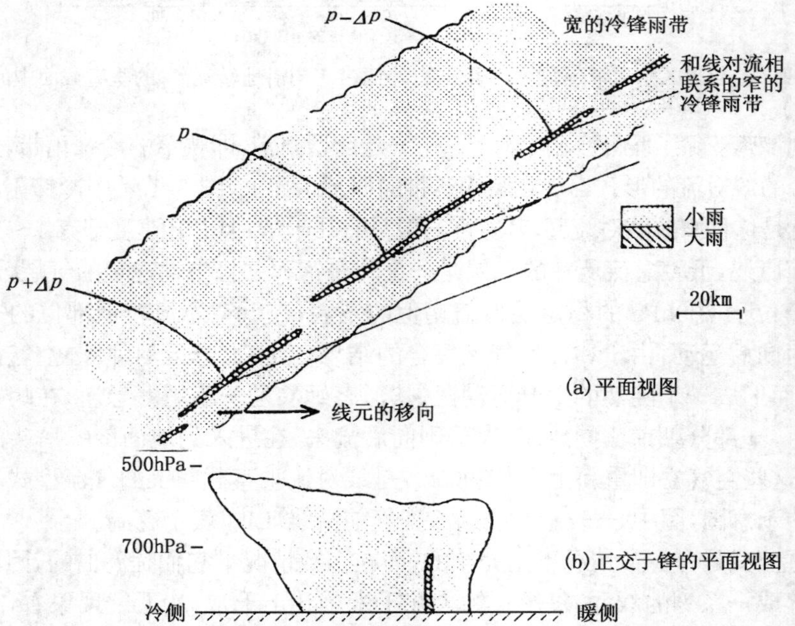

图 6.1.8　在陡峭冷锋上的降水分布示意图(引自 Browning，1983)

嵌在深厚的层状降水区中,因此不易在卫星云图上察觉,只有当它们处在层状降水区边缘时才能见到,线元和裂缝通过时天气表现非常不同,前者引起强风暴雨,气象要素急剧变化,但后者一般只能引起轻微降水,气象要素变化也渐缓和。

线对流元两侧的风速切变很大,有时这种切变气流能在线对流的很长部位上保持稳定,但是在多数情况下会像图 6.1.9 那样卷曲起来,形成轮廓分明的涡旋,这种使涡度集中的可能机制是 K-H 不稳定。

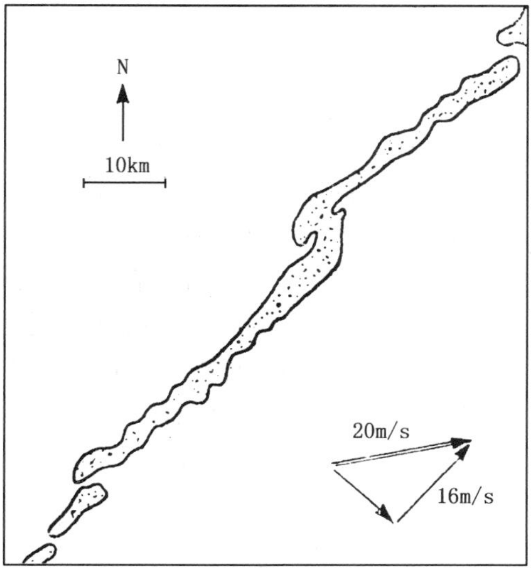

图 6.1.9　与线对流强降水相对应的 PPI 强回波轮廓线（引自 Browning,1970）
回波带的裂缝和卷曲部分以 20m/s 的速度从 260°相对于地面移动

由图 6.1.7 可见,在垂直于线对流元的垂直截面中的气流型式具有重力流前沿高抬的鼻状特征,因而线对流元可看作是重力流的前沿,它的形成和维持因子常与重力流的分析相关,其中包括冷暖空气中潜热源汇作用和天气尺度扰动对重力流传播速度的影响及地面摩擦使锋面变陡的作用等,这些理论分析还不够成熟。

§6.2　梅雨锋暴雨的中尺度特征

中国初夏梅雨锋云雨带沿长江中下游经东海、日本可至西太平洋,绵延数千千米,是出现在准静锋上的大尺度锋面雨带。梅雨锋云系主要由层状云构成,它常常产生准稳定降水,当梅雨锋上出现中尺度扰动时,相应一些地区出现对流活动,在梅雨锋层状云系内形成对流云和降水,这些对流云降水,在中尺度系统的组织下,与梅雨锋云系一起构成积状云和层状云混合型降水,在许多情况下是与中尺度对流系统(MCS)相联系的,其降水特点有两种:一是频发型的;二是突发型的。这是造成洪涝灾害的降水系统。

6.2.1　α 中尺度降水系统

稠密的降水资料分析表明,在大尺度梅雨锋面天气区中,经常有 α 中尺度的雨带活动,雨带区内对流比较强烈,降水量大,而且有时还可出现多条雨带,有的在锋附近,有的在锋前或锋后。

1980～1983 年，华东中尺度天气试验对梅雨锋降水进行了稠密观测，并设置了平均站距为 90km、每隔 3～6h 的加密高空探测，对一些 α 中尺度雨带特征进行了详细分析。图 6.2.1是对 1981 年 6 月 24～27 日长江下游梅雨锋暴雨个例分析图。这次过程的降水历时 3 天。利用稠密的降水资料，制作了 3h 滑动累积降水量图，再根据图中每小时平均雨量最大轴线东、中和西段所在纬度，求取空间平均位置，作出如图6.2.1(a)所示的 α 中尺度雨带平均位置时间曲线。由图可知，在开始阶段存在着双雨带，之后南雨带消失和北雨带逐渐南移，到过程结束阶段，又新生北雨带而恢复成双雨带状态。由图6.2.1(a)或者逐时雨量图分析，双雨带中一条在 33°N 附近的淮河流域，另一条在 30°～31°N 之间的皖南山区。两条 α 中尺度雨带均近于平行地面梅雨锋，几乎呈东西向。每条雨带长约 400～600km，宽约 80～150km，南北雨带间距 300km 左右。图 6.2.1(a)中的细竖线为每小时雨带区内面积平均降水量，显示出南北雨带强度有此消彼长反位相变化。

利用 25 点滤波方案对流场进行尺度分离，图 6.2.1(b)是经尺度分离后的 1000hPa 扰动流场图。跟双雨带相匹配，在 33°～34°N 和 30°～31°N 处为双切变(辐合)线。在双切变线之间，为明显的辐散区。850hPa 以上切变线北倾，500hPa 图上切变线仍可见到，但到 300hPa 图上切变线已不存在，代之以两个高空辐散带。显然，这种中低层辐合，高层辐散的流场结构，是导致雨带强盛的重要机制。图 6.2.1(c)是沿雨带平均的经向扰动环流圈图。与图 6.2.1(b)中南北辐合线处对应着的是双扰动垂直上升中心，构成了斜向冷区的呈滚轴状的双环流圈。南北环流圈的下沉支恰好抵达图 6.2.1(b)中地面双辐合线之间的辐散区。α 中尺度雨带和辐合线还对应着等 θ_{se} 面的陡坡带，亦即在 α 中尺度环流圈处是等 θ_{se} 面的折皱区。按照条件性对称不稳定理论，对称不稳定发生在环境大气是中性或稳定层结的饱和大气中，它的不稳定判据为湿位涡 $q_w < 0$ 。对 27 日 13 时的湿位涡分析表明，在 31.5°N 和 35°N 地区的大气的中低层，满足条件性对称不稳定的判据，因而可以认为，条件性对称不稳定是 α 中尺度雨带发生一种可能机制。

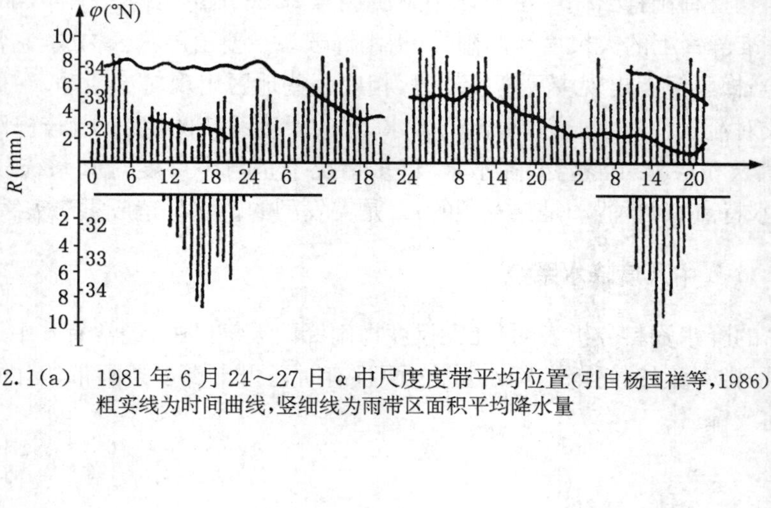

图 6.2.1(a)　1981 年 6 月 24～27 日 α 中尺度度带平均位置(引自杨国祥等，1986)
粗实线为时间曲线，竖细线为雨带区面积平均降水量

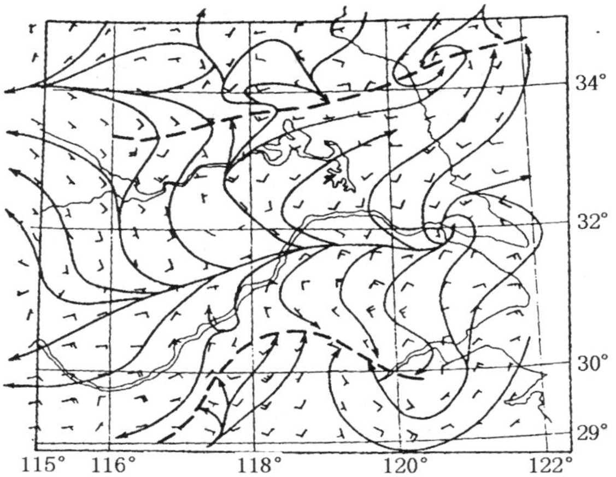

图 6.2.1(b)　双雨带强盛期 1000hPa 扰动流场(引自杨国祥等,1986)
(粗虚线为辐合线)

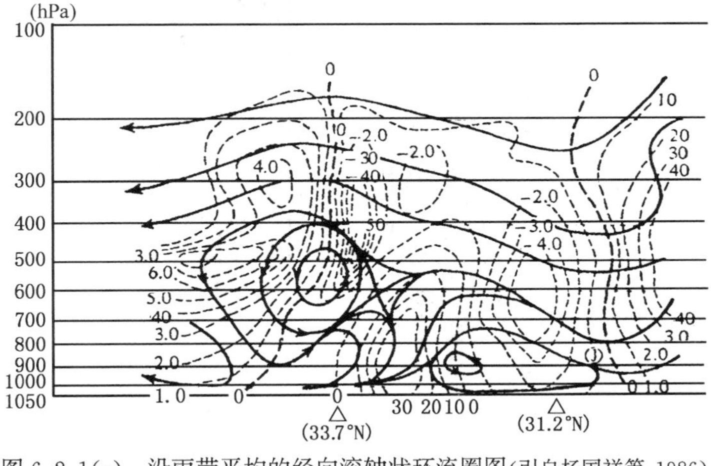

图 6.2.1(c)　沿雨带平均的经向滚轴状环流圈图(引自杨国祥等,1986)
虚线是等直速度线,10hPa 是雨带位置

从图 6.2.1(a)中还可见到,中尺度切变线还伴有中尺度气旋式涡旋,一般出现在大气的低层。由于这种中尺度涡旋的发展,常常使雨带进一步变成中尺度涡旋状雨带(或雨区)。在梅雨锋上中尺度低涡的产生大体可以分为两类:一类是发生在西南地区倒槽中,它同西南涡的东伸有关,因而可以追踪出一个低层气旋式环流中心自长江中上游发展东移;另一类是发生在长江中游的某些特定地区有利的地形处,由于动力和热力原因,使局地产生涡旋扰动。由于大尺度形势相对稳定,如果中尺度低涡在梅雨锋上频繁发生、发展,就会发生与这些低涡密切相关的频发型大暴雨。

1999 年 6 月 22 日开始,在长江流域特别是中下游地区,出现长达 10 天的较大范围的暴雨天气过程,该地区的降水量达常年同期的 3～4 倍,导致长江中下游出现了洪水严重威胁。研究表明，这次大暴雨过程，是一系列α中尺度低涡发生发展影响的结果。从6月22～30日，先后在长江中游地区的梅雨锋上发生了5个中尺度低涡，通过对这5个低涡的合成分析，可以了解到它们的一些基本特征。

从图6.2.2(a)所示的合成850hPa场可以看到，区域中心附近有一明显气旋性环流中心，对应为合成得到的中尺度低涡，其西南部也是气旋性环流，在东北部则有一反气旋性环流中心存在。中尺度低涡的东南侧有一条东北—西南走向的西南风大风速带，合成风速在8m/s以上，并且在其上有一中心风速达12m/s的大风速中心与中尺度低涡配合。该低空西南风急流和其上的大风速中心，对中尺度低涡及暴雨的发生、发展具有重要作用。而对流层高层，中尺度低涡上空对应的是南亚高压，如图6.2.2(b)所示，其东南侧的东北气流正好叠加在低层的西南气流上，由此可能构成东北—西南向的次级环流。这种高低层的迭置关系，有利于梅雨锋上中尺度低涡和暴雨的发生发展。

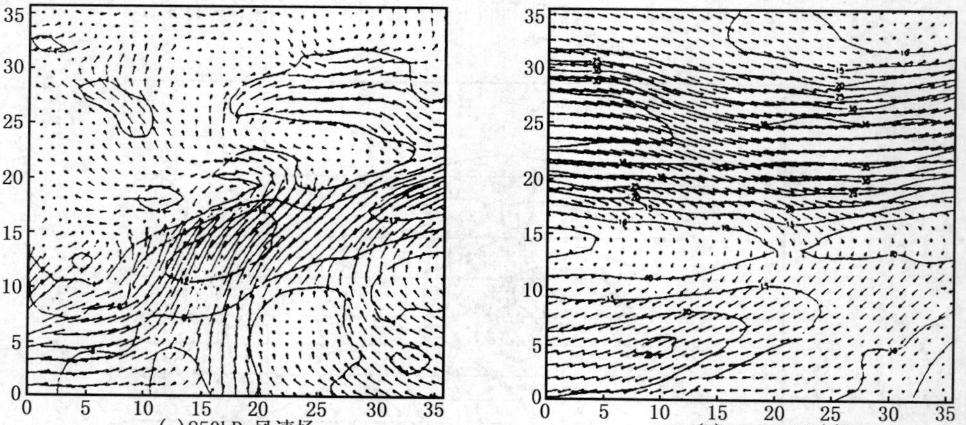

(a)850hPa风速场　　(b)200hPa风速场

图6.2.2　合成850hPa(a)和200hPa(b)的风速场(引自贝耐芳，2000)
图中合成低压中心在(18,18)处，横纵坐标分别代表经纬度距离(单位：m/s)

6.2.2　β中尺度降水系统

加密测站的降水资料分析发现，α中尺度雨带内有明显的β中尺度雨团(＞10mm/h)的活动。雨团的尺度为数十千米到数百千米，平均生命史为5h。这些β中尺度雨团，有的原地发展，并在原地衰减；有的移动，移动性雨团平均移速为50km/h左右。一个雨团移出减弱消失后，又有新的雨团发生。这些β中尺度雨团的此生彼消，维持着α中尺度雨带的发展和演变。可见，β中尺度雨团具有波动传播特征，这种波具有一定的波长和周期。

为了揭示与β中尺度雨团相联系的扰动结构特征，将实际气压场消去日变化后，连同风场和其它气象要素，制作沿雨峰团路径上的综合要素时间剖面图。图6.2.3就是根据雨峰团分析方法得到的 1981 年 6 月 27 日时间剖面图。由图可见，沿着 α 中尺度雨带有数个 β 中尺度上升中心，图中标为 A、B 和 C，它们与横轴上格点雨量相比较，均分别相应一个 β 中尺度的雨峰团。上升中心最大值可达 20cm/s，它们各自又在向东移动。例如，B 中心在 3h 内东移了 3～4 格距，平均时速约为 50km/h。

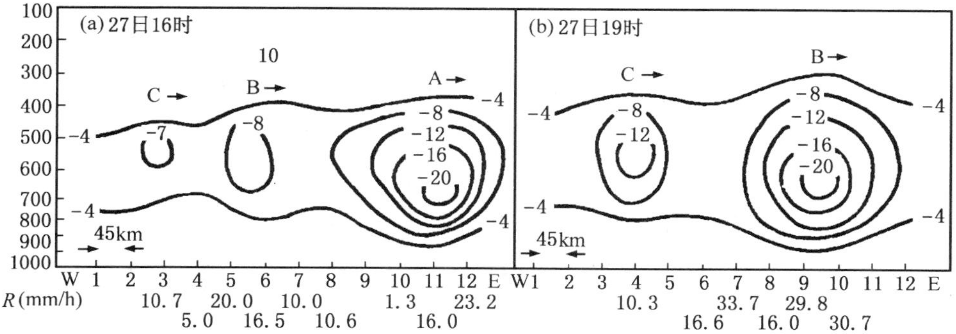

图 6.2.3　东西向雨峰团移动路径上的上升运动剖面图(引自余志豪等，1987)
横坐标是网格点，降水量是格点值，垂直速度单位：hPa/s；A，B，C 为上升中心

图 6.2.4 表示雨峰团沿线的地面测站气象要素及雨区的时间剖面，其中气压值已滤去日变化。图中阴影区为强降水带，可以看出雨峰团随时间东移，移速约为 50km/h 左右。降水带处在 β 中尺度低压后部和高压前部，低压对应着反气旋环流以及高压对应着气旋环流。散度场与涡度场差大约 π/2 位相，强降水带与气流辐合带相对应。由这些

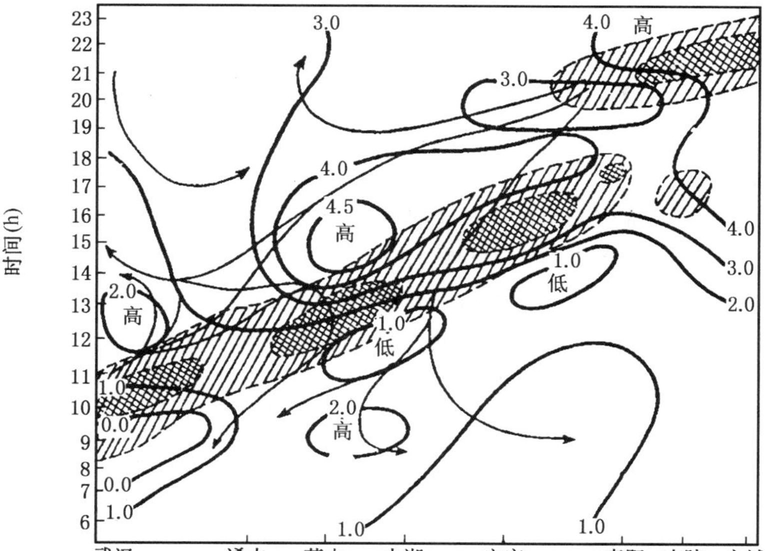

图 6.2.4　地面气象要素场和暴雨的时间剖面图(1981 年 6 月 27 日)(引自陆汉城等，1987)
粗实线为等压线，细实线为流线，斜线区为大雨(10mm/h)，网格区为暴雨(20mm/h)

特征，可以认为与β中尺度雨峰团相伴随的是重力惯性波。这个β中尺度的重力惯性波仅限于大气低层，在500hPa以上已转变成热带(对流)扰动性质，故在垂直结构上是一种混合型的系统，如图6.2.5所示。这种混合型的垂直结构与层结(θ_{se})分布相配置，低层是层结不稳定大气中的不稳定重力波，更有利于暴雨的形成和发展，高层是层结中性的对流，使得梅雨锋暴雨具有中尺度对流性，但又不同于对流发展旺盛的系统。

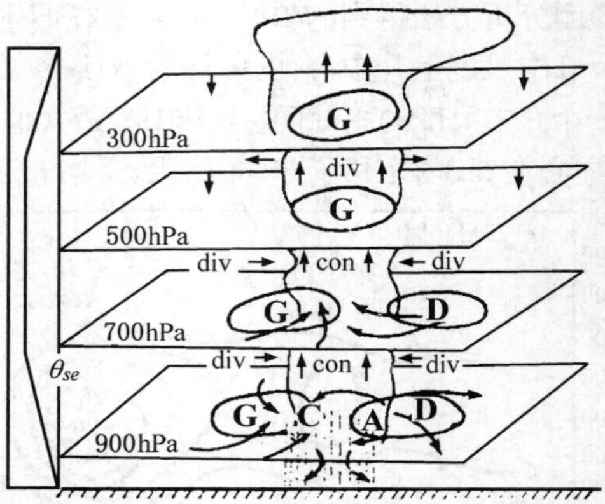

图6.2.5　梅雨锋暴雨β中尺度系统垂直分布混合型结构示意图(引自余志豪等，1987)

对1991年江淮特大暴雨期间降水的分析指出，1991年梅雨期江淮梅雨锋云系维持时间长，中尺度云团活动频繁，频繁的中尺度对流活动是造成1991年特大暴雨的主要原因。中尺度系统主要有两种周期：24h左右和4～6h。这些中尺度系统(主要为β中尺度系统)79%生成于更大的辐合系统中(α中尺度低涡和切变线)，它们有明显的相互作用。β中尺度系统生成后或呈静止，或从西南向东北沿同一路径运动，造成集中的降水。这些结果，同前面对雨团活动的分析是基本一致的。随着卫星图像、雷达、微波遥感技术在气象领域的应用，以及国内外对梅雨锋暴雨的进一步研究，对于梅雨锋暴雨中的β中尺度系统及其对暴雨的作用有了更为深入的了解。

对1998年7月长江流域特大洪水期间梅雨锋暴雨的特征分析表明，在梅雨锋附近有中尺度对流系统发生发展，其中影响武汉、黄石地区的暴雨系统引发了88.4mm/h(21日06～07时)的强降水。梅雨锋上这种突发和短时的暴雨，是由β中和γ中尺度系统引起的。利用热带测雨卫星(TRMM)携带的同时观测的红外微波和降水雷达观测资料，分析1998年7月21日05时40分(北京时)武汉及其附近地区梅雨锋中的降水系统。结果表明，该降水系统是由一系列自西向东移动的降水塔组成，这些降水塔在低层连成一片，表现为一条α中尺度雨带，但上层可能分开。降水塔垂直高度可达14.7km，水平范围几千米到几十千米，对应于γ中和β中尺度。从图6.2.6中TRMM亮温分布图可见，在武汉出现最大降水1h之内，有两块面积较大的灰白色冷的对流云分别位于武汉东南面，同时还有一些较小的对流云。这些冷云的亮温可低于200K，由此表明降水系统的水平范围较大和垂直方向上对流发展很旺盛，属于中尺度对流系统MCS。比较图6.2.6中(a)和(b)两图可以看出，图(b)的低亮温区相对较小。由于85GHz的亮温更直接对应于降水，因而在大片垂直发展的云中，降水应具有相对小的尺度。

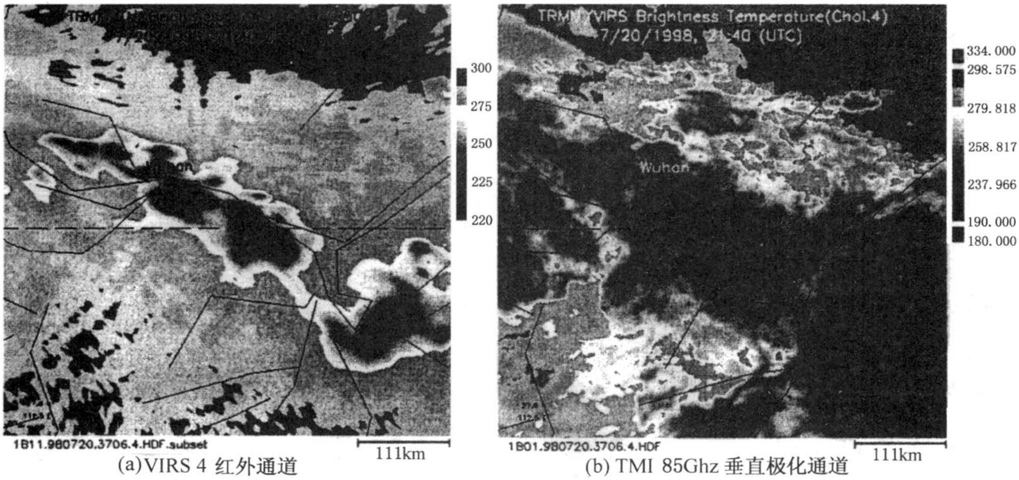

(a)VIRS 4 红外通道　　(b) TMI 85Ghz 垂直极化通道

图 6.2.6　1998 年 7 月 21 日 05 时 50 分 TRMM 亮温分布图(引自孙建华等,2003)

进一步利用加密探空资料分析该降水系统的热力和动力结构特征,可以发现在强降水出现前,武汉上空大气蕴藏着大量的正值对流不稳定能量,在对流层中层出现明显的干空气层,500hPa 的 $T\text{-}T_d$ 达 25℃以上,如图 6.2.7 所示。如果不稳定能量完全释放,按 20 日 12 时(世界时)探空资料计算所得垂直速度最大值可达 120m/s。从整层水汽通量散度分布看,在长江流域基本上为辐合区,而在武汉还有明显的水汽向上的垂直输送。

从图 6.2.8 所示的扰动湿度分布表明,在前一时刻 0.6g/kg 的等值线大体位于

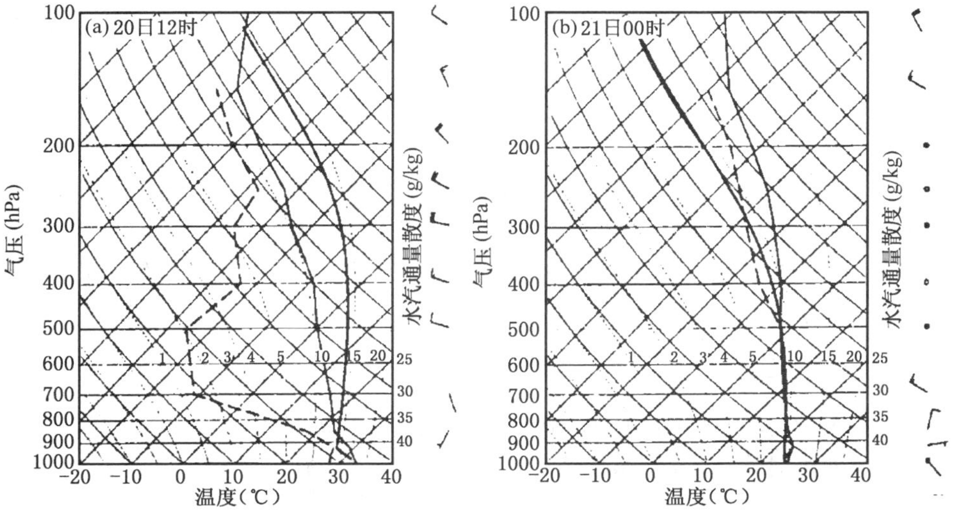

图 6.2.7　1998 年 7 月 20～21 日的 $T\text{-}\ln p$ 图(引自孙建华等,2003)

其中实线为层结曲线,虚线为露点曲线,粗实线为状态曲线

700hPa 及其以下层次中，而后一时刻 0.6g/kg 的等值线甚至可达到大约 400hPa 的高度，这表明其湿层明显向上扩展，而这一区域也正是上升运动最明显的地区，表明在强对流活动区，有大量的水汽向上输送，为大暴雨提供了有利条件。

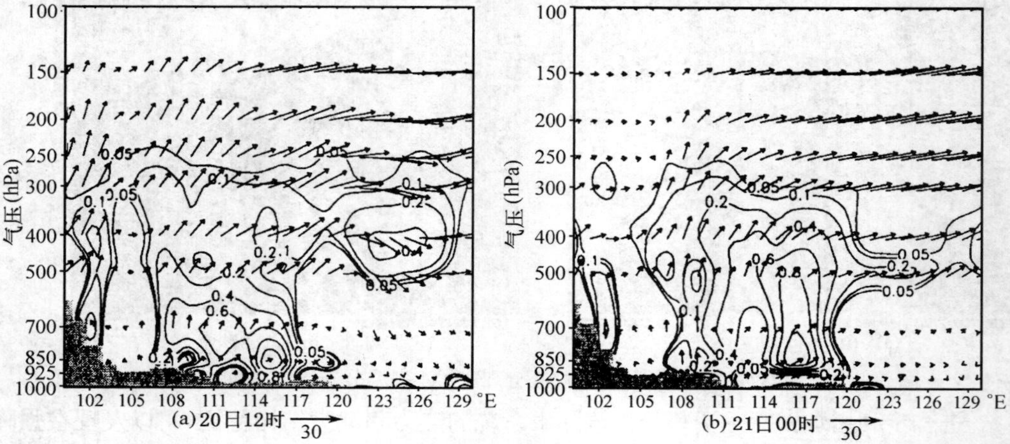

图 6.2.8　1998 年 7 月 20～21 日沿 30.375°N 的扰动比湿(g/kg)和 V-W 剖面图(引自孙建华等，2003)
阴影为地形，W 放大 500 倍，单位：m/s

§6.3　锋生和锋生动力学

锋是大气中的重要天气系统，除了上节论述的中尺度雨带以外，更一般而言，锋区以显著的水平温度梯度、静力稳定度、气旋式涡度和垂直风切变为特征，它与中尺度强风暴天气有密切的联系。锋的长度是 α 中尺度的，而宽度则是 β 中尺度，因此，用天气尺度的准地转原理结合中尺度动力学研究锋的生成和发展以及由锋生引起的横向环流更具有普遍意义。

锋生是在 12h 内水平温度梯度从 10^{-2}K/km 量级增强到 1K/km 量级的过程，这种过程和地转及非地转的变形场有关，也和非绝热过程有关，锋生(消)的运动学条件考虑了空气运动对等温线分布的影响，即注意变形场对于水平温度梯度的作用，然而流场和温度场之间有一个相互作用的过程，即从动力学分析锋生对于了解锋生的实质更重要。

6.3.1　锋生运动学

在等压面图上，位温 θ 和温度 T 等价，在绝热过程中，θ 具有保守性。设 $|\nabla_p\theta|$ 为二维位温水平梯度绝对值，以等位温线的变形作为锋生函数，则定义锋生函数 F 为：

$$F=\frac{\mathrm{d}}{\mathrm{d}t}|\nabla_p\theta| \tag{6.3.1}$$

当 $F>0$ 时，表示有水平温度梯度增加即锋生，$F<0$ 时表示锋消。

在非绝热过程中 $\mathrm{d}\theta/\mathrm{d}t = Q$ 因而有：

$$\frac{\mathrm{d}}{\mathrm{d}t}\left(\frac{\partial \theta}{\partial x}\right) = -\frac{\partial u}{\partial x}\frac{\partial \theta}{\partial x} - \frac{\partial v}{\partial x}\frac{\partial \theta}{\partial y} - \frac{\partial \omega}{\partial x}\frac{\partial \theta}{\partial p} + \frac{\partial}{\partial x}Q \tag{6.3.2}$$

$$\frac{\mathrm{d}}{\mathrm{d}t}\left(\frac{\partial \theta}{\partial y}\right) = -\frac{\partial u}{\partial y}\frac{\partial \theta}{\partial x} - \frac{\partial v}{\partial y}\frac{\partial \theta}{\partial y} - \frac{\partial \omega}{\partial y}\frac{\partial \theta}{\partial p} + \frac{\partial}{\partial y}Q \tag{6.3.3}$$

将(6.3.2)式和(6.3.3)式代入(6.3.1)式有

$$\begin{aligned} F &= \frac{1}{|\nabla_p \theta|}\left[\frac{\partial \theta}{\partial x}\frac{\mathrm{d}}{\mathrm{d}t}\left(\frac{\partial \theta}{\partial x}\right) + \frac{\partial \theta}{\partial y}\frac{\mathrm{d}}{\mathrm{d}t}\left(\frac{\partial \theta}{\partial y}\right)\right] \\ &= -\frac{1}{|\nabla_p \theta|}\left[\frac{\partial \theta}{\partial x}\left(\frac{\partial \vec{V}}{\partial x}\cdot \nabla_p \theta\right) + \frac{\partial \theta}{\partial y}\left(\frac{\partial \vec{V}}{\partial y}\cdot \nabla_p \theta\right)\right] \\ &\quad - \frac{1}{|\nabla_p \theta|}\left[\frac{\partial \theta}{\partial p}\left(\frac{\partial \omega}{\partial x}\frac{\partial \theta}{\partial x} + \frac{\partial \omega}{\partial y}\frac{\partial \theta}{\partial y}\right)\right] + \frac{1}{|\nabla_p \theta|}\left(\frac{\partial \theta}{\partial x}\frac{\partial Q}{\partial x} + \frac{\partial \theta}{\partial y}\frac{\partial Q}{\partial y}\right) \end{aligned} \tag{6.3.4}$$

(6.3.4)式表示的左端三项分别表示空气水平运动、垂直运动及非绝热加热对锋生的影响，前两者又称为变形场的影响。

变形场和锋生的关系可进一步分析。对绝热、水平运动，纯切变变形可表示为 $v = \alpha x$ 和 $u = 0$，其中 α 是度量 v 分量切变的常数。因此，方程(6.3.2) 和(6.3.3) 式变为

$$\frac{\mathrm{d}}{\mathrm{d}t}\left(\frac{\partial \theta}{\partial x}\right) = -\alpha\frac{\partial \theta}{\partial y} \tag{6.3.5}$$

$$\frac{\mathrm{d}}{\mathrm{d}t}\left(\frac{\partial \theta}{\partial y}\right) = 0 \tag{6.3.6}$$

其解为

$$\frac{\partial \theta}{\partial y} = 常数 \tag{6.3.7}$$

$$\frac{\partial \theta}{\partial x} = \left(\frac{\partial \theta}{\partial x}\right)_{t=0} - \alpha\left(\frac{\partial \theta}{\partial y}\right)_{t=0}\cdot t \tag{6.3.8}$$

可见，初始水平温度梯度最终将因切变变形而随时间线性增长。

纯伸长变形可以用下式表示

$$u = -\beta x, \qquad v = \beta y$$

式中 β 是度量伸长变形的常数。对此，方程(6.3.2) 和(6.3.3) 式成为

$$\frac{\mathrm{d}}{\mathrm{d}t}\left(\frac{\partial \theta}{\partial x}\right) = \beta\frac{\partial \theta}{\partial x} \tag{6.3.9}$$

$$\frac{\mathrm{d}}{\mathrm{d}t}\left(\frac{\partial \theta}{\partial y}\right) = -\beta\frac{\partial \theta}{\partial y} \tag{6.3.10}$$

其解为

$$\frac{\partial \theta}{\partial x} = \left(\frac{\partial \theta}{\partial x}\right)_{t=0}\cdot \mathrm{e}^{\beta t} \tag{6.3.11}$$

$$\frac{\partial \theta}{\partial y} = \left(\frac{\partial \theta}{\partial y}\right)_{t=0}\mathrm{e}^{-\beta t} \tag{6.3.12}$$

可见，水平温度梯度将因伸长变形呈指数形式增长。这些结果都表示，即使水平气流无辐散，变形也可导致锋生过程，图 6.3.1 分别是变形场和锋生关系的示意图。

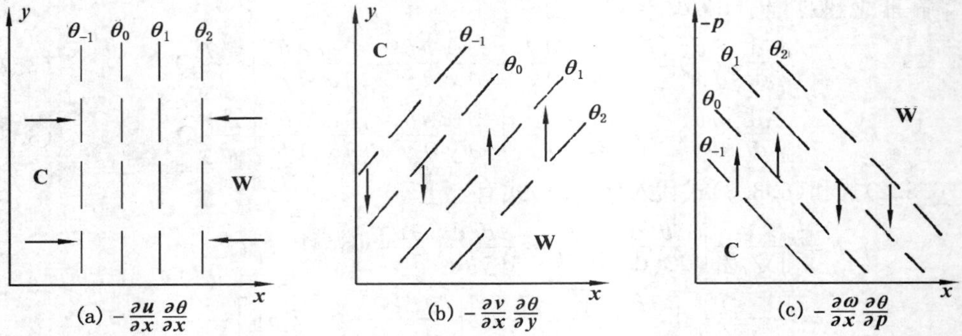

图 6.3.1　变形场和锋生图例

图(a)为水平汇流变形锋生；图(b)为水平切变变形锋生；图(c)扭转变形锋生。W、C 分别表示暖侧和冷侧

上述结果清晰显示了锋生和变形场之间的紧密联系。因此，锋生分析中特别注意变形场的作用，尤其是非地转变形对锋生的贡献。但是，这些分析仅揭示了锋生的运动学特性，没有涉及到锋生的动力学过程。20 世纪 60 年代 Sawyer 和 Eliassen 等人提出了动力锋生概念，分析了地转变形和非地转变形对锋生的作用以及非地转横向环流和锋生的动力学过程及其对天气发展的意义，推动了锋生理论的发展。

6.3.2　锋生动力学的基本特征

从动力学角度看，在原来温度场和流场之间呈准地转平衡和准热成风平衡的地区，起始时的等温线和膨胀轴平行，如图 6.3.2(a)所示，且在各高度上分布一致，即起始时刻锋区是垂直的。垂直于锋的剖面如图 6.3.2(b)所示，其中 y 轴指向冷区，x 轴指向纸内。起始时风随高度变化符合热成风关系，西风向上增加，高层存在强西风或西风急流。由于温度梯度方向上水平气流辐合，即变形流场作用导致温度锋生，这是运动学锋生导致水平温度梯度随时间增大，出现热成风平衡破坏。

为维持热成风平衡，风的垂直切变将相应增大，即高层西风增强，低层西风减弱，根据地转偏差与加速度之关系，高层强迫出非地转的南风分量，低层强迫出非地转的北风

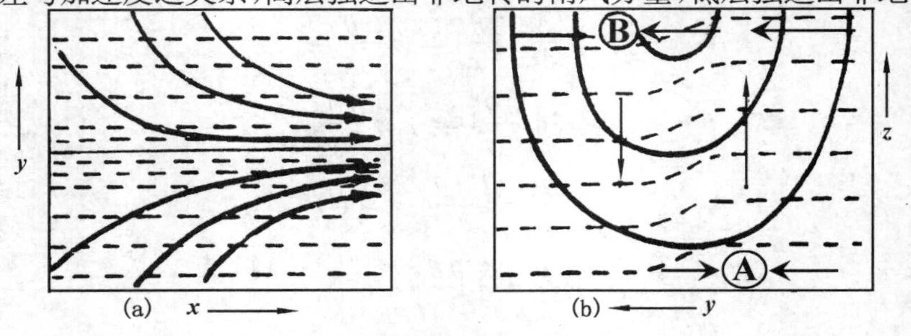

图 6.3.2　锋生和锋生环流图例(引自 Sawyer，1956；Eliassen，1962)

虚线为等温线，在图(b)中矢线为垂直运动和非地转分量即垂直环流

分量。由于水平温度梯度在锋区最大，水平温度梯度随时间的加大在锋区最快，因此，非地转的南、北风分量也以锋区为最大。由于地转偏差在锋区内外分布不均匀，在低层锋区的暖边界处有地转偏差辐合，其相应地区上空则有地转偏差辐散，引起上升运动。与其相反，锋区的冷边界的高层有地转偏差辐合，低层有地转偏差辐散，引起下沉运动，于是必然强迫出垂直锋的横向非地转环流。

这种横向垂直环流的尺度和锋面尺度相比是次一级的，因此又称次级环流或二级环流。次级环流出现后，反过来对锋生又发生作用。以图 6.3.2(b)为例，由于低空和高空辐合分别在暖边界 A 处和冷边界 B 处，它将使锋面呈倾斜状态，这种辐合作用促使高、低空锋区水平温度梯度进一步加强，而在对流层中层，则因未饱和空气在暖区上升、冷区下沉而有锋消作用。

可见，动力锋生是一个热成风平衡破坏和重建的非地转过程，是水平环流和垂直环流必然联系的过程，也是大气中各运动尺度相互影响、相互作用的过程，并且作为结果，在此过程中，天气将必然产生和发展。因此，近代的动力锋生理论提高了人们对锋生过程的认识。

6.3.3　地转动量近似下的锋生

在研究动力学锋生时，运动方程和热力学方程是两个基本方程，大气的大尺度运动具有准地转特征，而锋既有大尺度运动的特点，又是与中尺度运动紧密联系，因此，研究锋生问题，需要从一个新的角度来考虑，Hoskins(1975)提出了地转动量近似的概念，即地转动量近似下的锋生理论：

6.3.3.1　半地转运动与地转动量近似

利用尺度分析来估计控制方程中每个项的大小时，按照不同的物理问题，将会得到许多不同的结果。例如，对于运动的尺度，经典的流体力学问题中通常认为，三维方向上都具有相同的尺度 L，即

$$(x, y, z) = L(x', y', z') \tag{6.3.13}$$

而在气象问题中，由于对流层只有 10km 左右，而水平方向的运动尺度一般在数百千米以至数千千米，两者差别很大。因此，对于气象问题，必须将垂直方向的长度尺度与水平方向的长度尺度区分开来，即有：

$$\begin{aligned} (x, y) &= L(x', y') \\ z &= Hz' \end{aligned} \tag{6.3.14}$$

利用这一特点，得到了与经典流体力学不同而又能够较好地描述出大气运动的基本特征。

对于气象问题中的某些特殊问题，只用(6.3.14)式描述是不够的，例如锋面，沿锋面方向的尺度与跨越锋面方向的尺度相差甚大，因此，还必须在水平方向上区分出不同的运动尺度来。这时，有

$$
\begin{cases} x = L_x x' \\ y = L_y y' \\ z = H z' \end{cases} \tag{6.3.15}
$$

从(6.3.13)到(6.3.15)式是一个描述物理问题逐步深入的过程。可以利用图来加以示意说明。图 6.3.3(a)表示经典流体力学中的模型，$L_x = L_y = L_z = L$，三个方向的尺度均是相等的，形如一个立体。图 6.3.3(b) 是气象问题中的一般模型，$L_x = L_y = L, L_z = H$，即水平方向上长度的尺度是相同的，而垂直方向上高度不同于长度与宽度，形如一个扁平的立方体。图 6.3.3(c) 是气象问题中的某些特殊模型，例如锋面等问题，在水平面上长度与宽度不同，是一个拉扁的变了形的立方体。从图 6.3.3(a) 到图 6.3.3(c)，也是一个逐步深入的过程。

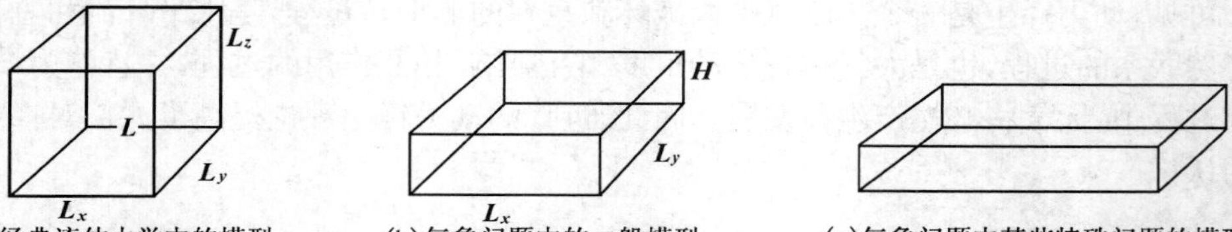

(a)经典流体力学中的模型　(b)气象问题中的一般模型　(c)气象问题中某些特殊问题的模型

图 6.3.3　三个不同问题的模型(引自伍荣生,1990)

由于水平与垂直方向长度尺度不同，将会得到许多不同特点。下面就以锋面问题为例来加以说明。

设锋面是南北方向的，沿锋面方向的长度尺度为 L_y，跨锋面方向的长度尺度为 L_x，东西方向风速尺度为 u，南北方向的风速尺度为 v。由实际观测结果可知，$L_y \gg L_x, v \gg u$。时间尺度取锋面沿 x 方向移动 L_x 所需的时间为 $T = \frac{L_x}{u}$。这种理想的锋面模型如图 6.3.4 所示。

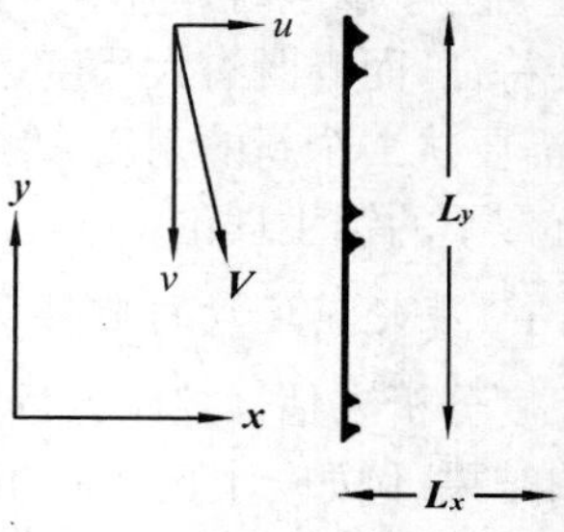

图 6.3.4　锋面尺度示意图
(引自伍荣生,1990)

运动方程为：

$$
\frac{Du}{Dt} - fv = -\frac{\partial\phi}{\partial x} \tag{6.3.16}
$$

$$
\frac{Dv}{Dt} + fu = -\frac{\partial\phi}{\partial y} \tag{6.3.17}
$$

其中

$$
\frac{D}{Dt} = \frac{\partial}{\partial t} + u\frac{\partial}{\partial x} + v\frac{\partial}{\partial y}
$$

下面利用上述尺度关系来分析(6.3.16)式中惯性力与折向力的之比。按尺度分析法，可求得

$$\frac{\frac{Du}{Dt}}{fv} \sim \frac{U^2}{L_x} \cdot \frac{1}{fV} = \left(\frac{U}{V}\right)^2 \frac{V}{fL_x} \tag{6.3.18}$$

同理，对于(6.3.17)式，有

$$\frac{\frac{Dv}{Dt}}{fu} \sim \frac{UV}{fUL_x} = \frac{V}{fL_x} \tag{6.3.19}$$

在锋面附近，观测到 V 的尺度约为 20m/s，L_x 的尺度约为 200km，因此，有

$$\frac{V}{fL_x} \sim 1 \tag{6.3.20}$$

即

$$\frac{Dv}{Dt} \sim fu \tag{6.3.21}$$

而从(6.3.18)式，由于 $U \ll V$ 可知

$$\frac{Du}{Dt} \ll fv \tag{6.3.22}$$

因此，根据(6.3.21)与(6.3.22)式，可以将运动方程简化为

$$\begin{aligned} fv &\simeq \frac{\partial \phi}{\partial x} \\ \frac{Dv}{Dt} + fu &= -\frac{\partial \phi}{\partial y} \end{aligned} \tag{6.3.23}$$

这一方程组表示，在一个方向上，风速呈现地转风近似，而在另一方向上，则不成立地转风关系。这一特点，在锋面附近是很明显的，而对于东西方向上长度尺度与南北方向尺度不等时，也可能出现这一特点。通常把具有这种特征的运动，称之为半地转运动。

利用(6.3.23)式，可求得 u 为

$$u = \frac{1}{f + \frac{\partial v_g}{\partial x}}\left(-\frac{\partial \phi}{\partial y} - \frac{\partial v_g}{\partial t} - v_g \frac{\partial v_g}{\partial y}\right) \tag{6.3.24}$$

式中 v_g 即为 $\frac{1}{f}\frac{\partial \phi}{\partial x}$，表示地转风。由此可知，即使 $\frac{\partial v_g}{\partial y} = 0$，$u$ 也是非地转的，因为还有 $\frac{\partial v_g}{\partial t}$ 项的贡献，而在一般情况下，u 总是非地转的。因此，在个别变化中，有

$$\frac{D}{Dt} = \frac{\partial}{\partial t} + u\frac{\partial}{\partial x} + v_g \frac{\partial}{\partial y} \tag{6.3.25}$$

即平流项中的平流风并不全是地转风。在 u 分量中，还包含着非地转分量 u_a，由于 u_a 的存在，引起了跨锋面或者跨等压线(由于 $v \simeq v_g$) 的运动，因此引起了锋生，所以这种半地转运动是大气锋生过程中的一个重要因子。

半地转运动的概念，还可以加以推广成为地转动量近似，这可以用下面的处理过程来加以说明。令

$$\mathscr{D} = \frac{1}{f}\frac{D}{Dt} = \frac{1}{f}(\frac{\partial}{\partial t} + \vec{V} \cdot \bigtriangledown) \tag{6.3.26}$$

则运动方程(6.3.16)和(6.3.17)两式可以写成

$$v = v_g + \mathscr{D}u \tag{6.3.27}$$

$$u = u_g - \mathscr{D}v \tag{6.3.28}$$

上两式相互迭代,则可以得到

$$\begin{aligned} v &= v_g + \mathscr{D}u_g - \mathscr{D}^2(v_g + \mathscr{D}u_g) + \mathscr{D}^4(v_g + \mathscr{D}u_g) + \cdots \\ u &= u_g - \mathscr{D}v_g - \mathscr{D}^2(u_g - \mathscr{D}v_g) + \mathscr{D}^4(u_g - \mathscr{D}v_g) + \cdots \end{aligned} \tag{6.3.29}$$

如只考虑一级近似,则得

$$v \simeq v_g + \mathscr{D}u_g \tag{6.3.30}$$

$$u \simeq u_g - \mathscr{D}v_g \tag{6.3.31}$$

或者,上两式可以写成

$$\frac{Du_g}{Dt} - fv = -\frac{\partial\phi}{\partial x} \tag{6.3.32}$$

$$\frac{Dv_g}{Dt} + fu = -\frac{\partial\phi}{\partial y} \tag{6.3.33}$$

在上式中

$$\frac{Du_g}{Dt} = \frac{\partial u_g}{\partial t} + \vec{V} \cdot \bigtriangledown u_g \tag{6.3.34}$$

对于 $\frac{Dv_g}{Dt}$ 亦有相似表示式。从此式中可以看到被平流的风是地转风,但是平流它的风并不是地转风,它包含有非地转风分量。这种平流的风为非地转,被平流的风为地转,有人称之为地转动量近似,也有人泛称为半地转运动,这是因为在平流项中有部分是地转的。

于是,可回顾一下所谓的准地转近似,它表示不仅被平流的风是地转风,而平流的风也是地转风

$$\frac{Du}{Dt} \simeq \frac{D_g u_g}{Dt} = \frac{\partial u_g}{\partial t} + \vec{V}_g \cdot \bigtriangledown u_g \tag{6.3.35}$$

(6.3.34)和(6.3.35)式就表示了两种不同的近似。

与半地转运动相似,在地转动量近似下,由于平流分量具有非地转成份,因此,越跨等压线的分量使物理性质密集,有利于锋面的加强。因此,在研究大气中的锋生时,地转动量近似往往是一种较好的近似。

6.3.3.2 地转动量近似下的锋生动力学

为方便起见,与上面讨论的锋的方向不一样,设锋沿 x 方向,取地转动量近似,即在(6.3.34)式成立时,并且 $\vec{V}$ 是三维风矢,假定

$$u = u_g + u_a, \qquad v = v_g + v_a$$

下标 g,a 表示地转与非地转部分,如:

$$|u_a| \ll |u_g|$$

$$\left|\frac{\mathrm{d}u_a}{\mathrm{d}t}\right| \ll \left|\frac{\mathrm{d}u_g}{\mathrm{d}t}\right|$$

$$\left|\frac{\partial u_a}{\partial x}\right| \ll \left|\frac{\partial v_a}{\partial y}\right| \cong \left|\frac{\partial \omega}{\partial p}\right|$$

取 f 为常数，锋是平直的 $\left(\frac{\partial v_g}{\partial x}=0\right)$。这时动力学方程组（为方便起见，用 U 和 V 表示 u_g 和 v_g）为：

$$\frac{\mathrm{d}U}{\mathrm{d}t}=\frac{\partial U}{\partial t}+U\frac{\partial U}{\partial x}+(V+v_a)\frac{\partial U}{\partial y}+\omega\frac{\partial U}{\partial p}=fv_a \tag{6.3.36}$$

$$\frac{\mathrm{d}V}{\mathrm{d}t}=\frac{\partial V}{\partial t}+(V+v_a)\frac{\partial V}{\partial y}+\omega\frac{\partial V}{\partial p}=-fu_a\cong 0 \tag{6.3.37}$$

$$\frac{\mathrm{d}\theta}{\mathrm{d}t}=\frac{\partial \theta}{\partial t}+U\frac{\partial \theta}{\partial x}+(V+v_a)\frac{\partial \theta}{\partial y}+\omega\frac{\partial \theta}{\partial p}=0 \tag{6.3.38}$$

其中

$$\left.\begin{aligned} U &= -\frac{1}{f}\frac{\partial\phi}{\partial y} \\ V &= \frac{1}{f}\frac{\partial\phi}{\partial x} \\ \frac{\partial U}{\partial x}+\frac{\partial V}{\partial y} &= 0 \end{aligned}\right\} \tag{6.3.39}$$

$$\frac{\partial v_a}{\partial y}+\frac{\partial \omega}{\partial p}=0 \tag{6.3.40}$$

令

$$m=U-fy \tag{6.3.41}$$

还有

$$\left.\begin{aligned} \frac{\partial V}{\partial p} &= -\gamma\frac{\partial \theta}{\partial x} \\ \frac{\partial U}{\partial p} &= \frac{\partial m}{\partial p}=\gamma\frac{\partial \theta}{\partial y} \end{aligned}\right\} \tag{6.3.42}$$

$$\gamma=\frac{R}{fp_0}\left(\frac{p_0}{p}\right)^{\frac{c_v}{c_p}} \tag{6.3.43}$$

其中(6.3.36)和(6.3.37)式是沿锋和垂直于锋的动量方程，(6.3.38)式是热力学方程，(6.3.39)式是地转风与无辐散方程，(6.3.40)式是连续方程，(6.3.42)式是地转热成风关系，对(6.3.36)式求 $\frac{\partial}{\partial y}$，对(6.3.38)式求 $\gamma\frac{\partial}{\partial y}$，对(6.3.36)和(6.3.38)式再分别求 $\frac{\partial}{\partial p}$，可推导得到地转动量近似的二维锋生方程但

$$\frac{\mathrm{d}}{\mathrm{d}t}\left(\frac{\partial m}{\partial y}\right)=J_{yp}(m,\omega) \tag{6.3.44}$$

$$\frac{\mathrm{d}}{\mathrm{d}t}\left(\frac{\partial m}{\partial p}\right)=-J_{yp}(U,V)-J_{yp}(m,v_a) \tag{6.3.45}$$

$$\frac{\mathrm{d}}{\mathrm{d}t}(\gamma\frac{\partial \theta}{\partial y})=J_{yp}(U,V)+\gamma J_{yp}(\theta,\omega) \tag{6.3.46}$$

$$\frac{\mathrm{d}}{\mathrm{d}t}(\frac{\partial \theta}{\partial p})=-J_{yp}(\theta,v_a) \tag{6.3.47}$$

其中
$$J_{yp}(\alpha,\beta)=\frac{\partial \alpha}{\partial y}\frac{\partial \beta}{\partial p}-\frac{\partial \beta}{\partial y}\frac{\partial \alpha}{\partial p}$$

为Jacobian算子。方程(6.3.44)～(6.3.47)式分别表示水平动量梯度$\left(\frac{\partial m}{\partial y}\right)$、垂直风切变$\left(\frac{\partial m}{\partial p}\right)$、垂直锋的温度梯度和热力稳定度$\left(\frac{\partial \theta}{\partial p}\right)$的强迫锋生，其中(6.3.44)和(6.3.45)式通常称水平动量锋生和垂直动量锋生，(6.3.46)和(6.3.47)式称水平温度锋生和垂直温度锋生。这些锋生方程的物理解释是：在这里强迫锋生的过程被表示为主要为水平运动的地转变形$J(U,V)$以及由强迫的二级环流运动$J(m,\omega)$、$\gamma J(\theta,\omega)$及$J(\theta,v_a)$所引起的垂直变形。将方程(6.3.45)和(6.3.46)式变形，并重新组合，分别得到

$$\frac{\mathrm{d}}{\mathrm{d}t}\left(\frac{\partial m}{\partial p}\right)=-\left[J_{yp}(U,V)-\frac{\partial m}{\partial p}\frac{\partial v_a}{\partial y}\right]-\frac{\partial m}{\partial y}\frac{\partial v_a}{\partial p} \tag{6.3.48}$$

$$\frac{\mathrm{d}}{\mathrm{d}t}\left(\gamma\frac{\partial \theta}{\partial y}\right)=\left[J_{yp}(U,V)-\frac{\partial m}{\partial p}\frac{\partial v_a}{\partial y}\right]-\gamma\frac{\partial \theta}{\partial p}\frac{\partial \omega}{\partial y} \tag{6.3.49}$$

可以看出：

两个方程右端第一项括号中，对垂直动量锋生$\frac{\mathrm{d}\left(\frac{\partial m}{\partial p}\right)}{\mathrm{d}t}$和水平温度锋生$\frac{\mathrm{d}\left(\gamma\frac{\partial \theta}{\partial y}\right)}{\mathrm{d}t}$符号相反；仅就地转源$J(U,V)$而言也是这样。这个结果揭示了一个重要的动力学过程：对一定的地转变形，比如$J(U,V)<0$，它引起$\frac{\mathrm{d}\left(\frac{\partial m}{\partial p}\right)}{\mathrm{d}t}>0$，垂直动量锋消，即减弱垂直风切变；同时，它引起$\frac{\mathrm{d}\left(\gamma\frac{\partial \theta}{\partial y}\right)}{\mathrm{d}t}<0$，水平温度锋生，即增加水平温度梯度。这样，原来平衡的地转热成风关系被因地转变形引起的锋生过程而破坏。即地转源$J(U,V)$是破坏热成风平衡的因素。然而大气中热成风关系是要维持的，要通过调整适应重新建立平衡关系，这就因锋生破坏热成风平衡的同时激发出的二级环流，即方程(6.3.48)和(6.3.49)右端括号外第二项所起的作用。也就是说锋生过程中强迫出的二级环流是维持热成风平衡的因素。因此，动力锋生过程，或地转热成风破坏和重建的过程，是一个非地转过程。这从下列方程可以看得更清楚，将(6.3.48)和(6.3.49)式相加，消去括号中的项，得到

$$\frac{\mathrm{d}}{\mathrm{d}t}\left(\frac{\partial m}{\partial p}\right)=\frac{\mathrm{d}}{\mathrm{d}t}\left(\gamma\frac{\partial \theta}{\partial y}\right)=-\frac{1}{2}\left(\frac{\partial m}{\partial y}\frac{\partial v_a}{\partial p}+\gamma\frac{\partial \theta}{\partial p}\frac{\partial \omega}{\partial y}\right) \tag{6.3.50}$$

表明锋生过程，或维持热成风平衡的过程，是方程(6.3.50)式右端的非地转过程，它是和强迫的非地转二级环流紧密联系的。致于方程(6.3.48)和(6.3.49)式右端括号中第二项 $\left(\frac{\partial m}{\partial p}\right)\cdot\left(\frac{\partial v_a}{\partial y}\right)$ 对动量锋生和温度锋生的贡献也是相反的，其作用是在维持或破坏热成风平衡过程中，取决于它是抵消或增强地转源 $J(U,V)$ 而定。由于该项和非地转的辐合辐散联系，因而它反映了非地转变形对锋生的反馈。

§6.4　锋生横向次级环流

由锋生动力学可知，锋生过程是一个非地转过程，在这个过程中必然强迫出非地转的横向垂直环流，这是比天气尺度次一级的环流，这种二级环流具有中尺度特征，对锋面天气发展有重要作用。

由(6.3.45)与(6.3.46)相减并利用热成风关系，可消去时间变化项得到：

$$J_{yp}(m,v_a)+\gamma J_{yp}(\theta,\omega)=-2J_{yp}(U,V) \tag{6.4.1}$$

注意：(6.3.50)式是维持热成风平衡的锋生过程，而这里相减是维持热成风平衡时的一个中尺度环流分析，由(6.3.40)式在二维剖面上引进下列关系：

$$v_a=-\frac{\partial \Psi}{\partial p} \qquad \omega=\frac{\partial \Psi}{\partial y}$$

代入(6.4.1)式并展开了 Jacobian 项

$$-\gamma\frac{\partial\theta}{\partial p}\frac{\partial^2\Psi}{\partial y^2}+2\frac{\partial m}{\partial p}\frac{\partial^2\Psi}{\partial y\partial p}-\frac{\partial m}{\partial y}\frac{\partial^2\Psi}{\partial p^2}=Q \tag{6.4.2}$$

式中 $Q=-2J_{yp}(U,V)$。这是一个关于 Ψ 的变系数的二阶偏微分方程，最初由 Sawyer 和 Eliassen 导出，因而通常称为 Sawyer-Eliassen 二级环流方程，这是地转动量近似下的诊断方程，关于 Ψ 二阶变系数方程性质的判别式为：

$$\left(\frac{\partial m}{\partial p}\right)^2-\gamma\frac{\partial\theta}{\partial p}\frac{\partial m}{\partial y}=\gamma J_{yp}(\theta,m)=\gamma P \tag{6.4.3}$$

式中 $P=J_{yp}(\theta,m)$ 是位涡，在等 θ 面上有

$$P\equiv-\left(\frac{\partial m}{\partial y}\right)_\theta\frac{\partial\theta}{\partial p} \tag{6.4.4}$$

因此方程的性质可用位涡 P 来判别：

$$P\begin{cases}<0 & \text{方程为椭圆型}\\ =0 & \text{方程为抛物线型}\\ >0 & \text{方程为双曲线型}\end{cases}$$

因此，对于数学问题，P 可取任意值，但对于大气运动而言，应在具有实际物理意义条件下进行分析，一般的大气状况可由表6.4.1列出，从表中可见，当 $P<0$ 时大气处

于惯性稳定、层结稳定的条件下的椭圆方程对于讨论动力锋生才有意义。而 $P>0$ 时，热力不稳定和动力不稳定不是大气持久的特征。

表 6.3.1　一般的大气状况

	$P<0$		$P=0$	$P>0$	
大气状态	$\left(\frac{\partial m}{\partial y}\right)_\theta>0$，	惯性不稳定	中性大气	$\left(\frac{\partial m}{\partial y}\right)_\theta<0$，	惯性稳定
	$\frac{\partial \theta}{\partial p}>0$，	层结不稳定		$\frac{\partial \theta}{\partial p}>0$，	层结不稳定
	$\left(\frac{\partial m}{\partial y}\right)_\theta<0$，	惯性稳定	中性大气	$\left(\frac{\partial m}{\partial y}\right)_\theta>0$，	惯性不稳定
	$\frac{\partial \theta}{\partial p}<0$，	层结稳定		$\frac{\partial \theta}{\partial p}<0$，	层结稳定(对称不稳定大气)

根据二阶椭圆方程的极值原理，在(6.4.2)式中，当 $Q>0$ 时 Ψ 有极小值；$Q<0$ 时，Ψ 有极大值。根据 ω 与 v_a 的流函数表达式以及 y 轴指向冷区，分析得到 Ψ 有极小值时对应有正环流，Ψ 有极大值时，对应有负环流，如图 6.4.1 所示。

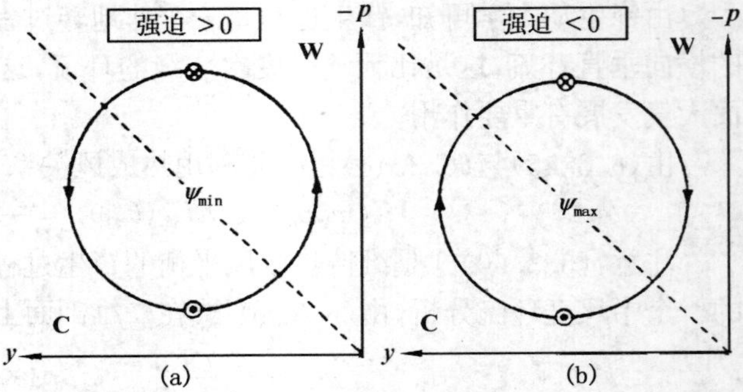

图 6.4.1　横向非地转环流方向和强迫项符号关系图解
实线表示非地转环流，断线表示分隔冷(C)、暖(W)空气的等熵线，⊗和⊙符号分别表示流进、流出纸面的沿锋分量

从(6.4.1)式可知 Q 是地转强迫项，它由 Q_1 和 Q_2 两部分组成，即

$$Q_1=2\frac{\partial V}{\partial y}\frac{\partial U}{\partial p}\qquad Q_2=-2\frac{\partial U}{\partial y}\frac{\partial V}{\partial p}$$

根据热成风关系有

$$Q_1=2\gamma\frac{\partial V}{\partial y}\frac{\partial \theta}{\partial y}\qquad Q_2=2\gamma\frac{\partial U}{\partial y}\frac{\partial \theta}{\partial x}\tag{6.4.5}$$

显然 Q_1 是地转拉伸变形强迫项，表示了地转气流汇流对增强或减弱垂直于锋的温度梯度 $\left(\frac{\partial \theta}{\partial y}\right)$ 的作用；Q_2 是地转切变变形强迫项，表示了垂直于锋的地转风切变对沿锋的温度梯度 $\left(\frac{\partial \theta}{\partial x}\right)$ 发生的扭转作用。强迫的横向次级垂直环流的出现，是地转变形对温度梯度变化的响应，即当因锋生出现热力直接正环流时，冷空气下沉，暖空气上升，将减弱垂直锋的温度梯度，并在高低层分别产生西风和东风分量以维持热成风平衡。出现热力间接负环流的情况相反。

由于(6.4.1)式是绝热情况下地转动量近似的锋生次级环流诊断方程，对于非绝热、原始方程模式下的锋生次级环流方程还需考虑非地转风强迫和非绝热效应的强迫。

第七章　中尺度锋

随着观测资料分辨率的提高，人们除了发现大尺度锋的非均匀性即中小尺度特征对中尺度对流天气有着重要的作用外，还注意到由于局地地形影响（包括热力和动力作用）及中尺度天气系统内部物理过程可以产生一类中尺度锋，它们的生命史较短，它们的形成和发展不再可能用半地转理论来解释，它们一般是非地转（或非线性）、非绝热的过程；这些中尺度锋对局地天气变化有重要影响，是短期、短时预报的重要课题。由于人们对这些锋面的认识尚在深化之中，不像对经典锋面那样了解得比较清楚，因此，本章对下面提出的几种中尺度锋，只是就当前认识水平进行概略介绍。

§7.1　飑　　锋

由中尺度天气系统内部物理过程产生的中尺度锋的典型例子是飑锋，随着边界层铁塔资料的引进，多普勒雷达应用以及观测资料时空分辨率的提高，对飑锋的特征、结构及其运动学和动力学有了许多了解，并通过个例分析，归纳出雷暴外流及其飑锋的生命史和结构模式，为进一步研究提供了重要基础。

7.1.1　飑锋的一般特征

起源于成熟雷暴的飑锋，是一种强烈的中小尺度系统，在对流风暴中常可见到，对流风暴中的的湿下沉气流到达低空和地面形成雷暴冷堆，并向四周流出，从质量来看，大多数冷而密度大的空气留在雷暴尾部近地面的浅层中，但也有相当大一部分流向风暴前方，由于流出气流具有中层环境空气较大水平动量，因而在低空和地面造成强风，其前缘就是飑锋。显而易见，流出气流的密度比周围空气大，1968 年 Daly 和 Pracht 将飑锋描述为“一种流体相对于密度不同的另一种流体的稳定而平行的密度流”，而且是伴有强风和强水平切变和垂直切变的中尺度锋。

对流风暴下雷暴冷堆形成主要有两方面的原因，其一是云下雨滴在下沉气流中的蒸发冷却，在此过程中降水拖曳和雨滴蒸发冷却又助长了下沉气流的强度；另外中层干冷空气挟卷进对流风暴，并由负浮力下沉而引起。

由于飑锋是雷暴出流强风的前缘，它常和气压跳跃、风向转变、风速突增、温度降低和强对流天气联系。飑锋的生命史包括形成、成熟、消散期，图 7.1.1 和表 7.1.1，概括了对流风暴（如飑线）产生飑锋的生命史特征。

表 7.1.1 飑锋各阶段特征

阶 段	厚 度	速 度	雷达散射微粒
Ⅰ. 形成	≥1km	10～20m/s	来自飑线的雨滴
Ⅱ. 初期成熟	1～2km	10～30m/s	“降水滚动”内的雨滴
Ⅲ. 后期成熟	0.5～1km	1～25m/s	降水滚动、尘埃和昆虫群中的雨滴
Ⅳ. 消散	<0.5km	5～15m/s	尘埃、昆虫群

由图可见，飑锋形成阶段发生在雷暴成熟期，作为离飑线主要回波核传播的出流的前缘。当强雨达到地面，大值反射率出现在地面附近。当雷暴开始消散，飑锋进入初期成熟阶段。此时低层形成降水滚动(Precipitation roll)。降水滚动是一个新发现，在飑锋处呈旋转的水平滚动。这种滚动在Ⅱ、Ⅲ阶段常观测到。后期成熟阶段，来自雷暴的冷空气源几乎枯竭。当飑锋在冷空气中较大的流体静力气压影响下传播时，它变成一种密度流。雷暴接近消散或完全消散时，飑锋达到阶段Ⅳ。此时飑锋在雨柱前方传播，不再得到冷空气供应。由于降水蒸发及和对飑锋结构有减弱作用的环境空气混合，飑锋的总厚度变小。

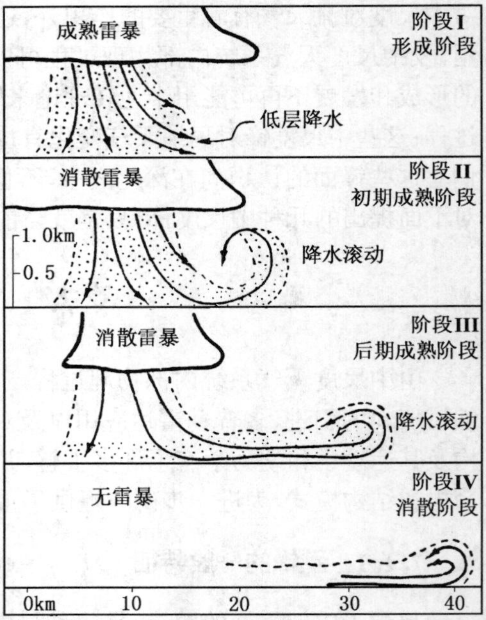

图 7.1.1 雷暴飑锋 4 阶段，低层行进的降水由雷达探测确定，“降水滚动”由地面向上倾斜的气流形成(引自 Wakimoto，1982)

应当注意，上述生命阶段的划分是就飑线形成的飑锋而言，对另外的风暴形成的飑锋可能存在其他发展阶段和结构形态，而且划分阶段的着眼点也可能不同，比如 Goff 曾就风暴或出流的强度将飑锋生命史分为如下四个阶段：

①和增强的风暴或加速的出流联系的飑锋；

②和成熟的强烈风暴或准稳定的出流联系的飑锋；

③和消散的风暴或减速的出流联系的飑锋；

④生命史最后或衰亡阶段的飑锋。

分析表明，飑锋生命史很短，通常小于 1 个摆日。

7.1.2 飑锋的结构

图 7.1.2 是根据气象铁塔资料概括的飑锋结构模式，大致可分为五个部分：

第一部分：冷空气鼻。它位于冷出流的最前缘，似鼻状突向前部的暖空气中。伸进暖空气的深度因个例不同而有差异，有的鼻状尖端位于 750m 高度，处于地面冷空气边界前 1.3km；有的鼻状最前端高度 100m，伸进暖空气 400m；也有一些观测表明，冷空气是向后倾斜的。这些情形意味着前突的冷空气鼻具有周期性的崩溃和重建过程。

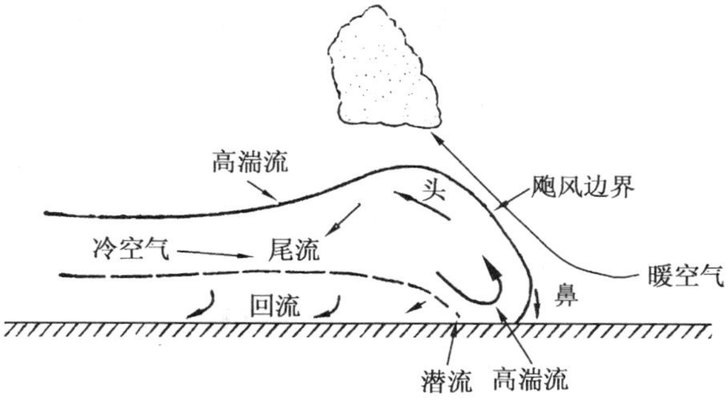

图 7.1.2　飑锋结构概略图(引自 Goff，1975)
云是否出现取决于抬举凝结高度，图中气流相对于飑锋

第二部分：冷空气头。在冷空气堆前部，空气垂直隆起，宛如头状。一些个例表明，头顶高度为 1700m。在头的前部，由于冷空气抬举，出现强上升运动。在头的后部，气流变成较弱的下沉运动，再后面就进入尾流区，即头后边的冷空气区。

第三部分：底流区。这是飑锋正后方向前流动的高速气流。它位于头部的下方，离地面约 100m 以上。这一高速“底流”在鼻中向上方偏转，然后在上界附近转向后方，最后下沉到头的后部。

第四部分：冷空气回流。这是一支由地面阻力引起的离开飑锋的贴地层气流。

第五部分：飑锋。这是冷空气出流与被抬升的暖空气之间的界面。这个界面与相对水平风(u)零线吻合。但要注意，飑锋和密度流(重力流)边界并不一致，飑锋由等风速线分析得到，而密度流边界由等熵分析得到。一般飑锋边界比热力边界明显，目前多用前者表征雷暴外流前缘的运动学特征。

需要指出，飑锋结构中的一个重要特征是强风脉动或阵风浪涌现象。观测表明，雷暴密度流是以浪涌的形式向外推进的，因而冷气流中的阵风分布很不均匀，往往出现多个大风速中心。图 7.1.3 是由北京 325 m 气象铁塔观测得到的 1979 年 9 月 7 日冷锋雷暴重力

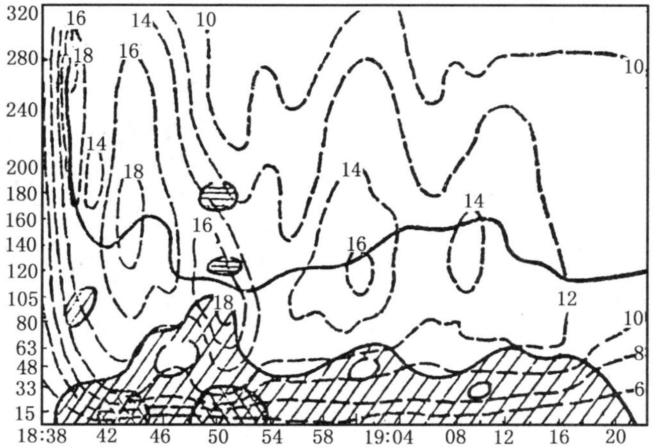

图 7.1.3　1979 年 9 月 7 日冷锋雷暴重力流中风速和垂直风切变时高分布图(引自赵德山，1982)
斜影区 $\frac{\partial V}{\partial Z} > 0.1/s$，平影区 $\frac{\partial V}{\partial Z} < 0.1/s$，网格区 $\frac{\partial V}{\partial Z} > 0.2/s$，断线为等风速线

流中风速的时-高变化图。由图可见，在18时34分飑锋过境后，出现最密集的风速等值线，表明这里是风速的最大突变区。18时39分，在240～280m高度出现18m/s的第一个大风速中心，随后又相继出现四个大风速中心。第一个大风速中心位于冷空气头部，那里有强上升气流，因而其位置最高。以后大风速中心高度不断降低，在头的后部(18时50分)达最低。但当进入尾流区后，大风速中心的位置又升到120～140m高度，但强度随时间逐渐减弱。

在冷气流中，由于大风速中心存在，100m以下的低空有很强的垂直风切变，对飞机起落有严重威胁。以垂直切变0.1/s和0.2/s分别作为对飞行有危险和严重危险的标准，由图可见，飑锋过境后，强垂直风切变区始终存在于100m以下的贴地层，其厚度和强度呈波状起伏变化。在头的后部，大于0.1/s的垂直切变可达100m高度，这是重力流中强切变最厚的区域，但时间尺度最短。在尾流区，垂直风切变大于0.1/s的厚度，波动于50m上下，强度相对减弱。垂直风切变最强的区域，发生在头的前部和后部大约30m以下的低层，尤其是头的后部，不但强度大，持续时间也长。另外，头的后部，负的垂直风切变也是最强的，可达－0.11/s。因而头后部100～200m高度又是一个正负垂直风切变的突变区，这些区域里的强湍流和风速突变，对飞行活动是特别危险的。

和强风脉动联系的另一个重要特征是上升运动和下沉运动的交替分布。最强的上升运动出现在冷空气头的前部(18时39分)，速度达2m/s；最强的下沉运动出现在头的后部(18时46～52分)，速度达0.72m/s。雷暴重力流中的这种垂直运动分布特征，也可从流函数的时高图上得到印证，如图7.1.4所示。可以看到，x-z平面(时空转换)上的二维气流呈波状起伏，强的上升和下沉气流明显的出现在头的前部和后部。

需要说明，上面阐述的都是飑锋内部的结构，没有谈到飑锋前暖区中的情形。实际上，随着重力流的向前推进，在飑锋的强迫下，暖区内形成沿飑锋边界的上升运动，速度可达5～10m/s。一些个例分析表明，在高度为450m的地方，强上升气流带很窄，只有1～1.5km宽。以后随高度加宽，但最大值也只有几千米，如果上升气流足够潮湿，抬升作用可在飑锋头部的正上方产生小块滚轴状云。在卫星云图上，表现为一条不断向前扩展的弧状云线；在雷达回波上，由于飑锋常扩展到降水

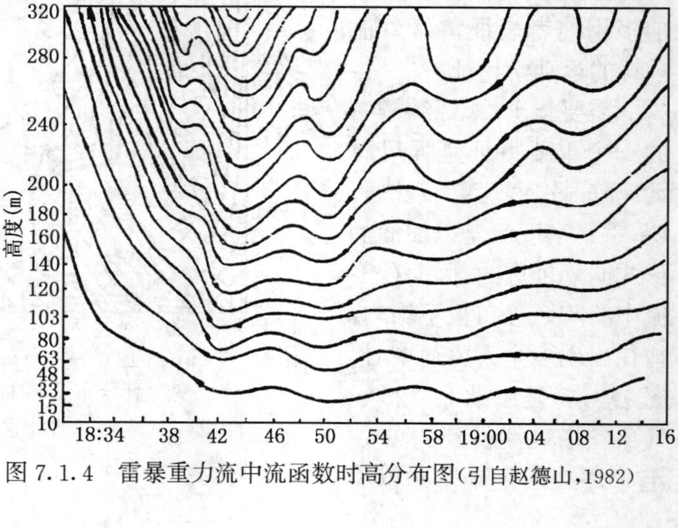

图7.1.4　雷暴重力流中流函数时高分布图(引自赵德山,1982)

前缘几千米或几十千米的地方，因而在大面积雷达回波的前方，常观测到一条细线回波，也呈弧状。应当注意，不要将飑锋的上升气流与雷暴母体的主要上升气流混淆。只有当出流空气的前缘接近风暴中心时，两种上升气流才合并在一起。这时由飑锋强迫抬升形成的云系，常常是雷暴云前的陆架云，上升气流中心从这种云的下方通过。

7.1.3　飑锋动力学

飑锋的上述特征可用飑锋或雷暴外流动力学解释。从动力学看，影响冷空气出流的力主要有两个，一个是水平和垂直气压梯度力，这是使空气产生加速度的作用力；另一个是地面摩擦阻力，它影响到飑锋的外形及其内部的运动学特征，因而是飑锋动力学中必须考虑的一个力，尤其是近地层更如此。

处理飑锋动力学时，可将飑锋看成是二维的，而且，在飑锋影响的层次内，可不计密度随高度的变化。

7.1.3.1　飑锋中尺度环流机理

下面利用上述近似，依据环流原理，从动力学上说明飑锋的一些观测特征。

在 x-z 二维平面内相对涡度表示的环流为

$$C = \iint \left(\frac{\partial w}{\partial x} - \frac{\partial u}{\partial z} \right) \mathrm{d}s \tag{7.1.1}$$

利用中值定理

$$C = \bar{\zeta} s = \left(\frac{\partial \bar{w}}{\partial x} - \frac{\partial \bar{u}}{\partial z} \right) s \tag{7.1.2}$$

式中 s 是在 x-z 面上所取闭合路径的面积，"—"表示区域平均，$\bar{\zeta}$ 即为平均涡度。图 7.1.5 表示出流前缘的环流结构。在飑锋上部区域，一般 $\frac{\partial u}{\partial z} < 0$ 和 $\frac{\partial w}{\partial x} > 0$，因而形成正环流或逆时针环流，这可由飑锋后方流线突然上弯佐证(参见图 7.1.2)，由于这个区域水平温度差大，斜压性强，因而正环流有使位能转化为动能的效应，从而增大底流的强度。在近地面层，即图中所示的 0.8km 以下，地面阻力占优势，$\frac{\partial u}{\partial z}$ 是很大的

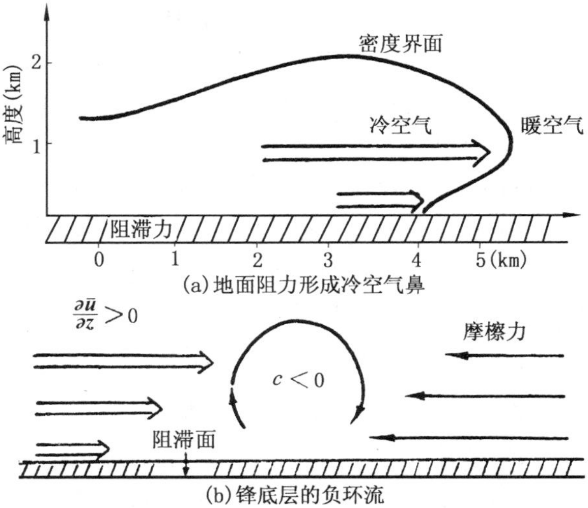

图 7.1.5　出流前缘冷空气环流概略图
(引自 Charba，1974)

正值，而$\frac{\partial \overline{w}}{\partial x}$的值很小，因而表现为负环流，如图 7.1.5(b)所示。

利用运动方程，可将环流随时间的变率表示为

$$\frac{dC}{dt} = \oint_c \frac{d\vec{V}}{dt} \cdot d\vec{r}$$

$$= -\oint_c \frac{1}{\rho} \nabla P \cdot d\vec{r} + \oint_c (2\vec{V} \times \vec{\omega}) \cdot d\vec{r} + \oint_c \vec{g} \cdot d\vec{r} + \oint_c \vec{Fr} \cdot d\vec{r} \quad (7.1.3)$$

其中$\vec{Fr}$是摩擦力矢。考虑到重力$\vec{g}$是有势力，并略去地球自转影响，上式简化为

$$\frac{dC}{dt} = -\int_c \frac{1}{\rho} \nabla P \cdot d\vec{r} + \int_e \overline{F}r \cdot d\vec{r}$$

如果只讨论力管项对环流变率的作用，并利用 Stokes 公式，有

$$\frac{dC}{dt} = -\iint_s \vec{n} \cdot (\nabla \alpha \times \nabla p) ds = -R \iint_s \vec{n} \cdot (T \nabla \ln\theta \times \nabla \ln p) ds \quad (7.1.4)$$

式中α为比容，R为气体常数，$\vec{n}$为法向单位矢，向外为正。此式表明，力管场有θ和p面交割形式，其作用使空气微团加速，产生环流变化；其正负取决于θ梯度和气压梯度的取 向。由于θ不连续一般位于飑锋之后，飑锋附近冷空气中气压梯度力很强，$\nabla \ln p$和$\nabla \ln\theta$夹角很大，因而产生较大的正环流加速度，使底流加强，造成很强的低层冷空气流速，减少摩擦层厚度并抑制回流。这是成熟飑锋的特征。

在飑锋的近地面层中，飑锋处等熵面明显向后弯入冷空气中，因而力管较少。因此所产生的 正环流加速度也小得多，此区域的环流是负的，并有回流出现。这里的层结呈不 稳定状态，意味着将有翻转出现。在离飑锋较远的区域，$\nabla\theta$减小，由力管造成的正环流变率也很小。这里摩擦层比飑锋附近深厚，如考虑地面摩擦力作用，可使环流变率为负，因而出现负环流。在尾流和回流区，动量和热量扩散变得重要，摩擦效应明显起来，因而有负环流增长。由此可见，由于出流气流中不同部位作用力不同，因而对环流变率的影响也不同，结果表现出较复杂的流动特征。当气块位于飑锋上游较远地点时，表现为负环流。但气块位于强风区中，移动比飑锋快，当它接近和进入锋区正环流区时，它的环流又具有正的变化。这种正环流加速产生强垂直运动，使气流突然向上到达出流空气的头部，相应地水平风速大大降低。这些动力学特征和飑锋的实际结构比较对应。

7.1.3.2　飑锋移动的动力解释

将飑锋看作密度流，则飑锋的移动可依据密度流来解释，设有两层非粘、稳定流动的流体，其中密度较大的流体在密度小的流体下方推进，移速为C，取随密度流移动的坐标系，如图 7.1.6 所示。在此坐标系中，视下游大密度的流体静止，而上游小密度的流体相对密度流的移动为C，点①、点②和点③为控制点，其中点①和点②分别位于上、下游的地面上，点③位于下游界面上。沿连接①和③点的流线应用 Bernoulli 方程，有

$$\frac{1}{2}U_3^2 + gh + \frac{p_3}{\rho_1} = \frac{1}{2}C^2 + \frac{p_1}{\rho_1} \tag{7.1.5}$$

式中 U_3 是点 ③ 的速度，p_1、p_3 是点 ①、② 的气压。

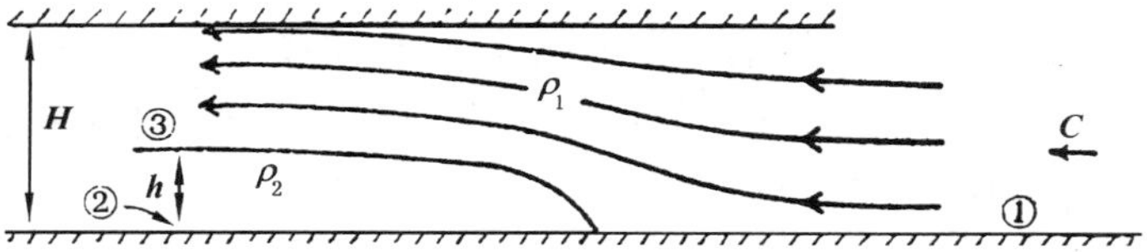

图 7.1.6　稳定的密度流模式（引自 Benjamin，1968）

流动在距离为 H 的两个平板之间，密度较小（ρ_1）的流体以速度 C 从右方进入，密度较大（ρ_2）的流体在此坐标系中呈停滞状态。点 ①、②、③ 为控制点

为解出飑锋移速 C，先寻求 p_3 和 p_1 的关系。为此沿低边界积分相对移速 C 的水平动量方程有

$$\frac{p_2}{\rho_1} = \frac{1}{2}C^2 + \frac{p_1}{\rho_1} \tag{7.1.6}$$

这里应用了一个近似：在飑锋鼻处的气压和 p_2 相等，而点 ②、③ 的气压由静力学方程联系，利用（7.1.6）式，得到

$$p_3 = p_2 - \rho_2 gh = p_1 + \frac{1}{2}\rho_1 C^2 - \rho_2 gh \tag{7.1.7}$$

应用（7.1.7）式，方程（7.1.5）变为

$$\frac{1}{2}U_3^2 + gh + \frac{1}{2}C^2 - \frac{\rho_2}{\rho_1}gh = \frac{1}{2}C^2$$

或

$$\frac{1}{2}U_3^2 = \left(\frac{\rho_2 - \rho_1}{\rho_1}\right)gh \tag{7.1.8}$$

由于上游流动是无旋的，而且不存在斜压效应，因此，下游流动也是无旋的，以致下游处处 $U = U_3$。按质量连续性原理，有 $U_3[H - h] = CH$。于是

$$C = \left(1 - \frac{h}{H}\right)\sqrt{2gh\left(\frac{\rho_2 - \rho_1}{\rho_1}\right)} \tag{7.1.9}$$

这就是按密度流理论导得的飑锋移速 C 的解。可以看出，飑锋移速和 ρ_1、ρ_2 有关，也和冷空气厚度 h 及两层流体总厚度 H 有关。如果流体总厚度 H 很大，h/H 很小，则

$$C \sim 1.4\sqrt{gh\,\frac{\rho_2 - \rho_1}{\rho_1}}$$

显然，ρ_2 与 ρ_1 差越大，飑锋移动越快；如果 ρ_2 与 ρ_1 差别很小，或没有差别，则 $C \sim 0$，飑锋也就不存在了。

应当注意，飑锋移速 C 的解（7.1.9）式只对 $h = 0.5H$ 的特殊情况适用。由于飑锋移速 C 的解是一种很近似的解释，因而这种解存在条件的证明这里就省略了。

§7.2　海岸锋和海风锋

海岸锋和海风锋都是边界层的一类中尺度锋，和飑锋相似，它们都有密度流特征；它们的形成与局地地形的动力、热力作用有关，也是产生中小尺度对流性天气的重要原因，是局地天气预报的难点之一。

7.2.1　海岸锋

海岸锋常稳定活动在海岸线附近，并和海岸线近似平行，在美国的新英格兰、卡罗来纳以及黑海和荷兰及中国的东部沿海都可见到。

7.2.1.1　海岸锋的一般特征

海岸锋常形成于海陆温差最大的晚秋和初冬季节。在美国新英格兰海岸地区，每年可出现5～10次。典型情形下，海岸锋的长度尺度200～600km，宽度50～100km，时间尺度12h，它以气旋性风切变和相当强的水平温度梯度为特征。在锋的陆地一侧常为较弱的偏北或西北气流，海洋一侧为较强的偏东气流。通过锋5～10km距离上温差5～10℃，强的可达1℃/km。明显的斜压性主要出现在近地面1km以内的边界层中。

图7.2.1是海岸锋垂直结构的例子。图中实线为扰动等位温线，间隔0.5℃。由图可以看出，锋面限于300m以下很浅的层次，在地面附近变得近于不连续。锋后和锋下冷空气中为偏北风，锋前和锋上为偏东南风。锋附近等位温线密集，锋面陡峻，充分表现出海岸锋的中尺度特征。锋后等位温线的起伏是根据飞机实测资料绘制，反映了该系统的细微结构。

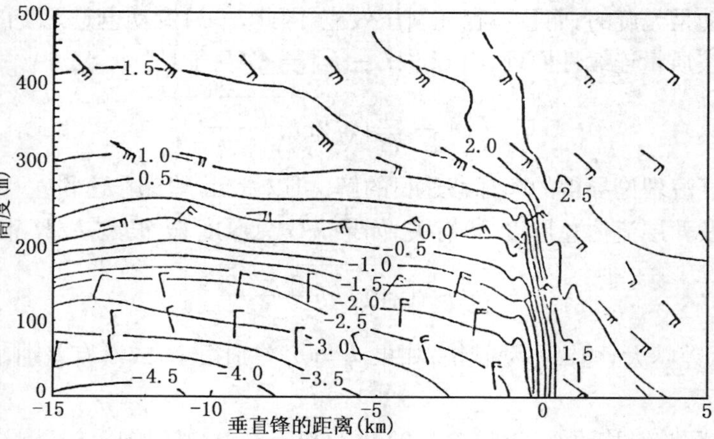

图7.2.1　通过海岸锋的垂直剖面(引自Emanuel,1984)

图 7.2.2 是在二维假定下，和图 7.2.1 相同剖面上流函数分布，近地面层，锋附近明显辐合，锋前暖区和锋带区为较强的上升运动，锋后冷区为较弱的下沉运动，构成海岸锋附近的直接热力环流。显然，这种流型和海陆温差导致的热力驱动紧密联系。

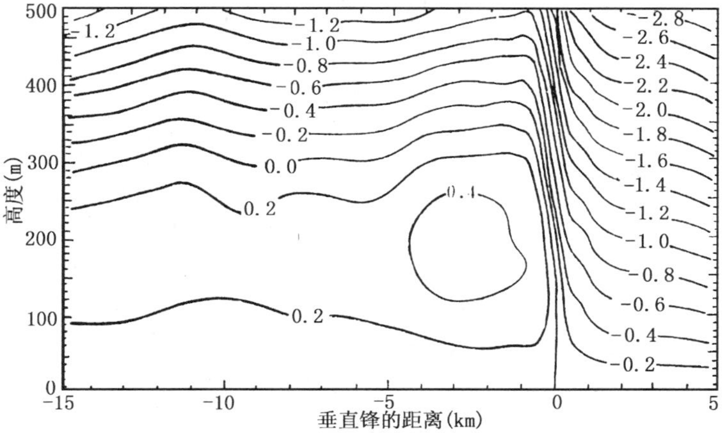

图 7.2.2　垂直海岸锋的流函数(单位:km · m/s)(引自 Neilley,1984)

根据图 7.2.1 和图 7.2.2，从外观上看，海岸锋似乎和暖锋相像，但就其浅薄和强烈程度而言，它更和强冷锋相似，甚至除在地面锋前无冷空气"鼻"外，和密度流明显相像，表明海岸锋是具有鲜明中尺度结构特征的系统。

图 7.2.3 是平行于海岸锋的风分量的垂直剖面，正值表示指向东北(偏南风)。可以看出，锋后指向南(偏北风)，并在地面锋后 150m 高度处最强。将风的垂直切变和水平温度梯度对比，空气运动显然没有达到热成风平衡，垂直于锋的气压梯度大部分由垂直于锋的加速度平衡，充分表现出海岸锋的非地转特征。

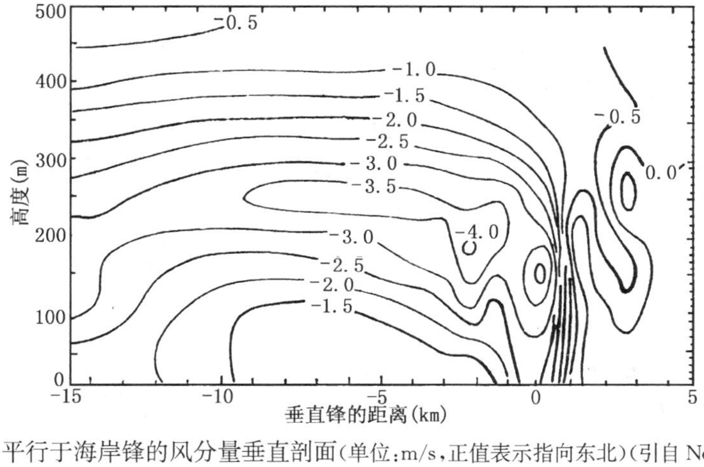

图 7.2.3　平行于海岸锋的风分量垂直剖面(单位:m/s,正值表示指向东北)(引自 Neilley,1984)

海岸锋存在期间，锋上和锋后上升气流中有云，锋后冷空气中有雾，它常常是冻结降水和非冻结降水的界线。尽管海岸锋存在期间的降水主要由大尺度环流引起，它不产生新的降水区，但海岸锋导致的中尺度环流可引起降水量的局地增强。Marks 等人的研究表明，美国新英格兰沿海的海岸锋常增强马萨诸塞州的 Boston 和罗得岛州的 Providence 一线宽约 80km 地区的降水量，平均增加 13%～14%。他们认为降水增强的机制可能是由海岸锋环流引起的低云所造成的。这些和海岸锋联系的中尺度天气特征，是局地短时预报需要考虑的项目。

7.2.1.2　海岸锋锋生分析

和通常的锋生含义相同，海岸锋锋生是指海岸锋形成、维持和锋消的整个过程。影响海岸锋形成的因素很多，既和天气尺度形势有关，也和海洋对冷空气爆发的非绝热加热以及海陆之间不同的摩擦效应联系，同时，沿海地区的地形如山脉对冷空气的阻滞和海岸线的形状等，对海岸锋形成都有作用。

海岸锋形成的最基本的特征是天气尺度环境的先期条件。就新英格兰海岸锋而言，典型情形下，当冷性反气旋通过新英格兰北部向东移动，引起近海地区风向从偏北（离岸）转为偏东南（向岸）时，导致海岸锋形成。图 7.2.4 是海岸锋形成的一例。1983 年 12 月 4 日 0300GMT，一个反气旋位于新英格兰北部，沿海岸受偏北气流控制。陆上温度在冰点以下，流到水面的空气被 8℃的海面温度加热。6h 后，如图 7.2.4(b)所示，反气旋移到新英格兰东部海上转为偏东风，而陆上仍为偏北风，从而引起海岸锋形成，穿过锋面已有 2～4℃温差。这个例子表明，移动的反气旋提供了冷空气向海洋爆发的必要条件，海洋的非绝热加热构成了海岸地区初期的水平温度梯度，而海陆间的不同摩擦以及山脉阻塞所形成的非地转辐合，则使水平温度梯度加大，这是导致锋生的中尺度机制。分析表明，天气尺度地转变形无力使海岸锋锋生，在海岸锋锋生过程中非地转效应始终占优势。

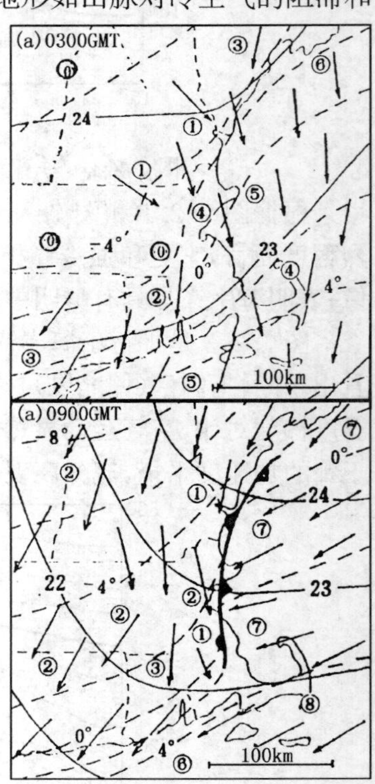

图 7.2.4　1983 年 12 月 4 日新英格兰地区的地面分析

实线为海平面等压线，间隔 100hPa；断线为等温线，间隔 1℃；箭矢表示风向，圆圈数字为风速（单位：m/s）

Bosart 进一步对新英格兰地区 1964～1972 年 57 个海岸锋锋生个例进行合成分析，概括出有利海岸锋形成的天气尺度先期条件，如图 7.2.5所示，图中实线为海面等压线，单位为 hPa。在加拿大东南部存在冷性反气旋，中心气压达 1026hPa，一个明显的气压脊从海岸向西南延伸。按静力学考虑，该脊区冷空气最厚，这和新英格兰西部山脉对冷空气的阻塞堆积有关。在俄亥俄河谷存在弱低压中心，低压槽从大湖地区向大西洋西部延伸。分析表明，海岸锋生不取决于该槽的准确位置，而和上述的冷性高压及其向西南延伸的脊区关系密切，这两个特征对所有海岸锋都适用，是海岸锋形成的明显判据。在海岸锋的整个生命期中，锋面维持在沿海 100km 以内。

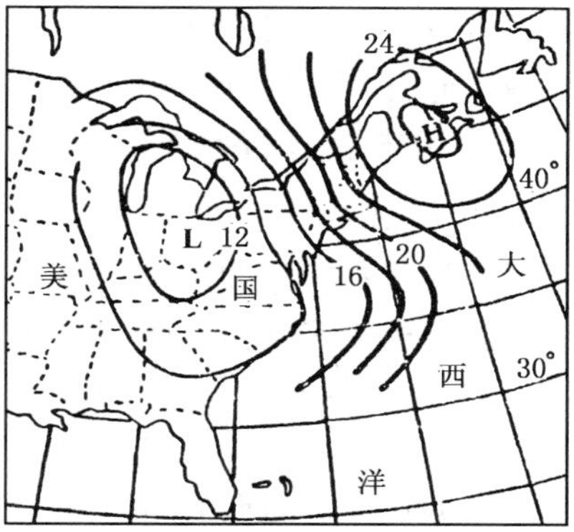

图 7.2.5　海岸锋先期条件的合成分析
(引自 Bosart，1972)

对海岸锋锋生的非地转强迫，可归结为海陆不同摩擦、山脉对冷空气的阻挡以及边界层不同的非绝热加热的结合。这些因素的作用可通过图 7.2.6 的物理模式表示，图中实、空箭矢分别表示向海和向陆的非地转气流。为理想化，海岸线呈南北走向，均匀的水平温度梯度垂直海岸并指向陆地，反映了非绝热加热效应；均匀的地转气流垂直海岸并由海向陆流动；海陆摩擦不同，陆上摩擦大，但陆区和海区摩擦分别均匀。这种地面等压线和等温线型式和实际海岸锋观测近似。

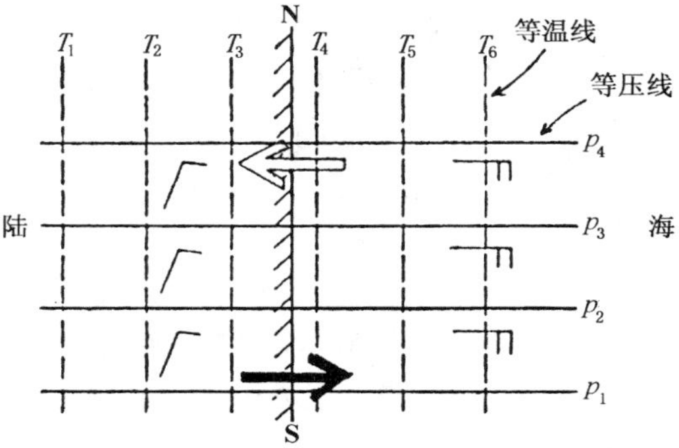

图 7.2.6　海岸锋生物理模式(引自 Bosart 19
实、空箭头分别表示向海和向陆地的非地转气流

海陆摩擦不同的结果，必然构成海岸地区中尺度辐合，并伴有最大的实际风变形场，引起由非绝热作用构成的先期温度梯度的加强，导致海岸锋生，在此过程中，边界层内的低层和高层必然发展出向海和向陆的非地转气流，以满足热成风平衡，尽管结果的垂直切变远不是地转的。这种直接热力环流必然和垂直锋的加速度相符，低层离岸的加速度有助于维持冷空气内的偏北气流，以助长偏东气流边界的海岸锋生。显然，先期存在的水平温度梯度和不同的摩擦效应，对维持这种物理模式是必需的。

7.2.2　海风锋

海风锋虽然也是一种密度流，但与飑锋和海岸锋相比，其强度和形成机制，它们之间有重要差别。海风锋的强度比飑锋弱，并且并不直接和高空特征耦合。海岸锋是晚秋、初冬季节暖海、冷陆之间的现象，而海风锋则通常出现在冷海、暖陆的春、夏海风强盛的时段。由于海风锋和海风现象紧密联系，不仅海风锋本身有许多中尺度天气特征，而且和它有关的低层辐合又常常是触发对流的重要机制，因此，在局地天气预报中对海风锋特别注意。通过研究，特别是利用滑翔机的直接观测，对其特征和结构积累了许多知识，而且，就其形成机制进行了理论分析。下面就来介绍这些研究成果。

7.2.2.1 海风锋的一般特征

海风锋发生在特定的环境风条件下。环境风不仅影响海风锋的形成，而且影响到它随后的移动。就大多数情形而言，海风锋的出现和地面差不多静稳或弱的离岸风联系。在英国，这种离岸风的强度不超过 4m/s，如果离岸风较强，海风锋可以通过海岸，但常稳定在离海岸约 20km 的地方。有时在弱向岸风情形下，海风环流也可以将它自身组织成清晰的锋面，不过这种例子很少发生。

从季节看，在海风效应最强的春夏季，海风锋出现最频繁。一天中，白天午后海风锋最易出现，入夜趋于消散。这表明海、陆非绝热加热对海风锋的形成和活动有重要影响。

海风锋形成后，通常向内陆推进，移行距离可超过离海岸 100km。但行进速度不均匀，一般开始较慢，而且不规则，其后加快并逐渐稳定行进，速度平均约 3.5m/s。初期阶段，锋速约为海风强度的一半，后期二者移速相当接近。

海风锋通过的地区，气象要素表现出许多中尺度变化，最典型的特征是温度降低而露点升高，其量级在很短时间内均可达到 10℃的差别。锋过境前后，风向转变可达 180°。海风锋附近常有云系出现。当锋比海风移动慢时，海洋空气在海风前缘上升，如果达到凝结高度，可形成清晰的云线。当锋向内陆入侵，陆上空气被强迫抬升，沿海风锋可形成密实的积云线。影响海风锋附近积云对流的因子有许多，比如低层盛行风方向和强度、海岸线外形、海陆温差、大气稳定度以及摩擦效应等等都可能起作用。有时海岸线外形可能是决定对流云沿锋分布的主要因子。这是因为不同的海岸线弯曲，可以引起局地海风气流的辐合辐散，从而导致沿锋积云活动的局地加强或减弱。在海岸线凸出的部分，当海风锋移向内陆时，辐合会加强；而在海岸线凹进的部分情形相反，使海湾辐散增强。当由局地加热引起的辐合和海岸线外形引起的辐合迭加时，垂直运动最强，对流发展最旺盛。

应当注意，有些海风锋还可伴有其它现象。例如，有时海风锋天气以霾线为特征，它出现在锋附近冷区一侧，由海风前缘辐合卷起近地层污染物而形成。有时海风锋来临，在其上升气流中伴有飞翔的雨燕群，其高度大多在 700m 以上，雷达上表现的杂射回波就是由这些低空飞行的鸟群引起的。这种特征在滑翔机对海风锋的穿透飞行中不止一次观测到。在临海地区或半岛区域，可能受到来自两个方向的海风锋影响，当它们相遇可能导致强烈对流天气。此外，海风锋伴有的低层辐合，也是对流活动的触发机制，这在天气分析预报中已是很熟知的事实了。

7.2.2.2 海风锋的结构和海风锋生成机理

海风锋结构和密度流十分相似。用各种方法对海风锋的实际观测表明，这种论断是有根据的。通常，海风锋后海洋空气厚度测定，以向岸风分量的零值高度为标志。气球观测表明，在澳大利亚，海风锋向陆地入侵过程中，开始阶段海洋气流高度在410～970m之间变化，过境后，海洋空气高度缓慢减小，而不是增大。波罗的海海岸附近也有类似特征。这说明和密度流一样，海风锋也存在一个“头”，其高度约1km。图7.2.7是根据多次气球连续施放得到的海洋空气厚度随锋后距离而变化的平均廓线。紧靠锋处高度较低，其后迅速增大，接近最大高度，离锋约2km后又趋于减小，充分表现出海风锋存在一个隆起的头，飞机观测也证明，这是海风锋的通常特征。

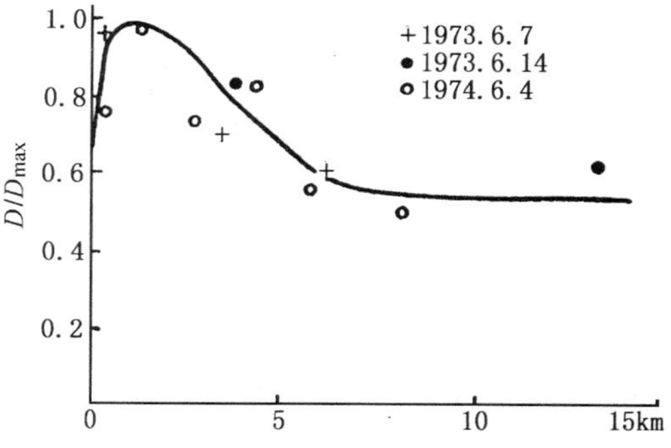

图7.2.7　海风气流厚度(D)随离地面锋的距离而变化(引自Simpson，1977)

有一个值得注意的特征，在头部地区，因湍流夹进较干的陆地空气而表现出由潮湿空气包围的干区。图7.2.8是根据滑翔机6次横穿飞行海风锋作出的平均剖面，清晰表明了一个较大的干区已被潮湿空气吞没。这一特征是比较典型的，再一次证明头部地区湍流混合过程的明显效应。

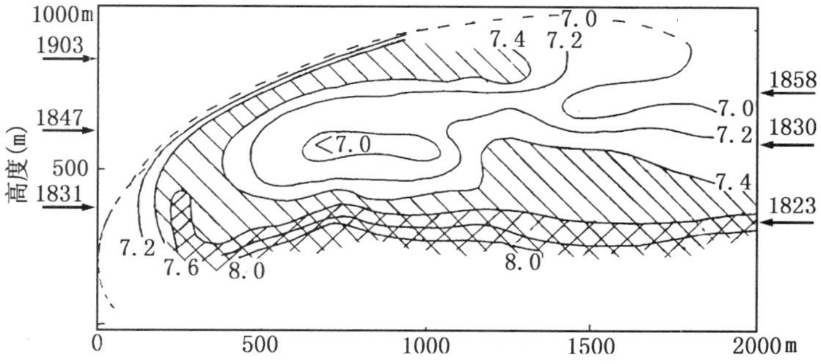

图7.2.8　1973年6月7日海风锋混合比剖面(引自Simpson，1977)
单位：g/kg，箭矢表示每次横穿飞行的时间

海风锋附近垂直运动的观测表明锋前上升气流的平均宽度约1km，但有时变化很大。峰值上升气流速度在0.7～3.0m/s之间变化。锋后海洋空气中的上升气流有时较强，但在较窄的地带延伸。海风锋附近上升气流的最大值可在海洋空气的外面或里面，有些例子中有两个分离的峰值。头后地区存在下沉运动，距锋约800m。和下沉气流对应，这里也常是干区所在。

图7.2.9是根据5次气球测风资料制作的垂直海风锋的二维流场。图中的流线型式表示了相对于锋的流动特征。在锋附近，低层陆、海空气向锋处辐合，导致较强的上升运动。向海一侧，海洋空气在锋附近被卷起，出现从头部向后延伸的“超速”(overtaking speed)，从而形成一个明显的切断涡旋。从零值流线范围看，切断涡旋的水平尺度达7km。其他许多例子的分析也表明，多数情形下，向陆侵入很深的海风锋也有切断涡旋形成。很明显，这是闭合的海风环流，海风锋就是在海风发展过程中形成的。

海风锋锋生主要受两方面因素影响：一是海、陆不同的非绝热加热，二是非地转的中尺度辐合。春、夏季节，白天海、陆非绝热加热不同，导致近地面产生向陆的气压梯度，形成由海向陆推进的海风环流。低层海风和环境离岸风辐合，引起海风前缘温差增大。同时，低层向陆的气压梯度使接近海岸线的离岸风速度减小，进一步助长海风前缘温度梯度和中尺度辐合增强，从而形成海风锋，并伴有辐合和上升运动。当然，海风锋的锋生还和其他因素有关，比如，陆上白天低层混合层发展，动量下传，增大近地面离岸风，下垫面摩擦对近地层风的影响等等。实际情形的锋生动力学是很复杂的，不仅是非绝热、非地转的，而且是非线性的。

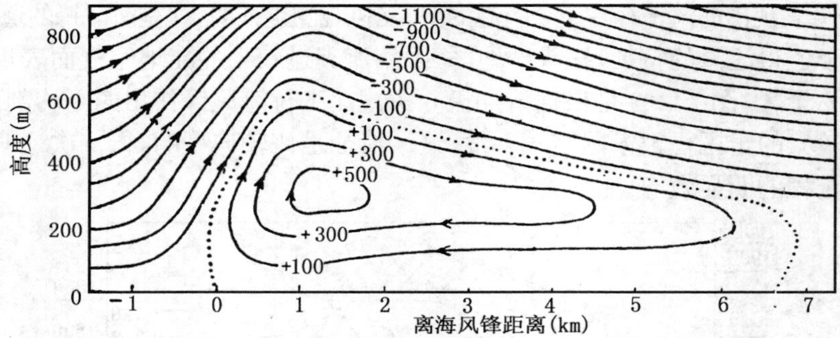

图 7.2.9　相对于海风锋的流线特征(引自 Simpson，1977)
等值线间隔：200m² • m/s，圆点线为零值流线，标志切断环流的边界

§7.3　干　　线

干线或露点锋，原是指美国来自墨西哥海湾的热带海洋气团和来自西南沙漠地带干燥气团之间的地面边界，因此以明显的露点温度梯度为标志，后来认为不同地区形成露点锋的不同性质气团的地面界线都可认为是干线，它是具有自身垂直环流的中尺度系统，根据观测的研究，美国每年春季几个月时间，雷达回波有 60%出现在干线区域内，而干线日数是 4～6 月总日数的 41%。在印度季风爆发前的月份，干线也是重要的天气特征，中国也有干线活动。干线垂直伸展仅达地面以上 1～3km，干线经常和雷暴活动联系，有时导致强烈的对流风暴如飑线，因此，在天气预报中常将干线及与其相联系的干暖盖作为对流活动触发机制进行诊断分析。

7.3.1　干线的一般特征

干线是水平方向上的湿度不连续线。穿过干线，地面强水平露点梯度可达 5℃/km

以上，午后，穿过干线 2km 内露点温度可出现 15℃的变化。干线的一侧是暖而干的空气；另一侧是冷而湿的空气。冷、湿空气上方通常有逆温覆盖，这种逆温常称“盖帽”逆温或干暖盖，它对储存位势不稳定能量，触发对流发展，具有重要作用。图 7.3.1 是 1981 年 4 月 3 日 1200GMT 美国落基山东坡干线的天气图特征，其中图 7.3.1(a)是地面温度露点差和流线，东侧是墨西哥湾暖湿气流，图 7.3.1(b)是沿图 7.3.1(a)中 BB′的垂直剖面。干线特征由图清晰可见。

图 7.3.2 是 1961 年 4 月 19 日美国俄克拉何马西北地区飞机穿过干线测得的混合比(g/kg)的垂直剖面，鲜明地表示了干线的结构特征。图中圆点线是飞机多次横穿的飞行路径，并标注了起点和终点，细实线是等水汽混合比线。分析表明，此干线已经历加强过程，干线宽度已收缩到小于 1km。干线附近呈现出强烈的湿度水平对比。干燥的大陆气团位于干线的西侧，而干线的东侧是潮湿的海洋气团。两个气团之间的交界面十分陡峻，有时坡度达 1/30。Schaefer 指出，干线面的这种先是几乎垂直向上，然后迅速倾

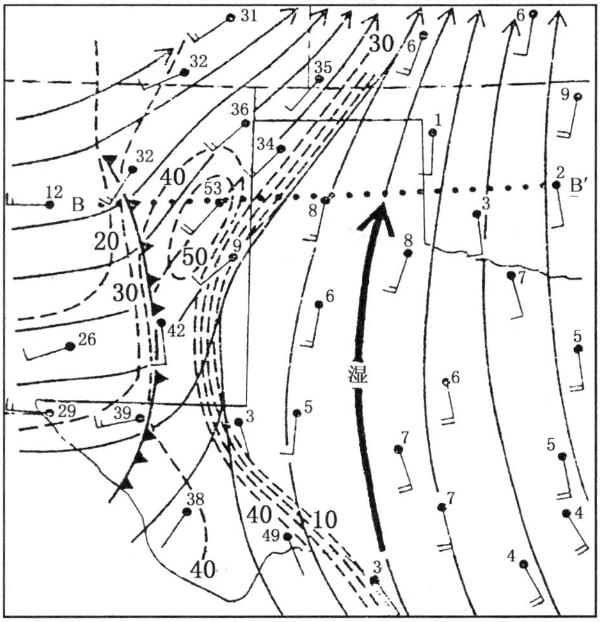

(a)地面温度露点差(风矢上表示的数值为℉，虚线)和流线(实矢线)

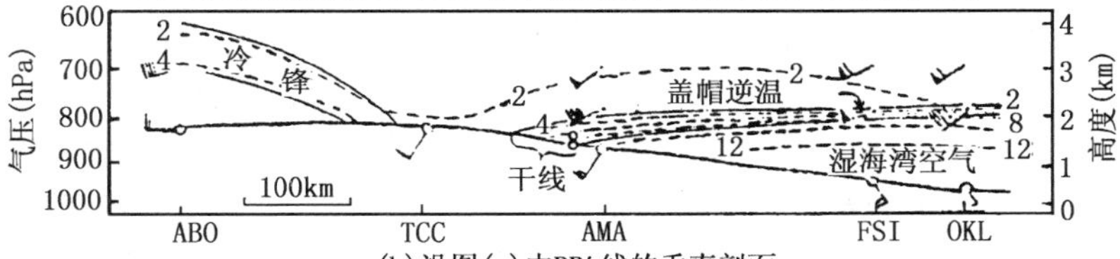

(b)沿图(a)中BB′线的垂直剖面

图 7.3.1　1981 年 4 月 3 日 1200GMT 美国落基山东坡的干线特征(引自 Shapiro，1983)

斜的阶梯结构有一定的代表性。

虽然干线并不经常和地面最大辐合一致，但它对对流活动有重要影响。积云带经常出现在干线地区，并可发展成相当强的雷暴，离开干线传播，然后在干线附近又发展出新的积云带。这表明干线对对流活动起到扰源的作用。1982 年 6 月 17 日我国江淮地区强烈的飑线群活动，也是和干线的触发发布不开的。至于干暖盖对强风暴形成的作用也已受到普遍关注，盖子有利于不稳定能量的储存和积累，一旦盖子被揭开，能量猛烈释放，就可能发展出强烈对流天气；强天气常沿干暖盖边界处狭长地带频繁发生。有人将我国华东地区的干暖盖和美国大平原地区的干暖盖作过对比，它们对强天气的发展都有重要作用，但在结构和形成机制上有不同。华东区的干暖盖主要由中空下沉气流形成，盖子从东南向西北方向倾斜；而美国大平原地区的干暖盖主要由于暖空气平流形成，盖子呈东高西低分布，在强度上，大平原地区的干暖盖强烈得多，因而强天气爆发频繁而且猛烈。

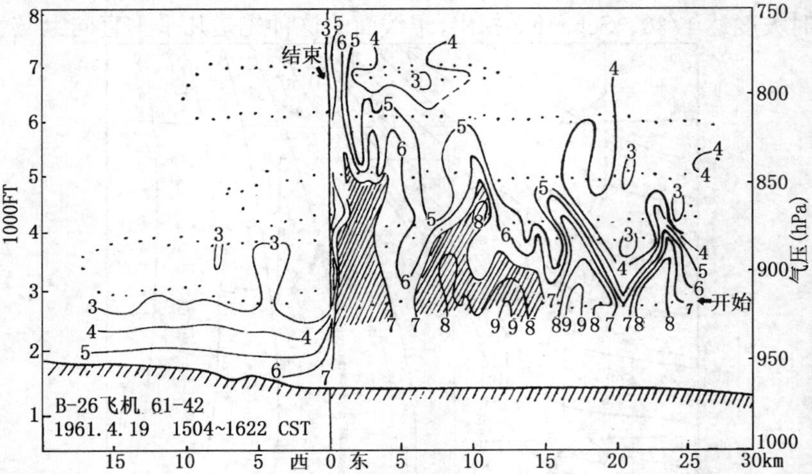

图 7.3.2 1961 年 4 月 19 日 1504～1622CST 俄克拉何马西北地区用飞机实测干线附近混合比(g/kg)的垂直结构(引自 Palmen，1969)

7.3.2 干线的形成

干线的形成和发展与许多因素有关，天气尺度形势、下垫面特性、湍流混合甚至天空状况等都可影响到干线的形成。在天气尺度低压槽后，通常盛行下沉气流，并可形成下沉逆温，构成干暖盖，当盖子和地面相交，交线就是地面的干线。在下垫面性质不同的地区，例如美国落基山东坡，其东侧是比较润湿的平原地区，而西侧是半干燥或沙漠的高原，当东侧吹偏南风，受来自墨西哥湾的潮湿海洋空气控制，而西侧吹偏西南风，带来干燥的大陆空气，这两种气团的交接就形成干线(参见图 7.3.1)。干线区白天出现直接热力环流。如果将湿陆地比喻成海面，那么，这种环流和海风类似，因而又称内陆海风环流。如果干区一侧盛行“离岸风”，则干线处可出现较强的辐合上升运动。清晨是降水或云区的地方，中午前后温度比晴空区低 5～8℃，降水与晴空连结的地带具有和干线类似的特征。在干线形成和发展过程中，湍流混合起到不可忽视的作用，特别是当它和不同特性的下垫面组合时影响更明显。对于水汽变化方程进行变化有：

$$\frac{\mathrm{d}}{\mathrm{d}t}\left(\frac{\partial q}{\partial y}\right)=\left(\frac{\partial u}{\partial x}\frac{\partial q}{\partial y}-\frac{\partial u}{\partial y}\frac{\partial q}{\partial x}\right)+\left(\frac{\partial q}{\partial y}\frac{\partial \omega}{\partial p}-\frac{\partial \omega}{\partial y}\frac{\partial q}{\partial p}\right)-\frac{\partial}{\partial y}\left(\frac{\partial \overline{\omega' q'}}{\partial p}\right) \tag{7.3.1}$$

$$\frac{\mathrm{d}}{\mathrm{d}t}\left(\frac{\partial q}{\partial p}\right)=-\left(\frac{\partial u}{\partial p}\frac{\partial q}{\partial x}+\frac{\partial v}{\partial p}\frac{\partial q}{\partial y}\right)+\left(\frac{\partial v_a}{\partial y}\frac{\partial q}{\partial p}-\frac{\partial v_a}{\partial p}\frac{\partial q}{\partial y}\right)-\frac{\partial}{\partial p}\left(\frac{\partial \overline{\omega' q'}}{\partial p}\right) \tag{7.3.2}$$

方程表示了影响干线锋生的因素，其中 q 是水汽混合比，(7.3.1) 式是干线的水平锋生，(7.3.2) 式是干线的垂直锋生。由(7.3.1) 式可见，湿度水平梯度$\left(\frac{\partial q}{\partial y}\right)$的变化受下列因素强迫：①地转的伸长和切变变形；②由二级非地转环流引起的水平散度和垂直倾斜；③湿度湍流垂直通量散度的水平梯度。

湿度垂直梯度$\left(\frac{\partial q}{\partial p}\right)$变化的强迫因素为：①地转运动的垂直切变；②水平非地转运动的水平散度和垂直切变；③湿度湍流垂直通量散度的垂直梯度。

由此可见，天气尺度形势、和干线有关的非地转二级环流以及和不同特性下垫面联系的湍流混合过程，对干线形成和发展都有贡献。

Schaefer 对湍流扩散影响干线发展的过程作过进一步分析，认为导致干线环流发展的一个可能机制是由空气密度引起，而密度取决于热量和水汽含量。由于扩散能将流体组成成分重新安排，释放各自储存的位能，因而它能起到动能源的作用。在热量和水汽共同作用的流体中，即使扩散率相同，但当它们和密度成非线性相关时，也可能导致密度的不均匀分布，有利于干线的发展。

大气中，空气密度和虚位温(T^*) 直接相关，而虚位温是热量和水汽含量的非线性组合，即

$$T^*=\theta\left(\frac{1+\frac{q}{0.622}}{1+q}\right)\approx\theta(1+0.608q) \tag{7.3.3}$$

式中 θ、q 如前所述，是位温和水汽混合比。如果两种成分的扩散率相同，则热力学第一定律和湿度守恒可表示如下

$$\frac{\partial \theta}{\partial t}+\vec{V}\cdot\nabla\theta=k\nabla^2\theta \tag{7.3.4}$$

$$\frac{\partial q}{\partial t}+\vec{V}\cdot\nabla q=k\nabla^2 q \tag{7.3.5}$$

式中 t 是时间，$\vec{V}$ 是速度矢，k 是涡动扩散率(为简单起见，设为常数)。通过方程(7.3.3) 式，将方程(7.3.4) 和(7.3.5) 式组合，可得虚位温时间变化率表达式

$$\frac{\partial T^*}{\partial t}+\vec{V}\cdot\nabla T^*=k\nabla^2 T^*-1.216\nabla\theta\cdot\nabla q \tag{7.3.6}$$

可见一般情况下，方程(7.3.4)和(7.3.5)式是简单的扩散方程，给出初始场中非线性的指数消散。但方程(7.3.6)式的虚位温变化包含一个附加贡献，即方程右端第二项，这是非线性作用的直接结果。即使虚位温场初始是均匀的，仍然不能维持它的空间均匀性。因此，方程(7.3.6)式表明，在非线性系统中，扩散起到制造密度不均匀的作用。数值计算表明，在典型的干线条件下，非线性扩散能产生大于10cm/s的上升速度，最大上升出现在紧接干线的地区。而且，干线引起的二级环流有助于干—湿界面强度增大。

Sun 和 Ogura 应用非弹性近似，考虑流体静力并包括湍流扩散效应，在起始位温水平均匀分布的条件下，从清晨0630CST开始积分，模拟了干线环流的发展，其结果如概略图7.3.3所示。图中粗实线是逆温层，J是穿过剖面的偏南风低空急流中心，U、D分别表示上升和下沉运动中心，断线是2cm/S的垂直速度等值线。积分4h后，由于地面增热不同，在冷暖空气交接区左边混合层内温度高于右边时，指向x负方向的水平气压梯度就增大。因而在温度梯度区的中心，风从冷空气一边吹向暖空气一边(向岸风)。为了满足质量连续，暖空气一边出现上升运动。冷空气一边出现下沉运动。在发展的早期阶段，相对于冷暖空气交接区的垂直环流接近对称，上升、下沉运动的强度近于相等。随着时间推移，暖空气一边的混合层比冷空气一边越来越厚，垂直环流也加强，伸展到逆温层上面稳定的冷气层中。等压面向上抬升，在逆温层上面产生指向x正方向水平气压梯度(离岸加速度)，因而得到这一层中速度x分量的局地最大值，导致冷空气一边辐合。从环流上升支顶部流出的下沉空气，沿逆温铺开。于是下沉运动中心移到逆温层上面。在混合层内，冷空气一边只出现范围广而强度弱的下沉运动，与此同时，上升运动中心仍维持在混合层内，而且比较集中，如图7.3.3所示。由图可见，上升运动几乎是由混合层内冷空气一边(实际是湿空气)提供的。很显然，这种发展的干线环流型对飑线的形成和维持非常有利。

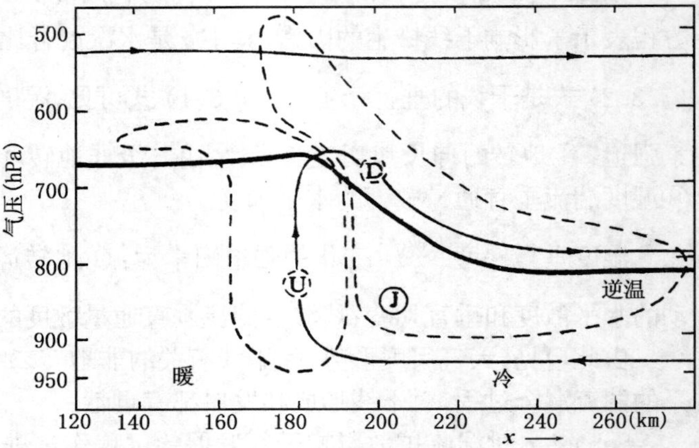

图 7.3.3　穿过干线垂直剖面概略图(引自 Sun，1979)
J，U，D分别表示低空急流中心、上升运动中心和下沉运动中心的位置，断线是2cm/s的垂直速度等值线

模拟发现，垂直涡动热量输送是诱发全部环流的一个原因，而动量垂直涡动输送的重要性是第二位的。这个结果和前面的分析是一致的。因此，作为边界层中的质量不连续的干线，是飑线形成的可能触发机制。

第八章　大气涡旋运动的中尺度特征

大尺度系统是中尺度大气运动的环境场条件，而大尺度系统的非均匀性即表明了大尺度大气运动中的中尺度运动特征，随着现代大气探测技术和气象信息处理技术的不断改进，这种中尺度运动特征更多地被揭示出来，前面介绍的锋面系统的中尺度雨带即是一例，大气涡旋运动的中尺度特征也越来越受到人们的关注，本章将介绍二类大气涡旋运动的中尺度特征。

§ 8.1　中纬度气旋中的重力波

中纬度气旋或温带气旋能造成强烈的天气现象，显然，暴雨、大风或其它强烈天气只会发生在天气尺度气旋内的局部区域，以往对于气旋生成和发展的理论及观测研究注重于大尺度大气运动，对天气尺度运动中的中尺度系统分析较少，Bosart，Stobie 等揭示了伴随着气旋发展的气旋内重力波的形成及特征。

8.1.1　气旋内重力波的分析

由于气旋内产生的对流风暴只出现在气旋内的局地区域，因此与强烈天气相联系的是一些中尺度天气系统，重力波是其中的一种，理论上已经说明了惯性重力波对中尺度对流起着重要的作用。下面着重介绍如何分析气旋内的重力波。

8.1.1.1　产生重力波的天气尺度气旋特征

图 8.1.1 是美国东海岸气旋产生重力波的天气图。地面天气图在 1968 年 12 月 3 日 1200GMT 在密西西比河流域有一个弱的气压槽，500hPa 上在美国大平原上有槽对应，且有明显的冷平流注入槽内，这将使槽发展，12h 后，即 12 月 4 日 0000GMT 地面天气图上显示弱气压槽已经发展为几个低压中心，低压中心分别在密执安岛和阿巴拉契亚（Appalachian）山脉的东部，500hPa 槽在冷平流作用下继续发展，但槽的长度变短，意味着对流层上层的辐散在沿槽轴方向上加强了，重力波就是在这以前的 12h 内在佐治亚（Georgia）州、卡罗来纳（Carolina）州及弗吉尼亚（Virginia）州活动，或者说产生于大西洋沿岸地区的气旋中有重力波活动。在此期间，气压最大下降大约为 4～5hPa/（10～20min），而 6h 总降水量达 25mm 以上，在 12 月 4 日 1200GMT，地面气压系统下降了 12hPa，低气压中心仍然在山脉两侧，一支强的东南风准地转流伴有强降水从大西洋沿岸到达新英格兰。12 月 5 日 0000GMT，低压和气旋环流已经有异常结构，在最后的 12h 内气压下降了

10hPa，从预报意义上看，中尺度效应十分明显，降水分析表明，强对流性降水出现在短时间尺度内，因而活跃在气旋内的中尺度系统是十分明显的。

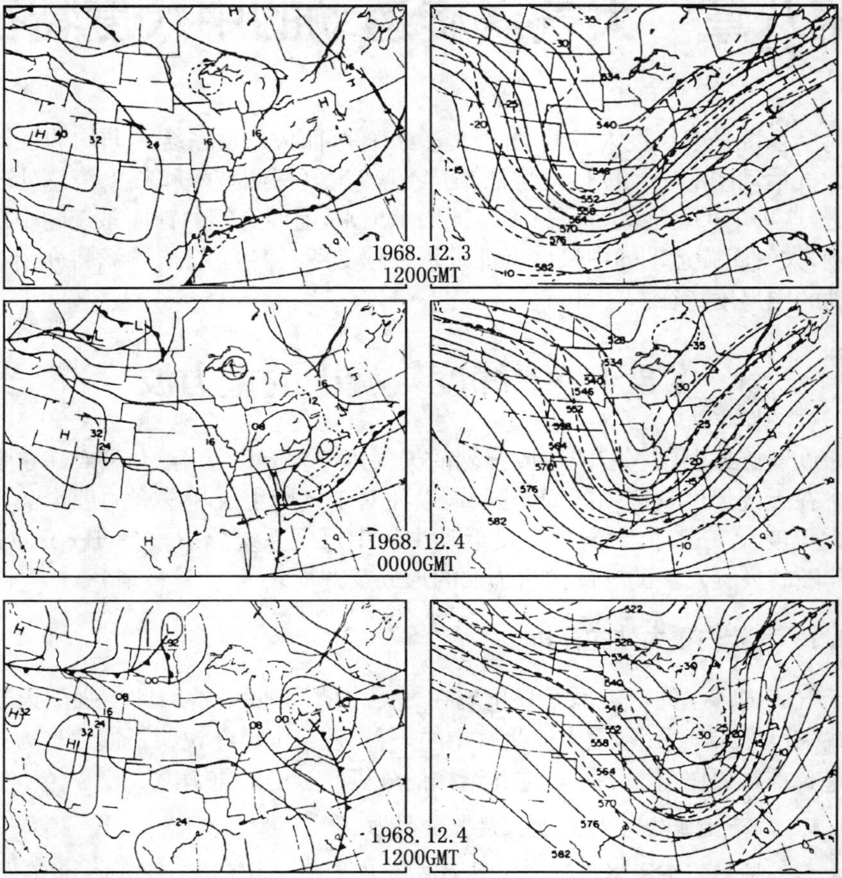

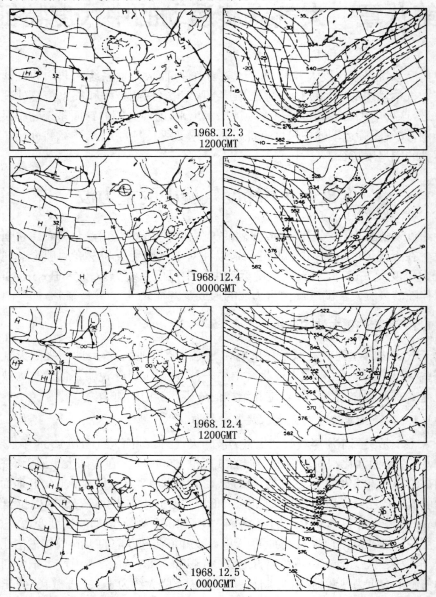

图 8.1.1　美国东部气旋发展的演变图(引自 Bosart，1973)

左侧为地面图，右侧为 500hPa 图，等压线间隔 8hPa，等高线为实线，虚线是等温线

8.1.1.2　重力波的观测研究

图 8.1.2 是地面气旋气压场的中尺度分析，最早的分析方法是 Fujita 提出的，由于这是每隔 3h 一次的地面气压场(等压线间隔为 1hPa)，这种中尺度分析方法随着观测资料分辨率的提高，可以变得更加精确完善，后面的章节将要介绍。

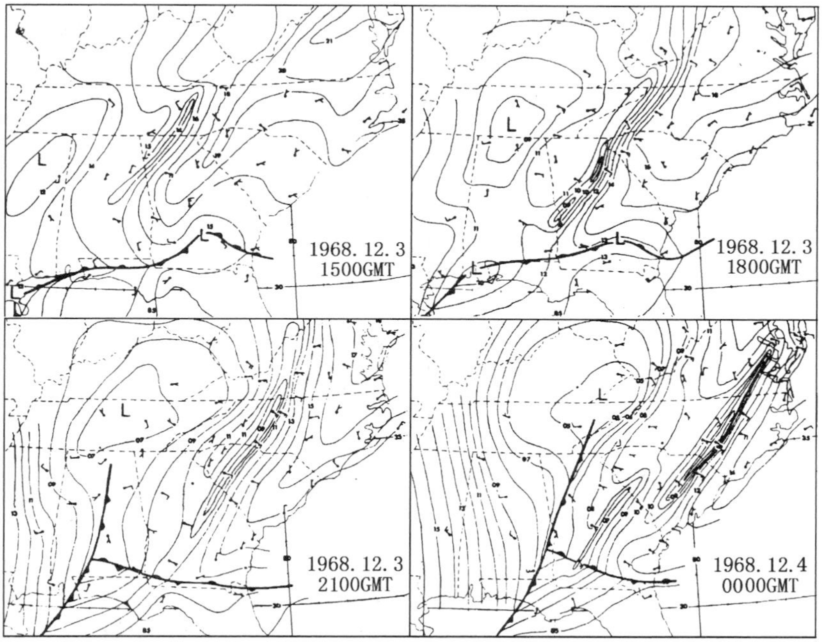

图 8.1.2　气旋内中尺度气压场的分析(引自 Bosart，1973)
每隔 1hPa 等压线的 3h 间隔的地面气压场

从图 8.1.2 中可见，在天气尺度气旋内有这样的中尺度特征：

①若将最小气压带看作是重力波波锋(波阵面)，则重力波振幅为 3.5hPa，传播速度为 10～15m/s，它向东到东南移动，传播方向和地面风场的方向(东南风)几乎相反，生命史约 15h；

②最强的地面风垂直于等压线吹向气压下降最大的地区；

③波锋随着时间增加而向东北伸展并加强；

④发展明显的天气尺度气旋环流中心在山脉的西部。

从图 8.1.2 中还发现，重力波锋在准静止锋冷空气侧的北部，沿准静止锋有小的气压波的传播。因此，重力波应在 12 月 3 日 1200GMT 以前就出现了，在穿越山脉时得到加强。重力波波锋通过同一测站的主要特征是气压迅速下降，但在气旋内部不同测站的气压下降是不均匀的，图 8.1.3(a)是重力波通过的过程中，气压下降总值的分布图，单位为 hPa，最大下降值为 7hPa，通常情况下气压的下降伴随着气压的几次振荡，因而，气压的下降率体现了不同测站气压下降的振幅。图 8.1.3(b)体现了气压下降率的分布,单位为 hPa/h。

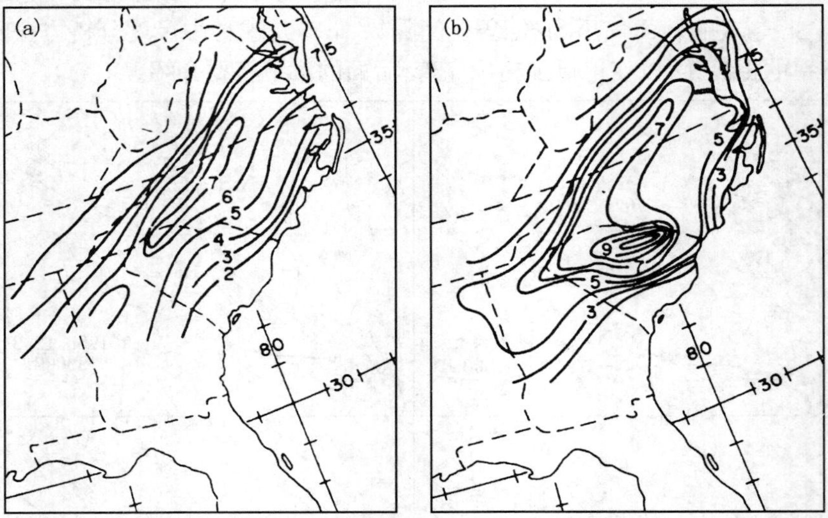

图 8.1.3　重力波通过路径上的气压总下降分布和气压下降率(引自 Bosart,1973)

在山脉东部的卡罗里纳及维吉尼亚州地区是气压下降较大的区域,伴随着波的传播,气压下降率可达 7.5hPa/h,平均下降率在 5hPa/h,而在波锋的南端下降率可达10hPa/h。图 8.1.4 表示最小气压带即波锋在不同时间的位置,图中标注的数字是 1968 年 12 月 3～4 日的 GMT 时间。气压下降的最大值处可以视为气压波的移动方向,比较图 8.1.3(a)和图 8.1.4,在 12 月 3 日 1600GMT,最大气压变化在佐治亚州北部,波向海岸线移动,此时最大气压下降出现沿波移动的方向上,到 2200GMT,最大气压变化已移到弗吉尼亚南部。

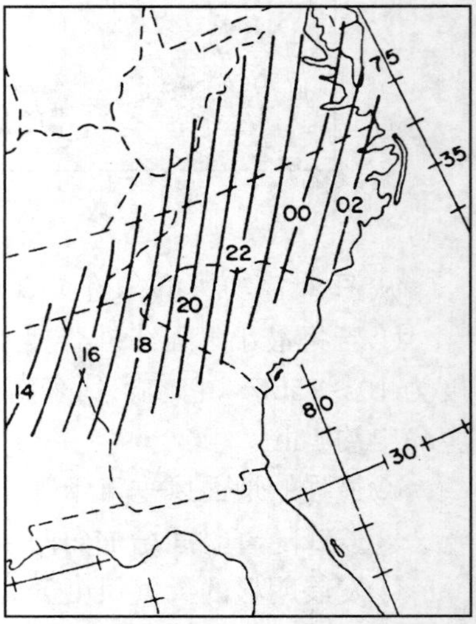

图 8.1.4　波锋的不同时刻位置
(引自 Bosart,1973)

图 8.1.5 是沿重力波波锋传播路径上各测站的气压自记曲线,重力波从山区移向大西洋海岸,从图中见到,在 2100GMT 重力波在罗诺克(Roanoke)已被测出来,波在东移时,振幅加大,到了后面几个测站时已经有明显的气压槽,显然,气压自记曲线表明了气压的短时小振荡,显示了短周期的重力波的特征。

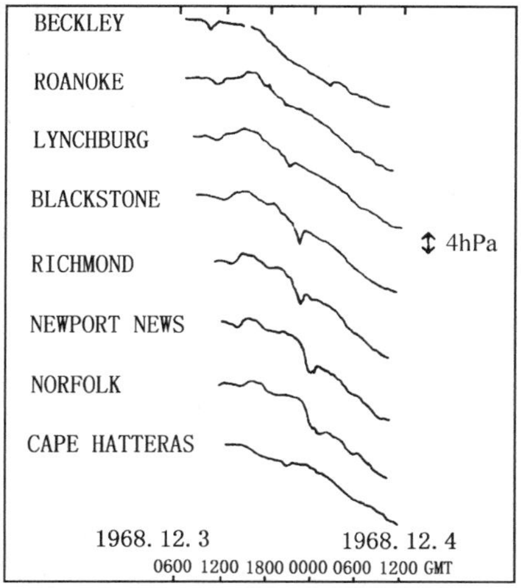

图 8.1.5 重力波移动路径上测站的气压自记曲线(引自 Bosart,1973)

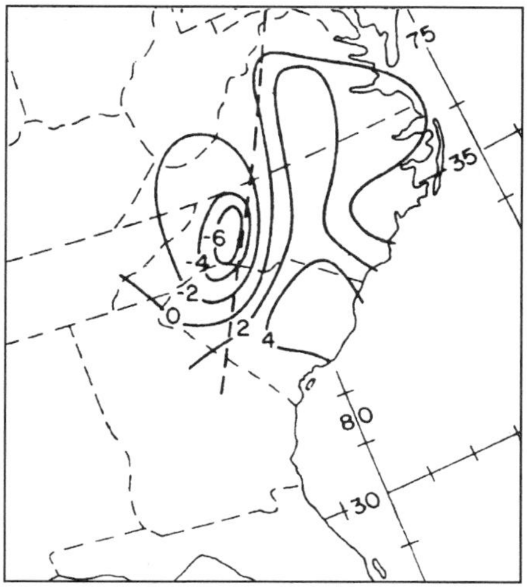

图 8.1.6 散度场(引自 Bosart,1973)

8.1.2 气旋内重力波的动力学特征和天气分布

图 8.1.6 表示根据地面风用运动学方法计算的地面散度场,时间为 1968 年 12 月 3 日 21 时(GMT),单位为 10^5/s,图中虚线表示波锋的位置。比较图 8.1.4 可见,在波锋通过的 1h 内有 6×10^{-5}/s 的辐合,波锋前为辐散区,因而强非转风分量加强了天气尺度的地转风,使得波锋地区气压迅速下降时,有很强的阵风,东南东风达 10~15m/s,而在最小气压带移过以后,非地转风和天气尺度地转风相对抗,导致风速减小,甚至在局地造成风向相反的情况。

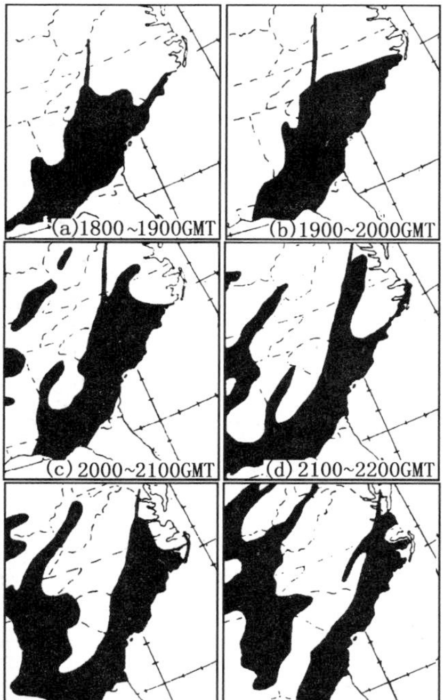

图 8.1.7 每小时降水分布(引自 Bosart,1973)

图 8.1.7 是 1h 降水量分布图(黑影区 1h 的降水量大于 0.25mm),波锋位置用实线标注。由图可见,降水区一般在向东移动的波锋或最低气压带之东,波锋经过之前一般有 3~4h 的降水,而在波锋移过以后产生"降水截断"现象。比较图 8.1.6 的散度场分布,可知降水区位于波锋前的辐散区,地面的辐散将使低

层的辐合运动加强，而当最小气压带或波锋移过时，低层辐合运动的迅速减弱能抑制降水。由于重力波的活动，还导致了美国东海岸的强对流天气，因此，气旋内重内波的分析对于短时天气预报是非常重要的。Bosart 还分析了其它一些气旋环流中的重力波的例子，中国长江中下游地区气旋活动时，也有类似的重力波，说明气旋内重力波是有代表性的。

§8.2　热带气旋中的中尺度特征

热带气旋的水平尺度为数百千米乃至千千米，其生命史为几十小时，但是有意义的强对流发生在数百千米的范围内，产生热带气旋的天气学条件是海表温度(SST)局地异常等，但是它的发生发展与其内部结构、热力动力条件的非均匀性即中尺度特征有密切关系，随着现代大气探测技术的发展，热带气旋和发展成熟的飓风或台风的结构得到充分的揭示，特别是时空分辨率较高的中尺度数值模式能够成功模拟它们的生命史过程，这样，有足够分辨率的模式输出结果能更完善地说明热带气旋关于眼区、眼壁区及对流带的中尺度结构的图象，形成有合理物理过程的天气学概念模式。

8.2.1　热带气旋的一般结构

人们对热带气旋内部的中尺度环流的了解比中纬度气旋要少，但雷达照片和卫星云图的综合运用，可以观测到发展成熟的热带气旋，即飓风的结构，如图 8.2.1所示。

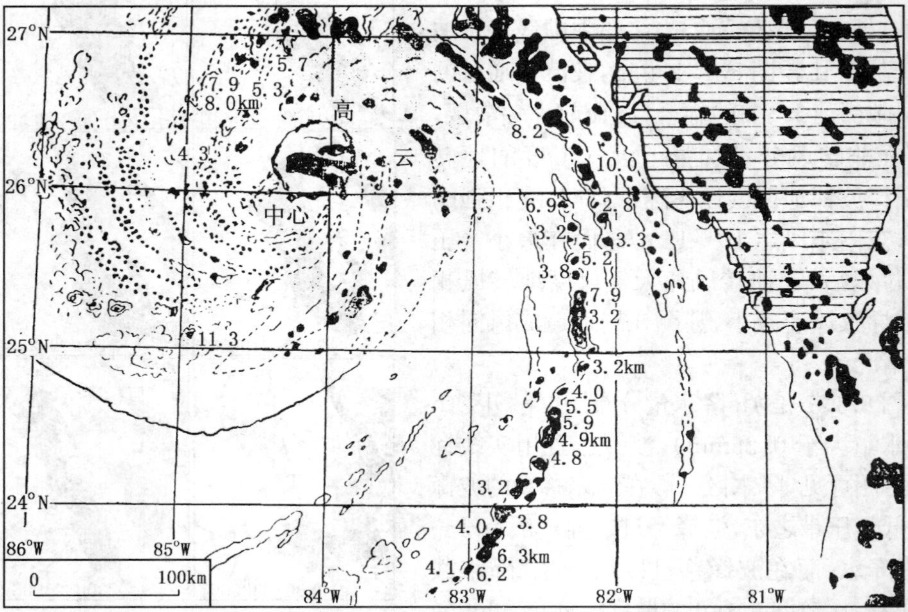

图 8.2.1　PPI 雷达回波(黑色)迭加在由阿波罗 7 号摄得的云系分布的雷达-卫星综合图
图上回波表示的云高用 km(距海平面高度)表示(引自 Gentry，1970)

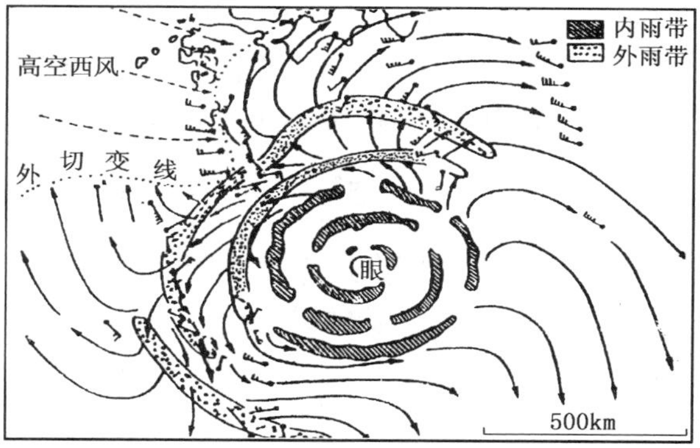

图 8.2.2　热带气旋的中尺度雨带分布示意图
(引自 Fujita,1976)

卫星和雷达探测表明,热带气旋是一种近于圆形和具有暖心结构的涡旋,对于成熟的热带气旋,称为台风或飓风,气旋中心有一个晴空区,称为眼区,眼区中心气压最低,眼的平均直径 45km 左右,最小为 10～20km,大的达 100～150km,眼区温度比四周高达十几度,眼区四周包围着一个深厚对流云环,称为眼壁,眼壁内缘直径约 15～18km,眼壁形状有时是圆的,有时是非圆的,眼壁云环有时是闭合,有时则不闭合,在飓风的眼壁外有围绕飓风的螺旋式中尺度雨带,它在涡旋气旋的内部,也称为内雨带,在涡旋环流外部也有中尺度雨带,称为外雨带,热带气旋的中尺度雨带分布如图 8.2.2 所示,图中实线为涡旋中心高空外流流线。

下面介绍具有飓风性质气旋的中尺度热力学和动力学特征。

8.2.1.1　热力学特征

等 θ_{se}的剖面图上(见图 8.2.5),在 PBL(850hPa 以下的边界层),气块从高压区进入,θ_{se}很快增加;在飓风外围 100～150km 处的 700～600hPa 之间为冷中心,因而有很强的垂直位温梯度,导致该高度层上位势不稳定。眼壁将 θ_{se} 分成中心和外围两个区域,眼中心高层干暖低层暖湿;外围区低层暖湿,中层干冷,而 500hPa 层向上为位势稳定。这种热力学结构表明飓风眼壁外围 700hPa 以下的对流不稳定不能产生强上升运动。

8.2.1.2　动力学特征

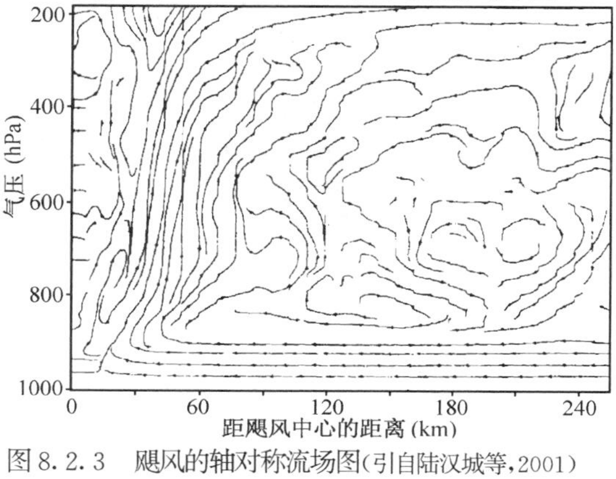

图 8.2.3　飓风的轴对称流场图(引自陆汉城等,2001)

飓风是一个强涡旋,其中心为强涡度区,正涡度达 8×10^{-3}/s 以上,在飓风外围 100～150km 范围内有绕中心的小尺度涡度带,正负涡度相间分布,穿过涡度带的尺度为 10～20km,当边界层以下有入流和边界层以上为出流时,小尺度涡度分别有逆时针方向低层向内、高层向外的移动,并伸展其长度到 100～150km,散度场与垂直运动的分布则与涡度分布有相似的特征。由飓风中尺度动力学物理量的合成,可以得到轴对称的二维环流图,如图 8.2.3 所示。由图可见,径向入流、出流倾斜上升运动组成的飓风中尺度强风暴气流的流程，眼壁区倾斜上升运动伸展到 100hPa 以上，而螺旋云带区有几个伸展高度较低的垂直环流圈，由低层为条件不稳定到中高层的层结稳定，这种垂直倾斜环流发展与非线性对流对称不稳定有关。

8.2.2　眼壁的特征

热带气旋的眼壁有强烈的上升运动，曾观测到 5～13m/s 的上升气流，眼壁的上升气流区形成对流云墙，其宽度为 20～30km，它主要由积雨云组成，是对流风暴出现的主要地区，根据最新飞机观测资料得到眼壁的中尺度结构概括图(图 8.2.4 和图 8.2.5)。

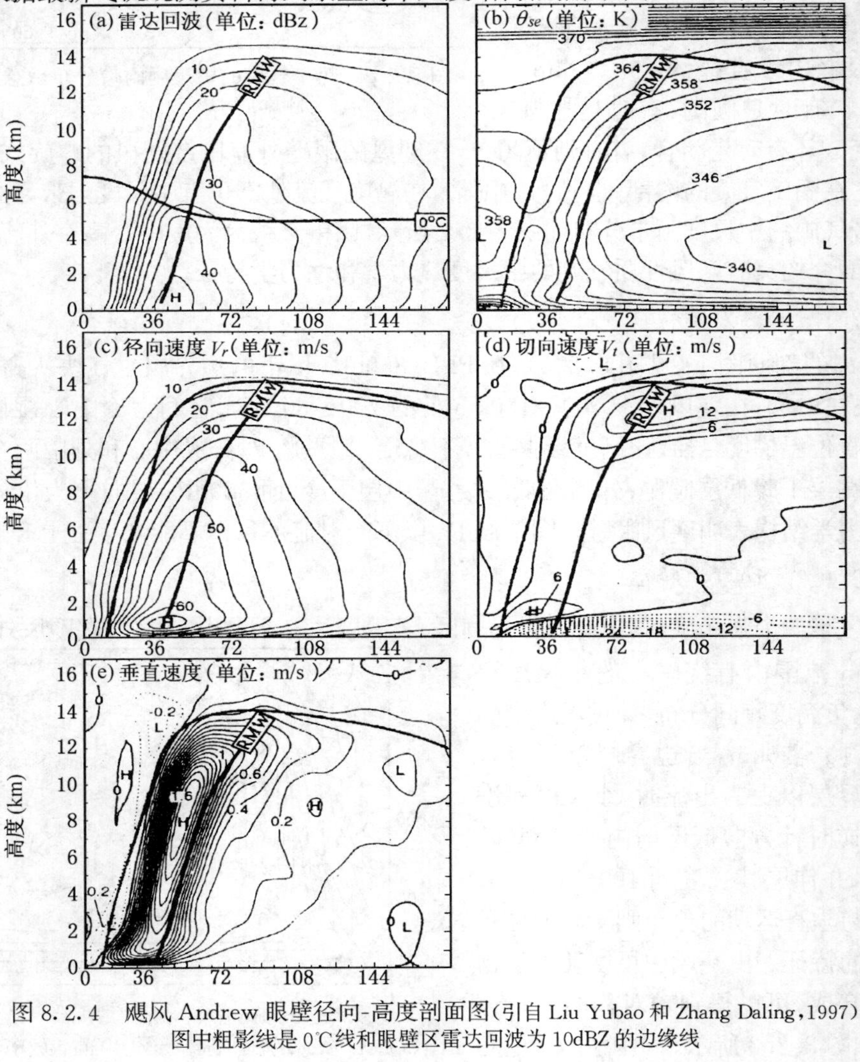

图 8.2.4　飓风 Andrew 眼壁径向-高度剖面图(引自 Liu Yubao 和 Zhang Daling，1997)
图中粗影线是 0℃线和眼壁区雷达回波为 10dBZ 的边缘线

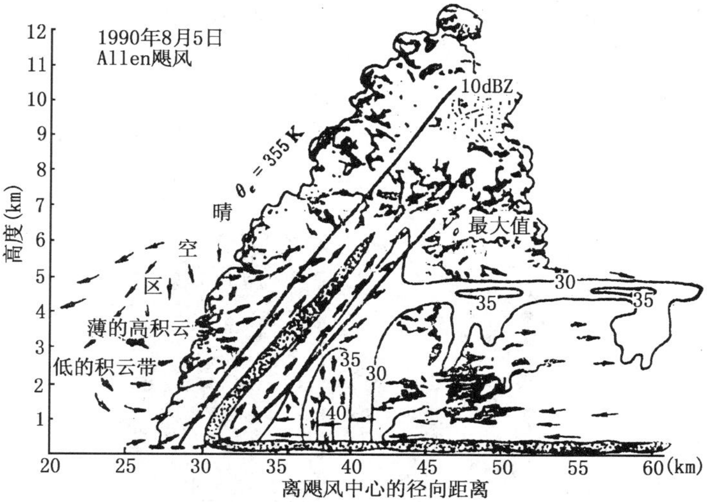

图 8.2.5　1980 年 8 月 5 日 Allen 飓风的眼壁区垂直剖面图(引自 Jorgensen,1984)
图中标明了降水和云的位置、径向和垂直气流,阴影区为最大径向风速和垂直速度区

根据对飓风 Allen 观测研究和用中尺度数值模式 MM5 对飓风 Andrew(1992)的试验得到的眼壁区的主要中尺度特征为:

①雷达回波反射率最大值区随高度向外倾斜,高密回波在 0℃层以下,最大密度回波(>45dBZ)约在 1km 以下,随着高度和径向范围扩展迅速减小,如图 8.2.4(a)所示。相对湿度具有相同的结构;

②等位温线在边界层由外向内增加,在通过眼壁区时有一个增加加速的趋势,眼壁区的 θ_{se} 等值线自边界层向上先是垂直,然后向外倾斜伸展,强上升运动几乎是沿 θ_{se} 线的。眼壁区边界层有强的位温垂直梯度,如图 8.2.4(b)所示;

③径向流入限于 1.5km 以下,径向速度向内增加,在约 500m 高度上有−25m/s 的径向风,因而最强入流位于地面层以上,切向速度表示了飓风的涡旋运动,其风速最大值半径的连线 RMW(radius of maximum winds)在眼壁区向外倾斜,在边界层 800m 高度上,半径 39km 处的风速大于 65m/s,如图 8.2.4(c)和图 8.2.4(c)(d)所示;

④最大垂直运动在 500hPa 以上的最大风速层以下,垂直运动中心线向外倾斜。通过较高动量空气的垂直输送,这些上升气流可增加最大值内的风速,眼壁区的上升运动为 5～6m/s,这是一支高度组织化的上升运动。

8.2.3　中尺度螺旋云雨带

热带气旋的螺旋云雨带是气旋结构中的重要特征,它由对流云和层状云组成,一般在雨带的上风方云系是对流性的,在下风端多为层状性而较少对流。和眼壁区相比,螺旋雨带没有象眼壁区雨带那样有强的组织化上升气流和反射核中心。

图 8.2.6 是飓风 Andrew 的雷达回波平面图及飓风 Daisy 的雷达回波综合分布。由图可见，螺旋性雨带具有的中尺度特征为：

①螺旋雨带从风暴中心以顺时针方向向外运动；

②穿过螺旋云雨带的尺度为 5～10km，在以切向速度绕中心运动时，小尺度螺旋

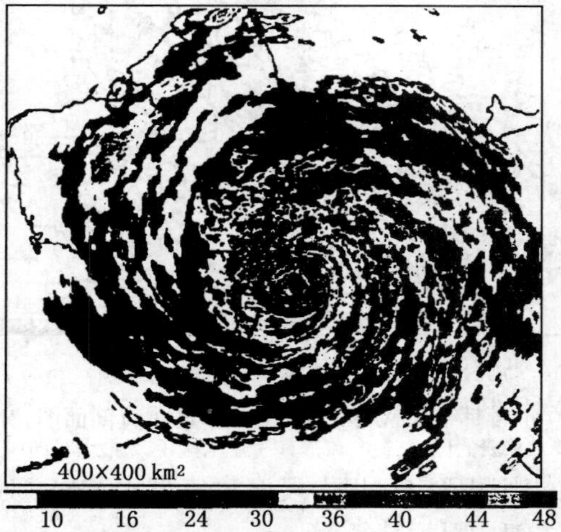

(a) 1992年8月24日0830UTCWRS-57雷达回波（引自Liu Yubao和Zhang Daling, 1997）

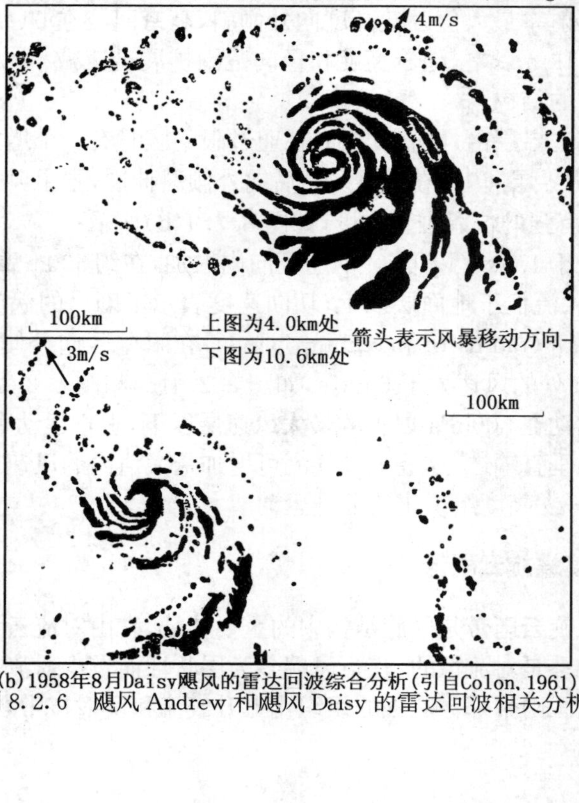

(b) 1958年8月Daisy飓风的雷达回波综合分析（引自Colon, 1961）

图 8.2.6　飓风 Andrew 和飓风 Daisy 的雷达回波相关分析

雨带可伸展长度至100km左右；

③个别雨带能被跟踪的周期至少为1h；

④穿越雨带的雷达回波大约为10dBZ，螺旋带由小的回波组成，它们可能来自对流单体；

理论研究指出，飓风中的螺旋雨带具有惯性重力波性质。目前，有一些研究认为螺旋雨带与由位涡梯度引起的涡旋Rossby波有关，由于重力惯性波和涡旋Rossby波解释螺旋雨带的缺陷，最近提出了混合涡旋Rossby波-重力惯性波的理论。

8.2.4　横式大气的飓风中尺度环流特征

根据中尺度MM5数值模式，给出的飓风气旋的中尺度环流概念模式，如图8.2.7所示。图中轻阴影区表示云和降水区，黑阴影区表示眼壁区对流和螺旋雨带，斜影区是

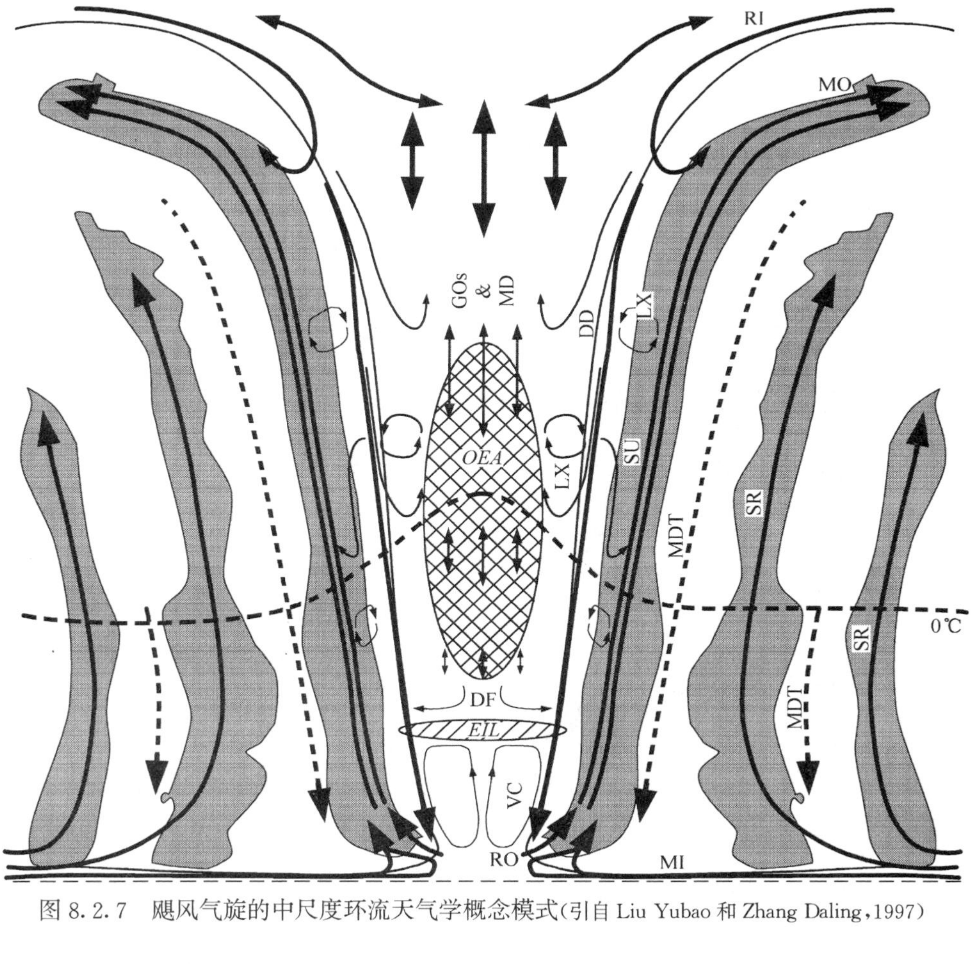

图8.2.7　飓风气旋的中尺度环流天气学概念模式(引自Liu Yubao和Zhang Daling，1997)

眼区反转层(EIL),斜网影区为眼的低 θ_e 区(OEA),虚线为 0℃层,MTD 是对流带和螺旋带上升运动 SR 之间的下沉运动。

由图 8.2.7 可见,飓风气旋的中尺度环流概念模式包括边界层 1.5km 以下的径向入流(MI)、眼壁的倾斜上升运动(SU)、对流层的径向外流(MO)至对流层高层、及眼区的平均下沉气流(MD)。径向入流来自海洋边界层远处,但是它输送了角动量至眼中心,它还起着输送高 θ_e 的作用。径向外流有很强的辐散作用;局地环流有狭直的沿眼壁处的干下沉气流(DD),对流层的回流(RI)及眼区底层回流(RO),眼区反转辐散流(DF),摩擦强迫的垂直环流(VC)。眼壁上层的垂直环流(RI)产生于凝结潜热释放和眼壁处的动量,它从眼壁上部流入,下沉进入眼区,再进入眼壁,它成为眼区下沉运动的主要源,特别是穿透性下沉运动(DD)的源。另外还有内重力波振荡(GO_s)侧向混合(LX)的环流。

第九章　中尺度天气分析

对中尺度天气系统描述的分析，称为中尺度天气分析。通常进行的常规观测资料的全球分析或有限区域分析，都只能反映大尺度以上的天气系统特性，但对于那些几十千米到几百千米的中尺度天气系统，常从分析场中漏掉。为了能使分析场中描述这类中尺度天气系统，以便反映它们的物理特性，必须进行与大尺度不同的中尺度天气分析。中尺度分析使用大量非常规观测资料，例如雷达、卫星、飞机观测资料等，所用的分析方法和采用的参数，都必须考虑到中尺度天气系统的特性，其特点是时空分辨率高；分析的气象要素和物理量，随空间和时间的变化大；不满足地转平衡等约束关系；对一些强烈天气系统，静力平衡关系也不适用。通过这种分析，能深入地探索一些短期内造成严重灾害的强烈天气系统的物理特性和成因，以便有效地作出中尺度天气预报。

§9.1　中尺度天气系统的分离

大气运动具有多尺度性。因此，任一气象要素 f 可以看成是由大尺度部分 $\bar{f}$ 和扰动部分 f' 的合成，即

$$f = \bar{f} + f' \tag{9.1.1}$$

气象场的中尺度变化是对大尺度变化的一种扰动，而反映这种扰动的天气系统，一般难于直接从常规观测到的气象要素场上辨认出来。为了揭示出中尺度系统的结构特征，就须设法将它们从气象要素场中分离出来。

目前，中尺度系统的分离方法大体有两类：

第一类：将客观分析和滤波结合起来的方法，如 Barnes 曾将这种方法用于准地转 Q 矢量的诊断分析中，以后，Maddox 又用 Barnes 的尺度分离方法，很好地揭示了大气中 MCC 的存在及其结构；

第二类：运用滤波算子，通过空间或时间平滑而进行中尺度分离的方法，如 Shuman-Shapiro 所用的空间平滑滤波的方法。

陈受钧曾用他们的方法，取滤波系数 $S=1/2$ 时的一维平滑算子，连续平滑 3 次，就基本上把波长为 500km 的中尺度波动和波长大于 2000km 的天气尺度系统分离出来。夏大庆等通过两个滤波系数，用两维滤波算子，有效地分离出 2～5 倍格距的中尺度波动。

9.1.1　Barnes 方法

9.1.1.1　分析方法

这是一种客观分析（将不规则测站资料转换为网格点资料）与尺度分离（将大尺度

与中尺度资料的分离）结合的方法。气象场的客观分析方法很多，其基本原理是一样的。对于空间某一位置（如某一网格点）的某气象要素值 k_o 可以表示为如下函数形式：

$$k_o = \frac{\sum_{n=1}^{N} \omega_n k_n}{\sum_{n=1}^{N} \omega_n} \tag{9.1.2}$$

这里，k_n 为第 n 个测站的某气象要素观测值，ω_n 为对第 n 个测站的权重函数，N 为影响 k_o 值的测站总数。用不同的客观分析方法，ω_n 有不同的函数形式。用不同的函数表示的 ω_n 值，所求得的 k_o 值不尽相同，很难确定哪种函数最佳，这是因为对任一气象要素场，除了观测值以外，我们事先并不知道这个网格点的气象要素精确值。

Barnes 提出的具有滤波功能的中尺度客观分析方法中，假定某一气象要素 $f(x, y)$ 的观测是连续的，对任一网格点 (x, y)，各观测站与其距离为 r_n，有

$$f_o(x,y) = \int_0^{2\pi}\int_0^{\infty} f(x + r\cos\theta, y + r\sin\theta) \cdot \omega_n(r_n, c) r\mathrm{d}r\mathrm{d}\theta \tag{9.1.3}$$

这里，θ 为 r_n 与 x 轴的夹角，$\omega_n(r_n, c)$ 为权重函数，即

$$\omega_n = \frac{1}{4\pi c}\exp(-\frac{{r_n}^2}{4c}) \tag{9.1.4}$$

c 为确定响应波长的参数。如果气象要素 $f(x, y) = A\sin kx$（假定沿 y 方向是均匀分布的），其中，A 是振幅，k 是波数，即

$$k = \frac{2\pi}{L}$$

式中 L 是波长。经过一些数学演算后，可以得到

$$f_o(x,y) = \exp(-\frac{4\pi^2 c}{L^2})A\sin kx = R_o f(x,y) \tag{9.1.5}$$

其中

$$R_o(c,k) = \exp(-\frac{4\pi^2 c}{L^2}) \tag{9.1.6}$$

$R_o(c, k)$ 称为响应函数，它表示经过加权平均分析后，所得到的值与观测的响应程度，或滤波后的波动振幅与原来振幅之比。对于某一波长，如果 $R_o = 1$，表示此波在滤波过程中完全保留下来，不受削弱；如果 $R_o = 0$，则波完全滤去。一般 R_o 在 0 与 1 之间。对于不同的 c 值，R_o 与波长 L 的关系见图 9.1.1。

由图 9.1.1 可见，当 L 很短时，R_o 趋于零；L 很长时，R_o 趋于1。而且在 c 值逐渐减小时，有效切断波长也变得越来愈窄。从理论上说，c 值可以根据所研究的波长选定，但在实用中，c 值的下限受测站（或网格点）之间的距离限制的。如果这个距离为 d，则所研究的最短波长不能小于 $2d$。

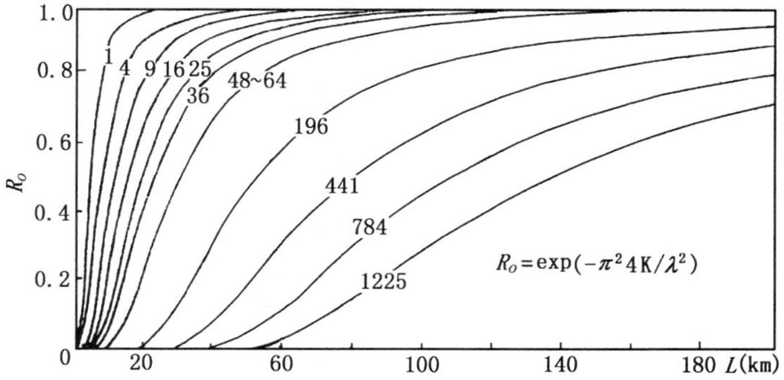

图 9.1.1　在不同 c 值时 R_o 与 L 的关系(引自 Barnes,1973)

为了得到滤波场,先确定一个 c 值。设第 N 个测站某气象要素观测值为 $f_n(x,y)$,即 N 个测站对同一网格点 (i,j) 插值得到 $f_o(i,j)$

$$f_o(i,j) = \frac{\sum_{n=1}^{N} \omega_n f_n(x,y)}{\sum_{n=1}^{N} \omega_n} \tag{9.1.7}$$

式中 $f_o(i,j)$ 是一个初值,再将其一次迭代来订正,即将 c 乘以一个常数 $g(0<g<1)$。有

$$f(i,j) = f_o(i,j) + \frac{\sum_{n=1}^{N} \omega'_n D_n}{\sum_{n=1}^{N} \omega'_n} \tag{9.1.8}$$

其中

$$D_n = f_n'(x,y) - f_n(x,y)$$

$$\omega'_n = \frac{1}{4\pi c}\exp\left(-\frac{r_n^2}{4gc}\right)$$

ω'_n 是修正的权重函数,$f_n'(x,y)$ 是将网格点的 $f_o(i,j)$ 值内插到第 n 个测站值。订正后的响应函数为

$$R = R_o(1 + R_o^{g-1} + R_o^g) \tag{9.1.9}$$

R 与 R_o 的关系如 9.1.2 图所示。由图可见,在 $g \leqslant 0.5$ 时,短波长的响应函数有明显的恢复。一般情况下,只要做一次迭代,取 $g = 0.2 - 0.4$,就可以较满意地获得所需空间尺度扰动。

权重函数中的 g 和 c 是由系统的尺度确定的。当它确定后,根据(9.1.7)和(9.1.8)式求出两个低通场(保留大尺度波)后,即可得到所需的带通场(保留某一波段的波)为

$$B(i,j) = r[f_1(i,j) - f_2(i,j)] \tag{9.1.10}$$

r 为恢复系数,它是最大响应函数的倒数。

9.1.1.2　操作步骤

对于地面气象要素上述分析的主要操作步骤为：

①读入分析区域每个观测站的经纬度；

②计算各网格点相对于坐标原点的位置；

③读入每个测站的温度、露点、风向、风速和气压等数据；

④取影响半径。这是对于一个被计算网格点，使用以该点为中心，对周围参与加权平均的测站范围。例如，格距取45km时，影响半径可取200km。对此范围内的测站数目计数，如累计测站总数少于2个，则将半径放大，例如以300km再计数；

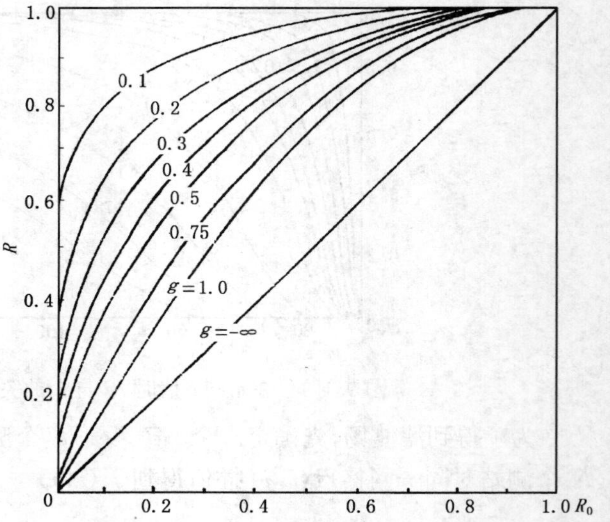

图9.1.2　在不同 g 时 R_o 与 R 值的关系图
（引自 Barnes，1973）

⑤确定影响半径范围内各测站与网格点间的距离 r_n；

⑥按照(9.1.8)式计算各各点的 $f(i,j)$ 值。f 表示温度、露点、风向、风速、气压以及由此所计算出的相应物理量；

⑦以上是第1次低通滤波，算得的量以 $f_1(i,j)$ 表示。接着，再作第2次低通滤波。这一次使用权重函数，要取不同的 c 值，求得量以 $f_2(i,j)$ 表示；

⑧在每一网格点上将 $f_1(i,j)$ 减去 $f_2(i,j)$，由此得到带通滤波值。由带通滤波得到的场，有一个中心响应波长，即经过带通滤波，其它波长的振幅均削减很多，或者削减到近于零，而在此波长附近却保留很多，成为一个峰度较大、极大值又很显著的响应曲线。一般，要求保留中心响应波长的振幅为原来未经滤波时的70%，也即响应函数为0.7。然后，全场各点的值均乘以恢复系数 $r = 1/0.7 = 1.43$，得到所需的中尺度气象场，已滤去了大尺度场和小尺度场，但它的等值线数值主要只有相对意义。

以上是对于地面气象要素场的分析，如果用于高空气象场分析，其步骤基本相同，不同的是范围和格距大，中心响应波长也会比地面长得多，此时应采用另一组 c_1 与 c_2 值。

9.1.2　Shuman-Shapiro 方法

9.1.2.1　滤波算子

在中尺度滤波分析中，常用 Shuman-Shapiro 滤波方法。这种方法的基本思路是：

选取适当的滤波系数 S，通过(9.1.11)式，用滤波算子滤去 n 倍格距的波动，再用原始场减去滤波后的平滑场，就可分离出 n 倍格距波长的扰动场。Shuman 给出的一维滤波算子(三点盟波)为

$$\overline{f}_i = (1-S)f_i + \frac{S}{2}(f_{i+1}+f_{i-1}) = f_i + \frac{S}{2}(f_{i+1}+f_{i-1}-2f_i) \quad (9.1.11)$$

如果有谐波形式的扰动：$f = Ae^{ikx}$，将上式代入(9.1.11)式后即得

$$\overline{f}_i = R(S,n)f_i \quad (9.1.12)$$

这里的 R 为响应函数，它表达为

$$R(S,n) = 1 - S(1-\cos k\Delta x) = 1 - 2S\sin^2\frac{k}{2}\Delta x = 1 - 2S\sin^2\frac{\pi\Delta x}{L}$$
$$= 1 - 2S\sin^2\frac{\pi}{n} \quad (9.1.13)$$

其中，$L = n\Delta x$，n 为格距倍数。

同样，对二维问题，在 $\Delta x = \Delta y$ 时有 9 点滤波算子

$$\overline{f}_{i,j} = f_{i,j} + \frac{S(1-S)}{2}(f_{i+1,j}+f_{i,j+1}+f_{i-1,j}+f_{i,j-1}-4f_{i,j})$$
$$+\frac{S^2}{4}(f_{i+1,j+1}+f_{i-1,j+1}+f_{i-1,j-1}+f_{i+1,j-1}-4f_{i,j}) \quad (9.1.14)$$

其响应函数

$$R(S,n) = (1-2S\sin^2\frac{\pi}{n})^2 \quad (9.1.15)$$

从(9.1.13)和(9.1.15)式可见，如果取 $S = 1/2$，$n = 2$，得到的 $R = 0$，因而通过滤波算子的平滑运算，可以滤去 2 倍格距的扰动。如果 $n = 10$，则 $R = 0.905$，也即经过滤波算子平滑运算后，使原波长扰动减幅 10%，但如果连续进行运算 10 次，也可将系数振幅减至 0.37。

令 $R(S,n) = 0$，由(9.1.13)式得到 S 与 n 的关系为

$$S = \frac{1}{2}\frac{1}{\sin^2\frac{\pi}{n}} \quad (9.1.16)$$

其结果可列于表 9.1.1。

表 9.1.1　不同滤波系数的滤波功能

n	2	3	4	5	6	7	…
S_n	0.5	0.667	1.0	1.4472	2	2.656	…

可见，当滤数系数分别取 1/2，2/3，1.0…等，可以滤去 2，3，4…倍格距波。但在滤去波的同时，其它波的振幅也受到不同程度的歪曲(削弱或加强)，因而用原始场减去滤场

后，所分离出来的中尺度扰动，可以混杂较多其它波长的分量，解决这个问题的方法，还需要使用对较长波分量有恢复作用的算子。

9.1.2.2　滤波方案

实际作中尺度分离的滤波分析，都是在一个有限区域内进行。根据所研究的中尺度分析要求，要认真考虑算子的选择滤波特性，使所研究的中尺度波段的各波分量不致被明显的歪曲，并尽可能减少边界对区域内部的影响。下面介绍夏大庆等提出的 25 点滤波方案，它是在 Shuman-Shapiro 方法的基础上，考虑了上述要求，对感兴趣的 2～5 倍格距波，有较满意的分离效果。

对于一维情况，由(9.1.11) 式，先后令 $S=S_1$，$S=S_2$，两次使用滤波算子，便得

$$\mathcal{F}_i=\Big[1-S_1)(1-S_2)+\frac{S_1S_2}{2}\Big]f_i+\frac{1}{2}[S_1(1-S_2)+S_2(1-S_1)]$$
$$\times(f_{i+1}+f_{i-1})+\frac{S_1S_2}{2}(f_{i+2}+f_{i-2}) \tag{9.1.17}$$

这样，从上式就可以在 x 方向一次滤去两个短波分量。

Shapiro 曾证明，采用对各较长波分量(即长于所滤波长的各波分量)的振幅，有不同程度恢复作用的滤波算子，可以使这部分波动尽量少受削弱，比如，在(9.1.17)式中，令 $S_1=-S_2=S$，便得

$$\mathcal{F}_i=\left(1-\frac{3}{2}S^2\right)f_i+S^2(f_{i+1}+f_{i-1})-\frac{S^2}{4}(f_{i+2}+f_{i-2}) \tag{9.1.18}$$

该算子可以一次滤去一个短波分量，并对较长波分量的振幅有恢复作用。

对于二维情况，假定 x 方向取两个滤波系数 S_1,S_2，y 方向取两个滤波系数 S_3,S_4，x 和 y 方向分别使用(9.1.17) 式，得到

$$\begin{aligned}\mathcal{F}_o=&\Big[(1-S_1)(1-S_2)+\frac{S_1S_2}{2}\Big]\Big[(1-S_3)(1-S_4)+\frac{S_3S_4}{2}\Big]f_o\\&+\frac{1}{2}[S_1(1-S_2)+S_2(1-S_1)]\Big[(1-S_3)(1-S_4)+\frac{S_3S_4}{2}\Big](f_1+f_3)\\&+\frac{1}{2}\Big[(1-S_1)(1-S_2)+\frac{S_1S_2}{2}\Big][S_3(1-S_4)+S_4(1-S_3)](f_2+f_4)\\&+\frac{1}{4}[S_1(1-S_2)+S_2(1-S_1)][S_3(1-S_4)+S_4(1-S_3)]\sum_{i=5}^{8}f_i\\&+\frac{S_1S_2}{4}\Big[(1-S_3)(1-S_4)+\frac{S_3S_4}{2}\Big](f_9+f_{11})+\frac{S_3S_4}{4}[1-S_1)(1-S_2)\\&+\frac{S_1S_2}{2}\Big](f_{10}+f_{12})+\frac{S_1S_2}{8}[S_3(1-S_4)+S_4(1-S_3)](f_{13}+f_{16}+f_{17}+f_{20})\\&+\frac{S_3S_4}{8}[S_1(1-S_2)+S_2(1-S_1)](f_{14}+f_{15}+f_{18}+f_{19})+\frac{S_1S_2S_3S_4}{16}\sum_{i=21}^{24}f_i\end{aligned} \tag{9.1.19}$$

格点标号见图 9.1.3。根据需要，再可对上式加以各种简化。

(1)通常，使算子在 x 和 y 方向的滤波特性相同。令 $S_3 = S_1, S_4 = S_2$，则

$$\mathcal{F}_o = \left[(1-S_1)(1-S_2) + \frac{S_1S_2}{2}\right]^2 f_o + \frac{1}{2}[S_1(1-S_2)+S_2(1-S_1)][(1-S_1)(1-S_2) + \frac{S_1S_2}{2}]\sum_{i=1}^{4} f_i + \frac{1}{4}[S_1(1-S_2)+S_2(1-S_1)]^2\sum_{i=5}^{8} f_i + \frac{S_1S_2}{4}[(1-S_1)(1-S_2) + \frac{S_1S_2}{2}]^2\sum_{i=9}^{12} f_i + \frac{S_1S_2}{8}[S_1(1-S_2)+S_2(1-S_1)]\sum_{i=13}^{20} f_i + \left(\frac{S_1S_2}{4}\right)^2\sum_{i=24} f_i \qquad (9.1.20)$$

该算子可从二维场中一次滤两个短波分量。

(2) 令 $S_1 = -S_2 = S_3 = -S_4 = S$，便得

$$\mathcal{F}_o = \left(1-\frac{3S^2}{2}\right)^2 f_o + S^2\left(1-\frac{3S^2}{2}\right)\sum_{i=1}^{4} f_i + S^4\sum_{i=5}^{8} f_i + \frac{S^2}{4}\left(1-\frac{3S^2}{2}\right)\sum_{i=9}^{12} f_i - \frac{S^4}{4}\sum_{i=13}^{20} f_i + \frac{S^4}{16}\sum_{i=21}^{24} f_i \qquad (9.1.21)$$

该算子可从二维场中一次滤去一个短波分量，并对较长波分量的振幅有恢复作用。当取

$$S_1 = \frac{1}{2}$$
$$S_2 = \frac{2}{3}$$
$$S_3 = 1$$
$$S_4 = 1.4472$$

几种滤波算子的响应函数曲线的比较表明，用 25 点滤波算子分离得到的中尺度扰动，几乎没有被歪曲。只需两次使用(9.1.17)式，就可逼真地得到几乎全部 2～5 倍格距波，以及同属于中尺度波段的 6～8 倍格距波的大部分，并大大减小了边界点的影响。

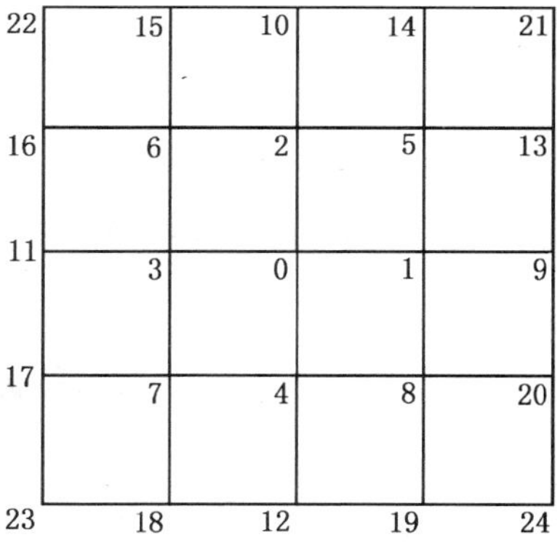

图 9.1.3　格点标号

图 9.1.4 是一次江淮气旋中尺度对流系统生成的数值试验中得到的 1000hPa 流场。两次运用尺度分离算子(9.1.17)，第一次取 $S_1 = 1/2, S_2 = 2/3$，滤去 2 倍和 3 倍格距短波，第二次取 $S_1 = 1, S_2 = 1.4472$，滤去 4 倍和 5 倍格距波，水平格距为 100km。从分离前的流场，如图 9.1.4(a)所示，减去低通滤波后的流场，便得到中尺度扰动流场，如图 9.1.4(b)所示。由图可见，在大尺度江淮气旋暖区中，有 3 个大风速中心，在它们的前方出现三个暴雨中心。分别以 Ⅰ，Ⅱ，Ⅲ 表示。从分离前的流场上显然难以分辨出与三个暴雨中心相对应的中尺度系统。但是，在中尺度分离后，可以清楚地见到与暴雨中心相对应的三个中尺度气旋性环流。使用情况表明，算式(9.1.17)具有较好的中尺度分离功能。

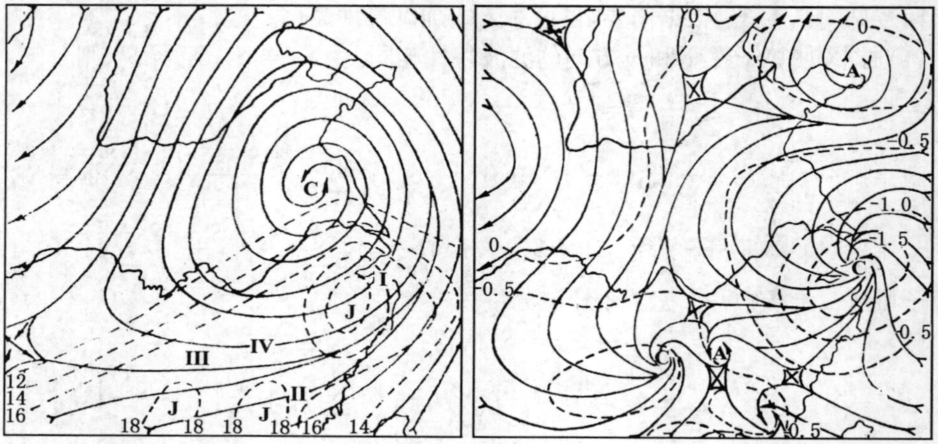

图 9.1.4　中尺度分离前后的 1000hPa 流场图(引自夏大庆,1982)

§9.2　热力稳定度分析

中尺度天气系统包含的现象很复杂,在众多的中尺度系统中,最受人们关注的是对流系统。在对流系统的分析中,首要的是热力不稳定的形成和释放问题,因而先从大气层结稳定度的分析说起。

9.2.1　$\theta_e(\theta_{se})$和$E_\sigma(T_\sigma)$的分析

大气层结稳定度是用 θ,θ_e 和 θ_e^*(空气饱和时的 θ_e) 的垂直分布表征的,即

$$\begin{cases} \dfrac{\partial \theta}{\partial z} < 0 & \text{绝对不稳定} \\ \dfrac{\partial \theta}{\partial z} > 0 \text{ 和 } \dfrac{\partial \theta_e^*}{\partial z} < 0 & \text{条件不稳定} \\ \dfrac{\partial \theta_e^*}{\partial z} > 0 & \text{绝对稳定} \\ \dfrac{\partial \theta_e}{\partial z} < 0 & \text{对流不稳定} \end{cases} \tag{9.2.1}$$

同时也可用与 θ,θ_e 和 θ_e^* 物理性质类似的热力学变量:干静力能量 E_D、湿静力能量 E_σ 和饱和湿静力能量 E_σ^* 的垂直分布来表征大气稳定度。因为 $E_D = gz + C_pT$,所以

$$\begin{cases} E_\sigma = gz + C_pT + Lq = E_D + Lq \\ E_\sigma^* = gz + C_pT + Lq_s = E_D + Lq_s \end{cases} \tag{9.2.2}$$

而

$$\theta = T\left(\frac{1000}{p}\right)^k = T\pi$$

$$\theta_e = \theta\exp\left(\frac{L}{C_p}\frac{q}{T_s}\right)$$

$$\theta_e^* = \theta\exp\left(\frac{L}{C_p}\frac{q_s}{T}\right)$$

这里位温函数 $\pi = (1000/p)^k$，T_s 是抬举凝结高度温度，q_s 是温度 T 时的饱和比湿。因此

$$\frac{\partial \theta}{\partial z} = \frac{\pi}{C_p}\left(g + C_p\frac{\partial T}{\partial z}\right) \tag{9.2.3}$$

$$\frac{\partial E_D}{\partial z} = g + C_p\frac{\partial T}{\partial z} \tag{9.2.4}$$

另外，由

$$\theta_e = \theta\exp\left(\frac{L}{C_p}\frac{q}{T_s}\right) \approx \theta\left(1 + \frac{L}{C_p}\frac{q}{T_s}\right) = \theta + \frac{\pi}{C_p}\left(\frac{LqT}{T_s}\right) \approx \theta + \frac{\pi}{C_p}Lq \tag{9.2.5}$$

将上式对 z 求导后可得

$$\frac{\partial \theta_e}{\partial z} \approx \frac{\partial \theta}{\partial z} + \frac{\pi}{C_p}\frac{\partial}{\partial z}Lq = \frac{\pi}{C_p}\frac{\partial E_\sigma}{\partial z} \tag{9.2.6}$$

$$\frac{\partial \theta_e^*}{\partial z} \approx \frac{\pi}{C_p}\frac{\partial E_\sigma^*}{\partial z} \tag{9.2.7}$$

由此可见，用 $E_D, E_\sigma, E_\sigma^*$ 和用 $\theta, \theta_e, \theta_e^*$ 的垂直分析表征大气层结稳定度是一致。

图 9.2.1 是分别用两种热力学变量点绘的单站廓线图。从图看出，在 700hPa 以下，大气层结是对流不稳定和条件不稳定（地面边界层除外）。$E_\sigma(\theta_e)$ 和 $E_D(\theta)$ 曲线之间的面积大小反映了大气潜能的多寡，面积愈大，气柱潜能愈多。$E_\sigma^*(\theta_e^*)$ 和 $E_\sigma(\theta_e)$ 曲线的间距反映了饱和差，饱和差愈大，表示气层愈干，因而出现强对流时，对流层中层的饱和差应比低层大；但整个气层太干时，又不易形成强对流天气。从 E_σ^* 曲线底部的 O 点（一般取在边界层顶附近）作为抬举凝结高度，向上作直线与 E_σ^* 相交在 F 和 C 点，OFC 线反映气块上升过程曲线，F 为自由对流高度，C 为对流上限。过程曲线与 $E_\sigma(\theta_e)$ 之间面

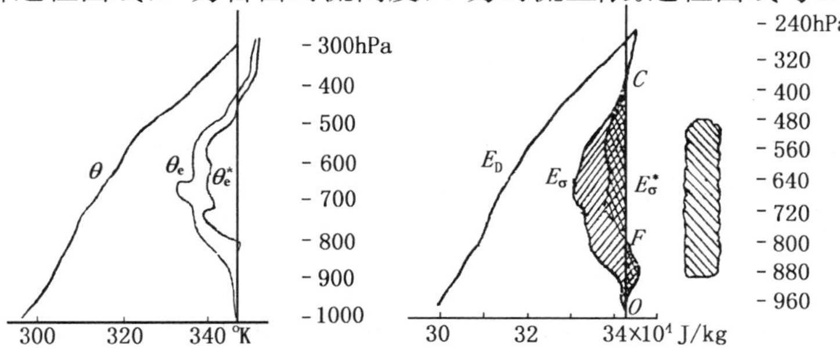

图 9.2.1　同一时间和地点的 $\theta, \theta_e, \theta_e^*$ 和 $E_D, E_\sigma, E_\sigma^*$ 的垂直廓线

积的大小，反映对流不稳定能的大小；而过程曲线与 $E_\sigma^*(\theta_e^*)$ 之间的正面积区，为潜在不稳定区，这两者之和，是位势不稳定能，即对流的发展能量。也就是说位势不稳定是指对流不稳定和条件不稳定的结合。过程曲线与 E_σ^* 之间的负面积区，表示产生对流必须具备的启动能量。所需的启动能量，不能过大也不能过小，太小时容易发生对流，以致使不稳定能零星释放，太大时又需很强的触发机制才能启动对流。

θ_e 或 E_σ 是同时表征温度和湿度的参数，因而在中尺度天气图上可以绘制等 θ_e 线或等 E_σ 线（实际工作中也可绘等 T_σ 线），分析 θ_e 或 E_σ 场确定高低 θ_e 值区（或湿静力能量高低能区）和能量锋的位置。飑线或暴雨多发生在中尺度能量锋附近，并偏于暖湿舌一侧。当高能舌呈 Ω 形成“锢囚”形时，最易出现强对流或暴雨。为了分析大气稳定度和温湿垂直分布，通常绘制 850hPa，700hPa 和 500hPa 等压面上的等 $\theta_e(E_\sigma)$ 线和 $\theta_{e700}-\theta_{e850}(E_{\sigma700}-E_{\sigma850})$ 分布图。强对流天气出现在高温高湿的对流不稳定区或它的下风方向。对暴雨来说，还要求湿层很厚。

9.2.2　对流不稳定能量

在条件性不稳定层结下对流能否发展，视大气内部的不稳定能量而定，这种气层的不稳定能量，可以直接通过热力图解进行分析。

9.2.2.1　利用埃玛 (T-ln$p$) 图分析气层不稳定能量

对流不稳定能量是气层中可能供给单位质量气块对流运动的能量，它用单位质量上升（或下沉）气块受到重力和浮力的合力（净举力）所作的功来度量。即

$$\overline{W}=\int_{z_0}^{z}\frac{T_{vp}-T_{ve}}{T_{ve}}g\mathrm{d}z \tag{9.2.8}$$

式中 $\overline{W}$ 为净举力对气块所作的功，T_{vp} 是气块虚温，T_{ve} 为环境空气虚温。

以 $\dfrac{\mathrm{d}w}{\mathrm{d}t}=\dfrac{T_{vp}-T_{ve}}{T_{ve}}g$ 和 $\mathrm{d}z=w\mathrm{d}t$ 代入上式得

$$\overline{W}=\int_{t_0}^{t}\frac{\mathrm{d}w}{\mathrm{d}t}w\mathrm{d}t=\int_{w_0}^{w}w\mathrm{d}w=\frac{1}{2}(w^2-w_0^2)\Delta E \tag{9.2.9}$$

上式表示净举力对气块作功等于气块动能的增量 ΔE，它也就是浮力能或对流不稳定能量。

根据气块法假定，周围大气处于静力平衡状态，再利用状态方程使(9.2.8)式写成

$$\overline{W}=-\int_{p_0}^{p}\frac{T_{vp}-T_{ve}}{T_{ve}}R_dT_{ve}\mathrm{dln}p=R_d\left[\int_{p_0}^{p}T_{vp}\mathrm{d}(\ln p)-\int_{p_0}^{p}T_{ve}(\mathrm{dln}p)\right]=R_d(S_1-S_2) \tag{9.2.10}$$

式中 S_1 为 T-ln$p$ 图上状态曲线与纵轴和 p_0，p 等压线所包围的面积；S_2 为层结曲线与纵轴和 p_0，p 等压线所包围的面积。气层 p_0，p 间的不稳定能量与 T-ln$p$ 图上状态曲线和层

结曲线围成的面积($S_1 - S_2$) 成正比。它的正负或大小，与状态曲线和层结曲线的配置有关。图 9.2.2 反映了层结曲线和状态曲线某种配置下的不稳定能量垂直分布。其中，自由对流高度(LFC) 到平衡高度(EL) 间的层结曲线与状态曲线所围成的面积为正面积(PA)，忽略磨擦效应和凝结过程等造成的潜热释放，则 PA 与 LFC 到 EL 间正浮力产生的动能大小成正比。如果气块上升到 LFC 位置时的速度为 W_{LFC}，则气块在 EL 处的速度为

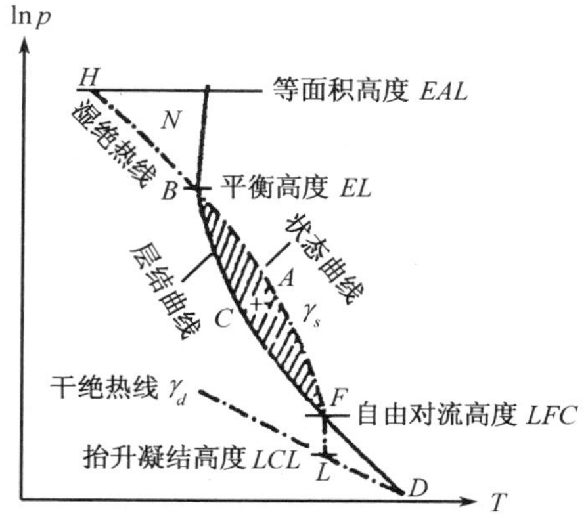

图 9.2.2　T-$\ln p$ 图上浮力能、平衡高度与等面积高度(引自朱乾根等，1992)

$$W_{EL} = W_{LFC} + (2pA)^{\frac{1}{2}} \tag{9.2.11}$$

其中

$$pA = \frac{1}{2}W_{EL}^2 - \frac{1}{2}W_{LFC}^2 = \int_{p_{EL}}^{p_{LFC}} R_d(T_{vp} - T_{ve})\mathrm{d}\ln p \tag{9.2.12}$$

在平衡高度以上与正面积相等的负面积上限高度，称为等面积高度 EAL。按照气块法理论，当气块上升到 ΔT 等于零的高度(图中 B 点) 时，垂直加速度等于零，垂直速度达最大值。再向上，气块就会产生负加速度，垂直速度将随高度减小。因此气块到达 B 点后仍能上升，直至升到负面积 N 等于其下部正面积的高度 H 时，垂直速度才等于零，也就是说，它是对流高度的上限，发展的对流云顶，应当界于平衡高度与等面积高度之间的范围内。

把气块抬升到 LFC 的位置，通常必须对气块作功，功的大小与从气块起始位置到 LFC 间的状态曲线与层结曲线所围成的面积成正比。这个面积被称为负面积(NA)，即对流抑制能量(CIN)

$$NA = CIN = -\int_{p_{LFC}}^{p_{\text{起始}}} R_d(T_{vp} - T_{ve})\mathrm{d}\ln p \tag{9.2.13}$$

或

$$CIN = g\int_{z_{LFC}}^{z_{\text{起始}}} \frac{T_{vp} - T_{ve}}{T_{ve}}\mathrm{d}z \tag{9.2.14}$$

可见，CIN 是气块获得对流潜势必须超越的能量临界值。因此，当大气边界层气块穿过稳定层上升，该气块必须具有足够的单位质量动能或有一个向上冲击的垂直速度 W_{CIN}

$$W_{CIN} = (2CIN)^{\frac{1}{2}} \tag{9.2.15}$$

试验表明，对流开始于相当大的对流潜势 ($CAPE$ 大值或其它大的对流不稳定指

数）和最小对流抑制能量（CIN）的叠置区域。

9.2.2.2 对流有效位能（$CAPE$）及其相关参数

（1）对流有效位能（$CAPE$）：对流有效位能表示在浮力作用下，对单位质量气块从自由对流高度上升至平衡高度所作的功。从几何意义上说，这种浮力能量相当于 T-ln$p$ 图上的正面积（图 9.2.2 中的斜线区）。其表达式为

$$CAPE = g\int_{z_{LFC}}^{z_{EL}} \frac{T_{vp} - T_{ve}}{T_{ve}}\mathrm{d}z \tag{9.2.16}$$

式中 T_v 为虚温，下标 p，e 分别表示气块与环境有关的物理量；z_{LFC} 为自由对流高度，是 $T_{vp} - T_{ve}$ 由负值转正值的高度；z_{EL} 为平衡高度，是 $T_{vp} - T_{ve}$ 由正值转负值的高度。$CAPE$ 的数值表示大气浮力能的大小，其单位是 J/kg 或 m^2/s^2。

（2）归一化对流有效位能（$NCAPE$）：考虑中值定理后，（9.2.16）式可写成

$$CAPE = g\left(\overline{\frac{T_{vp} - T_{ve}}{T_{ve}}}\right)(z_{EL} - z_{LFC}) \tag{9.2.17}$$

式中 $(z_{EL} - z_{LFC}) = \Delta H_{FCL}$ 为自由对流厚度。$\left(\overline{\frac{T_{vp} - T_{ve}}{T_{ve}}}\right)$ 为对 ΔH_{FCL} 求出的算术平均值。上式表明，$CAPE$ 的大小由两个参数决定：一是平均浮力大小；二是 ΔH_{FCL} 的大小。在热力图解中 $CAPE$ 一定的条件下，若 ΔH_{FCL} 增大（减小），则整个自由对流厚度的浮力必然减小（增大）。因此，在阐述 $CAPE$ 的数值时，应考虑面积的纵横比，即 $CAPE$ 是"瘦高"还是"矮胖"。

数值试验表明，$CAPE$ 的垂直分布非常重要。在 $CAPE$ 相同，而最大浮力出现在不同高度的情形下，浮力极大值出现在低层的瞬间 $W_{\max}$，要比出现在高层的大得多。许多超级单体风暴可能是发生在总 $CAPE$ 小，但低层 $CAPE$ 相对较大的环境里。可见"矮胖"$CAPE$ 比"瘦高"$CAPE$，有利于出现超级单体风暴。

考虑浮力垂直分布对垂直速度的影响，引入归一化有效位能（$NCAPE$）

$$NCAPE = \frac{VAPE}{\Delta H_{FCL}} \quad \mathrm{J/(kg \cdot m)} \quad 或 \quad (\mathrm{m^2/s^2}) \tag{9.2.18}$$

或

$$NCAPE = \frac{VAPE}{\Delta p_{FCL}} \tag{9.2.19}$$

式中 $\Delta p_{FCL} = p_{LFC} - p_{EL}$。如用气压表示自由对流厚度时，$NCAPE$ 取值范围一般在 1～6J/(kg · hPa)。

考虑浮力的垂直分布，也可分层计算 $CAPE$。当低层 $CAPE$ 贡献相对大时，与其有关的垂直加速度大体位于云底附近，它对低层气压扰动和低层中气旋的发展起关键作用。因此，快速、简便地得出总的 $CAPE$ 的垂直分布和低层的 $CAPE$，对预报业务工作

很重要。计算从 LFC 到 3km 高度(z_{LFC3}) 的 $CAPE$ 为

$$CAPE|_{3\mathrm{km}} = g\int_{z_{LFC}}^{z_{LFC3}}\left(\frac{T_{vp}-T_{ve}}{T_{ve}}\right)\mathrm{d}z \tag{9.2.20}$$

$$NCAPE = \frac{CAPE}{z_{LFC3}-z_{LFC}} \tag{9.2.21}$$

按照美国对非超级单体雷暴(ORD)、无显著龙卷超级单体(SUP)和显著龙卷超级单体(TOR)三类统计,结果表明,对于 ORD,在低层 3km 以内的 $CAPE$ 数值通常较小,低于其它两类超级单体的数值。

(3)下沉对流有效位能 ($DCAPE$):在对流风暴内,当未饱和空气中有降水蒸发或冻结层上有降水融化时,会使气块致冷产生负浮力和下沉气流。为定量表示这种下沉气流可能达到的强度,引入了下沉对流有效位能($DCAPE$) 的概念。气块通过两个过程取得下沉对流有效位能的极大值:

第一步:空气通过等压冷却(降水蒸发或冰粒融化) 过程,使气块致冷(由 T 变成 T_w);

第二步:在维持气块饱和状态下蒸发,并沿假绝热过程下降。下沉对流有效位能的表达式为

$$DCAPE = \int_{p_i}^{p_n} R_d(T_{ve}-T_{vp})\mathrm{d}\ln p = g\int_{z_n}^{z_i}\frac{T_{ve}-T_{vp}}{T_{ve}}\mathrm{d}z \tag{9.2.22}$$

式中 $p_i(z_i)$,$p_n(z_n)$ 分别表示起始下沉气压(高度) 和下沉气块到达中性浮力层或地面时的气压(高度)。

不考虑其它因素,若在下沉起点处垂直速度为零,则从理论上说,气块下沉到达中性浮力层或地面时,负浮力作功引起的下沉垂直速度为

$$W_{\max} = (2DCAPE)^{\frac{1}{2}} \tag{9.2.23}$$

利用探空资料计算 $DCAPE$ 时,通常把中层干冷空气侵入的高度作为起点,在此高度处,探空对应的 θ_w 或 θ_{se} 最小,而 $T-T_d$ 的差值很大。气块下沉起始点对应该处的湿球温度 T_w,以对应的 θ_w 线向下到达中性浮力层或地面,其与层结曲线包围的面积所代表的能量,即下沉对流有效位能。

在没有 $CAPE$ 的情况下,根据探空资料计算也可能有 $DCAPE$,但由于没有降水供应,$DCAPE$ 所需的基本条件得不到满足,因而不可能有它所描述的下沉对流运动发生。

9.2.3　热力稳定度指数

在实际工作中,除了用上述不稳定能量分析气层的对流稳定度外,还有许多判断热力稳定度的指数,它们同 $CAPE$ 有一定的联系,但多半是经验性的。

9.2.3.1　抬升指数（LI）

指气块从自由对流高度出发，湿热绝上升至500hPa处的温度与500hPa环境温度之差。当LI为正值时，表示气块不稳定，其值越大，相应地表示正的不稳定能面积越大。

9.2.3.2　沙氏指数（SI）

指气块从850hPa开始，干绝热上升至抬升凝结高度，然后按湿绝热递减率上升至500hPa，在500hPa上的环境温度（T_{500}）与该上升气块到达500hPa的温度（T_s）的差值，即

$$SI = (T - T_s)_{500} \tag{9.2.24}$$

式中$SI > 0$，表示气层稳定；$SI < 0$，表示气层不稳定。负值越大，气层越不稳定。若在850hPa与500hPa之间存在锋面或逆温层时，则SI无意义。

9.2.3.3　简化沙氏指数（SSI）

指将850hPa上的气块，按干绝热递减率上升至500hPa，500hPa的环境温度T_{500}与该上升气块温度T'_s的差值，即

$$SSI = T_{500} - T'_s \tag{9.2.25}$$

在一般情况下，$\gamma \leqslant \gamma_d$，因而$SSI \geqslant 0$。$SSI$的正值越小，表示气层越不稳定。将$SSI$与$SI$相比，$SSI$忽略了气块的凝结过程，即认为气块一直到500hPa均未饱和，所以它是SI的简化。

9.2.3.4　K指数

它是考虑了气层水汽条件的一种不稳定指数，其公式为

$$K = (T_{850} - T_{500}) + T_{d850} - (T - T_d)_{700} \tag{9.2.26}$$

式中（$T_{850} - T_{500}$）为850～500hPa之间的平均温度递减率，T_{d850}为850hPa露点温度，$(T - T_d)_{700}$为700hPa空气饱和程度。由于指数考虑了中低层的水汽条件，并可从天气图直接读数求得，操作简便，因而它是分析暴雨的一种较好的热力稳定度指数。

9.2.3.5　A指数

A指数的计算公式为

$$A = (T_{850} - T_{500}) - [(T - T_d)_{850} + (T - T_d)_{700} + (T - T_d)_{500}] \tag{9.2.27}$$

A指数考虑了对流层下半部气层大气饱和程度的状况，也是分析暴雨产生的一种热力稳定度指数。大气层结越不稳定，A值越大。当$A \geqslant 0$时，有利于暴雨的产生。

9.2.3.6　总指数（TT）

总指数的计算公式为

$$TT = 2(T_{850} - T_{500}) - (T - T_d)_{850} = T_{850} + T_{d850} - 2T_{500} \quad (9.2.28)$$

TT 越大，表示大气越不稳定。有时，为了考虑地面气层的温湿状况，也可用修正后的总指数，即

$$TT_{\text{Mod}} = \frac{1}{2}[(T_0 + T_{850}) + (T_{d0} + T_{d850})] - 2T_{500} \quad (9.2.29)$$

9.2.3.7　深对流指数 (DCI_B)

深对流指数的表达式为

$$DCI_B = (T_{850} - T_{d850}) - LI \quad (9.2.30)$$

这里的 LI 是抬升指数，850hPa 的 T 和 T_d 相当于 θ_{se850}，将 850hPa 层的 θ_{se} 与地面至 500hPa 的浮力(正面积)特性结合，估计发生深对流的潜势。该指数很高的地方，同时具备抬升气块的触发机制，则很可能出现强对流天气条件。

用模式输出资料计算 48h 以内的指数，以及叠加 850hPa 风或位势高度，还可以估计低层气流对 DCI_B 的平流作用。

9.2.4　对流不稳定倾向方程

在通常情况下，即使大尺度形势相同，在同一对流不稳定区内分布也并不均匀，往往呈现出不同的中尺度分布。与大尺度对流不稳定区相比，中尺度对流不稳定与雷暴配合得更好，显示出中尺度不稳定度是决定雷暴中尺度特征的重要条件。同时，与雷暴关系密切的中尺度对流不稳定的建立，往往在几小时内完成，具有快过程的特点，因而分析中尺度对流不稳定的建立，对于中尺度分析具有重要意义。

影响中尺度对流不稳定的因素，可通过导出中尺度对流稳定度倾向方程进行分析。

考虑 θ_{se} 在湿绝热过程中的守恒性，有

$$\frac{\partial \theta_{se}}{\partial t} = -\nabla \cdot \theta_{se}\vec{V} - \frac{\partial \theta_{se}\omega}{\partial p}$$

式中 $\vec{V}$ 为水平风速，ω 为 p 坐标系中的垂直速度。利用 θ_{se} 和 θ, q 的近似关系

$$\theta_{se} \approx \theta + \frac{L}{C_p}q$$

可以得到

$$\frac{\partial \theta_{se}}{\partial t} = -\nabla \cdot \theta\vec{V} - \frac{L}{C_p}\nabla \cdot q\vec{V} - \frac{\partial \theta_{se}\omega}{\partial p} \quad (9.2.31)$$

用 σ_e 表示对流稳定度，即 $\sigma_e = -\dfrac{\partial \theta_{se}}{\partial p}$。$\sigma_e < 0$，代表对流不稳定；反之，对流稳定。由此定义，将上式对 p 求导，略去对 p 的二次微商项，得对流稳定度倾向方程

$$\frac{\partial \sigma_e}{\partial t} = -\vec{V} \cdot \nabla\left(-\frac{\partial \theta}{\partial p}\right) + \frac{\partial \vec{V}}{\partial p} \cdot \nabla\theta + \frac{L}{C_p}\frac{\partial}{\partial p}(\nabla \cdot q\vec{V}) + \left(\frac{\partial \theta}{\partial p} + 2\sigma_e\right)\nabla \cdot \vec{V} \quad (9.2.32)$$

视实际场为大尺度基本场与中尺度扰动场之和,即

$$\sigma_e = \bar{\sigma}_e + \sigma_e', \qquad \vec{V} = \vec{\bar{V}} + \vec{V}', \qquad \theta = \bar{\theta} + \theta', \qquad q = \bar{q} + q'$$

式中"—"为大尺度场,"′"为中尺度扰动场。将上述关系代入(9.2.16)式,并考虑基本场和中尺度扰动的性质,有

$$\bar{\theta} \gg \theta' \qquad \bar{q} \gg q' \qquad \vec{\bar{V}} \gg \vec{V}'$$

$$\nabla \cdot \vec{V}' \gg \nabla \cdot \vec{\bar{V}} \qquad \bar{\sigma}_e \sim \sigma_e' \qquad \frac{\partial \bar{\theta}}{\partial p} \sim \frac{\partial \theta'}{\partial p}$$

可简化得到

$$\frac{\partial \sigma_e'}{\partial t} = \underset{(1)}{-\vec{\bar{V}} \cdot \nabla\left(-\frac{\partial \theta'}{\partial p}\right)} + \underset{(2)}{\frac{\partial \vec{\bar{V}}}{\partial p} \cdot \nabla \theta'} + \underset{(3)}{\frac{L}{C_p}\frac{\partial}{\partial p}(\nabla \cdot \bar{q}\vec{V}')} - \underset{(4)}{\left(\frac{\partial \bar{\theta}}{\partial p} + \frac{2L}{C_p}\frac{\partial \bar{q}}{\partial p}\right)\nabla \cdot \vec{V}'} \tag{9.2.33}$$

上式为中尺度对流稳定度倾向方程。影响中尺度对流稳定度倾向的分量有四项:

①层结稳定度平流项。当沿气流方向层结稳定度增大 $\nabla\left(-\frac{\partial \theta'}{\partial p} > 0\right)$,对流不稳定随时间增强;反之,对流不稳定减弱;

② 热成风温度平流项。当沿热成风方向位温减少($\nabla \theta' < 0$),对流不稳定随时间减弱;反之,对流不稳定增强;

③ 水汽能量散度垂直分布项。当水汽通量辐合随高度减弱$\left[\frac{\partial(\nabla \cdot q\vec{V})}{\partial p} < 0\right]$,对流不稳定随时间增强;反之,对流不稳定减弱;

④ 散度项。在中性层结条件下,比湿随高度减少$\left(\frac{\partial \bar{q}}{\partial p} > 0\right)$,则速度辐散,有利于对流不稳定随时间增强。但在通常情况下,$\frac{\partial \bar{\theta}}{\partial p} < 0, \frac{\partial \bar{q}}{\partial p} > 0$,因而第四项括号中的两个因子有抵消作用,从而使该项对对流稳定度倾向的影响减小。

实际研究表明,在对流不稳定区建立与低空急流影响有密切关系的天气过程中,水汽通量散度的垂直分布,对于对流稳定度随时间的变化有重要作用。如果低空急流大风速中心垂直轴线前倾,在大风速中心前方,水汽通量辐合随高度减小,有利于中尺度对流不稳定区的建立,因而那里常有中尺度雨团和雷暴群活动。

§9.3 高分辨不稳定能量的计算

通常,大气不稳定能量都是使用探空资料进行计算。由于常规高空探测网是为分析天气尺度系统建立的,测站平均间距为 300～400km,观测时间间隔在 12h,这对生命史

仅几小时的强对流系统来说，其时间和空间分辨率都是不足的。为此，徐宏、李洪勋等研究提出用高分辨不稳定能量的计算方法。考虑到受下垫面的影响，边界层内气象要素的水平变化常常是比较显著的。相比之下，对流层的中上层则要平缓得多，因而他们采用了二次曲面拟合方法，由区域附近的高空观测站的探空资料算出某地面测站上空的高空气象要素值，从而得到地面测站密度的高分辨的不稳定能量分布。

利用(9.2.12)式，计算不稳定能量的公式为

$$E_{p_1}^{p_2} = \frac{1}{2}(W_{p_2}^2 - W_{p_1}^2) = -R_d\int_{p_1}^{p_2}(T_{vi} - T_{ve})\mathrm{d}\ln p \qquad (9.3.1)$$

上式中的 T_{vi} 和 T_{ve} 分别为气块和环境虚温。考虑到实际工作中使用的方便，将上式改写为

$$E_{p_1}^{p_2} = g(\Delta H_{Sp_1}^{p_2} - \Delta H_{p_1}^{p_2}) \qquad (9.3.2)$$

式中 $E_{p_1}^{p_2}$ 为 p_1 与 p_2 间的不稳定能量，g 为重力加速度，而

$$\Delta H_{p_1}^{p_2} = -\frac{R_d}{g}\int_{p_1}^{p_2}T_{ve}\mathrm{d}\ln p$$

或

$$\Delta H_{p_1}^{p_2} = H_{p_2} - H_{p_1} \qquad (9.3.3)$$

$\Delta H_{p_1}^{p_2}$ 为 p_1 与 p_2 等压面间的厚度，可由探空报告中 p_2，p_1 的位势高度 H_{p_2}，H_{p_1} 之差求得。而

$$\Delta H_{sp_1}^{p_2} = -\frac{R_d}{g}\int_{p_1}^{p_2}T_{vi}\mathrm{d}\ln p \qquad (9.3.4)$$

称之为绝热位势厚度。它是假定空气柱中的虚温分布与绝热上升气块的虚温随高度变化相同时，这一"绝热气柱"在 p_1 和 p_2 间的位势厚度。(9.3.2)式把不稳定能量看作是 p_1 和 p_2 间"绝热气柱"与实际气柱的位势厚度差。其物理意义是：在重力场中，当气柱底的高度相同时，两气柱顶处单位质量空气的位能之差。

由(9.3.4)式可见，当 p_1 和 p_2 一定时，$\Delta H_{sp_1}^{p_2}$ 是 T_{vi} 的函数。T_{vi} 可由干绝热过程和湿绝热过程确定。考虑到边界层内温度层结日变化很大和低层扰动的存在，对于强对流天气的发展，主要是计算凝结高度以上不稳定能量的大小。在凝结高度以上，T_{vi} 是 θ_{se}，p 的函数，θ_{se} 是可由地面空气初始状态得到的。

9.3.1　$\Delta H_{sp_1}^{p_2}$ 是 T_{vi} 的内插值多项式

为了应用计算机计算，用下列 $\Delta H_{sp_1}^{p_2}$ 的插值多项式

$$\Delta H_{sp_1}^{p_2}(\theta_{se}(p,t,t_d)) \approx A(\theta_{se})_{p_1}^{p_2} = a_0{}_{p_1}^{p_2} + a_1{}_{p_1}^{p_2}\theta_{se} + \cdots + a_n{}_{p_1}^{p_2}\theta_{se}^n \qquad (9.3.5)$$

对上式试用 2,3,4,5,6 次多项式逼近,结果表明,并非多项式次数越高,逼近得越精确。对 p_1,p_2 为不同厚度的情况下,都以三次多项式效果最好。表 9.3.1 给出的是从 850hPa 至各标准层之间插值多项式的系数以及最大误差。

表 9.3.1　$\Delta H_{sp_1}^{p_2}$ 插值多项式系数和最大误差(引自徐宏等,1985)

p_1-p_2	a_0	a_1	a_2	a_3	$\lvert E_{max}\rvert$
850—200	−9194.219	103.5267	−0.1510179	5.797127×10^{-5}	0.91
850—250	−11637.42	122.6696	−0.2257353	1.375143×10^{-4}	1.07
850—300	−13447.89	137.3381	−0.2877511	2.073517×10^{-4}	0.88
850—400	−13199.47	133.4619	−0.3115755	2.515794×10^{-4}	0.27
850—500	−9626.727	99.50077	−0.2397042	1.995988×10^{-4}	0.30
850—700	−3040.097	33.60977	-8.203626×10^{-2}	6.934624×10^{-5}	0.18

利用表 9.3.1 我们可以根据需要构成标准等压面之间的 $\Delta H_{sp_1}^{p_2}$ 的插值多项式。比如对于计算 E_{700}^{300} 时,由于 $\Delta H_{s700}^{300}=\Delta H_{s850}^{300}-\Delta H_{s850}^{700}$,$\Delta H_{s850}^{700}$ 的插值多项式可根据表中 ΔH_{s850}^{300},ΔH_{s850}^{700} 的系数对应相减得到。这样构造的不同层次的多项式,误差小于2gpm,精度完全满足诊断稳定度分布的需要。

9.3.2　厚度场 $\Delta H_{p_1}^{p_2}(x,y)$ 的计算

对于水平尺度数百千米范围的高空厚度场,我们设想它的分布呈某一曲面,可以利用曲面拟合的方法近似地得到厚度场。常用的有二次曲面和一次曲面拟合,再由拟合所得的两等压面(p_1 和 p_2)的位势厚度($\Delta H_{p_1}^{p_2}$)的空间分布,计算对应各地测站位置(x,y)的 $\Delta H_{p_1}^{p_2}$ 的值。

曲面拟合方法的基本原理是:将测站的任一气象要素用某一个二维空间(x,y)函数,来描述它在某一等压面的分布。如果某一气象要素在某一有限区域内,其空间分布变化比较平缓,没有不连续的突变情况,可用二次曲面拟合来提高这个气象要素分析的空间分辨率。具体做法是,在这个有限区域内,选定均匀分布的 6 个或 6 个以上测站,对第 n 个测站的某气象要素 $f_n(x,y)$,可用多项式

$$f'_n(x,y)=a_0+a_1x+a_2y+a_3x^2+a_4xy+a_5y^2$$

来描述,这样就有 6 个或 6 个以上的方程来确定 a_0,a_1,a_2,a_3,a_4,a_5 这 6 个常数。利用最小二乘法,使拟合的残差平方和最小,即

$$Q=\sum_{n=1}^{N}[f_n(x,y)-(a_0+a_1x+a_2y+a_3x^2+a_4xy+a_5y^2)]^2$$

最小时,各个常数满足联立方程组:

$$\frac{\partial Q}{\partial a_i}=0\qquad(i=0,1,2,3,4,5)$$

于是，根据测站的 $f_n(x,y)$ 值和测站位置，用消去法求出上述 6 个常数。

对地面观测站的空间分布密度要比常规探空站大得多。利用曲面拟合可以使某些高空气象要素场的空间分布，具有地面测站同样的分辨率。对于位势高度场的二次曲面拟合，如以拟合厚度 $B(x,y)$ 近似代替实际厚度

$$\Delta H_{p_1}^{p_2}(x,y) \approx B(x,y)_{p_1}^{p_2} = b_0 + b_1 x + b_2 y + b_3 x^2 + b_4 xy + b_5 y^2 \quad (9.3.6)$$

其中，x，y 为测站相对坐标原点的坐标位置。利用最小二乘法原理，可得下面方程组：

$$b_0 \sum^n 1 + b_1 \sum^n x_i + b_2 \sum^n y_i + b_3 \sum^n x_i^2 + b_4 \sum^n x_i y_i + b_5 \sum^n y_i^2 = \sum^n \Delta H_i$$

$$b_0 \sum^n x_i + b_1 \sum^n x_i^2 + b_2 \sum^n x_i y_i + b_3 \sum^n x_i^3 + b_4 \sum^n x_i^2 y_i + b_5 \sum^n x_i y_i^2 = \sum^n \Delta H_i x_i$$

$$b_0 \sum^n y_i + b_1 \sum^n x_i y_i + b_2 \sum^n y_i^2 + b_3 \sum^n x_i^2 y_i + b_4 \sum^n x_i y_i^2 + b_5 \sum^n y_i^3 = \sum^n \Delta H_i y_i$$

$$b_0 \sum^n x_i^2 + b_1 \sum^n x_i^3 + b_2 \sum^n x_i^2 y_i + b_3 \sum^n x_i^4 + b_4 \sum^n x_i^3 y_i + b_5 \sum^n x_i^2 y_i^2 = \sum^n \Delta H_i x_i^2$$

$$b_0 \sum^n x_i y_i + b_1 \sum^n x_i^2 y_i + b_2 \sum^n x_i y_i^2 + b_3 \sum^n x_i^3 y_i + b_4 \sum^n x_i^2 y_i^2 + b_5 \sum^n x_i y_i^3 = \sum^n \Delta H_i x_{y_i}$$

$$b_0 \sum^n y_i^2 + b_1 \sum^n x_i y_i^2 + b_2 \sum^n y_i^3 + b_3 \sum^n x_i^2 y_i^2 + b_4 \sum^n x_i y_i^3 + b_5 \sum^n y_i^4 = \sum^n \Delta H_i y_i^2$$

即

$$\begin{bmatrix} n & \sum x & \sum y & \sum x^2 & \sum xy & \sum y^2 \\ \sum x & \sum x^2 & \sum xy & \sum x^3 & \sum x^2 y & \sum xy^2 \\ \sum y & \sum xy & \sum y^2 & \sum x^2 y & \sum xy^2 & \sum y^3 \\ \sum x^2 & \sum x^3 & \sum x^2 y & \sum x^4 & \sum x^3 y & \sum x^2 y^2 \\ \sum xy & \sum x^2 y & \sum xy^2 & \sum x^3 y & \sum x^2 y^2 & \sum xy^3 \\ \sum y^2 & \sum xy^2 & \sum y^3 & \sum x^2 y^2 & \sum xy^3 & \sum y^4 \end{bmatrix} \begin{bmatrix} b_0 \\ b_1 \\ b_2 \\ b_3 \\ b_4 \\ b_5 \end{bmatrix} = \begin{bmatrix} \sum \Delta H \\ \sum \Delta Hx \\ \sum \Delta Hy \\ \sum \Delta Hx^2 \\ \sum \Delta Hxy \\ \sum \Delta Hy^2 \end{bmatrix} \quad (9.3.7)$$

上式中为书写方便以 $\sum$ 代替 $\sum^n$，并略去 x_i，y_i，ΔH_i 的下标，n 为高空资料个数。

二次曲面有 6 个系数，需 6 个以上的测站资料，一般站的选取，要略大于分析区域，分散在区域四周，而区域中间又有 1 ～ 2 个站，测站不要都偏一边，这样可使计算平稳些。将探空得到的厚度代入(9.3.7)式，求系数 $b_j(j=0,1,\cdots,5)$，最后就根据地面测站的坐标 x，y 代入(9.3.6)式，得到地面测站上空的拟合厚度。

如果探空资料少于 6 个，也可用一次曲面拟合方法求拟合厚度。设

$$B(x,y) = b_0 + b_1 x + b_2 y \quad (9.3.8)$$

同理，用最小二乘法原理可得

$$\begin{pmatrix} n & \sum x & \sum y \\ \sum y & \sum x^2 & \sum xy \\ \sum y & \sum xy & \sum y^2 \end{pmatrix} \begin{pmatrix} b_0 \\ b_1 \\ b_2 \end{pmatrix} = \begin{pmatrix} \Delta H \\ \Delta Hx \\ \Delta Hy \end{pmatrix} \tag{9.3.9}$$

一次曲面需要 3 个以上站的资料。将资料代入(9.3.9)式得出 b_0, b_1, b_2，根据(9.3.8)式也可得到高空厚度的拟合值。

9.3.3　实例分析

把(9.3.5)和(9.3.8)式代入(9.3.2)式，即可得到在实际工作中便于计算的高分辨能量

$$E_{p_1}^{p_2} \approx g\left[A(\theta_{se})_{p_1}^{p_2} - B(x,y)_{p_1}^{p_2}\right] \tag{9.3.10}$$

1980～1987 年在华东地区进行了中尺度试验。在现场试验期间，华东 7 个常规探空站(徐州、射阳、阜阳、南京、安庆、杭州、上海)区域内，加密了 20 余个站，得到了水平距离约 90km 的探空资料。用这批资料作高分辨不稳定能量的计算和检验，图 9.3.1(a)和图 9.3.1(b)分别是 1982 年 6 月 17 日 08 时用加密探空资料计算得到的 E_{850}^{400} 分布，与仅以前述的 7 个常规探空资料用二次曲面拟合法计算的 E_{850}^{400} 分布。可以看出，两种方法得到的 E 分布，除边远地区外，分布形态和中心位置都基本一致(边远地区的差异主要决定于探空站选取的范围)。可见，用二次曲面拟合方法来反映常规探空站间的厚度场是可以的。

图 9.3.2 是 1982 年 5 月 30 日 08 时是用高分辨不稳定能量计算方法计算所得 E 分布，与用常规探空资料直接计算 E 分布的比较可以见到，经曲面拟合计算的 E 分布，具有明显的中尺度扰动特征。图中的 3 个不稳定能量中心分别与 3h 后发生的雷暴天气区相对应。这种客观分析方法，有助于改进强对流天气的预报。

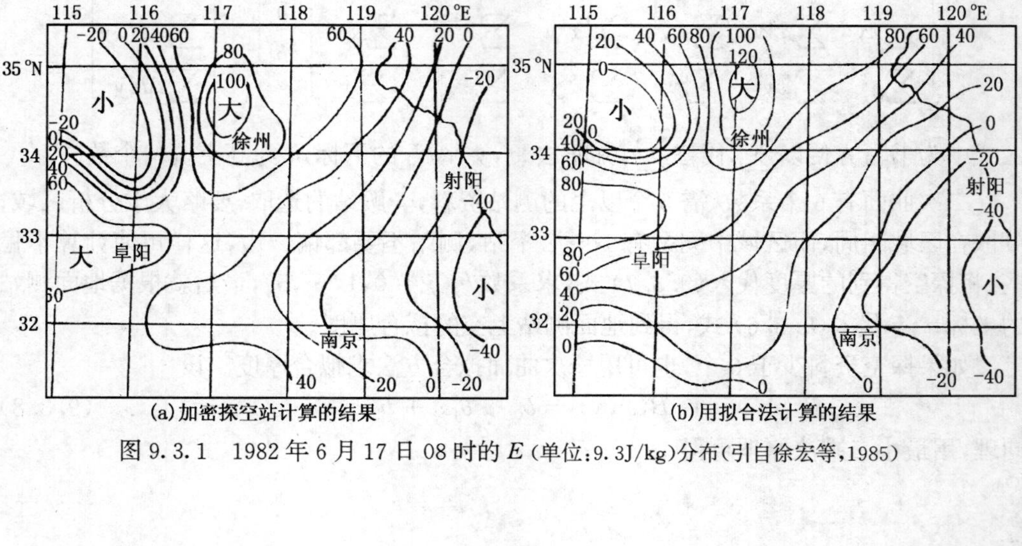

(a)加密探空站计算的结果　　　　(b)用拟合法计算的结果

图 9.3.1　1982 年 6 月 17 日 08 时的 E (单位:9.3J/kg)分布(引自徐宏等,1985)

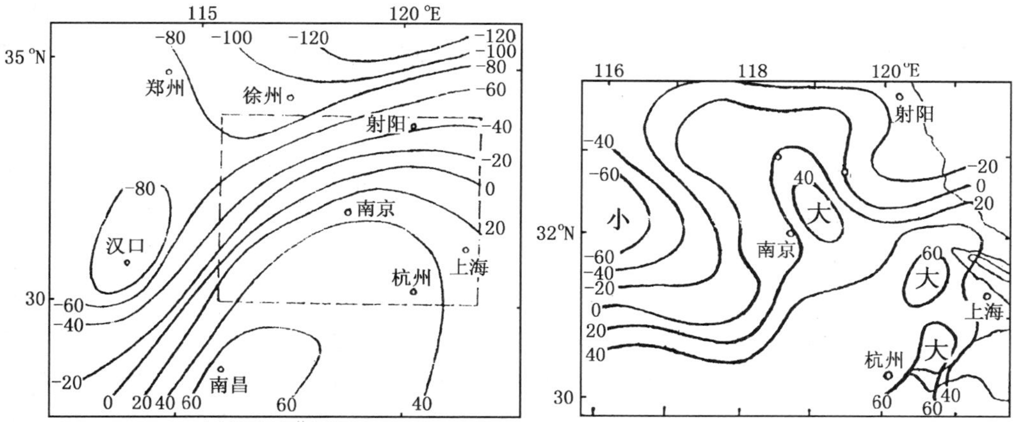

(a)探空站分析图　　(b)曲线拟合法分析图

图 9.3.2　1982 年 5 月 30 日 08 时 E(单位:gpm)分布图(引自李洪勋等,1986)

由于常规探空资料为 12h 一次,而航危报网每小时都有地面资料,如果要计算非探空时次的高分辨能量分布,可对(9.3.10)式中的厚度场 $B(x,y)$ 作平移外推。令

$$X = x - u(t - t_0)$$

$$Y = y - v(t - t_0)$$

其中 u,v 是厚度场的移动速度。于是

$$E_{p_1}^{p_2} \approx g\left[A(\theta_{se},t)_{p_1}^{p_2} - B(x-u(t-t_0),y-v(t-t_0))_{p_1}^{p_2}\right] \qquad (9.3.11)$$

根据上式可以得到逐时的不稳定能量水平分布。当天气形势稳定或 $(t-t_0)$ 较小时,也可简单地假定厚度场变化不大(至少相对于地面要素变化而言),以 08 时的厚度近似代替相应时次的厚度。随着数值预报的发展,还可利用数值预报的结果,得到未来几小时的厚度分布。

由于地面测站比高空测站密得多,因此我们就可以得到地面测密度的 E 分布,大大地提高了稳定度的空间分辨率。一般中尺度对流系统,生命史只有几小时,常出现在几个探空站中间,而探空站本身没有什么强对流天气。有的强对流天气早上还看不出什么征兆,而到午后就强烈地发展。高分辨的 E 分析,可弥补以往稳定度指数空间和时间分辨率不足的缺陷。

§9.4　条件对称不稳定的分析和计算

对流稳定度的分析,对于强对流天气预报是重要的,然而,它是对流发展的必要条件,还不是中尺度环流发展的充分条件。有时大气对于垂直位移是对流稳定的,水平位移是惯性稳定的,但对于倾斜位移则可能产生不稳定,由此导致倾斜对流的发生发展。

近20多年来，人们对于这种倾斜对流，进行了大量的分析和研究，并提出了相应的理论——对称不稳定理论。本节是在第二章对称不稳定理论阐述的基础上，介绍条件对称不稳定(CSI)的分析和计算方法。

目前，对CSI的分析计算基本上有两种方法：Bennetts 和 Hoskins(1979)从整层抬升达到饱和，通过饱和环境中的微小位移，分析评估大气的不稳定性；Emanuel(1983)用气块抬升，穿过周围大气，并假定周围大气保持不受位移的影响，来评估大气的不稳定性。

Emanuel 认为，这种拉格朗日气块法是评估局地的CSI，而 Bennetts 和 Hoskins 法是评估"成层"的CSI。这两种方法的对比，类似于条件不稳定与对流不稳定的区别。相应地，分析计算CSI的方法也有两类：一类是二元法，通过分析影响大气湿位涡的 M_g 和 θ_e 的大小及其分布，判断大气中的正负湿位涡区，从而确定大气是否具有支持条件对称不稳定的潜力；另一类是有效位能法，通过上升气块，估计湿对称不稳定的有效位能，尔后，确定位能释放的对称不稳定量值。

9.4.1 二元法

条件对称不稳定的理论判据是湿位涡 $MPV<0$。我们可以将等压面上的湿位涡定义为

$$MPV = -g\eta \cdot \nabla\theta_e \tag{9.4.1}$$

式中 η 是三维绝对涡度，∇ 是 x,y,p 坐标系中的梯度微分算子，θ_e 是相当位温。展开(9.4.1)式，并假定为地转气流，略去 ω(垂直运动)以及其它小项，可得

$$MPV = g\left[\left(\frac{\partial v_g}{\partial p}\cdot\frac{\partial\theta_e}{\partial x}-\frac{\partial u_g}{\partial p}\cdot\frac{\partial\theta_e}{\partial y}\right)-\left(\frac{\partial v_g}{\partial x}\cdot\frac{\partial u_g}{\partial y}+f\right)\frac{\partial\theta_e}{\partial p}\right] \tag{9.4.2}$$

由(9.4.2)式可利用等压图上的格点资料进行计算，MPV 的单位是PVU

$$1\text{PVU} \equiv 10^{-6}\text{m}^2\cdot\text{K}/(\text{s}\cdot\text{kg})$$

如果取 y 轴方向与等温线方向一致，x 轴方向沿温度梯度指向暖空气，则(9.4.2)式可以改写为

$$MPV = g\left[\left(\underset{A}{\frac{\partial M_g}{\partial p}}\cdot\underset{B}{\frac{\partial\theta_e}{\partial x}}\right)-\left(\underset{C}{\frac{\partial M_g}{\partial x}}\cdot\underset{D}{\frac{\partial\theta_e}{\partial p}}\right)\right] \tag{9.4.3}$$

或

$$MPV = MPV_1 + MPV_2 \tag{9.4.4}$$

式中 MPV 为等压面上的湿位涡，MPV_1 和 MPV_2 分别是它的水平分量和垂直分量；M_g 为绝对地转动量，$M_g = V_g + fx$；θ_e 为相当位温。如果 $MPV<0$，且大气是对流稳定的，则大气是条件对称不稳定。

与(9.4.3)式相对应的另一种评估 CSI 的等效方法，是在等 θ_e 面上估算绝对涡度，这时有

$$(MPV)_{\theta_e}=g\left(\frac{\partial Mg}{\partial x}\right)_{\theta_e}\cdot\left(-\frac{\partial \theta_e}{\partial p}\right) \tag{9.4.5}$$

在大气对流稳定条件下，满足 $(MPV)_{\theta_e}<0$，必须有$\left(\frac{\partial Mg}{\partial x}\right)_{\theta_e}<0$，即在等 θ_e 面上，绝对涡度为负值的地方是条件对称不稳定区。

我们从(9.4.3)式中的 A，B，C，D 四项来进一步分析 M_g 和 θ_e 对 MPV 的影响。

9.4.1.1　A 项表示绝对地转动量的垂直变化

一般在低于急流的高度的地方为负。根据 M_g 的定义，M_g 直接与 V_g 成比例。在正常大气条件下，垂直向上，气压减小 V_g 增大，直到急流高度，因而$\frac{\partial Mg}{\partial p}<0$。当垂直风切变增大，$A$ 项将变为更大的负值，M_g 面斜率减小（变得更水平），这就增大了锋区中产生 CSI 的机会，因为那里的相当位温面趋于陡峭。

9.4.1.2　B 项表示湿斜压度

由于 x 轴指向暖空气，该项大于零。当 θ_e 水平梯度（湿斜压度）越大，等 θ_e 面的坡度也越大。在通常情况下，A 和 B 两项乘积的净得数将是负值，较强 θ_e 水平梯度或垂直风切变，使该项负得更大，也就是说，等 θ_e 面斜率大于等 M_g 面，有利于 CSI 的产生。

9.4.1.3　C 项表示绝对地转动量的水平变化

在北半球绝对涡度通常是正值，因而 $\frac{\partial M_g}{\partial x}>0$；除非 V_g 在 x 方向强烈减小。当相对涡度小于地转涡度(f) 时，C 项可以变为负值。

9.4.1.4　D 项表示大气对流稳定度

如果大气对流稳定，即 $-\frac{\partial \theta_e}{\partial p}>0$，$MPV_2>0$，当湿位涡的水平分量和垂直分量合成时，净得 MPV 值增大，减少 CSI 的机会；如果大气对流中性，即$\frac{\partial \theta_e}{\partial p}=0$，$MPV_2=0$，结果第二项不影响 MPV 的总值，有利于出现 CSI；如果大气是对流不稳定，即 $-\frac{\partial \theta_e}{\partial p}<0$，在通常情况下，$MPV_2<0$，因而第一项和第二项合成的 $MPV<0$。这时，在潮湿大气中，垂直对流出现，并可以同 CSI 同时存在。

由于垂直对流有较快的增长率，对流不稳定将控制 CSI，从而产生时空尺度较短的大气运动特征。

从以上分析可见，在中性和弱对流稳定大气中，容易有对称不稳定出现。由于 CSI 的释放，需要具有抬升机制的饱和环境（$RH>80\%$），因而在暖锋或准静止锋附近，有利于出现条件对称不稳定引起的中尺度雨带。

图 9.4.1～图 9.4.4 给出应用(9.4.3)式分别用湿位涡的水平和垂直分量对条件对称不稳定诊断的实例。

图 9.4.1 表示 1991 年 1 月 20 日 0000UTC 的 850～300hPa 厚度场。取垂直于等厚度线(热成风)的剖面，沿 AB 线诊断 *CSI*。AB 线表示剖线位置，DEN 表示美国丹佛国际机场位置。

图 9.4.2 表示计算的湿位涡水平分量 *MPV*1。从图可见，最大负值区出现在美国丹佛及其西南上空。

图 9.4.3 表示计算的湿位涡垂直分量 MPV_2(包含 $-g$ 因子)。可以发现，没有出现表示对流不稳定的负区。因此，在对流稳定大气中，(9.4.3) 式的第二项，在接近中性或弱对流稳定的地方，对 *CSI* 的产生有所贡献。

图 9.4.4 表示总的 *MPV*，其中表明 $MPV<0$ 的两个区域，一个在丹佛区 600～450hPa 上空，另一个沿着地面。地面至 450hPa 平均相对湿度大约 80%，较高值(>90%)是从地面至 700hPa。

1991 年 1 月 19 日 2300UTC 丹佛的雷达资料表明，在其西南方有清晰的降水带，反射率达 32dBz，回波顶高 6.8km，降水带长轴走向平行于热成风。从 1 月 19 日 1800UTC 开始，降雪持续 18h，在丹佛附近造成 2.5～12cm 的雪深。这个区域的 CSI，有助于说明丹佛附近倾斜对流的存在，以及多条带状的降水形式。

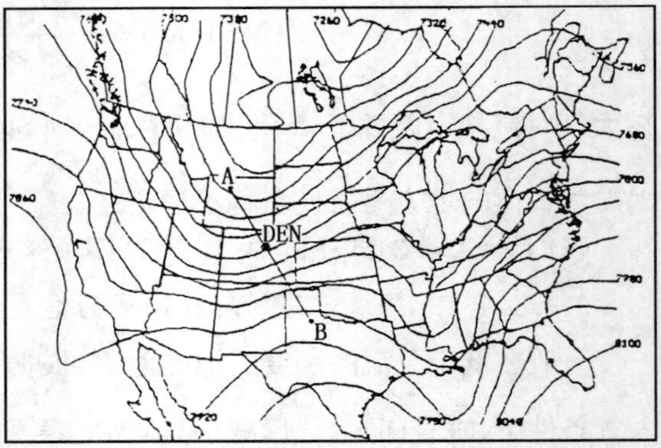

图 9.4.1　1991 年 1 月 20 日 0000UTC850～300hPa 厚度(gpm)(引自 Moore 等，1993)

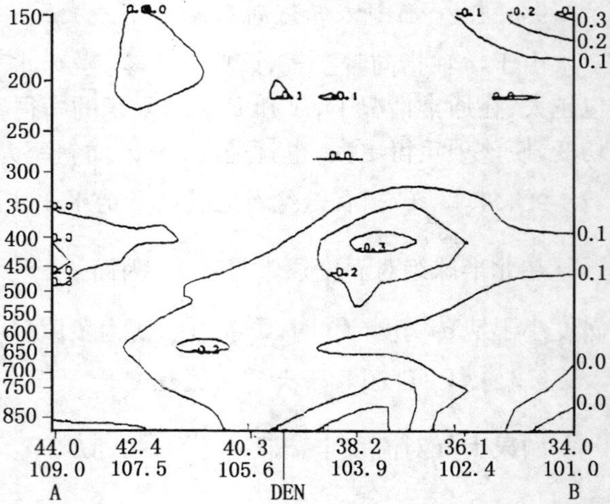

图 9.4.2　1991 年 1 月 20 日 0000UTC 沿 AB 线 MPV_1 的垂直剖面(引自 Moore 等，1993)
MPV_1 ($1\times10^{-8}m^2\cdot K/(s\cdot kg)$)

9.4.2　有效位能法

与计算对流有效位能(CAPE)相类似，定量评估 *CSI* 可根据估算上升气块的有效位能来完成。CAPE 是根据热力学图解上，从自由对流高度至平衡高度，环境虚位温与上升气块虚位温之间的正面积的合计值得出的，它代表与可逆过程包围面积成正比的能量。同样,倾斜对流有效位能(SCAPE),可以根据沿等 M 面上升气块的虚位温与环境虚位温之间的正面积合计值得出。

在 x-z 平面上用气块法得到的倾斜对流有效位能是

$$\mathrm{SCAPE}(z)=\int_0^2 \frac{g}{\theta_{v0}}(\theta_{vt}-\theta_{vg})\big|_M \mathrm{d}z \tag{9.4.6}$$

这里的下标 M,代表沿着等 M 面的积分。式中 θ_v 是虚位温,θ_{v0} 是大气中 θ_v 的典型值,下标 t,g 分别表示气块和大气环境参数。

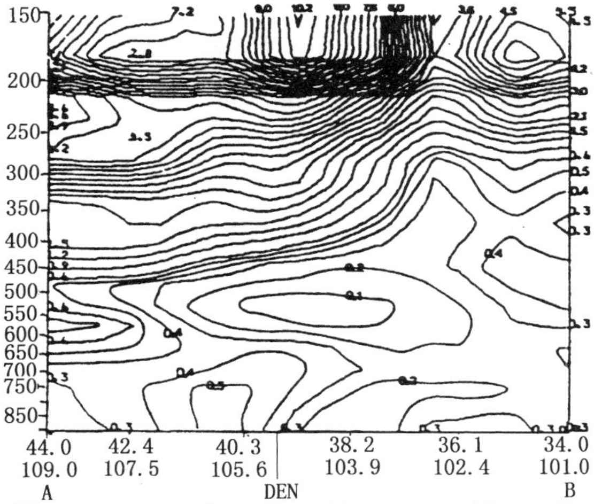

图 9.4.3　1991 年 1 月 20 日 0000UTC 沿 AB 线 MPV_2 的垂直剖面(引自 Moore 等,1993) MPV_2 $[1\times10^{-8}\mathrm{m}^2\cdot\mathrm{K}/(\mathrm{s}\cdot\mathrm{kg})]$

环境的 θ_v 可由常规探空得到,我们如果能设法得到沿等 M 面的 θ_v,就可以估算对称不稳定能量。

由于等 M 面与垂直施放的探空之间有一定交角,为了求出等 M 面上的 θ_v,我们取如图 9.4.5 所示的计算路径。

设气块一开始位于 0 点($x=0$),假如气块被垂直抬升至 1 点,由于气块 M 的守恒性质,其 M 值仍与 0 点时相同,这样,它就与周围环境的 M 之间有一个差值 ΔM,并等于 ΔV。

假定在抬升气块与等 M 面之间,η 不是 x 的函数,于是,可求出气块与其初始等 M 面之间的水平距离为

$$L=-\frac{\Delta M}{\dfrac{\partial M}{\partial x}}=-\frac{\Delta M}{\eta(z)} \tag{9.4.7}$$

式中 L 是气块从初始位置沿等 M 面位移的水平距离,$\eta(z)$ 是绝对涡度

$$\eta(z)=f+\frac{\partial V}{\partial x}$$

M 是绝对动量。

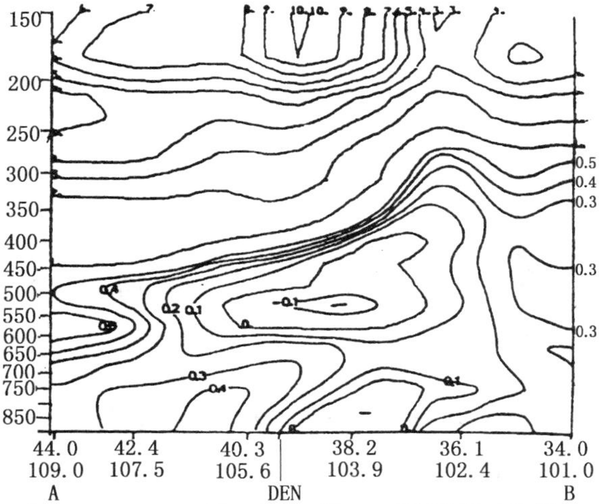

图 9.4.4　1991 年 1 月 20 日 0000UTC 沿 AB 线的 MPV 的垂直剖面(引自 Moore 等,1993) MPV $[1\times10^{-8}\mathrm{m}^2\cdot\mathrm{K}/(\mathrm{s}\cdot\mathrm{kg})]$

如果在一定距离内,热成风不是 x 的函数。

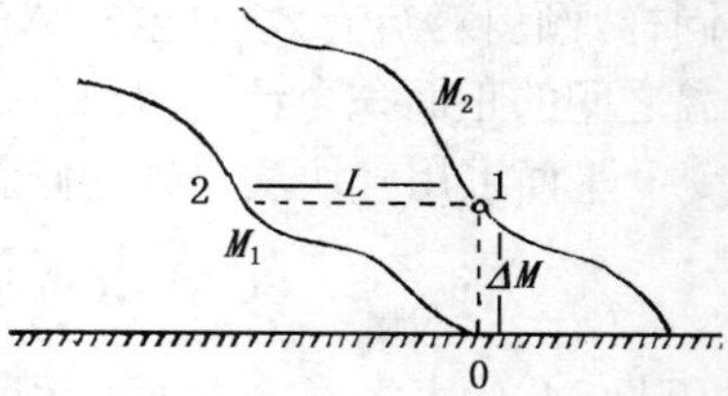

图 9.4.5 用探空资料计算等 M 面 θ_v 的图示

由热成风方程

$$f\frac{\partial M}{\partial Z}=f\frac{\partial \overline{V}}{\partial Z}=\frac{g}{\theta_{v0}}\frac{\partial \theta_{vg}}{\partial x}$$

即可得到等 M 面上的虚位温

$$\theta_{vM}=\theta_v+L\frac{\partial \theta_v}{\partial x}=\theta_v+L\frac{\theta_{v0}}{g}f\overline{V}_z \tag{9.4.8}$$

式中 $\overline{V}_z=\dfrac{\partial \overline{V}}{\partial Z}$ 是环境风场的垂直风切变,θ_{vM} 是沿着等 M 面从 0 点到达 2 点时的虚位温。

利用(9.4.6)和(9.4.7)式,可得倾斜对流有效位能是

$$\begin{aligned}\text{SCAPE}&=\int_0^2\frac{g}{\theta_{v0}}(\theta_{vt}-\theta_{vg})\big|_M\mathrm{d}Z=\int_0^2\frac{g}{\theta_{v0}}(\theta_{vt}-\theta_v)\mathrm{d}Z-\int_0^2\frac{L}{g}\theta_{v0}f\overline{V}_z\mathrm{d}Z\\&=\int_0^2\left(\frac{g}{\theta_{v0}}\Delta\theta_v+\frac{f}{\eta(Z)}\overline{V}_z\Delta M\right)\mathrm{d}Z\end{aligned} \tag{9.4.9}$$

式中 $\Delta\theta_v$ 是气块和环境大气的虚位温之差,而 ΔM 也恰好是气块与环境大气的风速差 V_1-V_0,V_0 是气块的风速,都可以由初始位置和 1 位置时的探空资料求得。

(9.4.9)式还可写成

$$\text{SCAPE}=\int_0^2\left\{\frac{g}{\theta_{v0}}\Delta\theta_v+\frac{1}{2}\frac{f}{\eta(Z)}\frac{\mathrm{d}}{\mathrm{d}Z}(V_1-V_0)^2\right\}\mathrm{d}Z$$

假如 $\eta(Z)$ 是常数,则有

$$\text{SCAPE}=\int_0^2\frac{g}{\theta_{v0}}\Delta\theta_v\mathrm{d}Z+\frac{1}{2}\frac{f}{\eta(Z)}(V_1-V_0)^2 \tag{9.4.10}$$

式中 0 和 2 分别是初始层和终点计算层。式中第一项是重力作用。表示重力浮力对有效位能的贡献,在浮力稳定的环境为负值。第二项是惯性力作用。表示离心力对有效位能的贡献,它是由风速垂直切变引起的,在惯性稳定环境恒为正值。对于一个具有大的风垂直切变的环境大气来说,它对倾斜对流有效位能有大的贡献,例如,在 $\eta=f$ 时,垂直风切变达 14m/(s·km)时,相当于上升气块比环境大气高 3℃时产生的浮力作用。

在实际应用中,根据(9.4.6)式,还可将探空资料订正到等 M 面上,从某 M 面上的探空曲线,分析正负不稳定能量面积,来估计倾斜对流发生的可能。这里举出一个分析实例。图 9.4.6 是 1982 年 12 月 3 日 00(GMT)美国俄克拉何马的探空资料。实线是温度曲线,×××线表示露点曲线,虚线为干(湿)绝热线。从图可见,对于垂直对流而言,大气是十分稳定的。680hPa 左右为逆温区,750hPa 以下十分干燥,由这样的探空曲线,

难以分析预报出有对流运动。当时的天气形势，发现俄克拉何马位于地面锋附近，高空处于 500hPa 槽前，有明显正涡度平流。分析沿等 M 面的探空曲线，0000GMT 沿 $M=50$ 的探空曲线表明，有明显的正不稳定面积(见图 9.4.7)，大气具有对称不稳定能量。结果，在冷锋的抬升作用下，这种不稳定能被释放出来，产生倾斜对流运动，就在 3 日 1200GMT 之前，发生了一次暴雨过程。

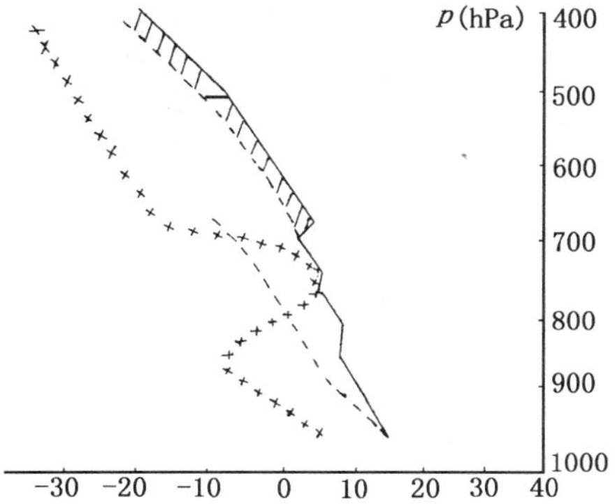

图 9.4.6 1982 年 12 月 3 日 0000GMT(暴雨发生前)的探空曲线(引自 Emanuel, 1983)

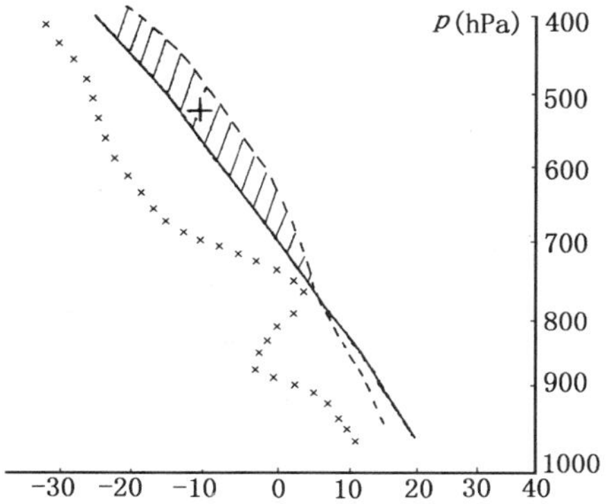

图 9.4.7 1982 年 12 月 3 日 00GMT 沿 $M=50$ 的探空曲线(引自 Emanuel, 1983)

§9.5 中尺度重力波分析

中尺度重力波与强对流的关系越来越引起人们的重视，过去已有许多有关重力波与雷暴、暴雨之间因果关系的实例分析。前面已经介绍了中尺度重力波的特征。其中，对于强对流发展特别重要的是一种长生命 ($\Delta t > 4$h) 大振幅($p' > 2$hPa) 的重力波。在通常情况下，由于重力波能量迅速向上传播和摩擦作用，将会导致重力波振幅的迅速衰减，从而丧失重力波的特征和抬升机制的作用。为此，中尺度重力波发生后，在大气中必须提供继续发展的能源或有波导存在，以阻止重力波能量的垂直散逸和维持中尺度重力波的发展。

9.5.1 中尺度重力波不稳定的动力条件分析

根据理论的分析，在急流区内存在临界层(在那里，重力波传播方向上环境风速 U_* 等于重力波相速 C)，如果大气层结稳定，垂直风切变大到足以使 $R_i < 1/4$ 时，满足重力波的不稳定条件，重力波能从环境风吸取能量而获得发展。除了这种切变不稳定之外，地转调整也是重力波不稳定的动力条件之一。当大气质量和动量失衡，运动处于非地转状态时，在地转调整过程中，产生重力波或惯性重力波。尤其在高低空急流有大风速中心传播，锋生和气旋强烈发展的一些过程中，出现明显的非地转运动，在地转调整

中，就会出现大振幅的中尺度重力波。

Uccellini 和 Koch(1987)等综合以上两种动力条件，提出了一个与高空急流相联系的中尺度重力波发生的天气学概念模式，如图 9.5.1所示。在高空急流大风速中心(大风核)下游的高空槽前急流出口区，当实际风大风核 (V)，脱离位于槽底的大风核(V_g)而向槽前等高线拐点轴移动时，由于地转调整，中尺度重力波开始产生于 300hPa 槽前等高线拐点轴(虚线)附近，向前发展，最后消失于脊线(点线)附近。重力波活动区如图中阴影区所示，南界是地面暖锋或准静止锋，北界是高空急流轴线。

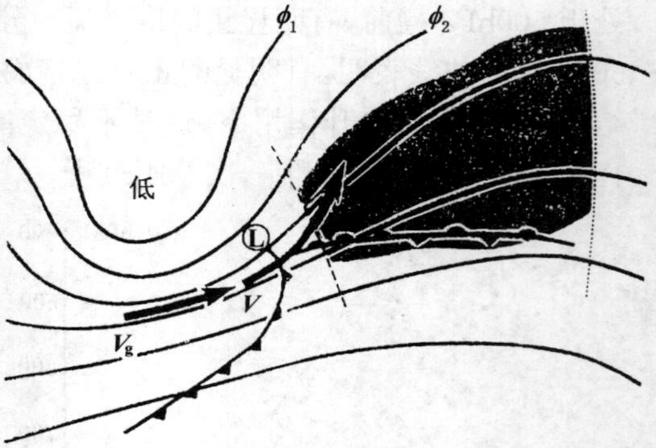

图 9.5.1　中尺度重力波发生的天气学概念模式(引自 Uccellini 和 Koch，1987)

在高空急流出口区，运动的非地转平衡特征可用拉格朗日 Rossby 数来表示

$$Ro_L = \frac{\left|\dfrac{d\vec{V}}{dt}\right|}{f|\vec{V}|} \tag{9.5.1}$$

它表示气块加速度对于地转偏向力加速度的相对大小。小值 R_{OL} 表示接近准地转运动，大值Ro_L表示非地转运动特征，Ro_L越大，气流越不平衡。研究表明，$Ro_L > 0.5$是地转调整可能产生中尺度重力波的动力条件。

根据加速度公式

$$\vec{K} \times \frac{d\vec{V}}{dt} = f\vec{V}_{ag}$$

可将上式改写为

$$Ro_L \simeq \frac{|\vec{V}_{\perp ag}|}{|\vec{V}|} \tag{9.5.2}$$

上式分子表示穿过等高线的横向非地转风分量，直接反映气流不平衡的程度，它可由实际风和地转风计算得到。Uccellini 和 Johnson(1979)指出，在处于地转平衡的直线急流大风核区，气块在出口区内减速运动，出现指向高压一侧的横向非地转运动。如图 9.5.1所示，当在出现实际大风核离开地转急流核移向下游的情形下，气块在急流出口区加速，大气质量和动量失衡，出现气流由反气旋一侧指向低压的非地转气流。在这种呈强烈疏散的出口区内，如果表示非地转运动特征的 $Ro_L > 0.5$，应当分析可能有大振幅中尺度重力波发生。

Ferretti 等(1988)曾在重力波发生区内用非线性平衡方程(NBE),进行运动不平衡的定量诊断。非线性平衡方程可表达为

$$-\nabla^2\Phi + 2J(u,v) + f\zeta - \beta u = 0 \tag{9.5.3}$$

式中,Φ 为位势高度,∇^2 是二维拉普拉斯算子;u,v 是风速分量,J 为雅可比算子;f 为地转参数,ζ 为相对涡度;$\beta = \dfrac{\partial f}{\partial y}$。NBE 包括的四项,均可通过高空风场和高度场资料进行计算。Zack 和 Kaplan(1987)的计算表明,在强烈辐散的高空急流出口区,非线性平衡方程四项的总和,有明显的非零值($\sim 10^{-8}/s^2$)。因此,在实际工作中,应用 NBE 的计算结果和 Ro_L 均可作为分析气流不平衡的定量指标,由此诊断有无可能产生大振幅的中尺度重力波。

9.5.2　中尺度重力波不稳定的热力条件分析

巢纪平(1980)、吴池胜(1990)和赵平(1990)等先后讨论了非均匀层结大气中惯性重力波的不稳定发展问题,得出了中尺度重力惯性波发展的一些热力条件。从 Boussinesq 方程出发,考虑非均匀层结大气,运用 WKB 方法,可以得到如下湿大气中的惯性重力波能量方程:

$$\frac{\partial E}{\partial T} + \nabla \cdot (\vec{C}_g E) = \frac{l^2 + m^2}{\omega_{se}^2 n^2}\left(-\frac{1}{2}\frac{\partial N_{se}^2}{\partial T} - \vec{C}_h \cdot \nabla_h N_{se}^2 + C_{pZ}\frac{\partial N_{se}^2}{\partial Z}\right) E \tag{9.5.4}$$

其中 E 为重力惯性波能量,ω_{se}^2 为局地瞬时波频率,$\vec{C}_g$ 为群速度,l,m,n 分别为 x,y,z 方向局地瞬时波数,$\vec{C}_h$ 和 C_{pZ} 分别为水平和垂直方向的波相速。N_{se} 为浮力频率

$$N_{se}^2 \equiv \frac{g}{\theta_{se}}\frac{\partial \theta_{se}}{\partial Z}$$

而

$$\omega_{se}^2 = \frac{N_{se}^2(l^2 + m^2)}{n^2} + f^2 \tag{9.5.5}$$

由(9.5.4)式可见,层结 (N_{se}^2) 的时空变化是惯性重力波不稳定的能源,能量随时间的变化,由等式右端括号中的三项决定。

①当大气层结从稳定向不稳定转变,或者稳定度减弱,或者不稳定度加强,即 $\dfrac{\partial N_{se}^2}{\partial T} < 0$,而 $\omega_{se}^2 > 0$ 时,波动能量增加,波将发展;反之,层结稳定度加强,或不稳定度减弱,波动能量减少,波将减弱。

② 在水平方向上,当 $\omega_{se}^2 > 0$,波动从层结稳定度强的地方向稳定度变弱,或者向不稳定度加强的地方传播时,波动能量增大,波将发展;反之,波动能量减小,波将减弱。

③ 在垂直方向上，当 $\omega_{se}^2>0$，波动由稳定度小的地方向稳定度大的地方传播时，波动能量增加，波将发展。

随着波动能量增长，垂直运动加强，有利于对流的发展。但是，从重力波与对流间相互作用的观点分析，对流的发展，反过来又会对重力波的发展产生影响。Zhang 和 Fritch(1988)在数值试验中首次模拟了有组织对流对中尺度重力波生成的作用；以后，Powers 和 Reed(1993)等的中尺度模式数值模拟结果进一步表明，对流是激发大振幅重力波的重要条件。

按照波——CISK 理论(Raymond，1984)，重力波的辐合上升强迫，产生组织化的对流运动，而对流发展过程中的凝结潜热释放，又为重力波发展提供能源。许多个例分析研究表明，伴随中尺度重力波的云雨带，位于重力波脊前。图 9.5.2表示一个简单非倾斜结构重力波系统中的对流云位置概略图。如图所示，中尺度重力波发生在临界层高度和下垫面之间的波管内，它的厚度相当于波的$\frac{1}{2}$垂直波长。

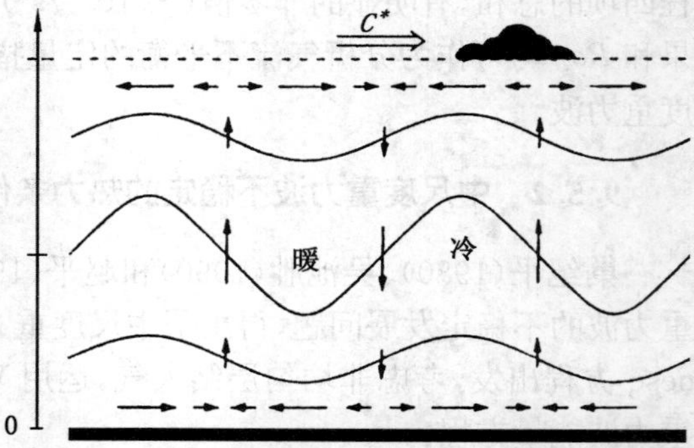

图 9.5.2　一个简单非倾斜结构的重力波系统与云带轴位置的概略图
(引自 Koch 等，1997)

$C^*[C^*=C-U_*(Z)]$ 为固有相速，它大于波管内的风速；实线表示等熵线或流线；实矢线表示水平和垂直运动，最大垂直速度发生在波槽脊间的波管中层；对流云和降水形成在槽后脊前，最大降水率(对流凝结加热) 发生在波脊前。由于对流云前补偿下沉气流，使波槽气柱变暖，以及对流降水蒸发致冷，使波脊气柱变冷，温度变化的最大值发生在波管中层。波槽脊气柱温度变化的结果，导致低层重力波槽脊加强。对流凝结潜热的加热，致使最强对流运动位置，从波管中层移至临界层高度，除了在底部，出现如图示的非倾斜局地最强垂直运动之外，在重力波的上部，出现另一个垂直倾斜更强的上升运动中心。

9.5.3　波导过程在中尺度重力波维持中的作用

通常，在缺少能量连续供应的前提下，由于重力波能量的向上释放，将迅速丧失其重力波特征。Lindzen 和 Tung(1976)经过大量的重力波个例分析，研究提出了波导理论。他们认为，只要大气中存在称为波导的特殊大气条件，就可以减少重力波能量的垂直传播，出现长生命的重力波。波导理论指出，出现有效重力波波导必须具备的大气条件为：

①出现强静力稳定度气层。在对流层低层，出现具有厚度 D_1 的强静力静力稳定度气层。如图 9.5.3 所示，在 890 ～ 670hPa 之间有强静力稳定度气层，气层顶底位温分别为 θ_T 和 θ_B。

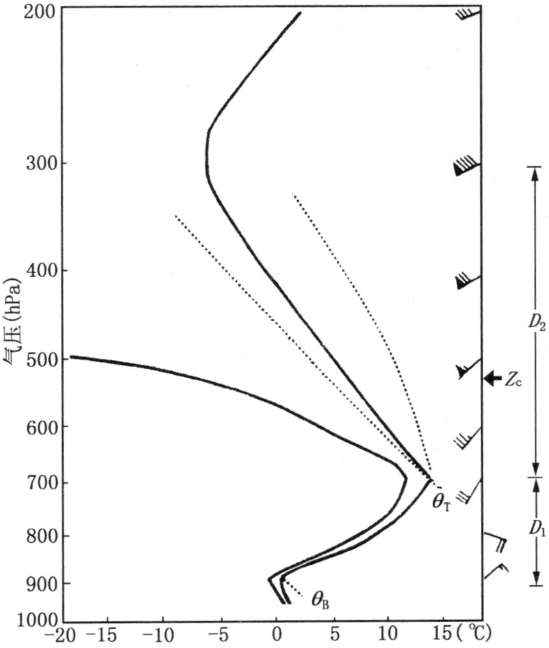

图 9.5.3　出现波导的大气垂直结构概略图(引自 Lindzen 和 Tung，1976)
图中实线为露点曲线(左)和温度曲线(右)，点线为干绝热线(左)和湿绝热线(右)

②气层 D_1 有足够的厚度。稳定层厚度必须便于测定波相速，至少能够包含 $\frac{1}{4}$ 的垂直波长，于是，有

$$L_Z = 4D_1$$

$$n = \frac{2\pi}{L_Z} = \frac{\pi}{2D_1}$$

式中 n 为垂直波数，在波管中的固有相速为

$$C^* = \frac{2N_1D_1}{\pi} = \frac{2}{\pi}\left[\frac{gD_1(\theta_T - \theta_B)}{\bar{\theta}}\right]^{\frac{1}{2}} \tag{9.5.6}$$

其中 N_1 是浮力频率，$\bar{\theta}$ 是波管 D_1 气层内的位温平均值。由此，稳定层厚度 D_1 必须满足

$$D_1 > \frac{\pi}{2}\frac{C^*}{N_1} = \frac{\pi}{2}\frac{(C - U_*)}{N_1} \tag{9.5.7}$$

式中，C 为稳定层内的波相速，U_* 为传播方向平均风速。Schneider 的实例分析表明，当

$U_* = 8m/s$，$N_1 = 0.02/s$，$C = 32m/s$ 时，计算所得的稳定层厚度 $D_1 = 1.8km$。

③在强稳定层以上大气为条件不稳定层结。条件不稳定气层是重力波能量的反射层，当大气层结接近中性，气层将更有效地拦截重力波能量的垂直传播。图 9.5.3 中，以 D_2 表示条件不稳定气层。它阻止了波能量的向外传播，从而使波导中的重力波得以维持。

④临界层不出现在强稳定层内。否则，具有大 Ri 数的临界层将吸收能量，导致重力波迅速消失。当临界层（图 9.5.3 中的 Z_c）出现强稳定层以上的大气条件不稳定气层内，并有 $Ri < 0.25$ 或粗 Ri 数 < 1.0，这时，有利于增强 D_2 反射层对能量的反射能力，因而重力波能更有效的维持。

如图 9.5.4 所示为 Schneider（1990）对 1987 年 12 月 15 日出现在美国中西部强温带气旋内的大振幅中尺度重力波作的详细分析。

分析指出，从 0000UTC 至 1200UTC 期间处于高空槽前（有高空急流）疏散流场下方的温带气旋强烈发展，并由于地转调整，在气旋西部，先后有两次重力波活动，振幅达到 4～10hPa。大振幅中尺度重力波活动引起强烈对流天气，波槽过境后，出现暴雪和强风。

15 日 0000UTC，Monett，Missouri（UMN）的探空报告表明，当时大气的温度和风的垂直结构（见图 9.5.5）在 890～670hPa 有 2.3km 厚度的等温层，超过了根据相速和层结所计算出的 D_1 厚度（$D_1 = 1.8km$）。

在低层稳定层以上，为接近中性的条件不稳定气层，临界层高度在 640hPa（$C = U_* = 32m/s$），位于接近饱和的反射层内，并且那里的 Ri 数接近于零。由此可见，这种大气垂直结构所产生的波导作用，有利于重力波的维持，实际中尺度重力波的生命期达到 9h。

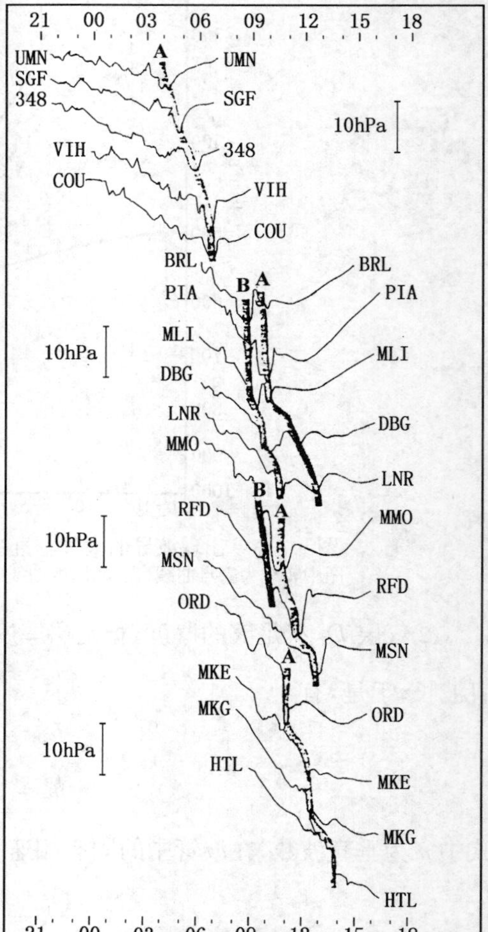

图 9.5.4　14 日 2100UTC 至 15 日 1800UTC 横穿美国中西部各测站的地面气压时间曲线图
（引自 Schneider，1987）

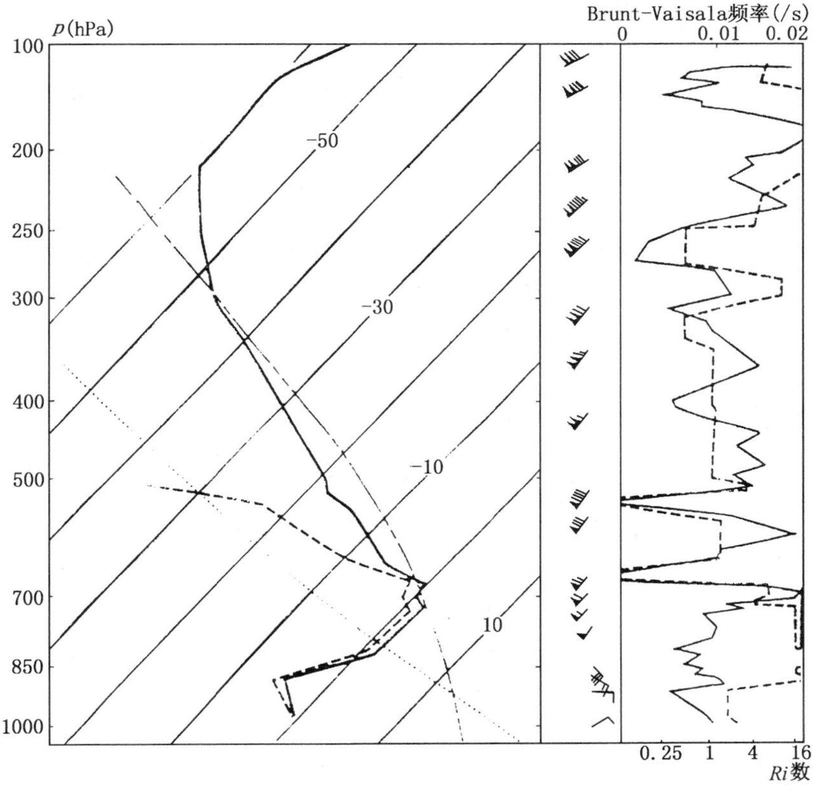

图 9.5.5　Monett, Missouri(UMN)的大气垂直结构图(引自 Schneider, 1987)
实线表示温度,虚线表示露点温度,风(长矢=5m/s),右图中实线表示 Ri 数的垂直分布

§9.6　倾斜湿位涡的分析

在条件性对称不稳定的分析计算中,已经对湿位涡进行了一些分析,湿位涡是一个诊断中尺度对流天气很有作用的物理量,大气中大暴雨的发生发展与低空流场的辐合及垂直运动的急速发展有关,并常伴有气旋性垂直涡度的急剧增长。因而研究气旋性涡度的发展机制是研究暴雨发生发展的一个重要内容,而气旋性涡度发展与湿位涡的变化有关。

Bennetts 和 Hoskins 曾从 Boussinesq 近似出发,引入潜热作用,导得湿球位涡变化方程(2.4.31)。并证明了绝热无摩擦的饱和大气中湿位涡的守恒性。利用湿位涡的这一守恒特征,理论上可以证明湿等熵面的倾斜能引起垂直涡度发展,由此导得倾斜涡度发展的充分条件。

9.6.1 湿位涡守恒性

由(2.4.31)可知，在 z 坐标系中绝热无摩擦的饱和大气中湿位涡守恒，可表达为 $\frac{dP_m}{dt}=0$（在 2.4.31 式中用 P_m 代替 q_w）

$$P_m=\alpha\vec{\xi}_a\cdot\nabla\theta_e\equiv 常数 \tag{9.6.1}$$

式中 α 为比容，$\vec{\xi}_a$ 为绝对涡度，θ_e 为相当位温。此式可理解为绝对涡度矢量在相当位温梯度矢量的投影和相当位温梯度矢量的点乘为常数。

9.6.2 倾斜涡度发展(SVD)

当取 θ_e 为垂直坐标，这时湿位涡守恒取如下简单的通用形式

$$P_m=-g\zeta_\theta\frac{\partial\theta_e}{\partial P}\approx 常数 \tag{9.6.2}$$

注意到只有当 θ_e 水平分布时，(9.6.2)式才是准确成立的。当 θ_e 面倾斜时，精确的湿位涡守恒应表为

$$\alpha\zeta_\theta|\nabla\theta_e|=常数 \tag{9.6.3}$$

这里的 ζ_θ 为 ζ_a 在梯度方向上的投影。当 $\nabla\theta_e$ 不变时，湿位涡的守恒表现为 $\alpha\vec{\xi}_a$ 的矢量端迹必须位于同一 θ_e 等值线上（见图 9.6.1），才能保持 $\alpha\zeta_\theta$ 不变。如采用 z 坐标，则有

$$P_m=\alpha\zeta_z\frac{\partial\theta_e}{\partial z}+\alpha\zeta_s\frac{\partial\theta_e}{\partial S} \tag{9.6.4}$$

式中 ζ_z 和 ζ_s 分别为 $\vec{\xi}_a$ 的垂直和水平分量，$|\zeta_s|=\left|\frac{\partial V_s}{\partial z}\right|$。这时，湿位涡守恒便表述为

$$P_m=\alpha\zeta_z\frac{\partial\theta_e}{\partial z}+\alpha\zeta_s\frac{\partial\theta_e}{\partial S}=\alpha\zeta_\theta|\nabla\theta_e|=常数 \tag{9.6.5}$$

上式表明，单位质量垂直涡度的变化与对流稳定度、风的垂直切变及湿斜压度 $\frac{\partial\theta_e}{\partial S}$ 有关。

为简单起见，记单位质量的绝对涡度为 $\vec{\xi}_a=\alpha\vec{\xi}_a$，并设起始时刻质量 A 在对流不稳定大气中 $\left(\frac{\partial\theta_e}{\partial z}<0\right)$ 沿如图 9.6.1 所示的等 θ_e 面下滑运动，起始时等 θ_e 面为水平，后来倾斜越来越大，根据湿位

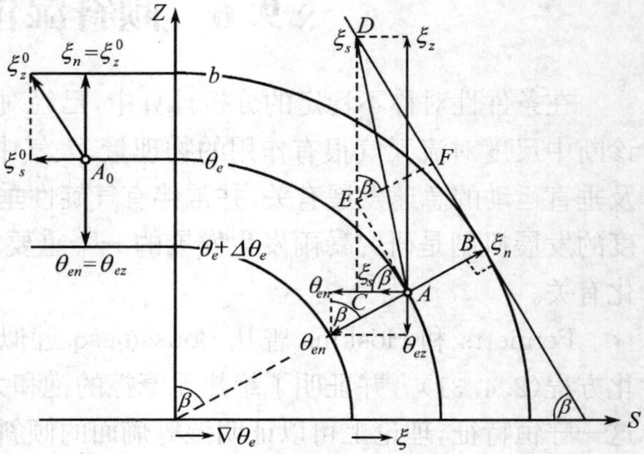

图 9.6.1 倾斜涡度发展示意图（引自吴国雄，1997）

涡守恒性，当质点 A 在沿 θ_e 运动转过一个倾角 β 后，其 $\vec{\zeta}_a$ 的端点 D 必须位于过 B 点的切线上，因此 $\vec{\zeta}_z$ 的大小与水平湿位涡 $\vec{\zeta}_s$ 不再无关，可以证明在一定条件下 $|\vec{\zeta}_z|$ 可得到发展，这就是在等 θ_e 面倾斜时，垂直涡度发展的物理依据，称之谓倾斜涡度发展(SVD)。

由(9.6.5)式和图 9.6.1 可知

$$P_m = \zeta_n\theta_{en} = \zeta_z\theta_{ez} + \zeta_s\theta_{es} \tag{9.6.6}$$

由此解得

$$\zeta_z = \frac{\zeta_n\theta_{en} - \zeta_s\theta_{es}}{\theta_{ez}} \tag{9.6.7}$$

如定义

$$\tan\beta = \frac{\theta_{es}}{\theta_{ez}} \qquad \left(-\frac{\pi}{2} \leqslant \beta \leqslant \frac{\pi}{2}\right)$$

则有

$$\cos\beta = \frac{\theta_{ez}}{\theta_{en}} > 0$$

当 $\zeta_n > 0$ 时，我们得到

$$\zeta_z = \left|\frac{\zeta_n}{\cos\beta}\right| - \zeta_s\tan\beta \tag{9.6.8}$$

由(9.6.7)和(9.6.8)式，得到倾涡度发展(SVD)的一个充分条件，即当

$$C_M = \frac{\zeta_s\theta_{es}}{\theta_{ez}} > 0 \tag{9.6.9}$$

有

$$\zeta_z = \left|\frac{\zeta_n}{\cos\beta}\right| + |\zeta_s|\tan\beta \tag{9.6.10}$$

由于当 $\beta \to \frac{\pi}{2}$ 时，(9.6.10)式左端为两个一阶无穷大之和，因此有

$$\beta \to \frac{\pi}{2} \qquad 时 \qquad \zeta_z \to \infty$$

亦即当倾斜的湿等熵面趋向陡立时，系统的涡度急剧发展。为倾斜涡度发展(SVD)的一种极端情况。

另一方面，当 $\beta \to 0$ 时，$\zeta_z \to \zeta_n$，这即为 Hoskings 等所讨论的特殊情况。

在倾斜涡度发展的情况下，当 β 角很大时，(9.6.10)式表明很小的 ζ_s 即可导致很大的垂直涡度 ζ_z。又由于对流不稳定大气($\theta_{ez} < 0$)，条件(9.6.9)式意味着(9.6.5)式中的湿位涡的水平分量

$$\zeta_s\theta_{es} > 0$$

因为给定 $\theta_{es} < 0$，上式意味着存在低空急流 $\zeta_s \propto \dfrac{\partial V_s}{\partial z} < 0$，且地转关系受破坏。于是，在对流不稳定大气中 θ_e 面陡立处，当湿位涡的水平分量为正值时(意味着存在低空急流，地转关系不成立)，该处必有垂直涡度急剧发展。

9.6.3 P 坐标系下倾斜涡度发展

在静力平衡近似成立时，取 P 为垂直坐标，并假定垂直速度水平变化比水平速度的垂直切变小得多，由此得到湿位涡的表达式

$$P_m = -g(f\vec{k} + \nabla_p \times \vec{V}) \cdot \nabla_p \theta_e = \text{常数}$$

如定义湿位涡的第一分量为垂直分量，第二分量为等压面上的水平分量，即

$$\begin{cases} P_{m1} = -g\zeta_p \dfrac{\partial \theta_e}{\partial p} \\ P_{m2} = -g\vec{K} \times \dfrac{\partial \vec{V}}{\partial p} \cdot \nabla_p \theta_e \end{cases}$$

式中

$$\zeta_p = f + \left(\frac{\partial v}{\partial x} - \frac{\partial u}{\partial y}\right)_p$$

则等压坐标中湿位涡守恒可表达为

$$P_m = P_{m1} + P_{m2} = \alpha\zeta_\theta |\nabla \theta_e| = \text{常数} \tag{9.6.11}$$

由于天气尺度的运动基本满足静力近似，(9.6.11)式与 Z 坐标中的(9.6.5)式基本是等价的，因此上面关于下滑倾斜涡度发展的理论在 P 坐标中也基本成立。

根据(9.6.11)式的定义，SVD 的充分条件(9.6.9)式可表述为

$$\frac{P_{m2}}{\theta_{ez}} < 0 \tag{9.6.12}$$

对于对流稳定大气 ($\theta_{ez} > 0$)，(9.6.12) 式意味着 $P_{m2} < 0$，有利于条件性对称不稳定发生。注意到地转大气中 P_{m2} 为负值，因此在对流稳定大气中，SVD 可以在地转大气中发生。反之，当大气为对流不稳定($\theta_{ez} < 0$)，SVD 的充分条件 P_{m2} 为正值，这时地转关系不成立，因此，SVD 可以在对流稳定大气中发生，也可以在对流不稳定大气中发展。而 θ_e 面的陡立是涡度急剧发展的重要条件。

在导出 θ_e 坐标，Z 坐标及 P 坐标下湿位涡的表达式后，根据湿位涡的守恒特征，可以讨论倾斜涡度发展理论。在等高坐标或等压坐标中，对流稳定度的减少，水平风垂直切变或湿斜压度 $\nabla\theta_e$ 的增长都可以引起气旋性涡度的增加。这种特征主要是由于 θ_e 面的水平倾斜造成的，倾斜越大，气旋性涡度增长越激烈。在梅雨锋南侧的暖湿区，θ_e 面十分陡立。当偏南气流移向该区时，便有气旋性涡度激烈发展，导致对流性暴雨发生。在梅雨锋北侧附近 θ_e 陡立带中，当偏北气流移向该区时，也可有气旋性涡度激烈发展。因此，低空湿位涡分析和倾斜涡度发展应当是持续暴雨的动力学研究的一个重要内容。

第十章　中尺度天气预报

与中尺度天气相联系的中尺度系统，时空尺度很小，突发性强，其可预报性[①] 一般只有几小时或十几小时，因而它不能用一般的短期天气预报方法，而必须发展新的预报方法去解决。近20年来，为了解决中尺度天气预报问题，许多国家的气象部门，都致力于临近预报(nowcasting)和甚短期预报(very short-range forecasting，VSRF)的研究。随着专门的中尺度观测网的建立，不少国家都已建立了试验性或正式的临近预报和甚短期预报(VSRF)业务，设计建立各种预报系统，从而使中尺度天气预报取得了进展。

关于临近预报，世界气象组织(WMO)定义为当时的天气监测和2h以内的简单外推预报。它是使用现代观测系统，包括卫星、多普勒雷达等观测工具，对中尺度天气进行观测监视，利用更新周期短的资料作线性外推。中尺度天气的有效外推时间，依赖于现象的种类和系统及系统的发展阶段。它可以短于或长于2h，即从十几分钟(如龙卷)到数小时(如中尺度雨带)，有效外推时间一般不超过系统生命周期的1/4。尽管有效外推时间很短，但如能提前1～2h，甚至0.5h，及时准确地报出中尺度灾害性天气的出现，对于军事气象保障，拯救人民生命财产，仍然是很有价值的。

甚短期预报是指0～12h以内的天气预报，而临近预报只是VSRF中的一种特定内容。由于预报时限的增加，需要考虑系统的发展变化，预报不能仅靠线性外推，还需依赖于其它预报技术，因而Browning又从方法论上定义甚短期预报为，“用线性方法和动力学(还应包括热力学)方法制作有效期为0～12h的预报。”甚短期预报的内容，既有中小尺度天气的时空分布预报，也包括详细地提供降水、温度、湿度、风、云和能见度等的具体预报，以便尽可能满足军事气象保障和各类经济部门的特殊气象服务要求，但它的预报对象，重点还是中尺度灾害天气，因而它与制作一般的短期天气预报相比，对于观测、处理和传递天气情报等，又有完全不同的新要求。

根据国外一些部门较客观的验证，上述这种预报已取得了初步效果，美国对强天气(包括龙卷和对流风暴)的监测验证结果，临界成功指数(critical success index，CSI)已从0.25(1975年)上升至0.50(1991年)。但总起来说，中尺度天气的预报水平还相当低，对于不少突发性的局地强烈的天气几乎完全报不出来。我国自20世纪80年代以来，不少地区和城市也开展了临近和甚短期预报试验和业务工作，其中的问题，除资料不足以外，主要是没有适当的预报方法，大多数是沿用短期预报的概念和方法，因而预

① 指预报时间的最大提前量，即最长预报长度。

报水平不高，这是我们所面临的必须解决的一个重要问题。

§10.1 中尺度天气的监测

现有的常规观测站网，基本上按照常规短期天气预报所需要的气象资料的时空分辨率要求设置的，它不能满足对中小尺度天气系统监测和甚短期预报的需要。监视中尺度天气的观测网，应能提供足以描述中尺度天气系统和灾害性天气过程演变的实况资料，做甚短期预报的气象信息以及中尺度数值模式所需的初值资料。因此，中尺度天气监测系统的时空分辨率要求与常规观测网有很大不同，其探测仪器和设备必须是自动化、遥测化。

10.1.1 中尺度天气监测网的设置

设置中尺度天气监测网的目的，是要及时描述产生灾害性天气的中尺度天气系统。按什么样的时空分辨率来设置中尺度监测网，是建立甚短期预报系统首先要回答的问题。这里，就美国“风暴尺度业务和研究气象学（STORM）计划”中部区域计划的站网设置来说明这个问题。STORM 计划是美国于 20 世纪 90 年代执行的风暴尺度业务和研究计划。为了在美国中部 2000km×2000km 区域中进行 α 尺度中分析，并在其中 800km×800km 区域中进行 β 尺度中分析，提出了监测站网时空分辨率的要求，如表 10.1.1 所示。

表 10.1.1 STORM 中尺度观测网时空分辨率

	水平空间分辨率(km)		垂直空间分辨率(km)		时间分辨率(h)	
	α 尺度	β 尺度	α 尺度	β 尺度	α 尺度	β 尺度
高空探测网	200	100	1	0.2～0.5	3	1.5
地面观测网	100	30～50	—	—	1	0.1

尽管从理论上讲，地面观测站的水平间距应取 β 尺度天气系统的最小波长的 1/3～1/4，即约 10km，但这样做的费用过于昂贵。表中地面观测站间距 30～50km 所获取的气象信息，按 STORM 设计者的观点，认为对描述人们主要关注的中尺度对流天气系统（MCS）已基本够了。试想一下，在 800km×800km 区域内，测站是均匀地矩阵分布，按间距 10km 设站，需要 6561 个测站，而按间距 40km 设站，仅需 441 个测站，两者相差近 15 倍。实际上，STORM 中部区域计划的 β 尺度分析区域（750km×750km）内，现有国家天气局所属的 50 个气象站，按均匀矩阵布网，需增加 300 个观测站，才能使测站间距达到 43km。即使是这样编制计划，STORM 计划者们仍感到经济上不现实，需要进一步研究。不过，在人口稠密的经济发达区，若灾害性天气频繁，还是要加密地面站网，以便能对水平尺度为几十千米的天气系统进行有效的监测。

至于高空探测网，在这个β尺度分析区域内，除原有20个探空站外，再增加20个（以地基大气廓线仪探测为主），其水平空间分辨率为100～125km。另外，再增加一些飞机下投垂直探测器和飞机航线探测，实时应用泰罗斯业务垂直探测器（TOVS）资料和垂直大气探测器（VAS）资料等卫星遥感产品。

对不同大小的中尺度天气系统进行观测的资料更新时间间隔（时间分辨率）也是不同的。对α尺度系统，地面观测1h一次，高空探测3h一次。对β尺度系统，地面观测要求每5～6min一次，高空探测每1h一次。这种观测资料的时间间隔的确定，主要考虑所观测的中尺度天气系统的生命期长短，同时也考虑与测站水平空间分辨率相匹配，以及资料实时通讯传递的能力。

另一个问题是如何设计气象监测网。中尺度气象监测站网的设计，要求在保证观测中尺度大气运动必要的时空分辨率前提下，提出经济合理的最佳站网方案。此外，各种气象要素的观测误差、地形分布及其对各种气象要素局地变化和气候分布的影响、站址选择、基建投资及维修费用等因素，都不同程度地影响测站网的设计。

美国STORM计划是按等间距均匀矩阵分布来设计中尺度气象监测网的，但没有考虑地形的影响。1984～1986年，北京市气象局在中尺度天气监测和预报试验中，考虑到地形的影响，用相关分析进行中尺度地面观测站网密度的研究。主要有两种方法：

（1）根据地形特点，划分几个区域，在各个区域内确定一个中心站。再对各个观测时次的气象要素（气压、温度、露点温度），分别求其它各站与中心站的相关系数。分析结果表明，平原地区测站之间气象要素相关系数较山区大，因而山区站网应比平原密；同一山脊的不同坡面对相关系数的影响比测站距离大，即位于同一坡面的测站间距可大一些。在一个有限区域内站网设置，应考虑地形高度的走向。测站之间气象要素的相关系数有明显日变化，一般是上午较大，午后到傍晚较小。有中小尺度天气系统过境时，相关系数有明显变化。

（2）确定某个要素或物理量的基本场。例如，确定按常规观测网计算的散度场和增加最大加密测站后计算的散度场为两个基本场。然后增减不同加密站，计算各种加密组合站网的散度场，求其与基本场的相关系数，以便对每个加密站进行评价。结果表明，在凌晨和上午，有无加密站分别计算的散度场基本一致，相关系数大于0.93。但午后和前半夜，两者有明显差异，相关系数小于0.85；在所增加的16个加密站中，只有7个站是必要的，其中6个站分布在西北部和西南部山区，说明平原地区，常规站网基本能满足中尺度分析的要求。

10.1.2　中尺度天气的监测手段

中尺度天气的监测主要是利用各种新的遥感探测设备获取的高分辨气象信息，以便在中尺度天气系统没有产生实际灾害之前，逐时诊断并预报其发展演变。遥感系统与一般观测系统不同之处，就是它在相当大的范围只需要一个观测平台，就能得到它所及的这个范围内的要素分布的详细情况，而不仅仅是一个代表点。因此，1980年代遥感系统的出现，给气象学的发展带来了一场革命，它直接推动着中尺度气象研究、气象理论和气象业务的发展。甚短期预报系统建立和发展，也就是气象遥感探测技术进步的结果。以美国的示范区观测和预报服务(PROFS)试验为例可以具体说明这个问题。1983年夏季，PROFS实时预报试验，为预报员提供了各种尺度的气象资料和国家产品有108种，但对于时效为0～2h的强风暴临近预报而言，从预报员在业务工作上实时调用的产品主要是多普勒天气雷达产品、静止气象卫星产品和中尺度地面自动站网产品共17种，而且产品的时空尺度越小，其被调用的次数越多。这些资料的图象产品中，中尺度地面观测网和多普勒天气雷达是每5min观测一次，静止气象卫星是每30min一次，大气廓线仪是每1h一次，离开这些产品，很难想像预报员是怎样发布时效只有1h的强风暴警报的。

中尺度监测系统包括地面中尺度自动观测网、地基遥感探测(廓线仪、雷达、闪电定位)、卫星云图和遥感探测等几部分，下面着重介绍几种新的遥感探测设备及其在中尺度天气监测预报上的应用。

10.1.2.1 多普勒天气雷达

多普勒天气雷达的原理是利用运动粒子对雷达发射波速反射的频率与发射频率的差值——多普勒频偏与粒子的径向(沿雷达波束方向)速度成正比的性能，来探测云中气流运动。多普勒天气雷达探测，一般是给出三个基本资料：反射率因子、经向速度和速度谱宽。在同时有2～3部不同位置的多普勒天气雷达覆盖在公共区域内，还可以较精确地测定云中气流的三维图象。

20世纪60年代以来，强风暴系统结构和演变的研究取得显著进展，在很大程度上归结于多普勒天气雷达的探测结果。与常规天气雷达相比，它不仅能象常规天气雷达一样探测回波反射率，而且还探测径向速度和速度谱宽，它们可以描述中小尺度流场特征，这对灾害性天气警戒，保证飞行安全有重要价值。具体表现在：

①根据探测的径向速度分布，识别中尺度气旋区和中尺度散度区。特别是识别中尺度气旋的位置及其流场随高度的变化，对预报龙卷发生地点十分有用。美国强风暴实验室的研究表明，多普勒天气雷达识别的中尺度气旋，有95%产生强烈天气，62%伴有龙卷。尽管有龙卷的中尺度气旋与无龙卷的中尺度气旋没有明显的差异，但产生强龙卷的中尺度气旋的横切速度或方位切变值，要比产生弱龙卷的中尺度气旋大一倍。统计表明，中尺度气旋的发生要比龙卷出现时间超前35min左右，但在实际业务中，考虑到观测资料通过显示判别和发布警报需要的时间，实际有效超前时间约有20min以上。

②通过速度-方位技术(VAD)，测定垂直速度。在雷达站附近不超过120km的范围内，利用几个低仰角测定径向速度，用最小二乘法拟合对每一距离和仰角所对应的环形

区作VAD分析。由穿过该圆周边界的净速度通量得到这个环形区的平均水平散度。在得到不同高度上同一环形区的水平散度后，再利用连续方程求得垂直速度。由于求净速度通量是利用了大量独立的各方位径向速度值，其计算精确度比利用探空资料插值计算要高得多。将多普勒天气雷达求得的垂直速度，加上用附近探空站最近时刻的温湿廓线分析热力稳定度，就可以制作强对流天气的预报。

③多普勒天气雷达可对一定距离(约50～60km)范围内大气边界层的晴空风场进行连续监测。在强对流天气发生之前，晴空观测可以给出有利于发生深厚湿对流的边界层辐合区。对晴空湍流的测量精确度可达到0.1m/s。晴空风场的连续观测，可确定混合层顶高度及其演变，并为短期空气质量预报提供信息。

④改进锋面定位精度。通过多普勒天气雷达彩色显示器上的“风突变”——径向速度为零的白色带状弯曲，可以精确辨认锋区位置，并从其两侧彩色分层显示上，估计出锋区两侧的风速大小。

⑤根据径向速度不连续带(水平尺度1～100km)，辨认飑锋和下击暴流。在径向速度彩色显示器上常表现为一束密集的弧形等速度线，并指示出一条强辐合带(朝向雷达的经向风速随距离增加而急剧加大)，这就是飑锋。在飑锋从西北和西方向靠近雷达站时，其锋前后的风向表现为顺转。

在径向速度上，下击暴流常表现为一对距离很近，符号相反，等经向速度线密集且闭合的区域，形状如“牛眼”。其闭合中心的速度值最大，朝向雷达的速度等值线闭合区在最靠近雷达一边。在反射率因子平面图上，下击暴流常表现为弓状回波。

⑥多普勒天气雷达探测的速度谱宽与飞机穿过雷达单体的湍流有很好的对应关系。当测量的速度谱宽为4～6m/s时，就会出现较强的各向同性湍流，危及飞行安全。但很大的谱宽值与湍流没有明显联系，因为大谱宽值很可能是由非各向同性的、不均匀的湍流造成的，不一定对飞行产生危害。

10.1.2.2　地面无球遥感探测——大气廓线仪系统

现有的常规探空站，每12h施放一次探空气球，不能满足甚短期预报的需要，即使加密施放探空气球时次，在经济上和人力上也是无法承受的，何况，探空气球在上升过程中，水平漂移距离常达几十千米，每次漂移方向也不同，从地面至对流层顶的时间间隔有30min以上，不能真正代表同一地点、同一瞬间的垂直实况。施放探空气球的起止时间长达1h，与某些中尺度天气系统的生命期相当，这对中尺度天气系统的描述会有很大的扭曲和失真。尽管对大尺度天气分析和短期天气预报来说，这些问题可以忽略，但对甚短期预报却必须认真考虑。因而建立新的探空遥测系统，也是建立甚短期预报业务的当务之急。大气廓线仪就是一种新兴的地基遥感探测系统，与常规的气球携带探空仪进行探测的方法相比，它可以称为无球探测系统。这套系统的产品，可以提供温、湿、压和风等气象要素垂直廓线，可以叫做大气廓线仪。

大气廓线仪的组成，通常包括多普雷勒达测风廓线仪、地基微波辐射计和地面自动观测系统。多普勒雷达测风廓线探测风和逆温层、对流层顶的高度；地基微波辐射计探测温湿垂直分布、水汽总含量和云中液体水含量；它们和地面自动观测系统的温、压、湿、风的资料一起反演计算温、湿、压和风的垂直分布。这些资料，可在15min 或30min实时提供一次。下面着重说明多普勒雷达测风廓线仪和地基微波辐射计及其在监测中的应用。

(1)多普勒雷达测风廓线仪。这种多普勒雷达与多普勒天气雷达不同，它不是测量降水粒子的后向散射，而是测量大气湍流后向散射。当大气折射率的变化具有雷达半波长尺度时，就会产生后向散射。雷达所测定的后向散射频率的多普勒偏移是与造成折射率变化的湍流变动沿雷达波束视线方向的分量直接相关，而湍流变动又是与湍流尺度的空气温度、湿度和密度的变化相对应。因此，从后向散射频率的多普勒偏移可求出晴空风矢量。研究认为，甚高频(VHF)波段(米波段)雷达测量高度较高，能较好地探测对流层顶和平流层下部的风，但不能探测 3km 以下的风。特高频(UHF)波段(米波段)雷达测量高度较低，但垂直分辨率较高，适于探测对流层中下层风场。

多普勒雷达测风廓线仪探测资料的主要特点是能在一定时间上连续地探测气象廓线，而常规的探空仪只能间断地测得廓线。这种连续地测得垂直廓线的能力，可以使得对大气过程的时间谱和空间谱的研究，比起现有时空密度探空网所提供的资料，大大地向前推进了一步。特别是对中尺度天气现象，过去由于缺少三维空间资料，对它们的生成发展机制、空间结构及其模式研究，一直处在困难的境地。对每一种这类现象的监测，例如对水汽辐合的监测，对重力波传播的监测，或对锋面的监测，用连续工作的廓线仪要比用间断的探空仪好得多。

要将现有常规气球测风全部改为多普勒雷达测风，固然还是遥远的事情，但在若干个有限区域内，改用风廓线仪是可以办到的。即使在现有常规探空观测中，增加若干个风廓线仪，由于可以连续观测，其测风精度和垂直分辨率均超过气球探空仪，就可以大大改进三维空间的天气分析，提高中尺度天气的监测水平。

图 10.1.1 和图 10.1.2 表示一次锋区和高空急流通过美国科罗拉多州东北部廓线仪试验网区域时的情况。图 10.1.1 是一个空间垂直剖面。除 Cahone，Laycreek，Stapleton(Denver 机场)和 Fleming 四个站为多普勒雷达测风外，其它均是常规探空气球测风。实线和虚线分别表示等位温线和等风速线。该图表明，高空急流中心是位于两个常规探空站(Winslow 和 Grand Junction)之间，而 Cahone 的多普勒雷达测风资料正好精确地显示出急流中心的高度和强度。Laycreek 站位于 300hPa 槽前的弱西南气流中，沿着槽线有高空锋区，并与高空急流结合构成高空急流锋区。从图 10.1.2 可以看出，急流中心逐渐向 Laycreek 站靠近，在 13 日 21 时(世界时)，300hPa 层附近出现明显的垂直风切变。这个垂直风切变层不断增强，并在 14 日 10 时，从 9.2km 下降到 6km，急流中心于 14 日 03 时通过 Laycreek 站。图 10.1.2 中等值线为等风速线(m/s)。

在高空锋区过境前一天，低层(地面)锋区已移过丹佛。从该市Stapleton机场UHF雷达逐时风廓线剖面(图10.1.3)可见，12日04时前，该站低空风由偏东风转为偏南风，且风速加大。锋区在04时20分通过Stapleton站。锋前最大偏南风区在04～06时过境，锋过后，转为偏北或偏东北风的最大高度约为2.8km。这些现象，我们是很难从常规探空资料中看到的。图10.1.3中虚线为等风速线(m/s)，粗实线为锋区。

(2)地基微波辐射计。大气廓线仪系统的第二个主要部份是六通道的地基微波辐射计，它可以连续测量温度和湿度。在5～6mm波长氧吸收带上的四个通道是用来

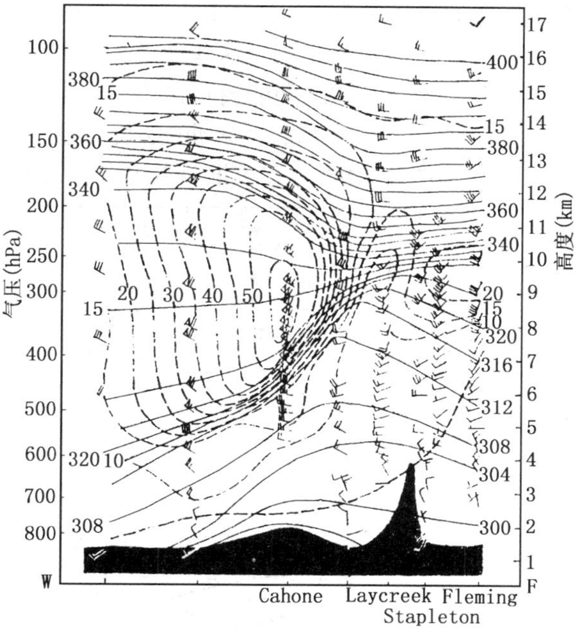

图10.1.1　1983年6月13日12时(世界时)垂直剖面图
(引自Shapiro等，1984)

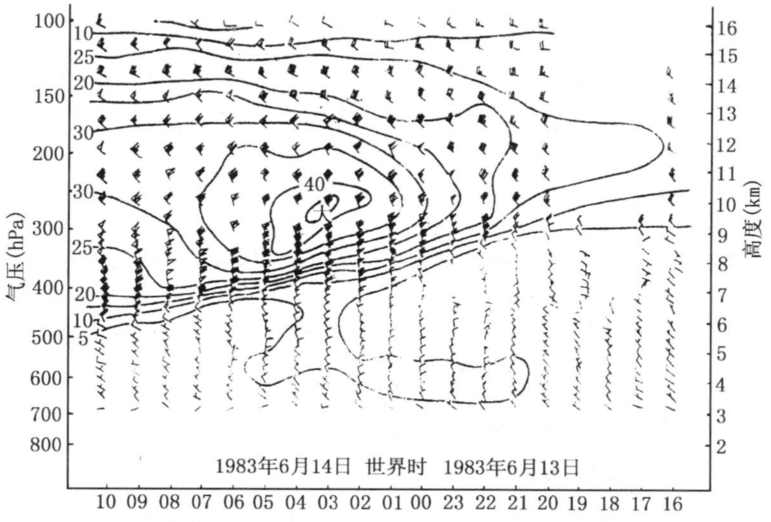

图10.1.2　1983年6月13日16时至14日10时科罗拉多州Laycreek站VHF风廓线时间剖面图
(引自Shapiro等，1984)

测量气温的垂直分布，20.6MHz 和 31.6MHz 的两个通道用来为上述各通道提供大气水汽和液态水影响的修正。这些通道(一个是在 22MHz 附近的水汽吸收线上，另一个是在水汽和氧吸收线之间的窗口区内)还用来提供推算水汽廓线和垂直积分液态水量所需的数据。以上通道测量得到的温度和湿度，再由主计算机加上地面气压、温度和湿度自动观测数据，用统计方法推算温度和湿度廓线。

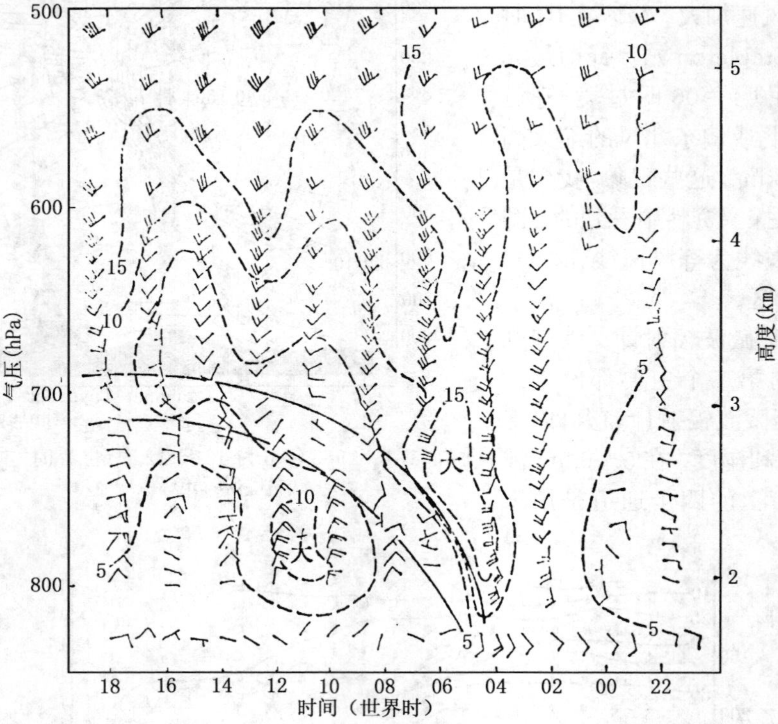

图 10.1.3　1983 年 6 月 11 日 22 时至 12 日 18 时通过丹佛 Stapleton 站 UHF 风廓线时间剖面图（引自 Shapiro 等，1984）

微波辐射计的最大不足之处在于，当实际大气的温、湿廓线较复杂，出现若干逆温、逆湿层结时，辐射计推算的廓线会将这些特性层结平滑掉，因此需要用多普勒雷达风廓线资料来帮助判断逆温层高度。尽管如此，微波辐射计还是很有潜力的遥感探测设备。它不仅能给出时空分辨率较高的温、湿廓线和液态水含量数值，还能给出一些局地气象参数的时间序列、时间平均值和局地变化值。

10.1.2.3　气象卫星遥感探测

对于中尺度天气的监测来说，静止气象卫星和极轨气象卫星遥感探测的数字化云图资料和大气温度、湿度等廓线资料，具有与雷达资料和中尺度地面监测网资料同等的重要性。尤其是静止气象卫星，它具有在广阔的范围内，频繁探测从天气尺度至积云尺度等各种尺度系统及其演变的能力，因而它在中尺度天气预报中扮演着重要角色。可见光和红外云图显示出许多天气尺度和中尺度天气系统云系的结构、形态等直观特征，以及云顶温度分布等数字资料，为短期和甚短期预报的实时天气分析和预报模式的建立提供了重要信息。因而也是中尺度天气监测的重要手段。

这里，主要介绍泰罗斯业务垂直探测器（TOVS）和静止气象卫星的可见光和红外自旋扫描辐射测量垂直大气探测器（VAS）。

（1）泰罗斯业务垂直探测器（TOVS）。TOVS 是装载在泰罗斯 N 系列卫星上的大气垂直探测器。它包括高分辨红外辐射探测器（HIRS）、微波探测装置（MSU）和平流层探测装置（SSU）三种辐射测量仪。甚短期预报的中尺度分析感兴趣的是 HIRS 和 MSU 所获取的资料。HIRS 有 20 个红外通道，可测量温度、湿度廓线（从地面至 10hPa 层），并给出三层等压面水汽含量及总臭氧含量资料。其扫描的空间宽度为 2240km，星下点的水平空间分辨率为 17.1km，边缘的水平空间分辨率为 58.5km×29.9km。对地球同一地点，一天有两次非常规时刻的测量的结果，可弥补常规探空资料不足，对中 α 尺度分析有帮助。MSU 的优点是适用于有云复盖区域的探测，缺点是水平空间分辨率低（星下点为 113km）。将 HIRS 和 MSU 的资料相结合，利用它们与常规探空资料的相关性，通过空间滤波和统计回归反演，可以得到水平间距约 60km 网格点上的温湿廓线。经反演后的温湿廓线与常规探空廓线比较，在对流层中上层的差异较小，均方根差为 2K 左右，尤其是 500hPa 附近仅为 1～2K。在对流层低层，均方根差值较大。但如果将卫星遥测温湿廓线与地基微波辐射计测得的温湿廓线结合，就可以得到整层精度较高的温湿廓线。

（2）垂直大气探测器（VAS）。VAS 是装载在地球同步卫星上的大气垂直探测器。它是 VISSR Atmospheric Sounder 的缩写。第一个 VAS 是 1980 年 9 月安装在美国 GOES-D 静止气象卫星上，以后发射的 E，F，G，H 均带有 VAS 仪器。一台 VAS 带有 8 个可见光波段探测器和 6 个热探测器的辐射计。热探测器感应 12 个光谱带上的红外辐射，12 个光谱带的分配是 7 个感应从地面至 50hPa 的大气温度，3 个感应对流层下、中、上部的水汽密度，2 个感应地表和云顶温度。

VAS 可见光波段的水平分辨率为 1km，红外波段为 7～14km，时空分辨率为 0.5～1h 和 7.5km。其实，VAS 能每隔 15min 获得一次大气温度和水汽的多光谱图象。而且，VAS 从相对于地球是静止的36000km高空向下垂直探测大气，其精度与极轨卫星红外探测器在 100km 高度处的探测精度几乎相同。研究表明，VAS 有能力感知温度和湿度的时间变化，并揭示小尺度的水平特点，可见 VAS 比 TOVS 能为甚短期预报提供更有效的资料。通过对流层下部的相对湿度，850hPa 与 500hPa 间和 500hPa 与 200hPa 间的大气层厚度可以估计 TT 指数①，而相对湿度和厚度又可从 VAS 观测计算得到。

① 这里的总指数定义：$TT = 2(T_{850} - T_{500}) - (T_{850} - T_{d850})$

由此能用 VAS 实时资料，在强对流风暴发展之前，对大气稳定度情况进行监测，图 10.1.4就是 1981 年 7 月 20 日在美国中西部利用 VAS 监测的例子。当日大气处于中等不稳定状态，但在上午前未观测到任何局地强对流。为了勾划出下午可能发生强对流的地区，计算了 3h 内稳定度(TT）的变化，并将它们叠加在时间最相近的红外窗区云图上。每小时均可得这样一张云图。

图 10.1.4 表示 TT 指数在 17～18 时 1h 内的变化量，可以看出，大气稳定度减少得最快的地方，恰好是在密苏里北部和伊利诺伊中部之间，正是那里随后的 3h 内发展出导致龙卷风的强对流风暴。而这 1h 内稳定度变化量是从 12～21 时整个时段内的最大变化量。

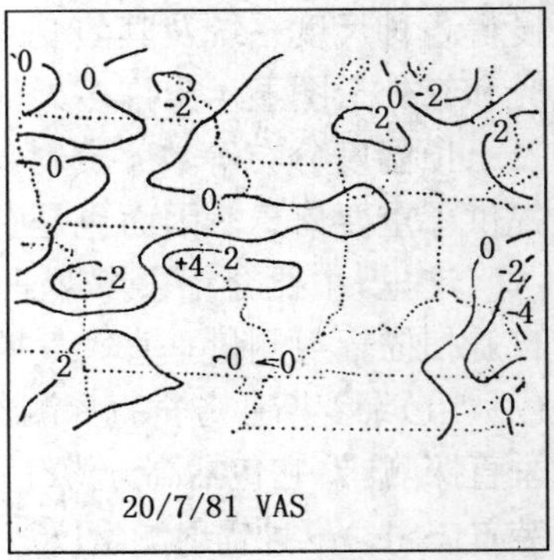

图 10.1.4　从 VAS 导出的 TT 指数监测强对流天气 17～18 时 1h 的 TT 变化量(℃)
(引自 Smith 等，1983)

§10.2　中尺度天气预报的基本方法

传统的天气预报是建立在间隔较大的观测资料基础上的，它的预报结果尽管也能给出某些天气出现的时间和地点，但所作的预报从本质上来说是一般化的。

随着大尺度数值模式的发展，一天及其以上的预报，其精确度和分辨率已有了稳定的进展。不过，即使某些业务预报模式属于细网格模式，它们在分辨率、初始资料和物理过程的考虑等，仍不足以表达中尺度天气系统。

传统的天气预报方法，并未使 12h 以内的局地天气预报质量有同样的改进。往往有这样的情况，天气尺度环流形势预报是正确的，而中尺度现象的预报却是失败的。

Doswell 在图 10.2.1 中给出各类预报方法对预报准确率的贡献曲线。图中的大尺度数值模式曲线表示，传统的天气预报方法主要适合于超过 12h 的预报，它对预报时限短于 12h 的 VSRF，预报效果不好，特别是对 6h 以内的预报已无能为力。

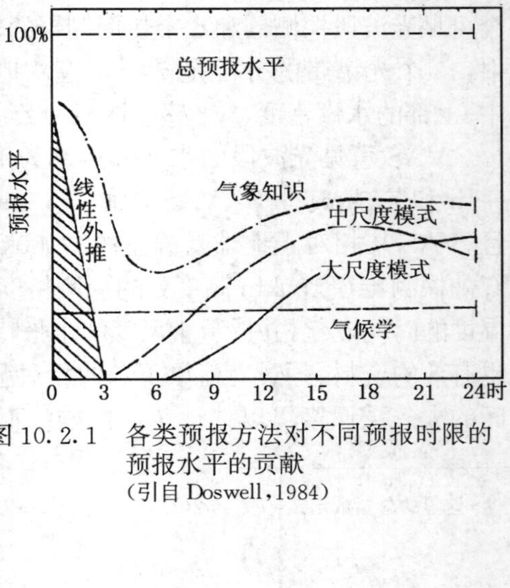

图 10.2.1　各类预报方法对不同预报时限的预报水平的贡献
(引自 Doswell，1984)

中尺度天气预报在 0～12h 时段内，0～2h 的临近预报，资料处理时间很有限，主要采用简单的外推方法。对于2～12h的预报，预报方法正处于线性外推和大尺度模式之间的缺口，预报比较困难，目前是通过中尺度模式、局地条件气候学和"气象知识"等来填补这个预报方法上的缺口。

所谓"气象知识"是指根据所掌握的天气演变规律，在预报过程中人的主观判断，包括概念(物理)模式和经验规则的运用。

正如 Browning 指出的：中尺度天气预报是科学和艺术的混合体。在当前和今后若干年内，中尺度天气预报方法必定是客观和主观、定量和定性的结合。从目前来说，在任何中尺度天气预报中，预报员的分析判断是必不可缺少的。

10.2.1　线性外推

根据雷达、卫星资料预报降水和云，人们早已广泛地使用简单的客观外推方法，下面就是其中设计和试验过的几种：

10.2.1.1　质心跟踪法

这是对单块雷达回波的外推，采用了对回波质心在相继时刻的位置，作线性最小二乘拟合的方法。质心(即反射率加权中心)位置在直角坐标系中为

$$x=\frac{\sum_i\sum_j m(i,j)x(i)}{\sum_i\sum_j m(i,j)}$$
$$y=\frac{\sum_i\sum_j m(i,j)y(j)}{\sum_i\sum_j m(i,j)} \tag{10.2.1}$$

式中 $m(i,j)$ 为横坐标 i，纵坐标 j 的网格上的雷达回波反射率值。由于回波的质心位置是时间的函数，可以用线性关系表示如下：

$$\hat{x}(t)=A_x+B_xt$$
$$\hat{y}(t)=A_y+B_yt \tag{10.2.2}$$

由此回波移速为$(B_x^2+B_y^2)^{\frac{1}{2}}$，移向为 $\mathrm{tg}^{-1}\left(\frac{B_x}{B_y}\right)$，方程中的系数 B_x，B_y，根据两个相邻时刻雷达回波质心位置，通过最小二乘法求出。即要求

$$F=\sum(|x_i\sim\hat{x}|^2+|y_i-\hat{y}|^2) \tag{10.2.3}$$

为最小的情况下，函数 $\hat{x}$、$\hat{y}$ 与观测值 x，y 达到最佳的拟合。根据微分学中的极值原理，有

$$\begin{aligned} \frac{\partial F}{\partial A_x} &= 0 \\ \frac{\partial F}{\partial A_y} &= 0 \\ \frac{\partial F}{\partial B_x} &= 0 \\ \frac{\partial F}{\partial B_y} &= 0 \end{aligned} \tag{10.2.4}$$

将(10.2.3)式代入(10.2.4)式,整理后求得

$$\begin{aligned} B_x &= \frac{n\sum_{i=1}^{n} t_i x_i - \sum_{i=1}^{n} x_i \sum_{i=1}^{n} t_i}{n\sum_{i=1}^{n} t_i^2 - \left(\sum_{i=1}^{n} t_i\right)^2} \\ B_y &= \frac{n\sum_{i=1}^{n} t_i y_i - \sum_{i=1}^{n} y_i \sum_{i=1}^{n} t_i}{n\sum_{i=1}^{n} t_i^2 - \left(\sum_{i=1}^{n} t_i\right)^2} \end{aligned} \tag{10.2.5}$$

章卫龙等对 13 次影响北京地区的强对流过程,用质心跟踪法作线性外推试验。在试验中,利用 100 个时次的数字化雷达回波 PPI 资料,分别作了飑线回波带整体外推,选择外推,以及在此基础上分强度等级外推。

试验结果表明:质心跟踪法对强对流雷达回波的移动有较强的客观外推预报能力,通过外推得到的回波区及其强中心预报位置与实际回波较为接近。

在用此法外推回波移动时,回波选择对其预报效果有较大影响。对强度大、形状较为完整的块(条)状回波外推效果较好,对飑线波带整体外推效果相对要差一些,而两者又均以衰减的回波区外推预报效果最好。取样时间间隔长短对回波外推误差影响甚小,但外推时间长短,对预报的空间误差有较大影响,空间误差随外推时间间隔增长而加大,因此,外推时间不宜过长,以 1h 内的外推效果最为理想。

如果在相继的时刻里,发生回波跨进或跨出雷达视界,回波消散、分裂或发生急剧变化,这种方法就会遇到困难。

10.2.1.2　交叉相关法

交叉相关法是在整体稳态条件下,前两个雷达回波图之间,一边移动位置,一边计算交叉相关系数,在所有可能的位移中,逐点计算交叉相关系数,把取得最大值时所需的位移看作回波图形移动速度,然后以此速度进行外推预报。具体作法如下:

设在 $t-\delta t$ 和 t 两个时刻回波图的回波强度距平函数分别为 $f(x,y,t-\delta t)$ 和 $f(x+p,y+q,t)$,那么,它们之间的交叉相关系数 $R(p,q)$ 就是

$$R(p,q)=\frac{\iint f(x,y,t-\delta t)\cdot f(x+p,y+q,t)\mathrm{d}x\mathrm{d}y}{\left[\left(\iint f^2(x,y,t-\delta t)\mathrm{d}x\mathrm{d}y\right)\cdot\left(\iint f^2(x+p,y+q,t)\mathrm{d}x\mathrm{d}y\right)\right]^{\frac{1}{2}}} \tag{10.2.6}$$

分母是对分子的规格化处理，使得 $R(p,q)$ 成为 1 ～ −1 之间的一个无量纲数，以便于比较。

如果在 $t-\delta t$ 时刻的回波图 $f(x,y,t-\delta t)$ 移动了 $\delta x,\delta y$ 后，成为 t 时刻的回波 $f(x+\delta x,y+\delta y,t)$，则：

$$f(x,y,t-\delta t)=f(x+\delta x,y+\delta y,t) \tag{10.2.7}$$

把(10.2.7)代入(10.2.6)，可得到 $R(\delta x,\delta y)=1$，即 $p=\delta x,q=\delta y$ 时，$R(p,q)$ 达最大值。所以，可以通过改变 p,q 值，在回波所有可能位移上计算 $R(p,q)$，p,q 的取值可为正，也可为负。当取得最大值 $R_m(p_m,q_m)$ 时，就可用 p_m,q_m 来表示回波图的位移。一般来说，$f(x+\delta x,y+\delta y,t)$ 并不是 $f(x,y,t-\delta t)$ 原封不动的向前移动得到的。在实际雷达回波图上，总是伴随着形状和结构的变化，在这种情况下，$R_m(p_m,q_m)$ 的值要比 1 小，取 $R(p,q)$ 最大值的物理意义是使两个回波达到最好的相似状态。这时的 p,q 值，即是 δt 时间间隔内回波平均位移的最佳估计，能更准确地表示回波的位移量。

在实际使用中，需将(10.2.6)式离散到网格点上，即

$$R(p,q)=\frac{\sum_i\sum_j[m(i,j,t-\delta t)-\overline{m}(t-\delta t)]\cdot[m(i+p,j+q,t)-\overline{m}(t)]}{\left\{\sum_i\sum_j[m(i,j,t-\delta t)-\overline{m}(t-\delta t)]^2\cdot\sum_i\sum_j[m(i+p,j+q,t)-\overline{m}(t)]^2\right\}^{\frac{1}{2}}} \tag{10.2.8}$$

式中 $m(i,j,t-\delta t)$ 为 $t-\delta t$ 时刻横坐标为 i，纵坐标为 j 的网格上回波值。如果把 t 时刻回波看作是 $t-\delta t$ 时刻回波在 i 方向移动 p，在 j 方向移动 q，由(10.2.8)就可求出时间间隔为 δt 的两个回波的相关系数。在回波所有可能的移动区域内改变 p,q 值，就可得出一组 $R(p,q)$ 矩阵。找出相关系数最大值 $R_m(p_m,q_m)$，则 p_m,q_m 可作为 δt 间隔中回波的移动量，据此来外推下一时刻的回波位置。如前所述，当 R_m 为 1 时，表示在 δt 间隔中回波只有移动，没有变化；当回波在移动中有形状或结构变化时，其值小于 1，因此 R_m 的大小可以反映出回波变化的程度。

值得注意的是在两个直角坐标方向上，通过计算所有可能位移下的 R 值来寻找 R_m，计算量很大，在经济上是不合算的。历史资料分析表明，回波移动与 700hPa 气流有很好的相关，作为一种初始估计，可以先利用 700hPa 风，外推前一时刻回波质心的移动，再以后一时刻的质心位置为中心，计算两个直角坐标方向一些格点上的 R 值，从中挑选出 R_m，即可求得回波位移矢量。

如图 10.2.2 所示，$F(t_i-\Delta t)$、$F(t_i)$ 和 $F(t+\Delta t_i)$ 是三个相继时刻的回波。在 t 时间预报未来 Δt 内回波移动，可根据 $F(t_i-\Delta t_i)$ 和 $F(t_i)$ 间回波位移矢量，外推未来回波位移值。$\overrightarrow{AB}$ 表示在 $t-\Delta t$ 和 t 时间间隔内，用 700hPa 风外推得到的回波质心位移矢量；$\overrightarrow{AC}$ 表示利用交叉相关技术得到的位移矢量；$\overrightarrow{BC}$ 表示$\overrightarrow{AC}$ 对$\overrightarrow{AB}$ 的修正值；$\overrightarrow{CR}$ 表示以$\overrightarrow{AC}$ 相等的值外推得到的预报位移矢量。$\overrightarrow{RO}$ 为实际运动$\overrightarrow{CO}$ 和预报矢量$\overrightarrow{CR}$ 间的误差。

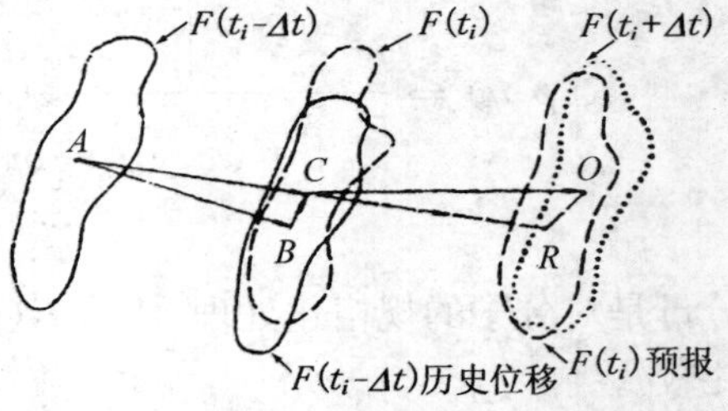

图 10.2.2　用交叉相关外推雷达回波概略图(引自 Austin 等,1974)

加拿大麦吉尔大学曾对这种方法进行过几年的试验，他们以 2 或 3km 高度上的 CAPPI，用交叉相关法预报回波移动。

结果表明，相隔 60min 回波观测基础上的 735 次 1h 移动预报，空间误差值为 26%。这个误差定义为预报位移和实际位移之间差的百分数。在 5h 以下的周期内，误差差不多都是这个值。后来又将预报建立在 30min 历史基础上，结果误差从 26%降至 16%。Elvander 用同一组数字化 PPI 资料将质心跟踪法和交叉相关法的性能加以比较，并给出了试验结果。一般来说，后者预报效果比前者要好。

我国方炳兴等对 13 次影响北京地区的西北路径强对流天气过程，用交叉相关法作线性外推试验。在试验中，以 100 幅数字化雷达回波 PPI 资料为样本，并采用 6km×6km的网格抽取样本资料，对格点上的数字化资料以 10dBz 为间隔进行等级分层，总格点数为 80×80 个格点。对上述回波资料分别作了飑线回波带整体外推预报和选择回波的外推预报，以及在此基础上，对分强度等级的回波区作外推预报试验。结果同样表明，交叉相关法的外推预报效果优于质心跟踪法。并且是在众多外推方法中较为理想的方法，它能抓住回波移动的总体特征，对强对流雷达回波移动具有较强的客观外推预报能力。试验认为飑线回波带整体外推和选择其中的块(条)状回波外推效果接近，而两者衰减后的回波区移动的外推误差增大，并随衰减分贝数的增加，预报误差愈大。回波移动外推预报的 0.5h 空间误差峰值区出现在 5～10km 之间，其中绝大多数 0.5h 空间误差小于 15km。

回波实际位移与预报位移之间，均有左右偏离现象发生，且右偏概率大于左偏，而角度偏差峰值区出现在 0°～10°之间，其中绝大多数集中在－20°～＋10°之间。取样时间对外推预报效果的影响不明显，外推时间的长短，对预报的空间误差有较大的影响，理想的外推时间应选在 1h 之内。

10.2.1.3　引导气流法

这个方法是以空中环境气流作为引导气流，以气流的外推值预报雷达回波的移动，同时根据回波的大小和发展情况，对移向移速加以修正。它也可以利用卫星资料，外推卫星图象推算出来的降水区的移动。

在通常情况下，引导层随着回波的尺度增大而抬高，回波移速小于引导环境风速。据统计：小雷达回波（直径 5～9km），接近 850～700hPa 的平均风速；中雷达回波（直径 10～20km），接近 700～500hPa 的平均风速；大雷达回波（直径 20～40km），接近 500～300hPa 的平均风速，对于直径大于 10～20km 的较大对流风暴，内部的上升气流，常作气旋性旋转，它常移向云层中平均风的右侧。发展越强，偏离程度越大，可向平均风右侧偏离 10°～40°。如果云体是反气旋转动的，则风暴向左移动。由于对流风暴的传播作用，它还有向低层水汽辐合移动的趋势。

10.2.2　模式预报

10.2.2.1　概念模式

概念模式是对观测现象的结构、机制和生命周期了解的概括。在许多情况下，它可以用来改进外推预报。根据对雷达、卫星以及气象资料的分析，建立各种概念模式。例如，Zipser 通过对雷达资料的分析，概括了中尺度对流系统（MCS）生命周期模式。

图 10.2.3表示模式的水平和垂直剖面。其中图(a)为形成阶段(t_0)，图(b)为加强阶段(t_0+3h)，以强对流单体为主；图(c)为成熟阶段(t_0+6h)，表现为对流降水、闪电和广阔层状降水的混合体；图(d)为消亡阶段(t_0+9h)，以弱层状降水为主。这时在卫星云图上出现大范围的高云，并可观测到大量的闪电。倘若预报员不掌握这种模式，有可能把 MCS 的消亡阶段，错误地判断为强对流天气的再爆发。

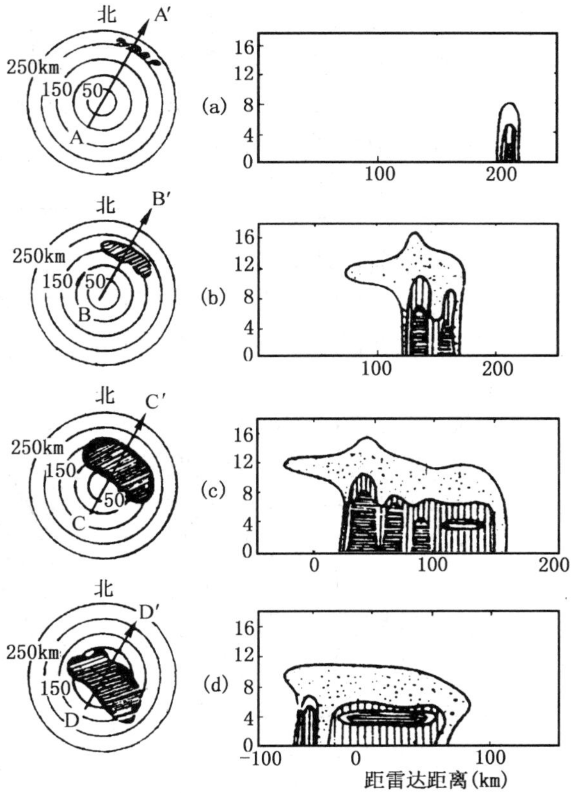

图 10.2.3　雷达在水平剖面和垂直剖面上观测到的中尺度对流系统结构示意图
（引自 Leary 和 Houze，1979）

根据现象生成的物理条件，还可概括为分析规则。这种概括结果，也称物理模式。McGinley 根据美国分析雷暴的环境条件，提出雷暴预报的关键步骤为：

①分析预报区的探空资料，决定稳定度和暖盖破坏所需的抬升量；

②分析海风和城市热岛等地方性环流对暖盖强度的影响；

③判定边界层水汽增加的情况；

④在有中尺度强迫机制的地方，监视最早积云对流的形成和分布，并注意有无不稳定源(如外流边界)的出现；

⑤注意与锋和高空急流核联系的强迫作用；

⑥分析是否存在低空急流。

10.2.2.2　落区预报

将某预报对象出现时，反映预报因子的一些特征线表示在天气图上，根据综合这些特征线的范围来确定预报对象未来可能出现的区域就是落区预报方法。例如预报强对流天气的发生，一般就是由综合反映发生前的环境条件的各种特征值来确定。但是，分析预报的实践表明，强对流天气的环境场，往往在它发生前 3～6h 建立。为了取得较好的预报效果，表征构成落区的各种特征值(线)，最好用强对流天气发生前 6h 内的，因而一般用数值模式预报输出的产品，作为落区法中物理参数的特征值，由此组成强对流天气的预报落区模式。例如美国从边界层数值模式得到的 300m 水汽辐合、抬升指数和 1km 高度上升运动的三个预报量，构成的落区作为强对流风暴可能出现的区域。

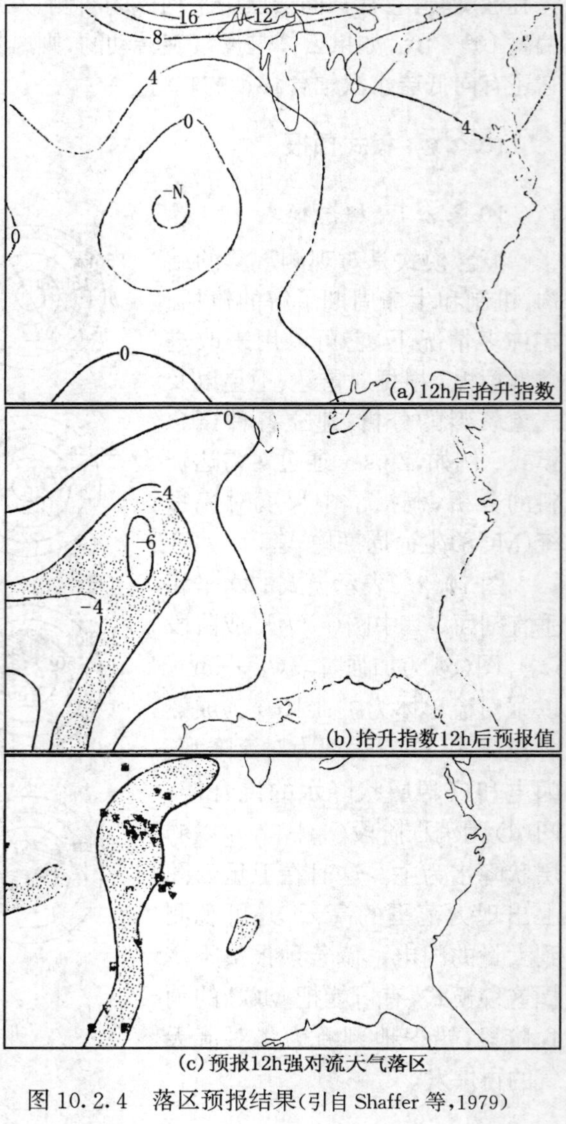

(c) 预报12h强对流大气落区

图 10.2.4　落区预报结果(引自 Shaffer 等，1979)

图 10.2.4 中的阴影区为抬升指数(≤－2K)、水汽辐合［$\nabla \cdot q\vec{v}$ ≥10g/(kg · h)×10］和上升运动的

12h 预报量组成的强对流落区。其中,实三角表示实际出现了龙卷,实方块表示有对流风暴而无龙卷。

10.2.3　结构化预报

近年来,开始应用人工智能技术做中尺度天气预报,其中比较成功的人工智能技术应用是专家预报系统。专家系统建立的关键是知识的获取,也就是将多种预报信息结构化、系统化,使之形成知识。结构化预报(structured forecasting)就是用结构化后形成的知识来做预报的一种方法。

10.2.3.1　列表法

根据预报员的经验,按对预报问题的重要程度,将反映预报因子的物理参数顺序列表,并通过历史资料确定预报对象是否出现的物理参数阈值,作为日常业务预报的依据。Miller 分析了美国对流系统的发生情况之后,提出了 14 种区分弱中强雷暴的环境参数值,并按重要性顺序列表,作为预报强对流天气的工具。

这种方法基本上是一种主观预报方法。它的问题很明显:一是选择多少参数作为预报因子有很大的随意性,难以处理不同预报因子的预报结果互相矛盾的情况;二是缺少客观的权重量以衡量各参数间的相对重要性,以确定最后预报集成中所占的比重。

10.2.3.2　决策(判断)树

决策树是 20 世纪 70 年代后兴起的一种预报方法,目前已广泛应用于预报降水、雷暴等天气。决策树只包含一些预报对象出现的最根本的参数,以便减少主观性、增强科学性和提高预报水平。决策树预报系统是由揭示大气过程本质的预报因子,按照预报过程组成一系列的逻辑判断,并能在计算机上运行的预报系统,因而它也是一种简易的专家系统。

决策树预报方法的设计思想,是要将预报过程组成一个在结构上严谨,物理上有解释的,并通过机算机来实现的逻辑判断过程。典型的决策树预报的逻辑框图,如图 10.2.5 所示。第一步是由最重要的条件(参数)判断预报对象的产生,以下的第二步和第三步,是根据第二、第三重要的条件(参数),来判断预报对象的强度。基本条件全部满足,则有预报对象的发生,不满足或满足其一部分,则无预报对象出现;如果满足第二重要条件(参数),有中等强度的预报对象出现;第二、第三重要条件(参数)全部满足,则有强的预报对象出现。

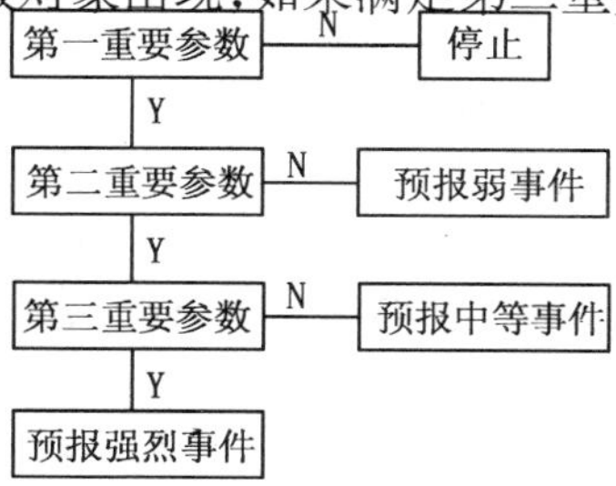

图 10.2.5　决策树预报因子排序图

Colquhoun 描述了 1979 年澳大利亚气象局业务上应用的预报雷暴、强雷暴和龙卷的决策树(见图 10.2.6)。这个决策树组织结构严密,逻辑推理清楚,它基本上包括了四部分:

①有无雷暴的判断；

②组织化强雷暴的判断；

③强雷暴和龙卷强度、局地洪水预报的判断；

④区分干湿下击暴流等其它判断。

根据几年的业务应用，认为对业务预报有帮助，并提出为了充分发挥决策树预报的潜力，尽量应用中尺度数值模式预报产品，使决策树中的大多数预报参数，能够是预报时间前的预报值。

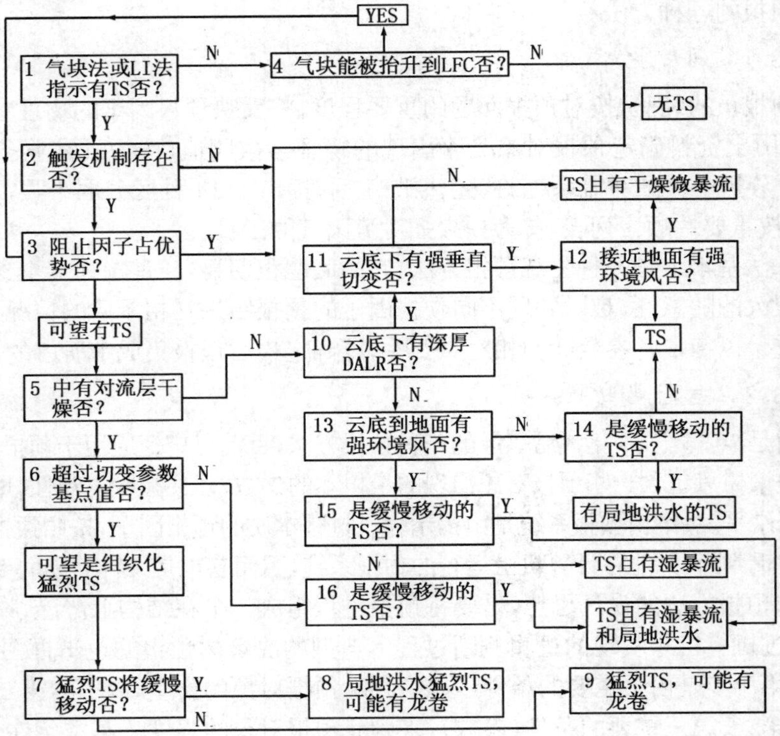

图 10.2.6　雷暴决策树(引自 Colquhoun，1987)
图中 LI 为抬升指数；TS 为雷暴；LFC 为自由对流高度；DALR 为干绝热递减率

1998 年，Miller 和 Colquhoun(MC98)在原来基础上进行了许多修改。最重要的是将决策树方法与区域数值天气预报模式结合起来，使雷暴预报决策树方法的预报功能进一步提高。首先，由于决策树所用的输入资料是数值预报产品，因而它可以用于每个网格点，来提供雷暴可能出现的区域以及这些区域随时间演变的信息；其次，修改后的雷暴决策树增加了以下功能：

①预报超级单体的产生及强度；

②预报跟超级单体相关的龙卷及强度；

③预报雹块大小；

④预报微下击暴流及暴洪潜势。

这个决策树用了 8 个主判定和 12 个辅助判定。主判定构成了决策树的“树干”，辅助判定分布在分支路径上。主判定是一些基本判定，其作用是识别有无雷暴，有雷暴又是哪一种雷暴，是否为超级单体以及龙卷超级单体等等；而辅助判定则主要用于进一步识别强天气的类型。

由 MC98 新的雷暴决策树的结构与判定流程可得到流程示意图。由此可见，强风暴和普通雷暴预报条件最大的不同有两条，即中层的干空气和风暴强度指数，这两者起到过滤器的作用。有了这两条，就可以把有组织的雷暴与一般雷暴区别开来。移动快慢也是一个过滤器，它可以把暴雨系统和强风暴系统区别开来。在每个判定点上，预报员都可以使用经验规则。这种 MC98 决策树构成了一个知识库，可以通过计算机系统或专家系统自动地做出判定。

10.2.4 局地条件气候学

在一定条件下，对长期重复出现的局地天气的统计研究，称为局地条件气候学。地形作用是产生局地天气的重要方面，它主要依赖于低层风和大气稳定度。在有利的天气学的条件下，统计得出的气候学结果，对预报也有相当的帮助。例如湖泊影响的雷暴，在一定条件下，易发生在某些地区；在邻近高地处，在某些风向条件下，由于地形强迫作用，冰雹、龙卷会经常发生在一定的地区等。

由于播撒机制对锋面降水地形增幅后的中尺度分布预报，是应用局地条件气候学方法的又一实例。地形降水的增幅作用，是有了播撒质点之后，由大小水滴碰并的微物理过程引起的。由背景场造成的降水为“种子”，在地形迎风面，低层湿气流中产生“馈云”，种子进入馈云后造成的降水的增幅。地形雨的增幅和位置与低层风速度有关，图 10.2.7所示为地形降水增幅的气候统计结果。

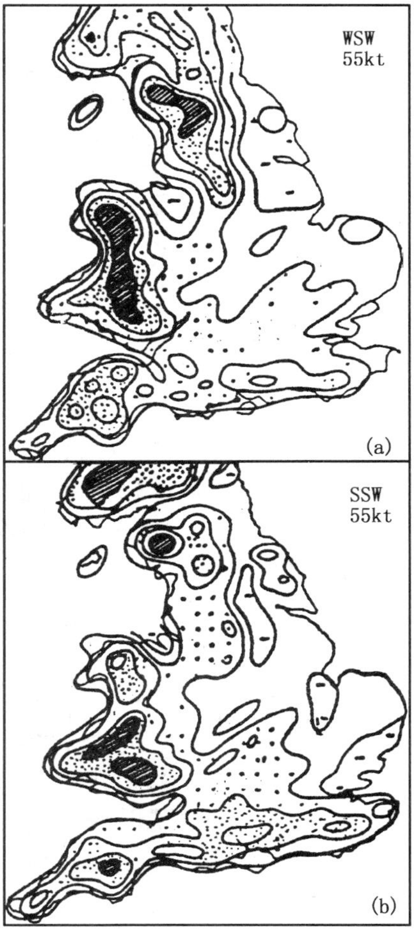

图 10.2.7 地形降水增幅的气候统计结果(引自 Browning，1988)

图 10.2.8 是风向为 WSW 和 SSW 两种低层风条件下，锋面降水平均增幅的气候统计结果。其中地形增幅是由实际降水减去背景场的降水率后得到的。该图分别是英国夏季在偏西南和偏东北风条件下，出现云高低于 213m 的层云频数分布。那里所出现的层云主要是从海上平流过来的。预报陆地上层云的出现，可以通过卫星云图测定和外推层云的移动，并结合局地条件气候学方法进行。

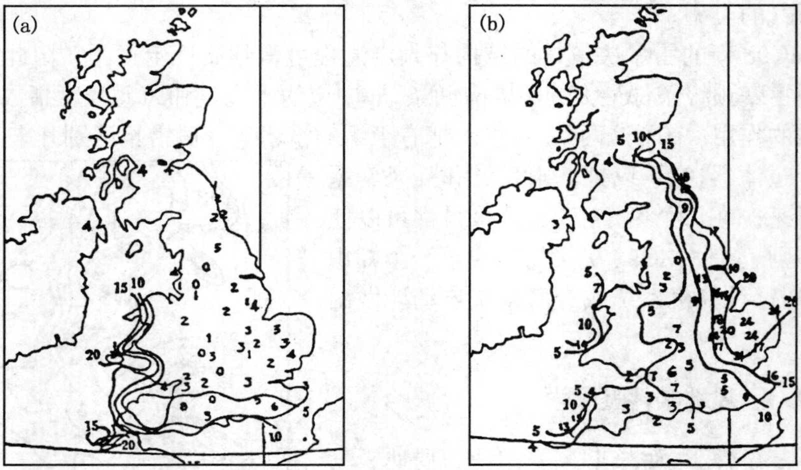

图 10.2.8　英国夏季层云的气候统计结果(引自 Browning，1988)

图 10.2.9(a)给出 500hPa 为西北冷涡型条件下的北京地区强对流天气的空间分布。由图可见，6～8 月出现强对流天气的概率大值带，从北京西北部山区向东南方平原区伸展，沙河、西郊、南苑位于大值带中，南苑附近存在概率为 27.8%的大值中心，是该型强对流天气在平原地区的重要落区。将大风、冰雹归为一类，可进一步了解其分布特征及地形影响，如图 10.2.9(b)所示。除西部定兴、易县及东部遵化地区外，该型主要是

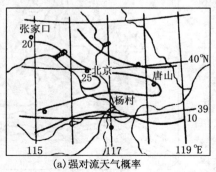

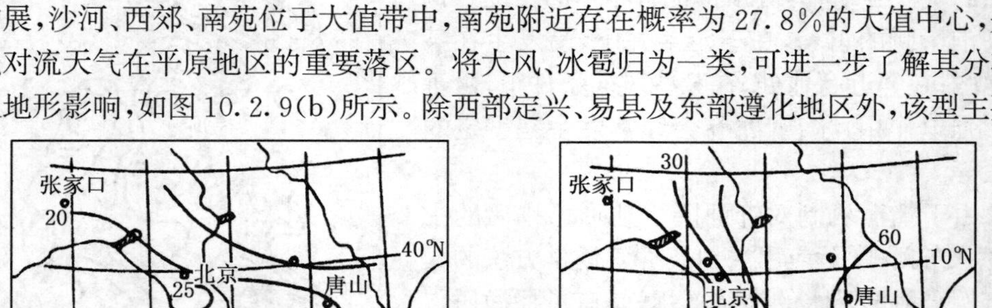

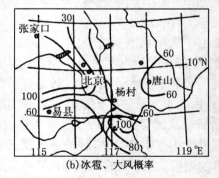

(a)强对流天气概率　　(b)冰雹、大风概率

图 10.2.9　4 年 6～8 月北京地区西北冷涡型强对流(引自何齐强等，1995)
天气空间分布，实线为等概率线

大风、冰雹天气，概率达 60%以上。一个宽约 60km 的大风、雹击带沿永定河谷伸向静海地区，显示出河谷地带是强对流天气的重要通道。大值带中多数测站概率大于 80%，西郊达 100%，静海附近存在另一高概率中心。

10.2.5　统计学方法

用统计学方法制作中尺度天气预报的具体形式很多，这里只是介绍两种：

10.2.5.1　相似预报

天气变化总是与天气形势变化密切相关的，而天气形势特征集中反映在各气象要素场的形态、配置和强度特征等方面。因此按照一定标准客观描述这些特征，即可从众多的历史资料中，找到场型、场强等方面均为相似的个例集。在这一工作的基础上，对实时天气用等效模拟的方法作逐时预报。这种方法称为相似模拟法。也可从大量样本中，把相似个例分类，对每类起始时刻的一些因子（参数）确定数值，在预报时用实时因子加以判断，这就称为相似判别法。

确定是否相似的方法也有许多。例如用最大互相关系数确定天气形势相拟。这种方法是，先将历史样本中某层等压面高度的测站值，转换成网格点值，尔后分别算出两样本间的互相关系数，作为度量两样本间该层等压面高度形势的相似程度。算出所有样本之间的相关系数后，把具有最大相关系数的两个样本作合成处理，求得合成场作为初选型。再将其它各样本与初选型分别求相关系数。确定大于某一相关系数的样本均向该型聚类，成为某等压面层次天气形势的一种标准型。把初选样本删除后，剩余的样本重新组成候选样本群，再重复如上过程，分别求出其它天气形势的标准型。用相似法作预报，可在确定实际形势属于哪一种天气型后，通过与该型的历史个例求互相关系数的办法，将相关系数最大的个例的历史天气演变模拟作出未来逐时天气预报。

对历史样本中预报因子的相似程度，可用相似距的方法来判定。设两个例 a 和 b 的因子数值是 $x'_{1a}, x'_{2a}, \cdots, x'_{ma}$ 和 $x'_{1b}, x'_{2b}, \cdots x'_{mb}$。在多维空间坐标系中，若其各个因子的数值越接近，则 a 和 b 的位置越接近，两个例就越相似。

以距离系数 D'_{ab} 表示 a 和 b 两个例之间的相似程度，即

$$D'_{ab} = \frac{1}{m}\sqrt{\sum_{i=1}^{m}(x'_{ia} - x'_{ib})^2} \tag{10.2.9}$$

为便于比较，采用标准化方法对因子进行处理，即用 x_i 将因子值变成相对值

$$x = \frac{x'_i - x'_{\min}}{x'_{\max} - x'_{\min}} \tag{10.2.10}$$

其中 $x'_{\max}$ 和 $x'_{\min}$ 分别是样本库中某因子的极大值和极小值。于是有

$$D_{ab} = \frac{1}{m}\sqrt{\sum_{i=1}^{m}(x_{ia} - x_{ib})^2} \tag{10.2.11}$$

显然，D_{ab}数值越小，a和b两因子越相似。在实际应用时，如果有了待报天气状态的一组因子，将它们与历史上出现过的天气状况各个例的因子逐一比较，计算与各个例的距离系数D_{ab}，以找出一组与待报个例最相似的状态，并认为该个例出现的天气，将在这次过程中重现，由此作出相似预报。

进行相似预报，相似统计量的优劣直接影响到相似预报的效果。目前，通常用相似离度法来确定天气形势之间的相似。相似离度是用于衡量两个样本i与j之间相似程度的一个量，它的定义是

$$C_{ij} = \frac{\alpha R_{ij} + \beta D_{ij}}{\alpha + \beta} \tag{10.2.12}$$

$$R_{ij} = \frac{1}{m}\sum_{k=1}^{m} | H_{ij}(K) - E_{ij} | \tag{10.2.13}$$

$$D_{ij} = \frac{1}{m}\sum_{k=1}^{m} | H_{ij}(K) | \tag{10.2.14}$$

式中

$$H_{ij}(K) = H_i(K) - H_j(K) \tag{10.2.15}$$

$$E_{ij}(K) = \frac{1}{m}\sum_{k=1}^{m} H_{ij}(K) \tag{10.2.16}$$

其中：H是任意物理因子；$H_{ij}(K)$表示两样本间某物理因子的差值；$E_{ij}(K)$表示i样本对j样本所有因子之间的总平均差值；$R_{ij}(K)$描述的是形相似，$D_{ij}(K)$则表示值相似；α和β分别为它们对总相似程度的贡献系数，m为所计算的相似场的格点数(或测站数)。

一般来说，不同的气象要素(物理量)场，其分布形态和数值大小对产生的天气有不同的影响。如对高度场，槽脊的地理位置(形态)一般比其强度(数值)有更明显的影响，前者决定某天气能否出现，后者则主要影响天气强度；而对湿度场来说，干湿的分布形态固然重要，湿度大小具体数值的作用显然不次于前者。因此，对不同的要素(物理量)场应取不同的α，β值。如对高度场可取$\alpha = 2$，$\beta = 1$，对湿度场则可取$\alpha = \beta$等。

在实际计算相似离度时，由于不同因子的变化域，一般都不相同，必须先把因子数值标准化，才能对它们进行比较。数据的标准化，可用(10.2.10)式进行处理。经过标准化后，可使所有样本的因子数据都变成0～1之间的数值。

研究表明，相似离度既考虑到样本之间的形相似情况，又体现了它们的值相似差异，是一个比较全面的标准，实际使用效果良好。

10.2.5.2　极值剔除法

应用统计方法作中尺度天气预报，首先遇到的问题是预报因子的选取。目前最常用的选因子方法是逐步回归，这种方法实质是根据单相关系数的大小，作为选因子的依

据。但是,由于许多中尺度天气属小概率事件,影响因素众多,各种因素的单相关系数都较小,因此应用逐步回归选取因子和预报,效果往往不太理想,建立的回归方程,即使对历史资料回报,也会出现漏报现象。

为了尽可能地减少漏报,王绍龙提出极值剔除法,作为选取因子并制作中尺度天气预报的一种方法。

(1)因子选取的思路。为说明方便,这里以强对流天气预报为例,并以北京地区6月份雷暴大风(≥17m/s)二级预报(在已知有雷暴条件下预报是否伴有大风)的因子选取过程为例。

统计样本为1980～1993年间的12年所有雷暴日71天,其中伴有大风20天,不伴大风51天。现将所有样本区分为强对流天气(有雷暴大风)样本集(A)和非强对流天气(不伴大风)样本集(B)。如果能找出若干判别条件,使样本集A中的样本均能满足,样本集B中都有足够多的样本因至少有一个条件不满足而被剔除,或者说,最终满足条件的,是样本集A中的所有样本和样本集B中的极少数,那末,这些判别条件就可作为预报因子,而预报因子的阈值,则用这些物理参数的极值来表示。

(2)因子选取方法:

①极值和极值剔除数。极值是指物理参数x的最大值(x_{max})或最小值(x_{min}),因为要用它表示强对流天气发生条件的阈值,所以极值是相对强对流天气样本集A而言的。通常有三种形式:a、$x \leqslant x_{max}$;b、$x \geqslant x_{min}$;c、$x_{min} \leqslant x \leqslant x_{max}$,选取哪种形式,则需视情况而定。在统计相关分析中,因子优劣以相关系数的大小来衡量,相关系数越大,因子预报能力越强。在极值剔除法中,衡量因子优劣,是用"极值剔除数"这个参数来表示。极值剔除数是对非强对流天气样本集而言的,它是指非强对流天气样本集中不满足极值条件的样本数,极值剔除数越大,表明因子预报能力越强。

极值剔除数(K)的计算,因判别条件形式不同而不同。如表10.2.1,因子x_1在样本集B中落在极值35.0和26.0之外的样本数$K_{max}(x > x_{max})$和$K_{min}(x < x_{min})$分别为1和14。因此,如果取判别条件$x_1 \geqslant 26.0$,样本集B中不满足该条件的样本为14个,即$K = K_{min} = 14$,如果取判别条件$x_1 \leqslant 35.0$,样本集B中不满足该条件的样本为1,即$K = K_{max} = 1$;如果判别条件为$26.0 \leqslant x_1 \leqslant 35.0$,则$K = K_{min} + K_{max} = 15$。

判别条件形式的选取,一般来说,既要考虑K_{min}、K_{max}值的大小,也要考虑是否具有物理意义。在表10.2.1中,因子x_1的K_{min}较大,K_{max}很小,物理上可解释为地面温度过低,不利于地面雷暴大风产生,因此可选取$x_1 \geqslant 26.0$,$K = 14$;因子x_2,K_{max}较大,K_{min}为0,物理上可解释为高空风太大,反而对地面产生雷暴大风不利,因此可选取$x_2 \leqslant 52.0$,$K = 7$;因子x_3,K_{max}、K_{min}都较大,物理上可能释为地面雷暴大风的产生,要求0℃层高度适中,太高太低都不利,因此可选取$608.0 \leqslant x_3 \leqslant 665.0$,$K = 14$。

表 10.2.1　因子极值和极值剔除数(引自王绍龙,1995)

序号	物理意义	极　值		区间样本数		极值剔除数
		X_{max}	X_{min}	K_{max}	K_{min}	
X_1	地面温度	35.0	26.0	1	14	14
X_2	200hPa 风速	52.0	6.0	7	0	7
X_3	0℃ 层高度	665.0	608.0	8	6	14
⋮	⋮	⋮	⋮	⋮	⋮	⋮
⋮	⋮	⋮	⋮	⋮	⋮	⋮

②因子粗选。由于待选因子数目较多,为减少计算工作量,因子选取分粗选和精选两步进行。粗选只是考虑单个因子的预报能力,一般可按下列步骤进行:

第一步:列出可供选择的因子,并对所有样本查算这些因子的值;

第二步:确定因子 x 在样本集 A 中的极值 x_{max} 和 x_{min};

第三步:对样本集 B,计算落在因子极值外 $x > x_{max}$ 和 $x < x_{min}$ 的样本数 K_{max} 和 K_{min};

第四步:根据因子的 K_{max}、K_{min} 的大小及其物理意义,选取适当的判别条件,确定极值剔除数;

第五步:确定极值剔除数的临界值 K_c,这里对判别条件为 $x \leqslant x_{max}$ 或 $x \geqslant x_{min}$ 的因子,取 $K_c = 5$,对判别条件为 $x_{min} \leqslant x \leqslant x_{max}$ 的因子,取 $K_c = 10$;

第六步:如果满足条件 $K \geqslant K_c$,因子即可入选。最后,可得粗选入选因子如表 10.2.2 所示。表中关键区是指 38～45°N,108～120°E 的区域。因子 x_1 至 x_{11},判别条件为 $x \geqslant x_{min}$,$K = K_{min}$;因子 x_{12} 至 x_{18},判别条件为 $x \leqslant x_{max}$,$K = K_{max}$;因子 x_{19} 至 x_{21},判别条件为 $x_{min} \leqslant x \leqslant x_{max}$,$K = K_{max} + K_{min}$。

③精选因子。因子初选后,由于数量较多,某些因子又具有相关性,因而不能将所有因子作为预报因子,而必须对它们进行适当组合,找出使预报效果最好的一组最佳因子。

以表 10.2.2 入选因子为例,因子精选过程可按下列步骤进行:

第一步:从粗选因子选取极值剔除数最大的因子 x_{19} 作为第一个因子,其剔除数为 21。将这 21 个样本从样本集 B 中取出,使样本集 B 的样本数变为 30 个;

第二步:对新样本集 B,重新计算表 10.2.2 中除 x_{19} 之外的其它因子的极值剔除数。选取极值剔除数最大的因子 x_1 作为第二个因子,其剔除数为 10。再将这 10 个样本从样本集 B 中取出,样本集 B 的样本减少为 20 个。

如此重复下去,直至样本集 B 中样本不能剔除为止($K=0$)。最后可共得 10 个因子及其判别条件,如表 10.2.3 所示。此时样本集 B 还剩下 2 个样本。即样本集 B 中同时满足这10个条件的样本只有2个，而样本集A中样本均满足，因此可用10个因子作雷暴大风预报。但考虑到实际预报时，因子过多容易引起预报效果不稳定，如取前6个因子，则样本集B中可剔除样本45个，还剩下6个。

这样，可得到临界成功指数为

$$CSI = \frac{20}{20+6} = 0.77$$

表 10.2.2　粗选因子表(引自王绍龙，1995)

序号	物理意义	极　值		区间样本数		极值剔除数
		X_{max}	X_{min}	K_{max}	K_{min}	
X_1	北京地面南风(m/s)	7.5	1.7	0	19	19
X_2	850hPa 关键区最低高度(m)	1476.0	1371.0	0	7	7
X_3	850hPa 关键区最高温度(℃)	24.0	16.6	4	8	8
X_4	700hPa 关键区平均温度(℃)	11.1	4.7	1	10	10
X_5	500hPa 关键区最低温度(℃)	−11.5	−16.5	2	12	12
X_6	500hPa 关键区平均温度(℃)	1.1	−9.2	4	7	7
X_7	北京地区温度(℃)	35.0	26.0	1	14	14
X_8	北京地面总温度(℃)	73.0	52.1	3	6	6
X_9	0℃层下降至地面之温差(℃)	21.0	8.0	0	12	12
X_{10}	北京0℃层 $T_i - T_e$(℃)	7.7	1.0	2	5	5
X_{11}	北京地面至700hPa$T - T_d$和(℃)	66.0	15.0	0	8	8
X_{12}	北京地面气压(hPa)	1008.0	998.0	5	4	5
X_{13}	北京湿球0℃层高度(hPa)	728.0	628.0	6	2	6
X_{14}	北京地面至700hPa相对湿度	0.73	0.23	9	0	9
X_{15}	北京200hPa风速(m/s)	52.0	6.0	7	0	7
X_{16}	850hPa 关键区平均温度(℃)	4.0	−4.2	7	0	7
X_{17}	500hPa 关键区平均西风(m/s)	16.5	−0.9	10	2	10
X_{18}	500hPa 关键区最小变温(℃)	−0.2	−7.6	11	1	11
X_{19}	700hPa 关键区平均南风(m/s)	1.5	−6.3	12	9	21
X_{20}	500hPa 关键区平均 $T - T_d$(℃)	14.7	5.6	6	8	14
X_{21}	北京0℃层高度(hPa)	665.0	608.0	8	6	14

表 10.2.3　精选因子表(引自王绍龙，1995)

因　子	x_{19}	x_1	x_{17}	x_5	x_2	x_{16}	x_6	x_{10}	x_{15}	x_{18}
极值剔除数	21	10	8	3	2	1	1	1	1	1

10.2.6 中尺度数值预报

中尺度数值预报的试验研究开始于20世纪70年代。由于计算机工艺和模拟技术的进步，我们有可能使中尺度数值预报进入实用阶段。但它现在还不能作为普遍的预报手段，仅有一两个模式能用于半业务预报，绝大多数还只是用来进行研究，对中尺度现象做数值模拟试验。

中尺度模式和大尺度模式不同，它复盖一个较小的面积(<1000km×1000km)，这样的模式，必须有很好的侧边界条件，来考虑天气尺度的变化。在中尺度模式中，对于边界层物理过程也要有很好的表示，因为大部分热力和地形的强迫运动，从与地面交换过程中取得能量，这些过程常比自由大气动力过程中更加重要。

在初值问题上，中尺度资料的输入是否是决定性的，要看中尺度模式所解决的气象学问题。对于地形强迫为主要特征的问题中，大气初始状态不必特别详细，由大尺度模式给出背景场就够了。但由大气内部过程引起的中尺度现象，在初值资料中，不能没有描述中尺度现象的详细观测资料。

天气尺度强迫一般表示中尺度现象产生的背景场，但如果缺少中尺度资料的输入，就不可能得到可信赖的中尺度预报。雷达和卫星图象是目前唯一可以同中尺度模式相匹配的观测资料，在一定程度提供了中尺度数值预报的初值，因而对雷达、卫星图象的解释，将是解决中尺度分析初值的关键。

Browning 认为20世纪90年代通过对它们的解释，来调整初值的可能途径有：引入更实际的垂直速度分布；改进水汽分析，引入更实际的潜热影响；调整由背景场预报的天气系统位置；应用特征模式引入中尺度结构；通过云的分布引入云对辐射平衡的影响。

根据模拟或预报的现象，通常把中尺度模式作进一步分成三类：

- α中尺度模式(水平格距50～200km)；
- β中尺度模式(水平格距5～50km)；
- γ中尺度模式(水平格距小于5km)。

这三类模式中，目前对β中尺度和γ中尺度模式，主要是在理想条件下模拟大气现象，而一般不是用实际资料作预报。但对α中尺度模式，利用目前计算机条件，已有不少国家建立了有限区域模式，并用实时资料作12～48h预报。

近年来，经过对这种模式的试验研究，Anthes 和 Zhang 等认为，如果一个α中尺度模式，具有协调的网格分辨率和合理的物理过程，只要用较好的天气尺度环境条件作为初值，也能够模拟和预报出大部分不同的天气尺度和中尺度现象。这个结论有可能给中尺度模式预报开辟新的途径。

§10.3　中尺度天气的预报系统

在过去的20多年里，有三个重要领域取得了显著的进展：雷达资料的数字化处理和传输、从地球静止卫星上频繁发回云图、计算机技术的发展。这些进展促成了中尺度的天气预报系统的发展，应用这样的系统，就能可靠地进行实时天气分析，作出中尺度天气预报。不过，预报系统的出现，并非把人排除在系统之外。在当前和今后的若干年内，即使有了良好的设备，一个优秀预报员的判断，仍能大大提高局地天气预报的质量。目前，大多数高分辨中尺度资料可以图形化，人比机器更能对这些图形进行物理判断。因此，重要的是要发展先进的人机对话型的显示和分析技术，以便预报员在某些情况下，能在自动化系统中，于某些关键阶段，有效地运用他的判断。

10.3.1　预报系统的特征

中尺度预报系统的特点是：资料时空密度大，流量大；时效短，资料收集、预报制作和发布要快速及时；要求具体，预报产品需要具体时间、地点和天气；考虑大气物理过程复杂，涉及水相变化，对流传输，边界层效应，湍流和辐射平衡等。因此，对中尺度天气的甚短期预报，在天气观测、通讯传递、资料处理、分析预报、警报发布等，都和短中期预报有不同的要求。通过与短中期预报系统进行对比，就可看出甚短期预报系统的特点和要求，如表10.3.1所示。在设计中尺度天气预报系统时，必须在经费、技术等前提条件下，对它们加以充分考虑。

表10.3.1　预报系统的比较(引自Browning和MacDonald，1982)

对比项目	短—中期	甚短期
预报提前时间	＞8～12h	0～12h
尺度	天气尺度	中尺度
覆盖范围	全球或大陆	有限区域
预报性质	一般趋势	定点、定时、定量
观测时间间隔	3～12h	＜1h
测站间距	几百千米	几十千米
资料量	约10^6bit/h	约10^8bit/h
资料传递时间	慢(几十分到几小时)	快(几秒到几分)
预报方法	数值模式，统计解释	监测外推，概念模式，中尺度数值模式
预报产品传递	被动的无选择缓慢传递	被动和主动，兼有选择快速传递

根据表10.3.1对甚短期预报系统和短中期预报系统差异的比较，我们对甚短期预报系统的几个重要特点，再作以下进一步的说明。

10.3.1.1　甚短期预报的气象学基础是中尺度气象学

不同尺度的天气系统可预报性是不同的，研究认为，对于空间尺度小于1000km的中尺度天气系统，可预报性不足18h，它只能是甚短期预报的对象，因而中尺度天气系统及其产生的中小尺度天气现象，属于甚短期预报研究的范畴。甚短期预报的方法及其系统，就是在中尺度气象学的理论指导下建立起来的。当然，不是说甚短期预报无需考虑天气尺度系统。相反，由于天气尺度系统的时空尺度均比较大，在甚短期预报时空尺度范围内，其发展是相对缓慢的。在一定条件下，可把天气尺度系统看作是准静止的背景场，而对于不同天气尺度的背景场，各种中尺度天气系统的发展演变是不同的。必须考虑天气尺度系统和中尺度天气系统的耦合作用，即天气尺度背景场中的某些波动的不稳定发展。例如，锋面上的不稳定波发展与中尺度雨带分布；地形强迫和下垫面热力不均匀引起的局地环流；对流凝结潜热释放的反馈作用；成云致雨降雹的物理过程以及云体与环境场(流场、温度场、电场等)的相互作用等。其中一些物理过程，不仅在判断中尺度系统发展时要充分考虑，而且还可能是甚短期预报的内容，对它们不能简单地进行参数化处理，必须依靠先进的遥感探测手段来监视它们。

10.3.1.2　甚短期预报必须有时空分辨率较高的观测网

按预报对象的时空尺度特征，来决定观测的频次和空间分辨率，以便及时发现和分析中尺度天气系统。Bodin认为，在VSRF的基本观测系统中，地面自动气象站和天气雷达的观测频次，应当是每15min一次；静止卫星云图资料要每30min更新一次。遥感探测设备的测量精度也应按中尺度探测的要求设计。如多普勒天气雷达测量降水，在10^5km^{2}内，降水位置的精度为300m，经向风速测量，在3×10^4km^{2}内的精确度达1m/s；闪电定位测量精度可达2km；美国GOES-E静止卫星获取的VAS图象资料，其空间分辨率为1～7km。有了这样的高时空分辨的实时资料，才能有效地作出中尺度天气的监测和预报。

10.3.1.3　甚短期预报必须有高速通讯和大容量计算机

探测、监视中尺度天气系统所获取的资料信息量，远远超过常规资料量，处理分析这些资料的工作量大大增加。因此，为了能及时向用户发布中尺度天气预报和警报，必须有能迅速传递、处理和显示这些超量信息的高速通讯设备和大容量计算机。

对甚短期预报来说，在发现中尺度系统之后，从观测数据传输、计算处理、图形(像)显示、预报判断到预报结果送达用户，所允许的时间是很有限的。这要求设计甚短期预报业务系统的每一个环节，均须精确地测算。例如，假定观测传输时间为t_a，计算机计算处理资料并生成各种图形(象)产品的时间为t_b；预报员在图象终端上要分析N种产品，调取一种产品所需等待时间为t_c；每分析一种产品所耗费时间为t_d，每种产品在作出预报前要反复分析M次；预报产品制作时间为t_e；产品发布耗费时间为t_f；则从观测到用

户收到预报产品所花费的时间 T 为

$$T = T_a + t_b + N(t_c + Mt_d) + t_e + t_f$$

这里，t_a 和 t_f 是取决于资料和预报产品的数据量大小和通讯传递速率。t_b 和 t_c 是取决于计算机功能和计算机系统的管理，包括终端上的“工作菜单”的编排技巧等。而 t_d 和 t_e 是主要取决于预报员的技术水平，中尺度气象学知识水平和综合判断能力，t_d 还与分析产品的内容有关。

对于甚短期预报，特别是对临近预报来说，T 应满足：

①不能超过观测资料更新的时间间隔；

②不能超过中尺度天气系统生命期的 1/10，在这个意义上，对不同的中尺度天气系统，T 值是不同的。

对一个甚短期预报系统的 T 值，起控制作用的是 t_b、t_c 和 t_d。选用速度快、容量大、性能好的计算机和先进的网络系统，精心设计系统软件（包括图形工作站“工作菜单”等），是可以取得合适的 t_d 和 t_c。在这方面，正在飞速发展的计算机技术，已为中尺度天气预报提供了充分发展的前景。为了尽可能的缩短 t_d，除了大力加强对甚短期预报人员的技术培训，包括中尺度气象学知识和计算机应用知识的培训和提高外，还要尽可能装配多种有效的客观预报方法，力求中尺度天气预报的自动化和智能化，由计算机直接提供客观定量的预报结果，从而使它真正变成计算机的产品。

10.3.1.4　对甚短期预报的要求高，其服务内容详细具体

它包括灾害性天气的类别（风、雨、雹、雷电、龙卷、雾及能见度等）、量级（强度）、落区、落点及出现的起止时间，并根据不同部门、不同行业的气象保障要求，分别发布针对性的专业服务预报。发布方式可用文字、声音、图形传输等。用户可用各种手段主动或被动地随时获取预报产品。这种尽可能周到迅速的服务，也是甚短期预报的重要特色。

总之，要建立一个实时有效的甚短期预报系统，在观测系统、分析预报系统和预报服务等方面，需要在常规短期预报系统的基础上进行根本性改革。甚短期预报是先进信息技术的产物，从这个意义上说，甚短期预报系统的建立，就是气象预报业务现代化的重要体现。

10.3.2　预报系统的设计

预报系统一般由观测、通讯、资料处理、分析预报及发布等几个子系统组成。它的软件总体设计如图 10.3.1 所示。在常规观测、资料自动收集和预处理的基础上，采用主客观结合的预报方法，通过人机对话图象显示加以综合分析和预报集成，经过编排，最后把预报结果发布给用户。其中，通讯网络是把预报系统连结在一起的命脉。由于预报提前时间减少，这就对通讯提出了更高的要求。用卫星转播天气情报和光导纤维技术，则

是解决高速通讯的有效途径。

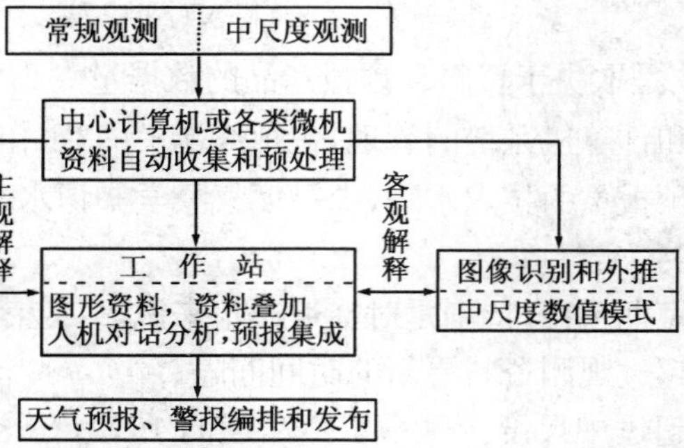

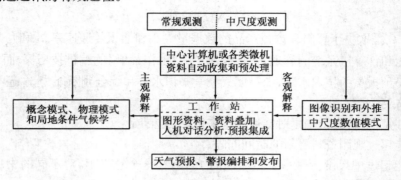

图 10.3.1　预报系统总体设计

现在许多国家的气象部门，已先后建立了各种中尺度天气预报系统。如国内的有京津冀等四个基地的中尺度灾害天气的监测预报系统；国外的，有英国降水短时预报系统(FRONTIERS)，瑞典的业务情报系统(PROMIS-90)，美国的范式区观测和预报服务系统(PROFS)，加拿大的短期降水预报系统(RAINSAT)，日本的暴雨短时预报系统等等。这些国家根据各自的地理位置和经济、科技力量，预报系统的设计也各不相同。例如，幅员辽阔的国家，多建设地区性系统；国土不大的国家，则建设全国性的系统；平原为主的国家(试验区)，自动气象站布点较稀，丘陵和山区为主的国家(试验区)，自动气象站布点较密；海岛国家则十分重视雷达、卫星的复盖和在监测预报中的作用。这里只是以英国建立的降水短时预报系统为例，来说明系统的设计，如图 10.3.2 所示。

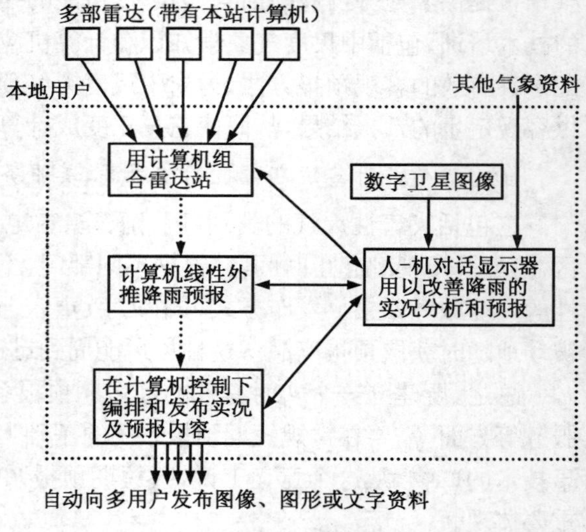

图 10.3.2　英国降水短时预报的设计
(引自 Browning 和 Collier，1981)

这是一个建立在分散计算机网基础上的全数字化系统，系统的各部分是：

①几个雷达站，在每个站上有一个小型计算机，以便对资料作预处理，使之成为便于传递、显示和进一步运算的格式；

②一个中心计算机；它能自动将各雷达站发来的资料综合为雷达综合图，把有效探测范围扩大到一个大区域上；

③一个卫星地面接收站，接收地球静止卫星云图，并用计算机进行预处理；

④采用线性外推法，实现用计算机作降水预报；

⑤一个人机对话显示器，在工作站上工作的预报员，利用它对雷达、卫星和其它资料作综合分析；

⑥根据用户要求的格式，自动选编和发布降水实况及降水预报。

在这个系统中，利用先进的人机对话图象显示技术，可对各种来源的资料进行综合和运算，使预报人员可以快速而有效地检验自动化系统作出的气象判断是否正确。

10.3.3　预报系统的业务工作站

在甚短期预报系统中，业务工作站是负责系统运行管理和预报产品的生成、发布以及检验预报效果的，它直接为用户服务，是甚短期预报系统产生保障效益和社会效益的窗口。业务工作站实际上也是以人机交互方式工作的图形工作站。它具备以下基本要求：

①有包括各种图形、图象产品在内的资料库和产品“菜单”。“菜单”按产品的空间尺度分类，或是按不同的观测系统排列，或者两者兼顾。

②具有简便、快速交互处理功能，包括产品检索、图形（象）放大、开窗、迭加、合成、动画、循环等。交互处理的指令操作尽可能简单，易学易记。

③有一个应用程序库，除一些通用处理程序外，还有可供预报选择使用的一些有效计算方法和图形处理程序，以便对产品进行深加工，制作新的产品或生成预报图形产品。

④能自动对产品进行管理，向预报员提供情报告和资料集情况报告，自动进行产品更新。随时将预报员实时调用产品次数和预报结论记录存档，供预报检验使用。

目前，国内外已有许多甚短期预报的业务工作站，这里只是介绍英国的FRONTIERS业务工作站，以便了解业务工作的构成和功能。

从1979年起，英国建立综合雷达—卫星临近预报系统，到1983年已初步成为一个实用系统。其分析预报工作，是在“采用雷达和卫星资料相互结合的新技术使降水预报最佳化”（简写为FRONTIERS）的工作站上完成的。这个工作站仍在不断发展。图10.3.3是其业务工作站示意

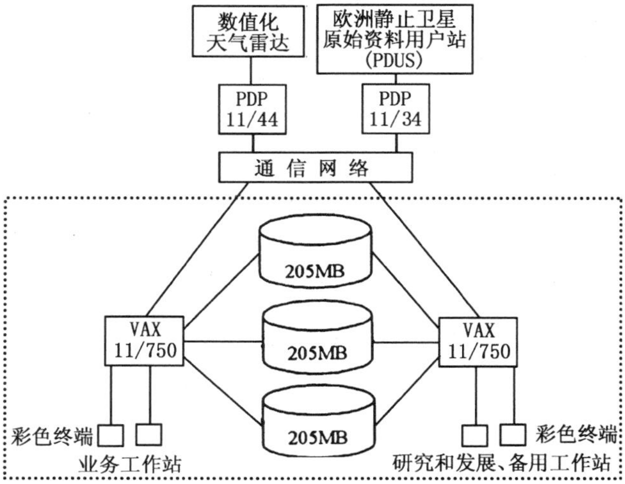

图 10.3.3　英国FRONTIERS工作站示意图
（引自Browning，1979）

图，预报系统的总体设计已在前一部份的图 10.3.2 中说明。

这个系统有两个工作站，业务工作站和用于研究、发展的备用工作站，它们分别配置有 VAX-11/750 小型计算机，并通过 DEC net/Ether net 网络与天气雷达和欧洲静止卫星用户站的计算机联结，两台计算机有共用硬盘(866MB)，每个工作站分别配有一台彩色图象终端和一台辅助彩色监视器。另外，有两个配有碰屏(touch screen)的视频显示终端，以菜单形式显示特定的程序和图象处理功能，只要用手碰一下屏上菜单的某个位置，计算机即可自动执行某个程序研究或某项指定的图象处理功能，操作迅速方便。可以通过键盘、光标操纵杆或数据板与计算机对话，在碰屏失灵时，通过键盘敲入菜单上的某项内容的号码，即可控制计算的工作。光标操纵杆，可以定点划线，也可以调节连续显示的速度和次序，选择图象显示的部位等。

FRONTIERS 处理的资料，主要是：

①天气雷达网的数字化回波资料。每 15min 给出一张水平空间分辨率为 5km、8 个等级强度的地面降水强度分布图；

②欧洲 METEOSAT 卫星云图(红外和可见光)，每 30min 提供一次。对这些图象资料的处理主要有：雷达上地物回波过滤；根据实时遥测雨量资料对雷达测量降水强度的标定；地形对降水量的订正；卫星云图资料的投影坐标变换；卫星云图与雷达回波图结合做降水外推预报或降水概率预报等。

第十一章　强对流天气的预报

强对流天气包括雷暴大风、下击暴流、冰雹、龙卷和强雷雨(局地短时降水或持续性暴雨的一部份)等中小尺度天气现象。目前做强对流天气预报时,一般先是考虑出现强对流天气的物理条件,从而了解强对流天气可能出现的区域范围,然后分析使对流不稳定能释放的可能触发机制,以便确定强对流天气出现的时间和地点。在这两个步骤中,均需借助一定的预报方法,而这些方法是建立在强对流天气演变规律基础上的。本章首先概括强对流天气的发展机理,并对比出现强对流天气和暴雨时的差别,在此基础上再将目前的强对流天气的预报方法及其预报系统作一概述。

§11.1　强对流天气的发展机理分析

强对流天气是伴随对流风暴发生、发展的,对流风暴是强对流天气的"制造者"和"输送者"。因而对于强对流天气预报,掌握对流风暴这个中尺度系统的发展条件是十分重要的。

11.1.1　对流风暴的发展条件

对流风暴的发展,依赖于大气的热力和动力条件。影响对流风暴的发生,最重要的是:中层干空气(干暖盖)和强垂直风切变。两者犹如过滤器抑制了所有一般对流,而只能爆发强烈对流。中层干空气的作用,增强了热力(浮力)不稳定度,它主要控制对流风暴的强度,而垂直风切变,主要影响对流风暴的类别。数值试验还进一步表明,强对流的发展,要求大气稳定度和垂直风切变之间存在一种平衡,反映这种平衡量,则由粗 Ri 数(BRN)来表征

$$\mathrm{BRN} \equiv \frac{B}{\frac{1}{2}U_z^2}$$

其中 B 是对流有效位势能量(CAPE),即(9.2.16)式。如果不计气压扰动、水体负载和混合作用,可从 B 直接得出气块的最大垂直速度 $W_{\max} = (2B)^{1/2}$。因而它表示对流风暴中上升运动的可能强度,并间接反映风暴内下沉运动和地面出流的大小。B 的最大值在 $4500\mathrm{m^2/s^2}$ 以上,一般为 $1500 \sim 2500\mathrm{m^2/s^2}$。对于中等不稳定对流运动,浮力能量为 $2500\mathrm{m^2/s^2}$ 时的相当最大对流速度为 70m/s。如果考虑到气压垂直梯度、水体负载及混

合作用，估计实际对流速度，约为 $W_{\max}$ 的一半。U_z 是 0 ～ 10km 密度加权平均风和 0 ～ 600m 近地面层风之间的差值。如以0 ～ 10km 平均风看作对流风暴的移速，则 U_z 就是相对风暴入流速度。$\frac{1}{2}U_z^2$ 表示上升气流从环境场获得的用以对流发展的动能供应，以及上升气流产生旋转的可能性。BRN 表征了热力能量和运动能量之间的平衡。Weisman 和 Klemps 的研究表明，在一定的 CAPE 情况下，改变垂直风切变 U_z 值，结果 BRN 不同，出现的风暴类型不同。BRN ～ 40 是区分超级单体风暴和多单体风暴的界限。出现超级单体风暴，BRN 是比较小的；多单体风暴相反，如果 BRN 更大，就会出现短生命的普通雷暴。

进一步的研究认为，有些风暴中心区，存在旋转上升气流的情况，旋转开始出现于中层，然后逐渐下传，在某些情况下，有时可以最终形成一个龙卷。内部结构出现旋转的对流风暴，在大气低层几千米内，对于风暴的相对气流，一般出现强顺时针旋转，而风暴中的气流旋转方向和强度，则由螺旋度来诊断。对于对流风暴的相对水平螺旋度，考虑到风暴入流主要来自对流层低层几千米范围内，则

$$H_r = \int_0^h (\vec{V}_H - \vec{C}) \cdot \vec{\omega}_H \mathrm{d}Z \tag{11.1.1}$$

式中 $\vec{C} = (C_X, C_Y)$ 为风暴移动速度，$\vec{V}_H$ 为水平风速，$\vec{\omega}_H$ 为水平涡度，h 为风暴入流深度，通常取 $h = 3\text{km}$。由于 $\vec{\omega}_H$ 主要是由风的垂直切变引起的，因此在研究风暴意义上，风暴相对水平螺旋度 H_r 可简单地理解为低层大气中（0 ～ h 高度）风暴相对速度与风随高度旋转的乘积。即

$$H_r = -\int_0^h \vec{\kappa} \cdot (\vec{V}_H - \vec{C}) \times \frac{\partial \vec{V}_H}{\partial Z} \mathrm{d}Z \tag{11.1.2}$$

由此看出，相对水平螺旋度在数值上等于风矢端迹图上 0 到 h 气层中风暴相对风矢量所包围面积的两倍，当风向顺时针转时，面积元为正，风向逆时针转时，面积元为负（参见图 11.1.8）。

因此，可以利用平面上多边形面积公式来计算相对水平螺旋度：

$$H_r = \sum_{n=0}^{N-1} [(u_{n+1} - c_x)(v_n - c_y) - (u_n - c_x)(v_{n+1} - c_y)] \quad (\text{m}^2/\text{s}^2) \tag{11.1.3}$$

式中 u 和 v 是环境风的两个分量；c_x 和 c_y 是风暴移速分量；n 是指自 0 到 h 高度的序号。(u_0, v_0) 为地面风，$(u_1, v_1) \cdots (u_{N-1}, v_{N-1})$ 依次为 0 到 h 气层内各高度上的风，(u_N, v_N) 为 h 高度上的风。风暴移速（$\vec{c}$）是未知量，一般可以这样事先确定：以 850 ～ 300hPa 气层中密度加权平均风为准，如果平均风速 ≤ 15m/s，风向向右偏转 30°，风速的 75% 作为风暴移速；否则，以右偏 20°，风速的 80% 作为风暴移速。

在大气低层出现风随高度顺时针旋转气流中，对流风暴入流必定具有正值水平螺旋度，通过扭曲作用，水平与垂直螺旋度之间转化，使风暴内部产生旋转上升气流。现在人们利用 H_r 的大小来判断对流风暴中的中层气旋的发生，其阈值为≥120m²/s²。理论证明，这种对流风暴可从平均气流中获取能量，并且由于螺旋度的存在，抑制了湍流能量的串级，从而有利于对流暴的长时间维持。并且在浮力和垂直螺旋度的共同作用下，使旋转上升气流进一步增强，在下沉气流前侧边缘为局地涡源区，那里有利于龙卷产生。

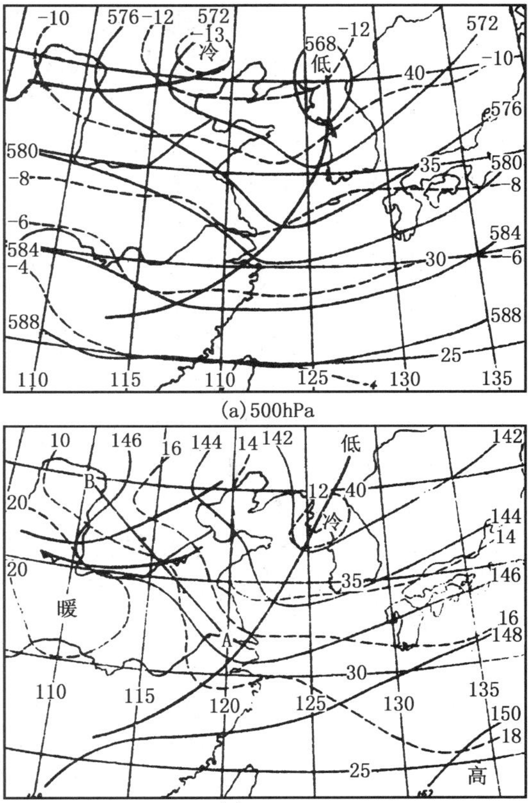

(a) 500hPa

(b) 850hPa

图 11.1.1　冷涡型合成温压场(引自杨国祥等，1985 年)
———为等高线，-------为等温线

11.1.2　对流风暴的环境

对流风暴不是随机地发生和分布，而是明显地受环境条件的制约，它包括天气尺度、中尺度和对流风暴尺度的环境。出现对流风暴的 500hPa 环流形势，主要有冷涡、槽后和槽前三种类型。冷涡和槽后类主要出现雷雨大风和冰雹天气，呈现“干”对流风暴特征；槽前类在平原地区多出现强雷雨天气，呈现“湿”对流风暴的特征。

根据我国的对强对流天气的研究，出现对流风暴的天气尺度环境的总体特征介绍如下：

11.1.2.1　天气尺度环境

对于冷涡、槽后类型的共同点有：

(1)涡槽后部存在准东西向的短波横槽。在对流风暴出现前，500hPa 涡槽后部，存在东西向横槽，如图 11.1.1(a)所示，其附近冷平流较强，并有较小范围的辐合上升运动，它镶嵌在涡槽后部大范围辐散下沉区中。涡槽后的次天气尺度短波横槽，是未来对流风暴发生的直接影响系统。分析表明，在一次冷涡过程中，其后部的横槽可能不止一个，当系统稳定时，冷涡后部可连续几天发生对流活动过程。

（2）对流中低层存在干暖盖。在涡槽后天气尺度下沉气流及中低空干暖平流的共同作用下，对流层中低层存在干暖盖，其高度在900～600hPa之间，多见于800hPa附近，主要出现在850hPa槽线附近至500hPa涡槽后部的范围内，呈倾斜分布，它和地面的交线就是干线。干暖盖为形成对流风暴所需能量积累及爆发式释放提供重要条件。干暖盖维持时间越长，越有利于对流风暴的产生。对干暖盖的形成维持的研究表明，我国南方地区的干暖盖，是在同低空急流的相互作用下维持的。它的出现有利于在其东部边缘的低空急流加强，出现超地转风，而低空急流大风核附近强迫引起的垂直环流，反过来又有利于干暖盖维持，当暖盖下降到低空急流轴附近时，因受扰动而破坏引起强风暴的发生。

（3）低空存在温度脊。涡槽后部850hPa上存在东西走向的温度脊，如图11.1.1(b)，其形成与涡槽后部的下沉增暖及低空暖平流有关，在偏西（或西南）气流作用下，暖空气向东向北输送，铺垫在500hPa冷平流区的下方，这种垂直配置，导致大气层结不稳定。冷涡槽后类中低层对流不稳定的建立，主要是这种温度差动平流作用的结果，对流风暴发生在不稳定区的下风方。

（4）高空有明显的急流活动。大多有高空急流活动，其平均强度以槽后型的为最大。对流风暴发生区，位于急流出口区的左前侧或入口区的右后侧，那里有高层辐散迭加在低层辐合区的上方，易于形成贯穿性上升运动。提供深对流发展的条件。有低空急流活动时，它常出现在边界层内，并且强度较弱。中低空垂直风切变主要表现在风向的变化上，850～500hPa风向顺转可达90°以上。

对于槽前类的共同点有：

（1）三层槽前。对流风暴出现地区，位于500hPa，700hPa和850hPa三层槽前，受深厚南西风控制，如图11.1.2所示。分析发现，槽前类中的斜槽型，直接影响对流风暴生成的

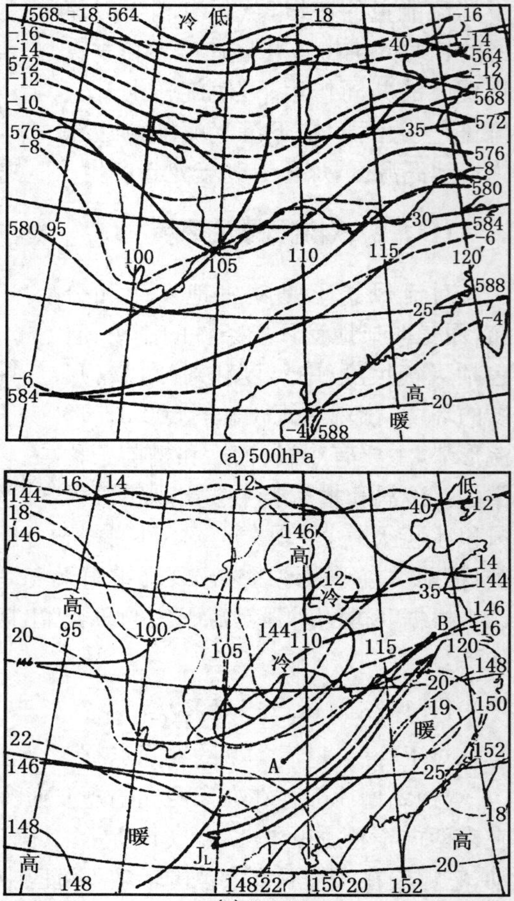

(a) 500hPa

(b) 850hPa

图11.1.2　槽前型合成温压场（引自杨国祥等，1985）
——等高线，------等温线

是槽前短波槽，其作用表现在两方面：一是它携带小股干冷空气向东伸展，提供中层干冷空气入侵条件；二是短波槽前的辐合上升对强对流形成有利。竖槽型的显著特征是槽后的中空急流，它将中空干冷空气迅速向对流风暴发生区输送。中空急流干平流，增强大气层结的对流不稳定度和中层气流辐合，使辐合层从地面延伸至中空，有利于对流迅速向高空伸展，它可能是槽前出现“干”对流风暴的重要条件。

(2)低空急流活跃。槽前类对流风暴发生前，常伴有低空急流活动(概率近70%)，如图11.1.2(b)所示，急流尺度有的可达上千千米，层次厚，强度强，一般为14～18m/s，特别强的可达30m/s。急流区的水汽能量输送及辐合上升运动，是对流风暴形成的必要条件，对流风暴一般产生在急流大风核的左前方。

(3)对流不稳定的建立主要由湿度差动平流引起。分析表明，槽前类水汽主要集中在低层，中低层有明显的湿度差异。水汽通量辐合主要存在于低层，中层迅速减小，两者的差别接近一个量级，中低层水汽通量的差别，大于温度平流差，因而槽前类对流不稳定的建立，主要由湿度差动平流引起。

11.1.2.2　中尺度环境

(1)次级环流。对流活动发生于上升气流的环境之中，上升气流的出现，固然与天气尺度的扰动有关，但常常受到天气尺度扰动中的次级环流所制约，这种环流是α中尺度的，它控制着对流风暴的生成和维持。

比较经常出现的次级环流是高、低空急流耦合时所发生的垂直横向环流。如第三章中所述，高空急流的大风核左侧为气旋性涡度中心，在其左前方和右后方(Ⅰ、Ⅲ象限)为正涡度平流和辐散区；大风核的右前方和左后方(Ⅱ、Ⅳ象限)情况相反，为负涡度平流和辐合区。根据上述散度分布可以推出，通过入口区产生暖空气上升、冷空气下沉的直接(正)环流圈；出口区相反，产生一暖空气下沉、冷空气上升的间接(逆)环流圈。大风核两侧这种垂直环流圈的存在，通过数值模拟已经得到了证实。

最近，Uccellini和Kocin发现在美国东海岸雪暴天气过程中，经常存在南北两支分离的高空急流次级环流相互作用，位于大平原东北的急流入口区南侧和位于中南地区的急流出口区北侧两支上升气流叠加，造成局地上升气流加强。Crochet等人用多普勒雷达观测到在一次袭击英国的风暴中，对流层上部最大上升运动出现在位于风暴北部一支急流入口区的反气旋一侧与位于风暴南部的另一支急流出口区气旋一侧两者重合的区域。

章东华等人在分析初夏我国北京地区一次强雷雨过程中，也发现类似这种双高空急流型的存在。在这种形势下，高空存在南北两支分离的急流风速最大中心，由这两支急流对应的次级环流圈的上升支叠加的结果，加强了局地上升气流；环流圈低层两支来向不同、热力性质各异的气流相向而行造成局地锋生；南部急流出口区下方的偏南风低空急流与高空急流耦合，为大气不稳定层结的建立作出贡献，同时这支偏南风还加强了风暴入流强度，为风暴发展提供了有利的风场环境。由于上述南北两支次级环流圈的相互作用，把气旋降水区附近低层辐合，高层辐散，局地锋生，水汽感热的输送，不稳定能量的建立和释放有机地联系在一起，从而构成有利于强对流发展的中尺度环境，出现"湿"对流风暴，造成强降水天气。图 11.1.3 是这种高低空急流耦合形势下，高空急流与地面锋面气旋降水的概念模式图。

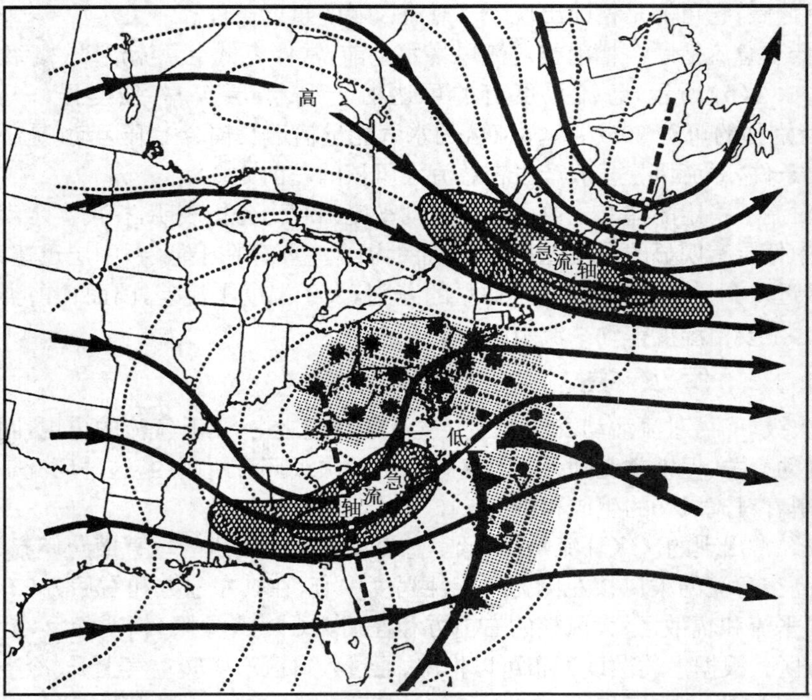

图 11.1.3　高空双急流及其次级环流与地面锋面气旋降水的概念模式图

点划线为高空槽线，实矢线表示高空气流；影阴区为高空急流核；点线表示海平面等压线；点影阴区有降雪和阵雨天气(引自 Uccellini 和 Kocin，1992)

孙淑清等研究了 1991 年江淮梅雨暴雨期环流形势之后，认为江淮流域梅雨期的低空急流与高空急流有独特的耦合关系。此时副热带急流大致位于 40°N 以北，与低空急流轴前端相距 10 个纬度，因此很难出现象 Uccellini 所描述的高低空西风急流耦合的物理图象。它的入口处正处于强大的青藏高压区的前端。当高压在梅雨期中东伸北移时，东亚沿海处于高压东缘的东北气流之中，它与西风带大槽底部的偏西气流间构成了极强的辐散流场，而低空西南急流正好叠加在高空强东北风之下，如图 11.1.4 所示。它们与轴前的上升气流一起构成了一个独特的东北—西南的次级环流圈，如图 11.1.5 所示。在东风急流入口区，由于非地转风作用产生的质量调整，使入口区北侧质量辐散。它有利于上升支的加强和该地区低层出现负变压。这种附加效应无疑使急流北侧低空的低压发展，梅雨锋及梅雨暴雨得以维持。

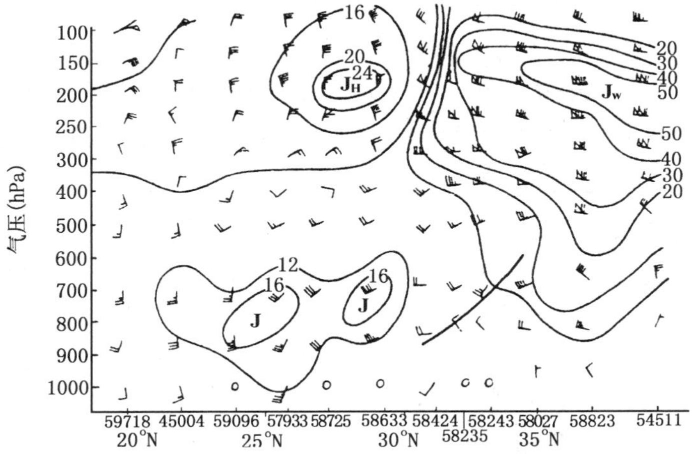

图 11.1.4　1991 年 6 月 12 日 08 时沿 115°E 风场剖面图(引自孙淑清,1992)

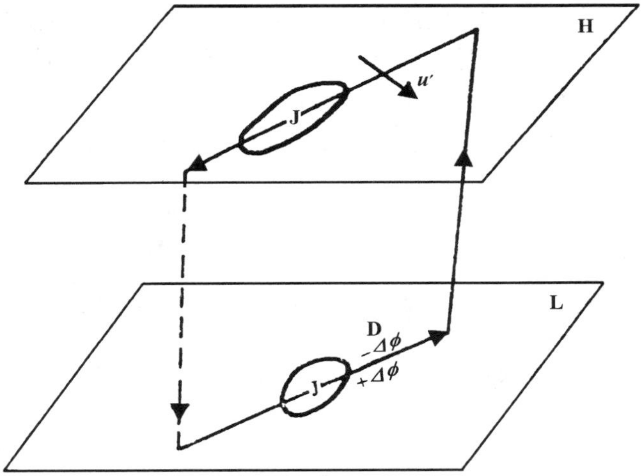

图 11.1.5　高低空急流耦合的次级环流示意图(引自孙淑清,1992)

此外,高空急流锋环流也是冷涡槽后类对流天气过程中常见的一种次级环流。在这种形势下,主槽后部,有同高空短波槽联系的冷空气自高空向南爆发,在其前缘引起高空锋生,锋区与槽区急流形成高空急流锋,并强迫出现高空急流锋环流,这种次级环流常常是涡槽后部"干"对流风暴出现的中尺度环境。

(2)中尺度抬升机制。近年来的研究发现,产生深湿对流必须的抬升,主要不是来自天气尺度扰动,而是中尺度或对流风暴尺度过程所提供。天气尺度扰动的垂直运动量级只是 1～10cm/s,不足以对触发强对流作出主要贡献,但天气尺度扰动可使大气热力结构失稳和增加垂直风切变。

强对流的中尺度抬升机制，来源于大气中的各种不稳定（对称不稳定，Kelvin-Helmholtz 不稳定、重力波不稳定），结构不连续（锋面、干线、出流边界、气流辐合线等），地面边界层过程（云风环流、海风和湖风环流、地形强迫等），或者是它们的综合作用。有关上述这些中尺度不稳定或中尺度系统和过程，前面已有专门介绍，这些就不再赘述。

11.1.2.3　对流风暴尺度环境

对流风暴尺度环境和对流风暴关系更为密切，对其生成、发展有直接控制作用。研究发现，对流风暴出现前的探空层结曲线有四种型式，即：漏斗型（A），倒 V 型（B），干不稳定型（C）和湿条件不稳定型（D）。其层结特征是：A 型，低空较湿，中空有干暖盖或干层，层结廓线向上呈漏斗型，如图 11.1.6(a)所示；B 型，低空干燥，层结干绝热不稳定，中高空有湿层，层结廓线呈倒 V 型，如图 11.1.6(b)所示；C 型，低空干绝热不稳定，整层大气很干，$T-T_d>5\sim10$℃，如图 11.1.6(c)所示；D 型，整层大气潮湿，$T-T_d\leqslant5$℃，大气处于条件不稳定状态，如图 11.1.6(d)所示。

实际观测资料表明，产生对流风暴前所需的对流有效位势不稳定能量，并不是一定值，如根据 1982～1993 年 6～8 月北京资料统计。出现雷暴大风的对流风暴，其 CAPE 最高 4624.5J/kg，最低为 27.3J/kg，两者相差十分悬殊。大多数情况下，>1000J/kg。高值 CAPE 有利于强对流发展，但在低值 CAPE 环境中，并不能排除对流风暴的发生。对

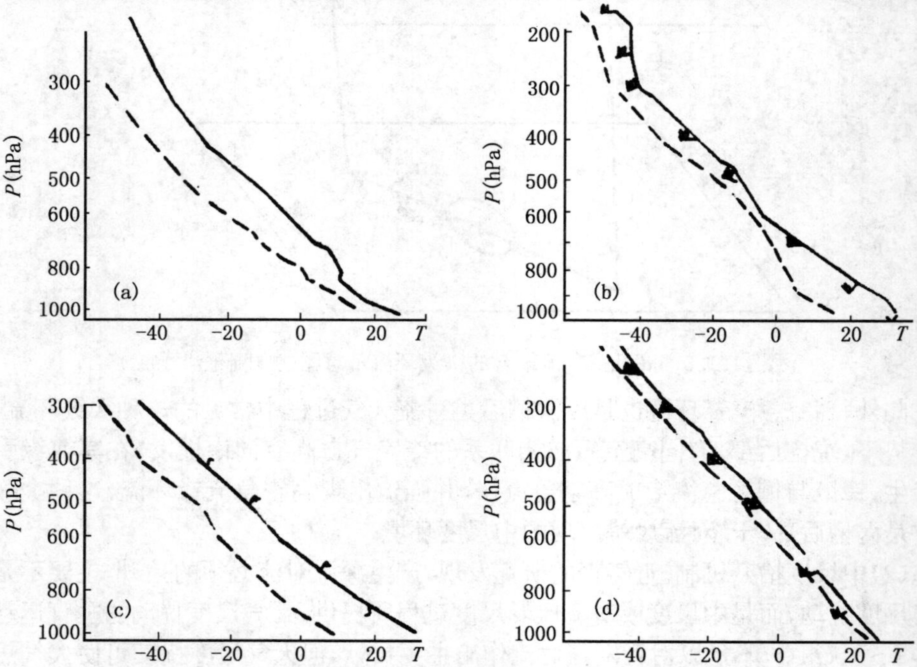

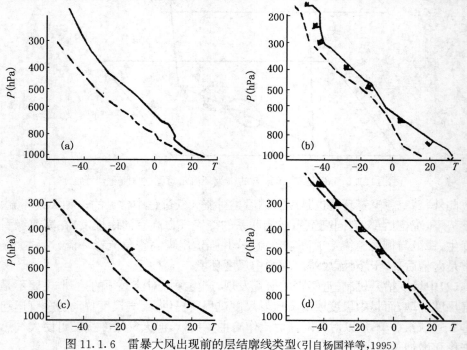

图 11.1.6　雷暴大风出现前的层结廓线类型（引自杨国祥等，1995）

流风暴可以发生在弱垂直风切变结合强对流有效位势不稳定或相反的环境中，垂直风切变与大气不稳定两者可以相互弥补。图 11.1.7 为对流风暴发生前，大气低层正值垂直风切变（$\times10^{-3}$/s）与 CAPE（J/kg）的相关点聚图。由图可见，产生对流风暴的 CAPE 与 0～2km 的垂直风切变相互平衡的情况，其中曲线表示两者平衡时的最低限值。

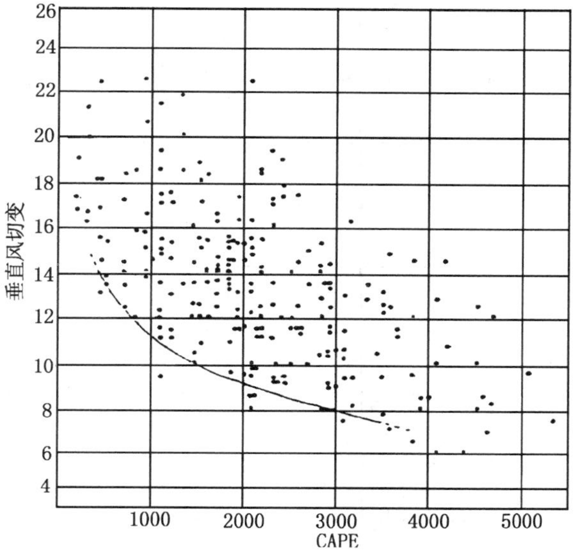

图 11.1.7　CAPE（J/kg）和垂直风切变（10^{-3}/s）相关点聚图（引自 Johns 等，1992）

对流风暴发生龙卷时的环境，与大气低层气流的正值水平螺旋度有密切关系。从图 11.1.8 高空风分析图中可见，龙卷风暴出现前，大气低层有明显风随高度的顺时针旋转，风速矢端迹呈弧状曲线，甚至为直线型，低层风有很强的水平螺旋度。据 Davies-Jones 等对美国龙卷的研究，低层 0～3km 的水平螺旋度值 $150m^2/s^2$ 是龙卷产生的临界值。当大于 $300m^2/s^2$ 时，出现强或猛烈龙卷。实际上，有时在弱的正值水平螺旋度情形下也能产生龙

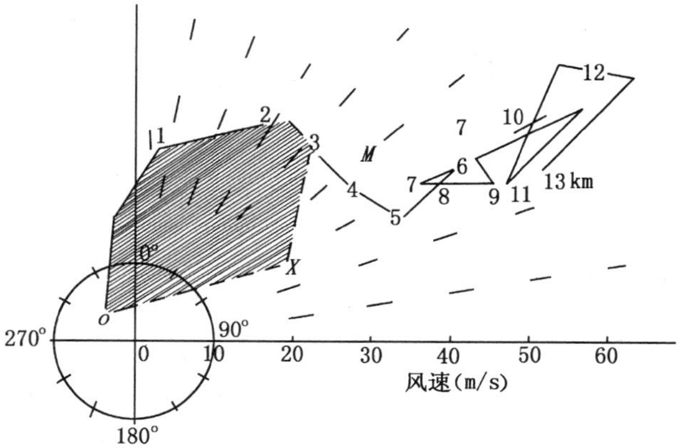

图 11.1.8　出现龙卷风暴时的典型高空风矢端迹线型式
（引自 Davies-Jones 等，1986）
X 和 M 分别表示风暴移动和地面至 200hPa 之间的平均风；实线为高空风廓线，数字为测风高度；影阴区为 0～3km 高空风廓线和风暴运动位置构成的面积；虚线表示每隔 10°的方位

卷。水平螺旋度与CAPE，两者也是相互平衡的。图11.1.9是根据美国242个强的和暴烈的两种龙卷个例得出的螺旋度与CAPE的相关点聚图，可以明显地见到两者相互平衡的关系。

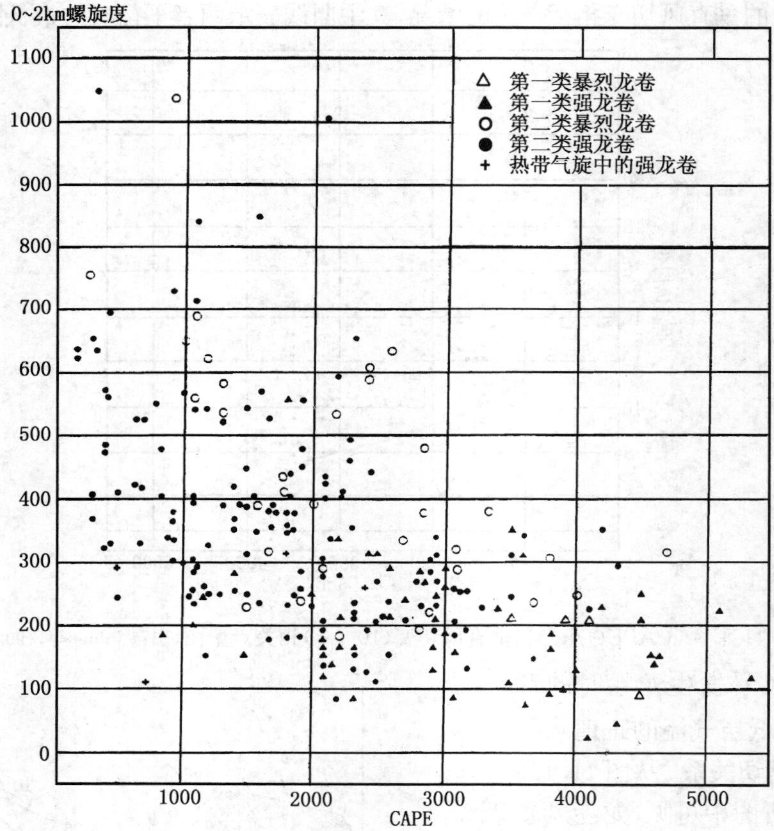

图11.1.9　不同类型龙卷的CAPE(J/kg)和0～2km螺旋度(m^2/s^2)相关点聚图(引自Johns等,1992)
以龙卷的最大风速的不同取值将龙卷分为暴烈龙卷(F4～F5)和强龙卷(F2～F3)。
其中F2:51～70,F3:71～92,F4:93～116,F5:117～139,单位:m/s

近年来，Lazarus和Droegemeier的数值试验指出，相对风暴的低层入流强度，是旋转上升气流发展的临界因子。对流风暴发展所需的能量和水汽供应，主要来自低层相对入流。入流强度与对流风暴移动及入流层内的风有关。通常用对流层中层风减去入流层平均风来估计入流的大小。另外，在对流风暴发展过程中，入流速度与CAPE也有类似前述的平衡关系，在弱CAPE情形下，要求有更大的入流速度与之平衡，反之亦然。

对流层中层(3～6km)垂直风切变强度，对龙卷风暴的发展也有重要作用。除了通过风暴移动间接影响风暴入流强度之外，由于相对风暴气流的增强，使降水移出上升气流，以及通过风暴上升气流与垂直风切变的相互作用，所产生的垂直扰动气压梯度，加强上升气流的强度。Davies 和 Johns 指出，在他们的研究中，几乎所有个例，3～6km 的中层平均风速超过 15m/s。在许多情形下，中层风速很小，低层垂直风切变和螺旋度也小，但在某些有低空急流的个例中，中层风很弱，相应的风矢端迹呈"尖钉"状，尽管当时低层垂直风切变和水平螺旋度均较强，但不足以导致旋转上升气流的进一步发展。相反，在低层为低值螺旋度（但超过龙卷产生的临界值）的环境中，由于中层（3～6km）风速随高度增强较多，反而形成了暴烈龙卷。

§11.2　强对流天气和暴雨发展机理的差异分析

强对流天气和暴雨有许多共性，如尺度比较小，生命史比较短，在分析预报中都不容易抓住，它们的出现都要求低空潮湿，具有对流不稳定能，以及中尺度触发机制等等。但它们引起的灾害却很不一样，持续性暴雨会引起山洪爆发河水泛滥，冰雹可以砸烂成片农作物和停放在机场的飞机，雷暴大风和龙卷使建筑物和军事设施遭受严重破坏。因此从预报观点上看，如何从发生、发展的物理条件上来鉴别它们是非常重要的。本节主要对强对流天气和持续性暴雨出现的物理条件进行比较。前面曾说过，有些持续性暴雨实际上也属于强对流天气，两者在物理条件上也有其共同点。

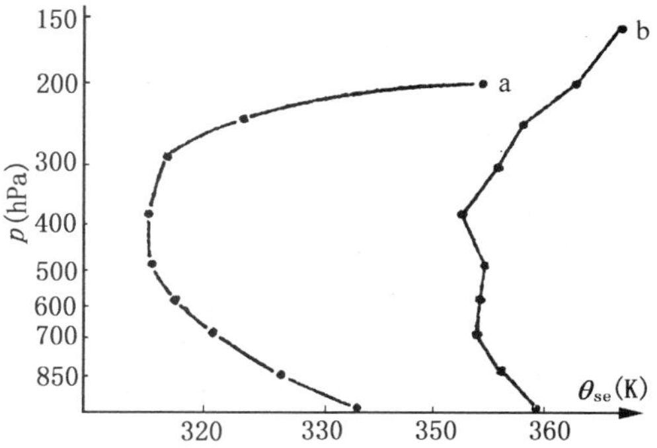

图 11.2.1　强对流天气和暴雨的对流不稳定比较
（引自陶诗言，1979）

强对流天气的出现，要求在对流层中低层（一般在 600hPa 以下）有明显的对流不稳定。要发展一个猛烈的强对流风暴，必须在对流层中低层积累大量的不稳定能量，对流不稳定的条件是相当位温（θ_{se}）随高度减小。图 11.2.1 中的强对流曲线给出了 1997 年 5 月 25 日北京、河北大范围冰雹天气发生的 12h 前，北京的 θ_{se} 随高度变化的廓线。地面 θ_{se} 为 333K，500hPa 达到极小值为 315K。$\Delta\theta_{se}$ 为 18k/500hPa，同年北京地区 8 月 15 日一次强对流天气，地面为 350K，500hPa 为 317K，$\Delta\theta_{se}$ 达到 33K/500hPa。综合强对流天气的共同特点为中层 θ_{se} 值一般小于 320K，$\Delta\theta_{se}$ 一般大于 15K/500hPa。在暴雨的个例中，如 1975 年 8 月河南特大暴雨发生的 12h 前，驻马店 θ_{se} 随高度变化廓线见图 11.2.1 中的暴雨曲线，地面 θ_{se} 为 360K，$\Delta\theta_{se}$ 在 10K/500hPa 以内。由以上分析可见，暴雨要求 θ_{se} 本身值较大，这主要反映对高温、高湿的条件要求高，而对流不稳定条件就不如强对流天气要求高。

在强对流天气中，要求湿层较薄，低空暖湿，中层非常干燥。强雷暴发生前，在对流层中低层出现一个或两个以上明显的稳定层或逆温层，这个层次把低空比较暖湿的空气同中、高层比较干冷的空气隔开，成为干暖盖，这个逆温层盖越强，出现雷暴天气也越强烈。但在暴雨中要求湿层很厚，对流层特别是它的中低层都很潮湿。850hPa 和500hPa 的气层有弱对流不稳定或近于中性。因此，层结不稳定并不是暴雨的主要矛盾，但在强对流天气中，在 700hPa 和 500hPa 气层内，有非常干燥的空气侵入雷暴区，它关系强对流的发展和地面雷暴大风的强弱。

陶诗言、丁一汇等进一步研究认为，从750hPa向上，强对流天气的温度比暴雨的要明显偏低，到 400hPa 两者差 8K，因而7km以下强对流天气的温度递减率比暴雨大 1～3℃/km，这又是中上层冷空气作用的结果。强对流天气的潜在不稳定能量层次比暴雨厚，但自由对流高度要高一些，如表 11.2.1所示。这说明强对流天气需要更强的触发条件才能爆发，但一旦发生，对流发展的强度要比暴雨猛烈。边界层的物理差别也很大，出现暴雨时湿度远较出现强对流时要大，最大可能降水、整层水汽辐合、水汽垂直输送等表征水汽含量和水汽来源的量差别也很明显，暴雨比强对流的整个水汽辐合可大三倍。这表明为了使暴雨维持，水汽应比强对流大两倍的速度向暴雨区辐合，而对强对流活动，则与空气柱本身开始时所含有的水汽量关系更大。

表 11.2.1　暴雨和强对流发生的物理条件比较（引自陶诗言，1979）

物理量 / 天气	凝结高度 (hPa)	自由对流高度 (hPa)	抬升指数 (℃)	对流层顶高度 (hPa)	1～9km 平均递减率 (℃/100m)	10～12km 平均递减率	0℃层高度 (hPa)
暴雨	935	820	3.5	119	0.63	0.67	600
强天气	835	670	5.2	227	0.72	0.40	630

物理量 / 天气	K 指数	900hPa 以下最高温度	900hPa 以下最大比湿	975～275hPa 最大可能降水 (mm)	地面到 300hPa 水汽水平辐合*	通过边界层顶的水汽输送*
暴雨	35.1	27.3	17.5	4.8	1.9	2.0
强天气	34.8	24.5	13.5	3.1	0.85	0.55

物理量 / 天气	纬向风垂直切变 (10^{-3}/s)	$\theta_{s\sigma500}$	$\theta_{s\sigma850}$	$\Delta\theta_{se}$ (500～850)	T_{d500}	T_{d850}	T_{500}	T_{850}
暴雨	1.0	75.0	78.3	−2.9	−4.4	17.0	−2.2	19.4
强天气	3.5	56.4	63.4	−6.8	−17.3	12.1	−8.4	18.1

*　单位：10^{-4}g/(cm^2·s)。

暴雨发生在低空辐合、高空辐散，低空为正涡度区、高空为负涡度区中。在深厚层次里，有较强的上升运动，它的最大值一般位于 500～600hPa，辐合和辐散的最大值分别位于 900hPa 和 200～300hPa。水汽辐合最大值也位于 850hPa 以下，因而低层水汽辐合是暴雨的主要水汽来源。强对流天气时的低空正涡度比暴雨的弱，但高空负涡度比暴雨强，这是因为强对流系统多位于高空急流轴的附近，而暴雨多位于急流轴以南 200～500km 的区域内。

风的垂直切变差别也很明显。暴雨是在弱切变环境下发展的，而强对流是在强切变环境下发展的。图 11.2.2 是槽前暴雨和强对流天气形势下平均垂直切变的比较[①]，两者差别十分明显。

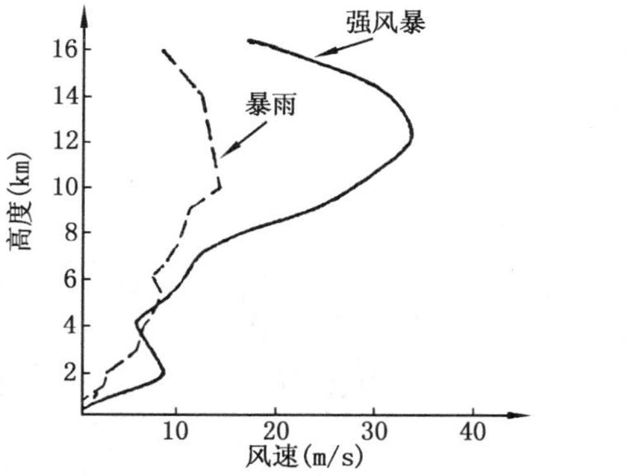

图 11.2.2　暴雨(实线)和强对流(虚线)环境纬向风垂直切变的比较(引自陶诗言，1979)

在强对流天气中，风的垂直切变一般可达 $3\sim6\times10^{-3}$/s。强大的风向、风速垂直切变，使积雨云中的上升和下沉气流，变成有组织的、两股对峙的倾斜上升和下沉气流，形成生命维持较久的组织化风暴。暴雨则不然，如 1975 年 8 月河南特大暴雨1～12km的垂直切变仅为 1.3×10^{-3}/s。停滞性暴雨的凝结加热，热力作用和动量混合使中高空垂直风切变减小。另外，在暴雨中的垂直风切变不能太大，如果切变很大，对流层高层风速甚强，大量水滴会随风吹走，对形成暴雨不利。

表征气团性质的一些物理量差别也很显著。比较 T_{d850}、T_{d300}、T_{850}、T_{500}、θ_{se850}、θ_{se500} 后可以得到，低空湿度差异是主要的，温度差异不大，即暴雨的低空是高温高湿空气，而强对流的空气湿度要小得多，所以是变性极地大陆气团；高层的湿度、温度差均十分明显，强对流的中层空气非常干冷，尤其是露点温度很低，两者可差 13℃。这是由于强对流在发生时，高层有明显的干冷平流，暴雨时 500hPa 以下空气都比较潮湿，上下的湿度差别不大。因而通过上面的分析，暴雨主要发生在较深厚的暖湿气团中，暴雨的特征，也主要决定于中低层暖湿气团的性质及其与冷空气的水平配置；而强对流天气主要决定于中上层的干冷平流或干冷空气的强度，以及它与中低层暖湿空气的垂直配置。

§11.3　对流尺度相互作用对强对流天气发展的影响

观测表明，当几块对流云合并为一块大的积雨云系时，上升气流迅速增强，云体猛烈发展，对形成强对流天气和暴雨有重要作用。这种作用，不但在中纬度常常见到，而且在热带地区也有发生。例如，1976 年 7 月 31 日 16 时在安徽当涂附近出现的雷暴大风和冰雹，就是对流云合并加强的结果。在南京 15 时 23 分的雷达回波照片上，南京西南 50km 处有数块呈西北－东南排列的对流回波，如图 11.3.1(a)所示。回波在对流层中

① 暴雨为 26 次个例，强对流天气为 18 次个例。

层气流作用下向西移动的过程中，后面的回波赶上前面的回波。合并后猛烈发展，回波强度达30dBZ以上，水平尺度达30km，比原来增大了一倍，如图11.3.1(b)所示，回波顶高由10km增至17km。最后，在当涂以东发展成为多单体对流风暴，如图11.3.1(c)所示。出现地面雷暴大风在10级以上，气温在30min内急降7℃，有的地方降了蚕豆大的冰雹，或者出现了暴雨。

(a) 15:23　1°，100km

(b) 16:05　1°，100km

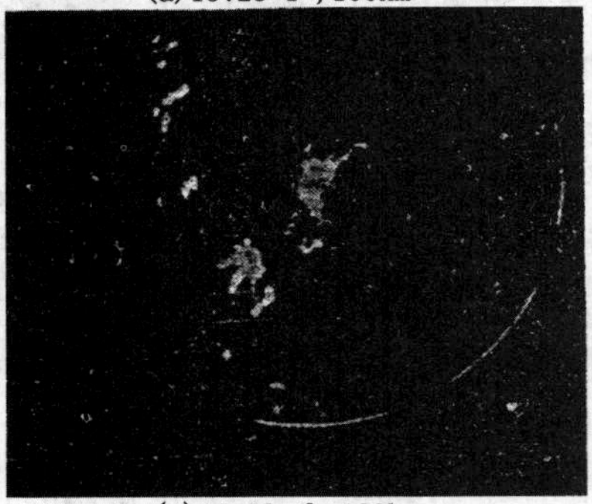

(c) 16:13　1°，100km

图11.3.1　1976年7月31日南京雷达回波平显

云合并后降水增大的效应，在热带更为显著，国外人工影响天气的试验表明，两个中等规模的积雨云彼此合并时，常形成一个巨大的积雨云系统，其降雨量比两块彼此分离的云的降水量达10～20倍。

对流云的合并，常同对流线的碰头或相交联系的，这种情况从地球静止卫星云图看得特别明显。通过对卫星云图的分析研究，Purdom认为对于对流风暴的生成发展，对流尺度相互作用非常重要。它包括对流云的合并，风暴出流边界同其它对流线的相交、碰头等相互作用的情况，直接引起对流的发展演变。图11.3.2表示从静止卫星云图中看到弧状云线及其与海风锋相交的情形，图(a)为1980年7月30日GOES-E1520CST可见光云图，图(b)为对云图的分析。由图可见，由于弧状云线和海风锋相交，在美国的得克萨斯形成对流风暴并且随着两者的相交处的西移而向西边传播，而其它的雷暴则向南移动。对流云线在天气图上的表现通常是雷暴冷堆的外流边界、飑线、中尺度切变线等。有时冷暖锋上的雷暴云系与中尺度对流云线碰头，在碰头的地方，同样会出现雷暴云体的猛烈发展。Droegemeier 和 Wilhelmson 对此进行了数值模拟。结果指出，当反映风暴出流边界的弧状云线与一条积云带碰头时，在它们的相遇处，造成了 19m/s 的深对流运动。

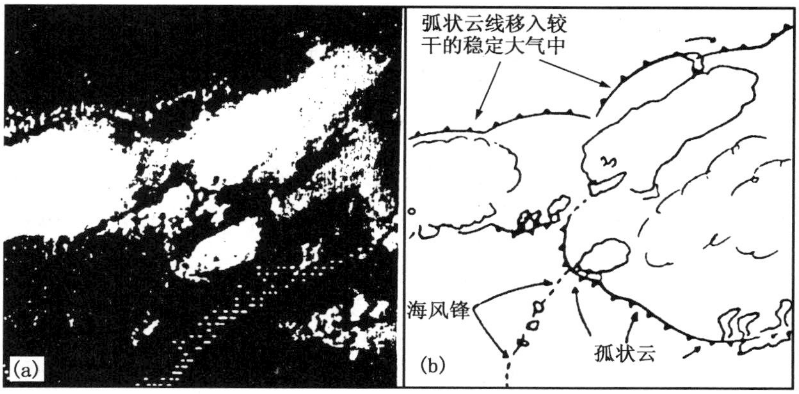

图 11.3.2 从静止卫星云图上发现对流尺度相互作用的情况(引自 Purdom，1985)

对流云合并为什么能使云体猛烈发展？目前认为对流云体的合并或对流云线的碰头、相交主要是出现在低层辐合区内，因而在合并过程中有大量的水汽和能量集中，造成了对流云内浮力增加，从而推动了对流进一步的发展。图 11.3.3 是 1974 年 6 月 17

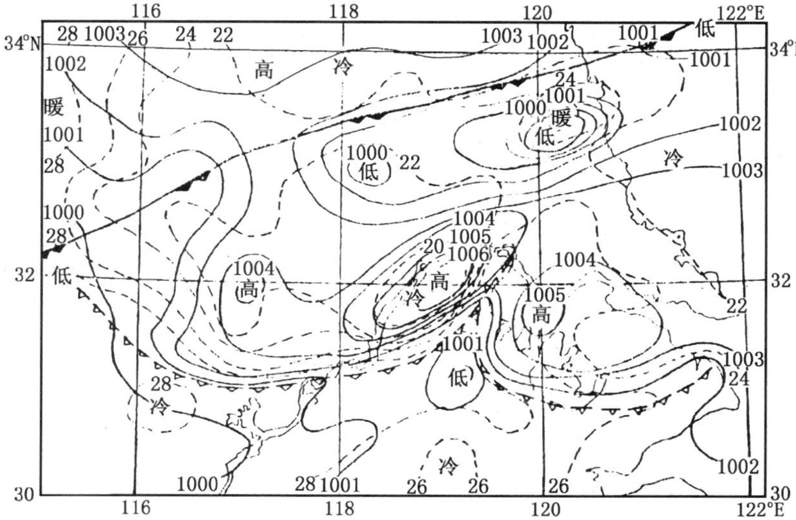

图 11.3.3 1974 年 6 月 17 日 20 时地面中尺度天气图(引自杨国祥等，1977)

日冷锋前发生的强飑线南移，至南京附近又与苏南地区的另一条弱飑线发生碰头的情形。在它们相向而行碰头的过程中，它们之间构成了气流和水汽输送的强辐合区，在近地面层有强度为 20×10^{-3}g/(kg·s)的水汽通量辐合，有利于对流不稳定能的增加，从而造成更强的对流运动。事实上，当时的天气实况表明，两条飑线碰头以后，产生的强烈对流天气，达到这次天气过程的最高峰。

对流云合并使对流增强的另一个原因是当合并形成更大的云体时，可使阻力减小。对流发展的阻力来自两个方面：一是挟卷作用；二是形状阻力，按照气泡模式，挟卷率为

$$\frac{1}{M}\frac{\mathrm{d}M}{\mathrm{d}Z}=\frac{9}{32}\frac{K}{r}$$

式中 M 为对流云中上升气流在单位时间内通过水平截面的空气质量，r 为对流云泡半径，K 为交换系数。挟卷作用随云体半径的增大而减小。对于单位质量对流云块的形状阻力

$$f=\frac{3}{8}C_D\frac{W^2}{r}$$

式中 C_D 为阻力系数，W 为对流速度。当云体增大后形状阻力同样也要减少。由此可见，云的合并，从阻力来说，也是有利于对流发展的。

Purdom 和 Marcus 应用 GOES 资料研究了夏季美国东南部的对流发展机制。他们把 1800～0000GMT(即当地正午至下午 6 时)间发生的 9850 个以上的对流风暴，按风暴产生机制和强度进行分类。强度用 GOES 红外温度分类，凡属云顶温度低于－20℃的所有风暴均在分类之列。产生机制分成四类：

①合并，即当弧状云移进入非降水的积云区时，在其上发展起来；

②相交，即在两条弧状云线接触处发展；

③局地强迫作用，由某些不包括弧状云的局地机制引起的发展；

④不确定，其产生机制尚不清楚确定的对流发展，如大块卷云下面的新风暴。

图 11.3.4 总结了整个研究周期的结果。结果定量地表明，局地强迫作用是午后主要的对流产生机制，而在最强对流发展的黄昏，主要产生机制变为弧状云的合并和相交。相交和合并经常出现在距产生弧状线的风暴 25～300km 之间，而在 1～3h 的时间尺度上，则大部分出现在 50～150km 距离范围内。

对流云合并时，并不是所有情况都是加强的，雷达回波分析表明，两块衰亡着的对流云合并，由于不能增加整个云体的正浮力，合并后的对流云不会加强。1975 年 8 月 5～8 日河南特大暴雨的中尺度雨团分析也表明了这一点。分析逐时雨量图，将 1h 雨强为 10mm 的等雨量线内的雨区作为中尺度雨团，研究雨团的移动及其中心强度变化，发现暴雨区内有中尺度雨团的频繁活动。分析的结果，雨团活动与雷暴活动一致。每个雨团其实就是一个或几个贴近的强烈发展的雷暴云，这些雷暴群随着中尺度系统发生

发展和移动。雨团活动过程中经常出现合并的现象，合并经常导致中心强度的增强。例如 5 日 19～21 时有三个雨团在板桥水库地区先后两次合并成一个雨团，雨强由 40mm/h 猛增至 143mm/h，以后雨团又继续发展，强度达 173mm/h。几个强烈雨团经过，造成板桥水库附近的特大暴雨。但是，雨团合并也有雨强减小的情况，例如在这场特大暴雨结束前，在 8 日 03 时有两雨团合并，原来雨强各为 148mm/h 和 16mm/h，合并后，04 时雨强减小为 144mm/h，05 时继续减小为 133mm/h，随即降水停止，说明雷暴云体处于衰亡阶段时，合并的对流云不会加强。

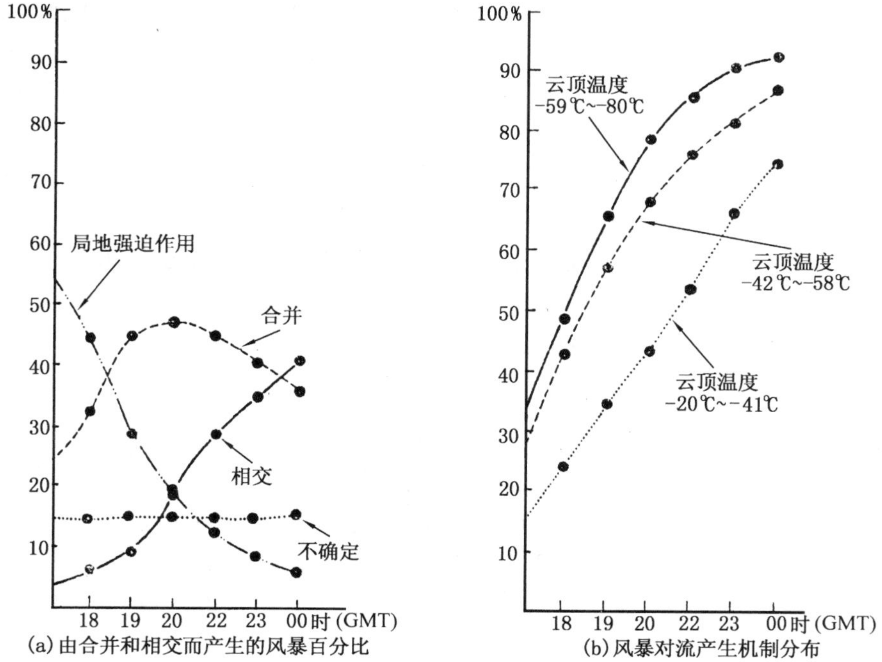

图 11.3.4　对流产生机制的时序分布(引自 Purdom，1985)

§11.4　强对流天气的类别预报

11.4.1　雷暴大风(下击暴流)预报

雷暴大风是雷暴外流区前缘的特征，它和雷暴冷堆强度有一定的相关性。Fawbush 和 Miller、列谢托夫等，利用预报前的探空和地面观测资料，由湿球温度 0℃或－10℃层高度湿绝热下降的强泻气流温度和冷堆前边的地面最高气温差，对雷暴大风风速作相关统计，通过最小二乘法拟合建立预报方程，作雷暴大风风速预报。还得到强风出现的临界条件是湿球温度 0℃层高度低于 3350m，其落区接近于地面气温的高值区。Fujita 发现和对流风暴联系的下击暴流后，研究认为，它的产生是和飑锋远离风暴母体时，同上冲云顶的崩溃联系的。其强度和强环境风的向下水平动量输送，以及中层（3～7km）干空气的卷入有关，在红外卫星云图上，雷暴大风出现在积雨云前缘最强温度梯度的地方，以及在某些对流单体具有很冷云顶的附近。Fujita，Weaver 和 Purdom 等分析了大量增强红外云图后指出，下击暴流出现在红外温度呈马蹄形脊等温线分布的冷云顶下风方。在雷达平显上，出现雷暴大风的回波呈弓状、钩状或线性波型。下击暴流产生在钩状或弓状回波反射率中心的右边。Williams 等认为下击暴流强度和风暴云内雷达反射率为 20dBz 的云顶高度成正比，强回波核到达冰水混合相区，是出现下击暴流的重要标志，而雷达云顶高度为 4～5km 的暖云，雷暴外流速度通常不超过 10m/s。Wakimoto、Atkins 等讨论了在弱垂直风切变条件下，根据探空层结曲线分布特征预报雷暴大风的方法，认为相当位温垂直分布可能是有效的预报参数，在午后出现湿下击暴流时，地面和对流层中层的 θ_e 差值，经常等于或大于 20℃。Davies-Jones 等引进水平螺旋度作为强对流天气的预报参数。人们除了将水平螺旋度（0～3km）150 m^2/s^2 作为龙卷发生的临界值之外，以后又将对流有效位能（CAPE）和低空（0～2km）螺旋度（H）组合成能量螺旋度指数（EHI），来预报龙卷强度。

11.4.1.1　风暴强度指数

实践证明，雷暴大风通常是同强雷暴相联系的，尤其是下击暴流，它是超级单体强对流风暴的产物。如前所述，不只是在强热力学不稳定的强动力因子都出现时，才有强对流发展，而且在强热力学条件和弱动力因子的条件下，或者在相反的情况下，也可以出现强对流。从这个思路出发，1987 年 Trucotte 和 Vigneux（TV87）用浮力能——风切变图区分强雷暴与非强雷暴，并进而得出判断对流风暴强度的风暴强度指数（SSI）：

$$SSI = 100\{2 + [0.276\ln(Shr)] + 2.011 \times 10^{-4}Eh\} \tag{11.4.1}$$

这里 Eh 为气块浮力能，即 CAPE（m^2/s^2）；Shr 为 0 ～ 3567.6m 间的平均风切变（/s）。

浮力能的计算方法是：在最低层 200hPa 层次内，找出 θ_w 最高值处，将该处作为气块起始抬升高度。用这种方法算出的 CAPE，有人称为最佳对流有效位能 b CAPE。

对于 Shr 的计算公式为

$$Shr = \frac{\int_0^H \rho(z)\,|V(z)|\,\mathrm{d}z}{\int_0^H \rho(z)\mathrm{d}z} - 0.5[\,|V(0) + V(0.5)\mathrm{km}|\,]$$

即 0～ H 气层密度加权平均垂直风切变。

$SSI \geqslant 100$ 一般是普通雷暴和强雷暴的临界值。在澳大利亚用 $SSI \geqslant 120$ 来判别是否有强雷暴。

11.4.1.2　风指数

近年来的研究表明，在有深对流发展的情况下，地面能否产生雷暴大风，很大程度上取决于下沉气流能否不断加强，即所谓下沉气流的不稳定性。数值试验结果指出，由固态降水粒子下降过程中的融化以及随后发生的蒸发冷却所产生的负浮力，加强了下沉运动，是地面雷暴大风产生的重要机制。由此出现的雷暴大风，其潜在的最大风速可用风指数来估算。下面，着重介绍用风指数(或称大风指数)预报雷暴大风的方法。

(1)风指数的概念。垂直动量方程可写成

$$\frac{\mathrm{d}w}{\mathrm{d}t}=g\frac{\theta'}{\theta_0}-g(l+i)-\frac{1}{\rho_0}\frac{\partial p'}{\partial z}\tag{11.4.2}$$

式中 $(l+i)$ 是液态水加上冰的混合比，其它表述同前。作一些简单的假设后，(11.4.2)式左端可近似地写成

$$\frac{\mathrm{d}w}{\mathrm{d}t}\sim\frac{1}{2}\left(\frac{\partial w^2}{\partial z}\right)\tag{11.4.3}$$

将(11.4.3)代入(11.4.2)并对高度积分可知，垂直速度的大小，除强迫项的作用之外还依赖于下沉气流的厚度，即

$$w^2\sim(\text{强迫项})\times\Delta Z\tag{11.4.4}$$

式中强迫项包含了浮力(可以通过探空估算)，降水负荷以及气压扰动三项。Wolfson 证明了其中的浮力项与下沉气流所通过的气层中的温度垂直递度的平方成正比，即 $\theta'\sim\Gamma^2$，或

$$w^2\sim\Gamma^2\Delta z\tag{11.4.5}$$

研究表明，雷暴大风的产生在很大程度上与冰冻状降水粒子下沉通过融化层有关，融化过程吸收大量的潜热使气块变冷，产生负浮力而使下沉运动加速。随后发生的蒸发过程冷却又进一步加速了下沉运动。因此，所考虑的气层厚度 ΔZ 是从地面至融化层高度。由此，McCann 引入了一个用于估算潜在的雷暴大风强度的参数——风指数 (WI)，其形式为

$$WI=2.5[H_mR_Q(\Gamma^2-30+Q_L-2Q_M)]^{\frac{1}{2}}\tag{11.4.6}$$

式中 H_m 为融化层高度(单位：km)；$R_Q=Q_L/12$ 为一经验订正系数，规定 $R_Q\leqslant 1$；Γ(℃/km) 为地面至融化层高度之间的温度递减率；Q_M 则是 H_m 高度上的混合比，WI(m/s) 则表示潜在雷暴大风强度。当温度递减率 $\Gamma<5.5$℃/km 时，上式括号内可能出现负值，这时令 $WI=0$。表示没有雷暴大风发生。

经验订正系数 R_Q 是用来修正由于低空水汽多寡对蒸发冷却的影响。当低空十分潮湿时，一方面有利于空中降水粒子的产生，但另一方面却不利于降水粒子下降过程中的蒸发；低空大气干燥，有利于降水粒子蒸发，但是可供产生降水的水汽有限。因此，要形成大风，低空水汽含量要适中。当低空大气干燥，$Q_L<12$g/kg 时，$R_Q<1$，其作用是使

WI 值变小；当低空大气潮湿，$Q_L > 12$g/kg 时，$R_Q > 1$，这时令 $R_Q = 1$，其作用也是避免对潜在的大风强度估算过大。

(2)实例分析。章东华等根据北京午后13时(或14时)探空资料，计算了21次发生在北京地区的雷暴大风实例的风指数。为了作一些必要的分析比较，还计算了相应时次的对流有效位能(CAPE)，抬升指数(LI)及地面与中空 θ_{se} 最小值之间的差值 $\Delta\theta_{se}$。比较各种计算结果不难看出，计算的风指数数值与实际出现的大风强度比较接近，一般误差在正负5m/s以内。与传统的不稳定指数(如CAPE，LI)相比较，WI 更能直接反映大风的潜在可能性。例如，1988年6月14日13时北京的CAPE为1143m^2/s^2，LI 为-5℃，而1990年8月20日13时北京的CAPE为3182m^2/s^2，LI 为-10℃明显比前者的不稳定度要大，但有意思的是两者的 WI 却十分接近，均为22m/s左右，与两次实际出现的大风强度相当。可见，有必要将上升气流的不稳定与下沉气流的不稳定区分开来，而风指数正是反映了下沉气流的不稳定程度，CAPE和 LI 则表示了上升气流的不稳定程度两者反映了不同的物理过程。

地面 θ_{se} 与中空 θ_{se} 最小值之间的差值 $\Delta\theta_{se}$ 表示了大气对流稳定度，随高度增加 θ_{se} 值减小越多，表示大气潜在的不稳定能越大，越有利于深对流的发展。对于雷暴大风来说，大值 $\Delta\theta_{se}$ 还有另一层意义，就是要求中空的 θ_{se} 值要小。根据在湿绝热过程中 θ_{se} 守恒的原理，可以确定风暴内部下沉气流的起始高度，一般认为到达地面的下沉气流源自中空 θ_{se} 最小值所在气层，许多研究工作都强调了中空 θ_{se} 最小值对于产生地面大风的重要性，中空 θ_{se} 越小，越有利于加强下沉运动。从研究的个例表明，在绝大多数雷暴大风个例中(80%)，$\Delta\theta_{se} \geqslant 20$K，这与预报美国下击暴流的 $\Delta\theta_{se}$ 临界值($\geqslant 20$K)是一致的，说明了对于预报雷暴大风具有某种本质的，普遍的意义。但是，$\Delta\theta_{se}$ 数值的大小并不能直接反映出潜在的大风强度。例如，1990年7月24日13时，北京 $\Delta\theta_{se}$ 为43K，而1991年6月15日13时，北京的 $\Delta\theta_{se}$ 为20K，约为前者的一半。但计算 WI 表明，两天的数值基本一致，约为26m/s，两天的实际大风强度都为24m/s左右。由此说明，用 $\Delta\theta_{se} \geqslant 20$K这一临界值，可以作出有无大风的定性预报，而由 WI 确定的大风强度，预报效果比较好。

11.4.2　冰雹预报

关于冰雹生长机制，1958年Ludlam提出的“干”、“湿”增长模式，1961年Marshall等提出“累积带”理论，1963年Browning等根据对英国风暴的观测，概括的循环增长模式，以及顾震潮、周秀骥(1963、1964)提出的起伏条件对冰雹生长的影响等，都具有理论和实践意义，对冰雹预报有指导作用。

关于冰雹发展的物理条件，研究指出，强上升气流是冰雹发展的必要条件，上升气流越强，对冰雹的承托力越强，足以长时间的支持冰雹的重量，使其达到较大的尺度。上升气流的强弱，主要取决于热力浮力（对流不稳定能），浮力较大，出现大冰雹的可能就大。生长成较大的冰雹，还很大程度上依赖于风暴尺度风结构的变化。它影响着冰雹胚胎通过冰雹生长层时的时间。由于这些结构上的变化，出现在相似热力环境中的超单体风暴（或强多单体风暴）内所产生的冰雹，可以有不同的数量、大小及分布。另一个影响冰雹生长的重要因子，是适宜的 0℃和 −20℃层高度，以有利于冰雹胚胎在生长层内不断增大。−20℃层高度在 7.5km（400hPa）附近或以下有利于冰雹生长。0℃层高度一般在 4km（600hPa）上下，这个条件在初夏或初秋最易满足，所以此时降雹的概率最大。

影响到达地面的雹粒大小的另一个重要因子是雹粒在通过冻结高度到地面这一气层时的融化作用。影响融化的因子主要有：冻结高度到地面的距离；这个距离内的平均气温；雹粒尺寸。

环境大气的湿球 0℃高度（WBZ）与冻结高度大体相近，即在这个高度落下的冰雹开始融化。显然，WBZ 高度越高，冰雹融化过程越长；在 WBZ 高度至地面之间的气层平均温度越高，融化越快；大冰雹的下降速度比小冰雹的速度大，即对于给定的 WBZ，小冰雹的融化时间比大冰雹的时间长。

数值模拟结果指出，上升气流与环境风的相互作用产生扰动气压梯度，可以产生的垂直加速度，对上升气流作出重要贡献。在某些情形下，它甚至比 CAPE 的作用更大。超级单体风暴的发展常与这种风场结构相联系，因此出现超级单体对流风暴时，冰雹的尺寸往往比较大。在高空冷涡形势控制区，低层水汽条件，如能维持中到强的大气不稳定度，在云顶高度不很高的雷暴云下就会有冰雹产生。地面能否观测到冰雹，取决于较低的湿球温度 0℃层高度（WBZ）及其以下较低的平均温度。美国 274 次个例统计表明，冰雹多数发生在 WBZ 为 2500m 附近的情形下。对冰雹大小的估计，Fawbush 和 Miller 利用探空资料，计算自由对流高度至冰雹形成高度（湿球温度 −10℃层高度）间的对流有效位能，对冰雹大小作相关统计，用列线图和计算公式查算冰雹直径的预报值。Foster 和 Bates 用物理意义更为明确的方法，通过冰雹下落末速度和由对流有效位能计算的气块上升速度，估计冰雹直径的最大值。Leftwich 用类似的物理关系，提出冰雹大小的业务预报技术。用这些方法估算雹粒的大小是基于 12h 一次探空进行的，没有考虑观测之后的变化情况，因而效果不甚理想。Moore 和 Pino 改进传统的方法，采用人机交互方式，考虑温度平流影响，加入了水负载和挟卷对上升气流的负作用，并利用逐时地面资料预报雹粒大小，预报结果有了明显改进。

随着对数字化雷达资料的数字处理技术的进步，利用垂直累积液态含水量（VIL），能有效地判断雷暴云是否为冰雹云和出现冰雹的大小。垂直累积液态含水量的算法，首先，假设每个坐标网格上的垂直气柱里的所有雷达反射率均由液态水所致，然后对气柱内各个采样体积的液态含水量求和，得到垂直累积液态含水总量。

通过对 VIL 的分析发现：它有较好的区别暴雨和冰雹的能力，当 VIL 在 35kg/m^2

和 50kg/m² 之间时，有暴雨；当 VIL >50kg/m²，就可能有冰雹出现，并且一些个例分析表明，VIL 的最大值达 63kg/m² 时，冰雹云将产生较大直径的冰雹。

下面以北京地区 6 月份冰雹预报为例，着重介绍冰雹预报的极值剔除（消空）法。统计样本为 1980～1991 年共 12 年的 6 月份雷暴 77 天，其中冰雹日为 20 天。在考虑候选因子时，主要利用三方面的资料：

①北京周围每小时的地面天气实况；

②08 时高空天气图；

③利用每小时地面天气实况，将北京 08 时和 13 时探空订正为每小时探空。

应用极值剔除法得到 6 月份冰雹预报因子为：

①500hPa 关键区最低变温（℃），$x_1 \leqslant 0.8$；

②850hPa 关键区平均 $T - T_d$（℃），$x_2 \leqslant 14.7$；

③北京探空湿球 0℃层高度下降至地面与地面的温差（0℃），$x_3 \leqslant 8.3$；

④700hPa 关键区平均南风（m/s），$x_4 \leqslant 1.5$；

⑤北京探空 0℃层高度（hPa），$608 \leqslant x_5 \leqslant 720$；

⑥850hPa 关键区最大高度（gpm），$x_6 \leqslant 1491$；

⑦北京探空 200hPa 风速（m/s），$x_7 \leqslant 50$。

对 1980～1991 年历史资料进行回报，6 月份临界成功指数 CSI＝0.69。对 1992、1993 年 6 月积雨云过程进行验证预报，结果报准 4 次，空报 4 次，无漏报，CSI＝0.50。

杨国祥等依据 1982～1992 年 6～8 月北京地面和探空资料，用决策树方法做北京的冰雹临近预报。在出现冰雹的样本中，冰雹出现前的 CAPE，最高为 2932.5J/kg，最低为 12.5J/kg，但≥700J/kg 的占总样本数的 85%，可用 CAPE≥700 作为判断有无冰雹出现的必要条件。在此前提下，当有强烈对流发展时，是否有冰雹出现，则再由 p_{-10} 或 p_{-20} 的气压高度决定。普查 14 时北京探空资料，发现它们对冰雹的最佳响应区间是，$500\text{hPa} \leqslant p_{-10} < 550\text{hPa}$，或 $400\text{hPa} \leqslant p_{-20} < 460\text{hPa}$，其 CSI = 0.57，观测到冰雹出现时的 WBZ 至地面的平均气温，最低 11℃，最高 20℃，≤18℃ 的样本占 82.6%，它可以作为有无冰雹出现的最终判断条件。

11.4.3 短时局地强降水预报

强雷雨天气包括短时局地强降水和持续性暴雨两类天气，而后者一直是我国气象部门十分重视的研究课题，关于暴雨预报我们将在下节另作专门阐述，这些只是介绍短时局地强降水的预报方法。

一种是用单站探空资料预报强降水。先从探空资料查算的众多因子中选择 17 个因子（略），对其进行逐步回归分析，从中筛选出对预报量贡献显著的因子，组成最优预报

方程，从而确定有无强降水天气过程，其判别方程为

$$Y = 0.0407x_4 + 1.2396x_9 - 0.0085x_{16} - 1.6429$$

其中 x_4：k 指数；x_9：地面至 500hPa 的平均相对湿度；x_{16}：500hPa 层凝结函数（F）与垂直速度（ω）之积。用上方程对 52 个样本进行回报，经统计后取临界判别值 $Y_c = 0.4$。当 $Y \geqslant Y_C$，则报有强降水过程；否则，报无强降水过程。经预报检验，CSI 为 0.63。

作为上述方法的补充和参考，可进一步采取凝结函数法直接计算降水率 I，由此判别强降水能否出现

$$I = -1.84 \times 10^{-2}[(\omega F)_{850} + 4(\omega F)_{700} + (\omega F)_{500}]$$

式中 ω 为垂直速度（10^{-3}/hPa），F 为凝结函数（10^{-5}/hPa），I 为降水率，单位为 mm/(cm^2 · h)。这里

$$F = \frac{q_s T(LR - C_p R_w T)}{p(C_p R_w T^2 + q_s L^2)}$$

式中 L 为水的蒸发潜热，R_W 为水汽比气体常数，R 为干空气比气体常数，C_p 为干空气定压比热，p 为气压，T 为气温，q_s 为气块饱和比湿。

在对流近似条件下，可由（9.2.12）式分别计算 850hPa，700hPa 和 500hPa 的气块对流速度。

Scofield-Oliver 利用卫星云图资料以决策树方法估计强雷雨的发生。其设计框图分基本因子、膨胀因子和附加因子三部份，如图 11.4.1 所示。先用卫星云图上对流风暴最冷云顶的扩展率作为降水的初始估计；再通过对流尺度相互作用作为膨胀因子作第二次降水估计；最后，以某些环境条件作为附加因子作出最后的降水估计。

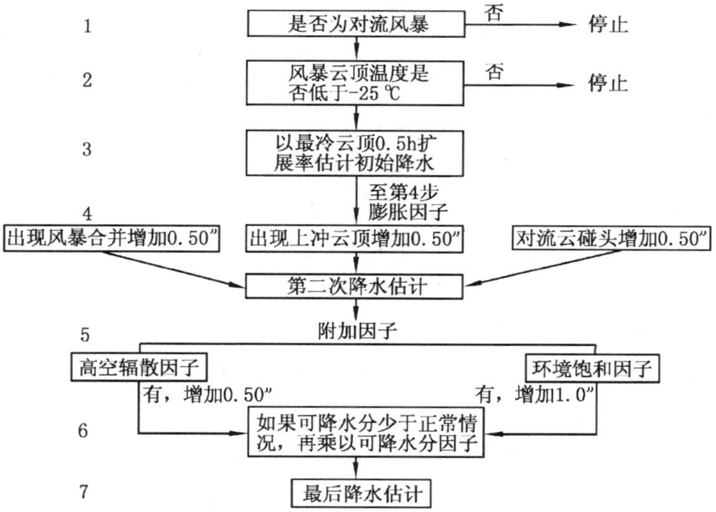

图 11.4.1　Scofield-Oliver 强雷雨预报决策树（引自 Scofield 等，1977）

§11.5　暴雨预报

我国地处东亚地区,每年夏季深受夏季风的影响。活跃的季风可以到达华北、西北、甚至东北地区。在这个环流背景上,加上我国复杂的地形作用,使得我国经常出现强暴雨,并常常带来严重的洪水灾害,因而引起了各气象部门的高度重视。从 20 世纪 70 年代以后,先后组织了"75 · 8"河南特大暴雨研究,北方暴雨研究,华南前汛期暴雨研究、长江流域暴雨研究、台风观测和预报业务实验等大型科研活动,对暴雨的成因、物理机制、活动规律和预报方法做了大量研究工作,取得了不少重要成果,使我国的暴雨研究和预报水平有了相当的提高。

11.5.1　暴雨发生的大尺度环流背景

许多大暴雨都是出现在大尺环流发生明显调整的时期,例如"75.8"河南特大暴雨就是发生在东亚地区纬向环流转变为经向环流的时期。"58.7"黄河大暴雨也是发生在东半球中纬度长波系统有反位相调整的时间,这种调整使长波及高空冷涡系统能稳定在我国西部地区,致使黄河流域出现持续性强暴雨。关于暴雨的大尺度环流型,我国曾概括出 11 种暴雨环流型,其中以造成特大暴雨的环流型尤为重要。在经向环流下,持续性特大暴雨环流型的基本特点是日本海高压和青藏高压稳定对峙,冷空气不断沿贝加尔湖高压前部流入两高压之间的高空槽或切变线中。在纬向环流下持续性暴雨的环流型的基本特点是,从宽广的西伯利亚低槽中分裂东南下的冷空气与副热带高压西侧的暖湿气流不断交绥,形成持续性强暴雨。

在暴雨大尺度环流的研究中,近年来强调了四个方面的问题:

(1)中低纬度环流系统的相互作用,尤其是低纬环流系统的作用。研究表明,在我国的每一场大暴雨中均可发现有热带环流系统的作用。例如,在"75.8"和"63.8"暴雨期间,热带辐合区有明显的北推。在其它夏季暴雨期间也有类似现象。热带辐合区的北推加强了西南气流和东南气流,提供了大量的水汽来源,同时热带辐合区中的有些低压系统可直接北上造成暴雨。由于热带辐合区常常有不止一个涡旋存在,当一个台风登陆时,如果海上还有低压存在或发展构成涡旋群,这时涡旋群与北面副热带高压之间形成强偏东气流,这股东风从海上一直延伸到内陆,成为暴雨的主要水汽通道。涡旋群成为前方台风水汽的后续系统,使前方台风继续得到水汽供应而得以维持或经久不消。

(2)副热带高压和日本海高压的阻挡作用。日本海高压的稳定维持经常是北方暴雨或特大暴雨形成的重要原因之一。这些系统在下游地区的稳定维持或西伸,使暴雨系统移速减慢,停滞或回旋,从而有利于形成持续性大暴雨。

(3)弱冷空气的作用。研究表明,产生强暴雨,西风带中的冷空气往往是比较弱的。

弱冷空表现为两种情况：一是近地面层中变性成薄冷空气堆，有明显的反气旋流场，但冷温中心不明显；二是对流层中层的弱冷空气，表现为500hPa上有西风带小槽入侵，并同负变温中心相对应。与北方弱冷空气入侵相联系的偏北气流，在与南方热带季风相联系的偏南低空急流相互作用的过程中，形成半热带系统。其发展能源，既有热带系统发展所必须的凝结潜热，又有温带系统发展所必须的斜压位能，在它们的影响下所产生的暴雨强度，远比一般中纬度系统要强。

(4)低空急流的作用。许多统计表明，暴雨与低空急流有密切关系，相关率达80%左右，对大范围持续性暴雨尤其如此。例如，1991年江淮梅雨暴雨期，低空急流十分活跃、强劲，几乎每场暴雨均有低空急流伴随，平均风速16m/s左右，最强甚至到达36m/s。低空急流向暴雨区不断输送热量、动量和水汽，对暴雨形成十分有利。一般暴雨多出现在急流轴的左前方或最大风速中心的前方。从低空急流的建立到暴雨发生其间平均可有2.5天，因而低空急流的分析，对暴雨预报具有重要意义。

11.5.2　造成暴雨的天气系统及其垂直环流

造成我国暴雨的天气系统很多，有台风、冷锋、低涡、高空槽、切变线、副热带高压北侧的湿舌区等，其中尤以台风暴雨影响最大。许多研究表明，当台风与中纬度天气系统相互结合时造成的暴雨最强烈。例如1967年10月17～19日发生在我国台湾省新寮的台风暴雨24h达1672mm，3天总量为2769mm，即由冷锋与台风相互作用造成的。除了上述系统以外，在华南前汛期暴雨的研究中还发现强暴雨也可由一些低层的(850hPa以下)次天气尺度系统引起(主要表现为低层切变线)。

暴雨系统内的三维气流结构对于了解暴雨的形成很重要，根据近年来的研究，可以概括出五种环流结构：

第一种是台风暴雨的环流结构，如图11.5.1(a)所示。暴雨发生最有利的地区是在台风环流的东侧或东北侧，这里是低空偏东急流(或偏南低空急流)造成的强上升区。低空急流也输送大量水汽，并且偏东气流和中层偏南(或偏西)气流叠加形成位势不稳定释放和重建的条件，风的垂直切变也甚明显。在这个地区也常是低层偏北冷空气与偏东(或偏南)气流形成中尺度切变线的地区，这是强对流发生的一种触发机制。在高层为明显的反气旋辐散环流。所有这些条件均有利于积雨云或暴雨的发生发展。如果大形势稳定，就可造成持续性强暴雨。如果高层的辐散环流不存在或转变为辐合环流，则暴雨常常受到抑制，只能引起短时间的强暴雨，1978年7月25日，1972年7月27日北京地区的台风暴雨就是这种情况。

第二种环流结构的基本特征是低层为低涡系统，高层200hPa上有明显的反气旋环流，在其南北两则常各有一偏东和偏南气流存在，这加强了该层的辐散流出，如图11.5.1(b)所示。这种低空辐合、高空辐散形势有利于暴雨区强对流的持续出现。这种环流型常出现在华南前汛期暴雨中。1966 年 6 月 12 日和 1972 年 6 月中旬的香港大暴雨，1973 年 5 月 28 日的广东省台山大暴雨（24h 雨量达 850mm）都是这种情况。

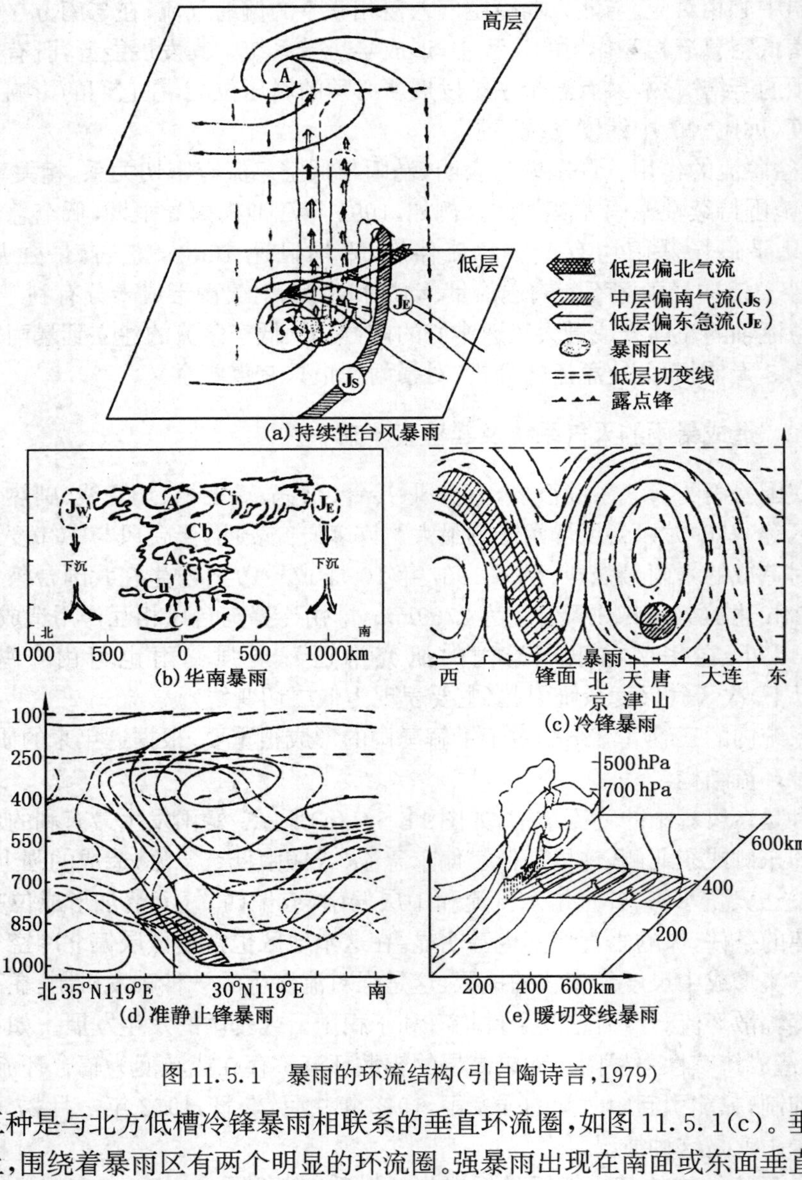

图 11.5.1　暴雨的环流结构（引自陶诗言，1979）

第三种是与北方低槽冷锋暴雨相联系的垂直环流圈，如图 11.5.1(c)。垂直于冷锋的剖面上，围绕着暴雨区有两个明显的环流圈。强暴雨出现在南面或东面垂直环流圈的上升支中。如果有低空急流存在，上升气流位于急流轴的左方或前方。另一个明显的特点是在其北侧或西侧多伴有从中上层下沉的冷空气，它一直流到锋前与南来或东来气流辐合，进一步加强上升支中的气流。所以这种冷锋的强暴雨或强对流活动，主要出现在锋前的强上升气流中。华北夏季的急行冷锋常常是这种情况。

高空冷锋暴雨的垂直环流结构基本特征与图 11.5.1(c)相似，但强烈的垂直上升气流主要出现在对流层中上部。1977 年 8 月 1 日下午在陕北与内蒙交界地区出现的特大暴雨(8h 雨量大于 1050mm)就是这种情况。

第四种是代表江淮梅雨期和华南准静止锋暴雨的垂直环流结构，如图 11.5.1(d)所示。由于冷空气变性或减弱，锋面高度低，坡度小，暖空气活跃，主要表现为暖湿的南来空气沿锋面主动滑升，暴雨发生在这支斜升的位势不稳定气流中(在地面冷锋与 700hPa 切变线之间)。如果冷空气较强，沿锋面上升的斜升气流可以在锋上折转垂直向上。华南准静止锋暴雨的垂直环流与江淮梅雨的结构很相似，主要也是有沿中低层锋面斜升的强位势不稳定气流。

第五种是与暖切变暴雨相联系的垂直环流。由于在切变线附近风向辐合最强烈，存在着强烈的上升气流。一般切变线是近于垂直的，暴雨和强对流就出现在切变线附近，如图 11.5.1(e)所示。如果切变线南侧的偏南暖湿气流中有低空急流存在，由于其中的风速辐合远较切变线附近的风向辐合强，暴雨和强对流可出现在地面切变线之南。

11.5.3　中尺度系统在暴雨形成中的作用

暴雨是在各种尺度系统相互作用的产物。有利的大尺度环流是产生暴雨的背景，而中尺度系统是直接组织和产生暴雨的系统。下面，讨论在有利的大尺度环境条件下，某些中尺度系统在暴雨形成中的作用。

11.5.3.1　中尺度切变线

中尺度切变线有出现在气旋冷锋前部暖区内的中尺度切变线；有出现在偏北风与偏东风或偏南风之间的冷性切变线；也有出现在台风区内，表现为东北风与东风或东南风之间的东风切变线等多种表现形式。在有利的大尺度环境条件下，中尺度切变线上形成中尺度雨带，当它同其它中尺度辐合线碰头，或在雨带内部出现对流云体的互相合并等对流尺度相互作用过程，雨带上的降水就会增强，甚至引起持续性暴雨。

例如 1973 年 7 月 20～25 日蒙古气旋冷锋前的暖区内，先后出现 3 条中尺度切变线，切变线上有中尺度雨带。雨带走向近似平行于冷锋，在雷达回波图上，雨带里包含着许多大小不等、强度不同，水平尺度为几千米至几十千米的对流降水单体。当它从蒙古移入我国京津冀地区，与那里由地形造成的边界层辐合带相遇，雨带上的降水突然增大，引起了京津冀地区的一场暴雨。图 11.5.2 表示 21 日 14～21 时每小时地面天气实况和相应的雷达回波单体的演变。由图可见，第一条中尺度雨带南段，在 15 时左右与边界层辐合带相交接，而第二条中尺度雨带在 19 时左右。在相互交汇以后，京津冀地区分别出现了 32mm/20min 和 74mm/50min 的强降水。

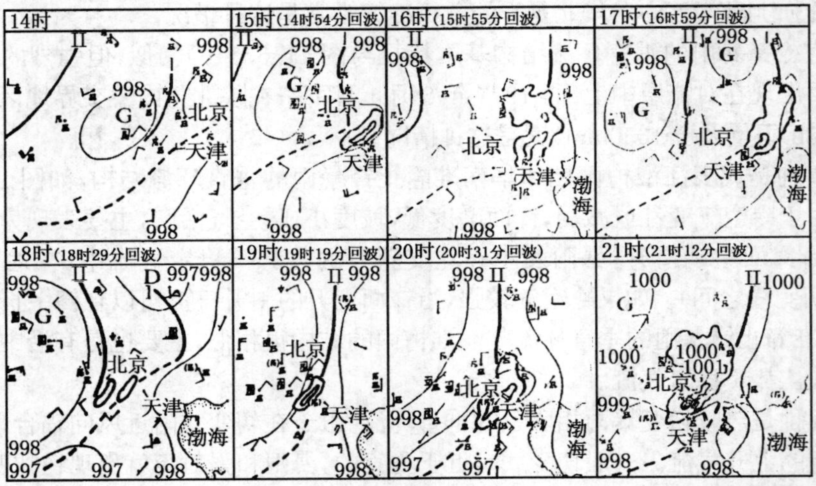

图 11.5.2　1973 年 7 月 21 日地面天气图和相近时刻雨带上的巨型单体回波演变图
图中巨型单体出现地区未分析中尺度切变线(引自许梓秀,1975)

11.5.3.2　β 中尺度干线

有一些局地强对流暴雨过程发生之前,并没有明显的辐合线或涡旋等常见的中尺度系统,而其影响系统是一条十分强烈的干线。干线长度不足 200km,宽约几十千米,从形成至消失的生命史仅 6h 左右,因此这是一种β中尺度系统。干线东侧冷湿,西侧热干,构成了干湿空气强烈对比的不连续带,这也就是露点锋。图 11.5.3 为 1985 年 8 月 20 日 08 时 850hPa 图,从图可见在我国华北地区有一条β中尺度干线。分析干线的发生环境条件:8 月 20 日前后副热带高压和西风带位置偏北,干线形成区,处于高空大槽后的下沉气流之中。偏西气流在下沉的过程中,受到山地下坡作用,减湿增温强烈,在太行山东侧形成一个极强的温度露点差密集带,干舌从太行山以西地区东伸,最大强度 $T-T_d$ 达 20℃以上。暖而干的气流及强干湿对比,主要集中在边界层内,而且从 08 时起干线不断加强。14 时以后,在干

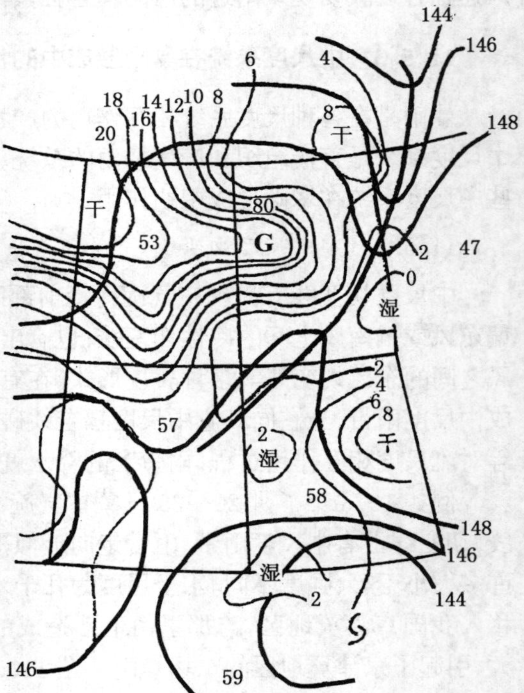

图 11.5.3　850hPa 的概略图(引自孙淑清等,1992)
粗实线为等高线,细实线为 $T-T_d$ 线

线的干热空气一侧，产生对流云体，并迅速发展。16～17 时，在对流风暴的影响下，北京海淀和石景山两地，分别出现了58.7mm/h和 81mm/h 的突发性强暴雨。

11.5.3.3　低空急流中的中尺度扰动

如前所述，低空急流与暴雨有密切关系。急流轴高度一般在 1.5～3km 层中，有时在行星边界层内（950～900hPa）还可发现另一个急流中心，边界层急流对暴雨的形成也不可忽视。许多分析表明，沿急流轴传播的中尺度扰动比急流本身对暴雨更为重要。人们发现三个明显的事实：

①沿低空急流存在着中尺度大风速中心（称大风核），它沿急流轴向下游传播，相应位于其前方或左侧的暴雨区也向下游移动。有时在一次大暴雨过程中，可发现有几个中尺度大风核传播。每一大风核，有一个垂直环流圈相伴存在，大风核前方是上升，后方是下沉，暴雨即出现在急流大风核前方的强上升支气流中。分析还发现，随大风速中心的传播，相应热量、水汽和位势不稳定空气的最大值中心也向下游传播，因而，低空急流是通过中尺度脉动形式，向下游传播动量、热量和水汽的。

②根据一些高山站风速资料的研究，在一次中尺度大风速中心传播过程中，风速变化是很不均匀的，存在一种短周期、大振幅（可达 10～12m/s）的脉动。在一次急流大风核通过时，这种风速脉动可出现 5～6 次，并且它们与暴雨强度变化或脉动有十分密切的关系。这里给出泰山站 1970 年 7 月 19～20 日逐时风速变化曲线，如图 11.5.4所示。

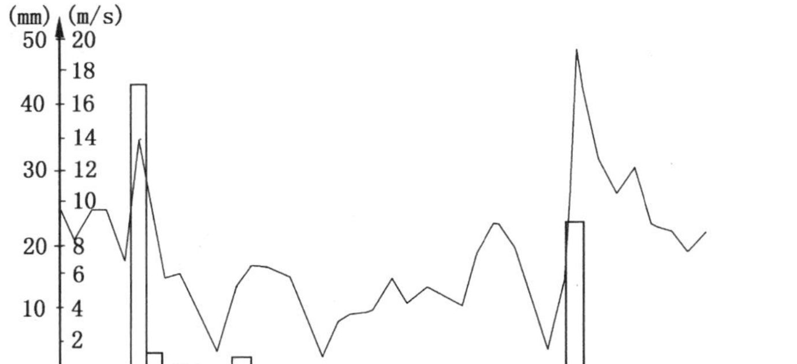

图 11.5.4　1970 年 7 月 19～20 日泰山站逐时风速（折线）与降水直方图（引自孙淑清，1992）

图 11.5.4 说明风速脉动与降水的关系。泰山站海拔 1536.5m，正是一般低空急流轴的高度。当时，有低空急流通过泰山站。从 19～20 日风速逐时变化可见，其中，有两次振幅较强的脉动，1h 风速差达 14m/s，每个波动周期分别为 5h 和 8h，且都发生在凌晨低空风速最强时段。风的短周期脉动与雨峰有明显的对应关系。两次最大降水量分别为 42.9mm 和 22.1mm。在华南、长江流域或是北方地区，一些接近低空急流轴的高山站的连续风资料，同样表明，雨峰与风速脉动之间的联系，这表明风速脉动与中尺度

雨团的生成有密切关系。

③低空急流在整个过程中，并不都是超地转的，有时是处于地转平衡中。只有在大风速区或风速明显增强时，超地转现象才发生。在地转平衡的建立和破坏过程中，风场变化在前，气压场变化在后，暴雨即出现在强非地转时段。图 11.5.5为低空急流中的一次超地转风与中尺度降水的关系。从图可见，南京 700hPa 风开始处于地转平衡状态，风速也较小。以后低空急流发展，平衡风场破坏。20 日 20 时实测风速达 29m/s，而地转风仍无大变化。非地转风达 16m/s，比地转风本身还大。强降水就发生在超地转的极盛期，每小时雨量在 30mm 以上。以后，气压场很快向风场调整，地转风激增，以致大体达到平衡，暴雨也就停止了。

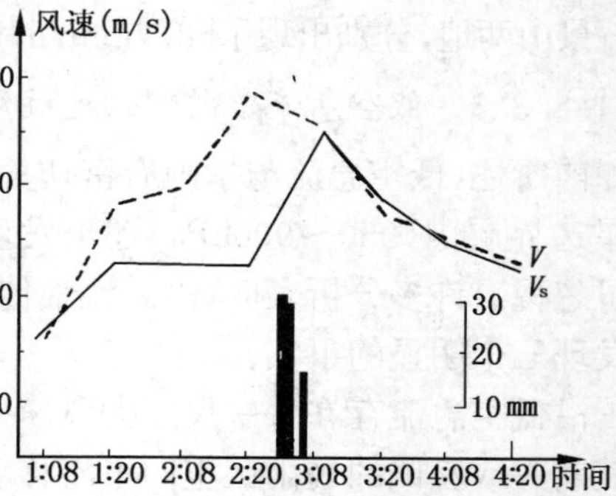

图 11.5.5　1972 年 7 月 1～4 日南京站 700hPa 地转风 $\vec{V}_g$（实线）、实测风 $\vec{V}$（虚线）和暴雨（黑竖线）出现的时序分布（引自孙淑清，1992）

前述短周期风速脉动，可能反映了由非地转运动激发出的一系列重力波作用。杨国祥等曾经发现大尺度低空急流轴上中尺度波动的传播。他们用滤波方法，滤出中尺度的高度场和风场扰动，发现两者均有波动特征。从波的振幅和移速看，它们属于低频重力波。这种波动对暴雨有明显影响，中尺度雨团大多分布在波动的槽后和脊前。

11.5.4　暴雨预报方法

暴雨预报是一个非常困难的问题。我国幅员辽阔，地形复杂，暴雨具有局地性、突发性和活动规律多变等特点。对暴雨形成的机制迄今尚未揭示清楚，暴雨的预报就更有难度了。目前国内外的暴雨预报水平均不高，并且主要限于短期，至于中期暴雨预报，目前主要是根据环流的背景。我国的暴雨短期预报，除了仍然使用天气图预报方法和统计学预报方法外，还有专家系统、数值预报，并且动力数值预报与统计预报相结合（MOS）的方法，在综合预报中占有愈来愈多的份量。

MOS 预报在国外已较普遍用于各种要素预报，取得一定的效果，80 年代初，随着北京气象中心北半球五层原始方程业务（B）模式的建立及数值预报产品品种和数量的增加，MOS 预报方法才在国内得到了广泛研究和应用。不过，用它制作暴雨预报面临着两个难点：一是暴雨属小概率事件，统计方法用于小概率事件的预报其效果不佳；二是暴雨的发生虽与大尺度背景有关，但往往是次天气尺度和中尺度系统直接造成的，而目前的数值预报产品，尚不能反映次天气尺度以下的天气系统。为此，我国在用 MOS 方法作暴雨预报时，引入了一些经验实况因子，或者采用消空等手段来克服和弥补上述缺陷。下面，扼要介绍我国在暴雨 MOS 预报中，普遍采用的一些技术处理。

11.5.4.1　消空处理

暴雨是小概率事件，在挑选预报因子和建立预报方程之前，先对预报对象进行消空处理，以便提高暴雨样本的统计概率。在进行消空时，一般遵循以下原则：

(1)在保留全部暴雨日样本的前提下，寻找尽可能多地消去非暴雨日的消空因子。

(2)消空因子应简单明了且物理含义清楚，也就是要挑选那些能预示未来 24h 无暴雨发生的因子作为消空因子。

(3)确定消空因子临界值时，应充分留有余地，确保业务使用的可靠性和稳定性，决不能因消掉一个暴雨日而造成漏报。

(4)尽量多采用一些经验实况因子作为消空因子。因为实况因子所用的资料年代长，所选的消空因子数据精确，稳定可靠，具有地方特色，且不随数值预报模式更换的影响。

在作消空处理时，有的台站采用二次消空技术。例如，河北省在研制燕山地区大到暴雨的 MOS 预报方法时，第一次用物理因子消空，使大到暴雨日概率由 14%提高到 27.7%。在此基础上，再根据天气形势分型后，作第二次消空(称二级消空)，使大到暴雨样本与非大到暴雨样本的比例达 1∶1.9，从而进一步提高了大到暴雨样本的统计概率。

11.5.4.2　天气形势分型

首先对 500hPa 高度场人工主观分型，找出客观定型的标准，然后根据此标准求出在计算机上实现的算法，进行模拟，参照天气图分析的规定，实现对低涡、槽线等天气系统的自动判断，从而达到客观分型的目的。通过实际验证，此方法优于用相似系数法或模糊聚类法的分型，因为后两者只比较样本间的整体相似性，不易判断涡槽系统。

对低涡判定的方法是，在规定的区域内选定若干站点，先判断周围离这些点较近的各站高度值是否高于该点的高度值，并且它们之间是否至少有一根等值线通过。通常周围的站点选 6～8 个，在 0～360°方向上尽量分布均匀。当周围选定站点与规定区域站点间都有等值线通过时，则判断有低涡，否则将包围圈扩大，在更大的范围内(但不要超出主观分型时所规定的区域)，再判断是否有低涡。为了排除由单站低值形成的无意义的低涡，还要根据低值站周围的风向，判定是否为气旋性环流，即在低值站两侧选两站，判断风向是否为气旋性切变。

对规定区域内有无槽线的判断方法是，判断槽后一定距离内至少有两站分别与槽前至少有两站的风向是否存在气旋性切变，且切变角度≥30°，若是则判断有槽线存在，否则判无槽线，这里槽后风向限定在≤60°或≥280°，槽前风向限定在 140°～330°。通过距离的远近，在一定程度上可以解决横、竖槽都有时的定型问题。

11.5.4.3　预报因子的挑选

预报因子的好坏是一切预报方法成败的关键。除了考虑因子的物理含义清楚以及一些统计学原理外，还采用以下途径来改善预报因子的质量。

(1)引入实况因子(经验因子)。目前数值预报模式的格距较粗，仅利用模式输出的产品的格点资料来挑选预报因子，尚不能反映次天气尺度以下的天气系统。因此许多台站引入了一些临近时刻的实况因子(经验因子)，以弥补这一不足。

(2)引入组合因子。在预报因子的挑选过程中，人们常常发现单因子与预报对象的相关程度较差，为了获得较多可供挑选的预报因子，有些台站采用两个或多个不同要素或物理量的因子进行组合。事先可通过点聚图了解不同气象要素或物理量之间的相关程度，如图 11.1.6 中所示的 CAPE (B) 与水平螺旋度(H) 之间存在着较好的相关性，在暴雨或强对流天气预报中，就可以考虑用能量螺旋度指数 $EHI = \frac{H \times B}{160000}$ 作为组合预报因子。

(3)引入场特征因子(或滑动场)因子。单点数值的因子偶然性大，有时候误差也较大，且不能真实地反映出产生暴雨的物理原因，因而必须寻找一个要素场的代表值来表征该场。如某要素场的平均(五点或九点滑动平均等)或求和，要素场的级数展开，还有表征锋区、槽、气流强弱等特征的因子，都可以构成场特征的因子。

(4)引入比较因子(或变值场因子)。指一个因子在时间或空间上的比较量。如某要素的 24h 变量，不同层上两格点相减，同一层上两格点相减，两指标点要素的差值等，均可构成比较因子。

11.5.4.4　预报对象的处理

大多数台站把预报对象进行(0,1)化处理，即非暴雨日为 0，有暴雨日为 1。然后采用常用的统计方法，如多因子交叉相关，0,1 权重回归，逐步回归，逐步判别等建立预报方程。对预报对象的处理，有的台站作过一些试验研究，和预报因子一样，做适当的挑选和处理，以提高预报效果。曾选择四种表征区域性降水的预报对象：

①采用每个地区选 5 个降水量最大值的平均。

②选若干最大值的平均。

③选 1 个最大值。

④全区总平均做为一个区的预报对象。

将这四个预报对象和各物理量因子求相关，并分析这些相关系数，最后发现预报对象用若干站平均比用单站的好。

有的气象台站把预报对象进行分级处理，如把预报对象从无雨至暴雨分为 9 级，先用判别方程作出有无小一中雨(第 4 级)以上降水预报，再作出是否达到暴雨(第 9 级)量级的预报；有的把预报对象无雨至大雨分为 5 级，采用 0,1 权重回归方程，从最低级的预报方程开始计算，若方程预报值大于临界值则进行下一级计算，直至小于临界值为止，最后得出相应的预报结论。

.由于受数值预报产品质量和数量的限制，目前暴雨 MOS 预报方法的效果虽还不令人满意，但该方法的预报准确率却远超过暴雨气候概率预报，与经验预报与其它预报方法相比也不逊色，特别对区域性大暴雨预报，效果比较好，空漏报次数少，应该肯定暴雨 MOS 预报方法是一种行之有效的方法。

§11.6　强对流天气预报系统

采用当代先进信息技术建设气象业务自动化系统是提高预报水平和气象保障能力的重要途径。20 世纪 80 年代末期，美国国家天气局研制了 90 年代先进的气象交互处理系统(AWIP-90)，完成了由原来的 AFOS(现场业务、服务自动化系统)至 AWIP-90 的过渡，并已投入业务运行，主要由国家天气局气象和水文人员用来制作中尺度天气预报。系统充分利用了中尺度气象模式、雷达、卫星和预报等新技术，具有丰富信息的数据库、指导产品和科学实时的中尺度分析预报能力，已成为美国准确及时地制作强对流天气和预报警报的重要工具。

近年来，北京一些气象部门曾在监测试验的基础上，建立了技术先进、自动化程度很高的强对流天气监测、预报系统，系统可以制作强对流天气的展望预报、短时预报和临近预报等三类天气预报。下面，我们主要介绍这个系统的总体设计和预报流程(引自空军科技报告)。

11.6.1　预报工作平台

系统在工作站上运行，也可以高档微机作为系统运行平台。预报工作站作为预报工作的平台，它是整个系统的核心。其主要功能有：

- 收集常规地面、高空气象资料及加密观测资料，数值预报资料，雷达回波资料，卫星资料，以及可以获得的其它气象资料。
- 各种资料的数据检误、加工和产品生成，不同资料生成的综合产品，产品的多种方式显示和输出。
- 利用多种气象资料，实时监视天气现状，展示其变化。
- 提供预报方法程序运行环境，支持实时、非实时地分析天气系统演变规律。
- 为用户提供本地区的气象服务，航线保障服务，在网络上，工作站的产品可共享。

其特点为：

①采用 RISC 结构计算机，使用 UNIX 操作系统，具有高效率、多功能特点；

②不仅能用于强对流天气监测、预报，还可用于其他影响飞行活动的天气监测，用于航线飞行的气象保障；

③不仅具有一般工作站的图形图象处理功能，而且有数据库支持，具有某些人工智

能，是一个高级预报工作站；

④考虑国内外现有类似功能的工作站，研究建立实效性强，有北京地区特色的强对流天气监测模式；

⑤采用多媒体技术，使工作站具有较为完善的用户友好界面特性。

其软件组成为：

①资料收集。由时钟控制，定时启动独立进程，从网络服务器或数据库读取常规气象报文、卫星和雷达等实时气象资料。由前台控制，不定时的启动进程，读取非定时观测的资料和非实时资料；

②资料加工、资料检误、客观分析、诊断分析、生成显示各种图形产品；建立显示各种图象产品、图表产品以及其他产品；

③航线飞行气象保障提供了航线气象保障所需的建立航线和显示航线附近的天气实况、剖面图、云图以及有关的机场资料；

④资料服务提供资料浏览、调用和删除，为用户提供有效的查询使用方法；

⑤用户界面允许用户定义系统控制参数，使用监视和控制预报工作站的运行；

⑥天气预报建立了定量定性结合的北京地区强对流天气监测模式。工作站为预报方法程序运行提供资料和运行环境支持，能制作 0～2h，2～6h，6～12h 北京强对流天气预报，这三类预报的软件设计将在下面详述。

11.6.2　预报系统设计

强对流天气预报系统能制作三类天气预报：

①强对流天气的展望预报。预报未来 12h 内的强对流天气，每天 12h 制作一次；预报强对流天气不区分类别；预报区域分为北京区、东区和西区。

②强对流天气短时预报。未来 6h 内的强对流天气，每天 12 时起每 1h 正点前后制作一次；预报强对流天气类别分为两类：强雷雨为一类，雷暴大风和冰雹为一类；分五区说明强对流天气出现的地区。

③强对流天气的临近预报。预报未来 3h 内的强对流天气，每天在 12 时以后雷达探测到对流性回波后制作；预报强对流天气分为三种类别，说明强对流天气影响的机场和起始时间，尽可能说明强对流天气的强度。

11.6.2.1　12h 展望预报系统

(1)系统功能。整个系统由数据处理、形势消空、形势分型和决策树预报四个子系统组成，其主要功能如下：

①能对常规气资料实时自动分析处理；

②可对 500hPa 的高度场进行客观分型；

③可对不出现强对流天气的日子首先依据空中和地面天气形势合成消空；

④运用决策树预报方法对强对流天气有无进行预报，并结合历史相似，预报强对流天气落区；

⑤每一部分都有图形显示，人机界面友好；预报过程的每一步信息都集中在一屏上显示或打印输出。

(2)系统流程。资料处理部分包括以下四个模块：高空报处理、地面报处理、实况报处理、物理量计算。程序首先从数据库(或脱离)读取高空、地面绘图报和实况报，依次生成形势定型。空中消空所需的500hPa、850hPa的高度，湿度及风；地面消空所需的气压及风向风速值；10时华北各台站的温度值；各种物理量及指数。流程框图如图11.6.1所示。

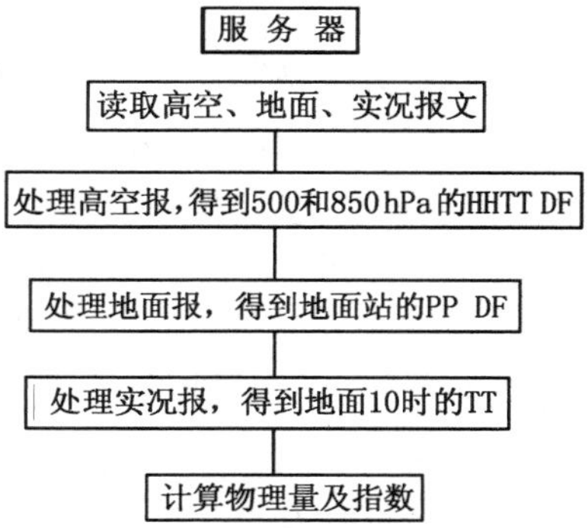

图11.6.1　资料处理流程框图

预报部分包括五个模块：形势消空、天气形势分型、决策树预报、相似预报落区、预报结果的显示与打印。如果空中、地面消空有一个判断无强对流天气，则退出预报流程，预报当日无强烈天气；如果空中、地面消空均末判断出无强对流天气，则进行第二步形势定型，再根据所定之型，选择相应的决策树进行预报。最后，将预报结果打印输出。流程框图如图11.6.2所示。

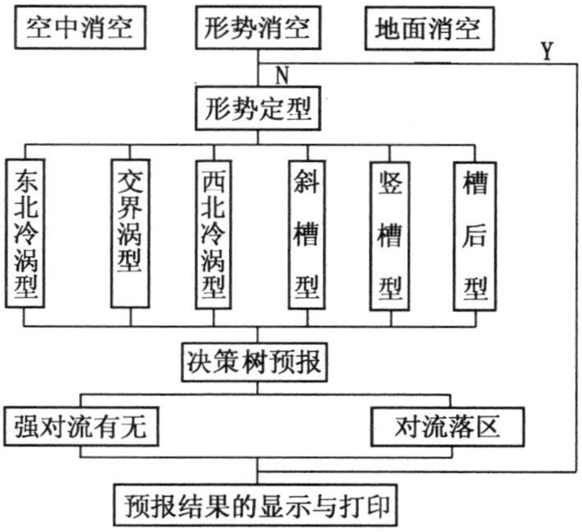

图11.6.2　预报流程框图

11.6.2.2　6h短时预报系统

(1)系统功能。主要由资料处理、推理判别、预报决策和维护四个子系统组成，其主要功能如下：

①对实时云图资料自动检误，除去奇异点并对云图作分析计算，得到云顶温度梯度分布，各对流云的云顶高度、方法、距离以及对流云相对强度等结果，并建立随机文件，逐时显示处理云图；

②对常规气象资料及中尺度实况资料解释、检误，进行各种物理量计算，显示计算结果；

③能对云图作客观自动分型，并与相似历史个例资料进行对比分析，给出历史相似个例的预报信息；

④能逐时制作强对流天气落时、落区强度和类别预报；

⑤系统实况全自动化，系统预报过程每一步信息均有提示，预报结果显示打印，当资料缺漏时，系统及时给出资料缺漏情况和有可能引起空(漏)报的原因；

⑥强对流天气预报具有较高且较稳定的预报准确率，并留有扩充余地，可为今后利用数值预报产品及高、低轨道卫星遥感资料作准备。

(2)系统流程。资料处理部分，对云图进行定量化反演计算，得到云顶温度及梯度、云强度、对流云顶高等；用常规资料作各种物理量计算；作地面中尺度流场分型和地面中尺度物理量诊断。推理部分，根据计算出的各种资料进行比较分析，确定当日天气形势，其中云型的推理判别是关键；再利用极值消空指标作强对流天气消空。预报决策部分，分为趋势评估及预报两部分，其中趋势评估通空消空与云型强对流天气概率的结合比较，得到定量化指标，带入预报子系统，根据趋势评估值来确定预报子系统中预报指标值。预报部分，分强天气落时落区、强度及强对流天气类别三部分，最后将预报结果及中间产品显示或打印输出。系统流程框图如图 11.6.3 所示。

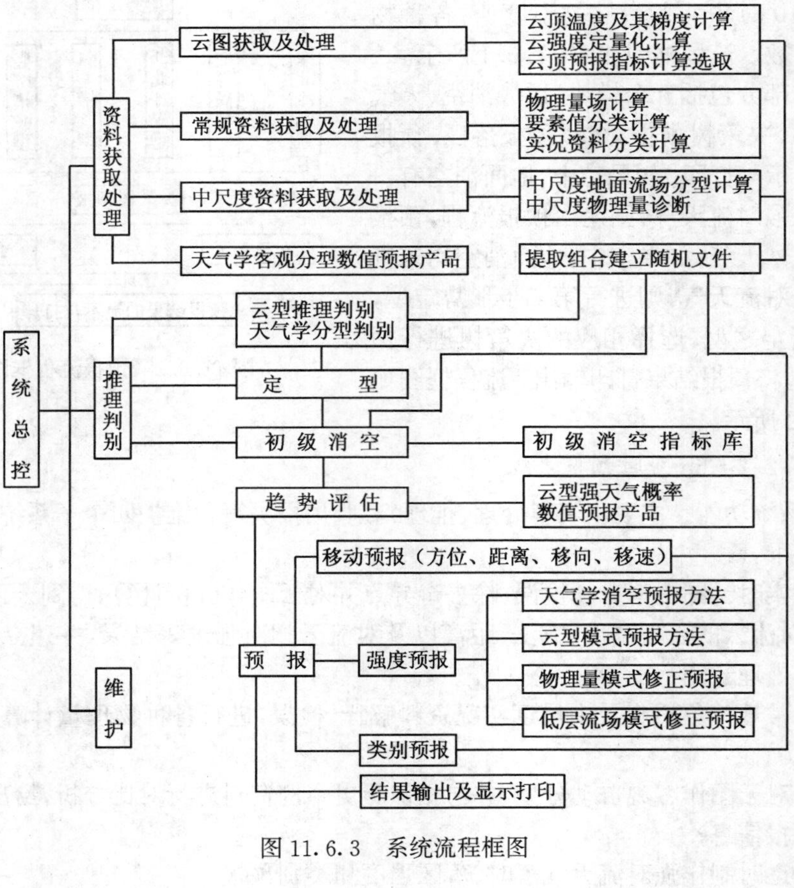

图 11.6.3　系统流程框图

11.6.2.3　3h 临近预报系统

(1)系统功能。系统由资料管理、物理量场、外推预报、天气预报、参数设置五部分组成,其主要功能如下:

①从网络服务器获取实时气象资料和数字化雷达资料;

②逐时生成和显示地面物理量场,物理量场可与三种不同量程的雷达回波叠加显示;

③可用质心跟踪、交叉相关,引导气流等方法,对雷达回波进行任意时间的外推;

④运用雷达判别方程,根据数字化雷达识别强对流云图;

⑤根据雷达回波反演数学模型,将雷达回波反演成单站降水量;

⑥利用中尺度资料,用决策树方法作强对流天气类别预报。

(2)系统流程。系统的结构框图如图 11.6.4 所示。其中,资料管理:通过选择,系统既可接收和处理实时资料,同时也可对历史资料加以运算;物理量场:包括物理场与雷达回波的叠加显示、探空分析等;外推预报:对雷达 PPI 进行外推,作强对流天气的落时、落点预报;天气预报:利用各种预报方法,作强对流天气的类别预报;参数设置:设定计算处理过程中的某些参数。

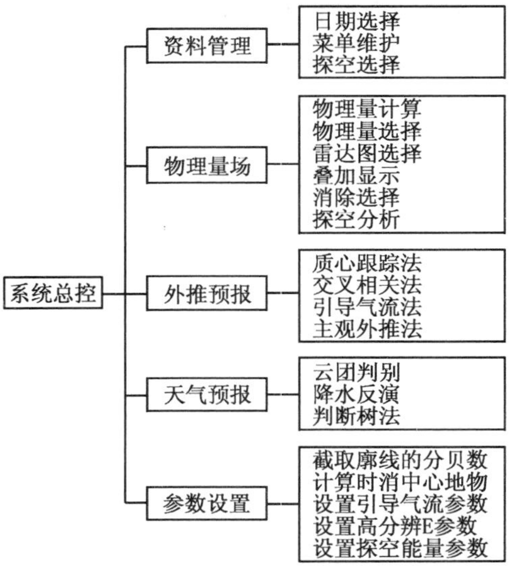

图 11.6.4　系统结构框图

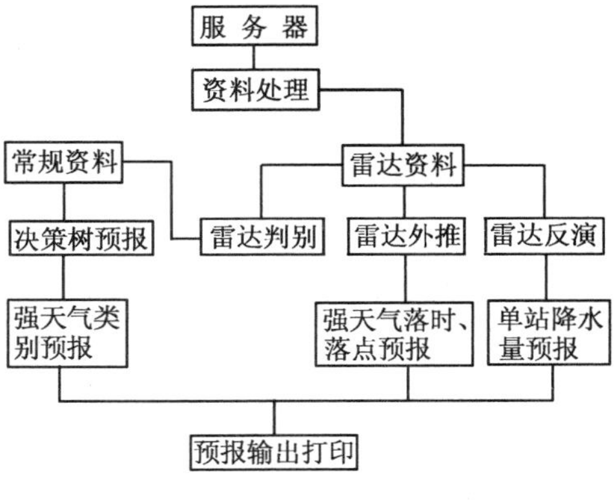

图 11.6.5　预报流程图

系统天气预报部分的预报流程,如图 11.6.5 所示。在无雷达资料的条件下,利用常规资料,根据决策树预报结果,直接作出强对流天气的有无预报,但不能作强对流天气的落时、落点预报。在有雷达资料的条件下,先对雷达回波作强对流识别,并结合决策树预报结果,确定强对流的有无及类别,然后对雷达回波进行外推,确定是否影响预报区域及影响的时间,同时将雷达回波反演成降水量。最后,通过集成,打印输出强对流天气的落时、落点和类别预报。

11.6.3　系统构成

系统应用软件由总控模块、资料处理模块、12h 预报模块、6h 预报模块、3h 预报模块组成，如图 11.6.6 所示。系统先对各种资料，包括常规气象资料、中尺度气象资料、卫星云图及天气实况等进行处理，然后各时段预报自动按时制作，预报结果打印输出，并在屏幕上轮流显示。

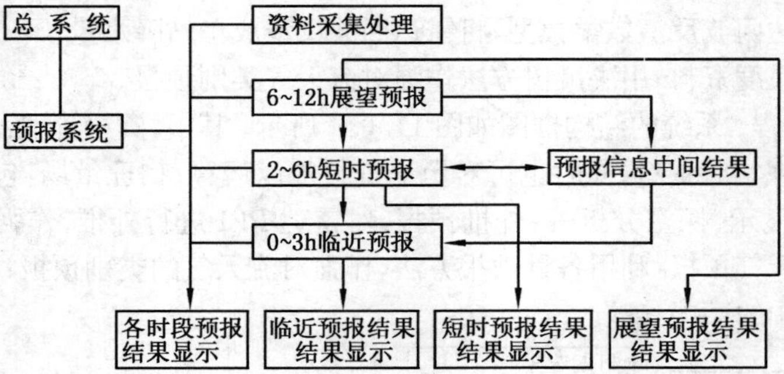

图 11.6.6　系统总体结构图

中文参考文献

B·W·阿特金森. 1981. 大气中尺度环流. 北京:气象出版社

C· W· 牛顿. 1967. 强烈对流风暴,国外人工影响天气(第二集),中国科学技术情报研究所,1～31

巢纪平. 1980. 非均匀层结大气中的重力惯性波及其在暴雨预报中的初步应用,大气科学,**4**(3):230～235

巢纪平等. 1964. 积云动力学. 北京:科学出版社

巢纪平等. 1964. 风速垂直切变对于对流发展和结构的影响. 气象学报,**34**(1):94～102

陈泰然. 1984. 中尺度气象学. 台湾大学大气科学研究所,2～6

程麟生等. 2001. “987”突发大暴雨及中尺度低涡结构的分析和数值模拟. 大气科学,**25**(4):465～478

《大气科学辞典》编委会. 1994. 大气科学辞典. 北京:气象出版社

丁一汇. 1977. 大气中的风暴. 北京:科学出版社

丁一汇. 1991. 高等天气学. 北京:气象出版社

丁一汇等. 1982. 我国飑线发生条件的研究. 大气科学,**6**(1):18～27

丁一汇等. 1993. 1991 年江淮流域持续性特大暴雨研究. 北京:气象出版社

河村武. 1977. 都市気候の分布の実態,気象研究,ノート,**133**:26～47

J·J·格卡. 1980. 伴有雷暴强风区的卫星观测和地面观测. 航空气象科技资料,(2):44～53

J. S. Snook. 1994. 条件对称不稳定的实时评估技术. 航空气象科技,(2):26～34

K·A·布朗宁. 1992. 现时预报. 北京:气象出版社

孔玉寿等. 2000. 现代天气预报技术. 北京:气象出版社

李建辉. 1991. 短时预报. 北京:气象出版社

李骥等. 1978. 背风波形成的非线性数值试验及其对降水的影响. 大气科学,**2**(3):210～218

李开乐. 1986. 相似离度及其使用技术. 气象学报,**44**(2):174～183

李麦村. 1978. 重力波对特大暴雨的触发作用. 大气科学,**2**(3)

列谢托夫. 1980. 飑的预报. 航空气象科技资料,(2):12～31

刘志澄等. 2002. 新一代天气雷达系统环境及运行管理. 北京:气象出版社

陆汉城等. 2001. 1992 年 Andrew 飓风的中尺度特征. 大气科学,**25**(6):827～836

陆汉城等. 2002. 1992 年 Andrew 飓风眼壁区倾斜上升运动发展的可能机制——非线性对流对称不稳定. 大气科学,**26**(1):83～90

陆汉城等. 1984. 梅雨锋内 WAVE-CISK 条件性对称不稳定——梅雨锋内多雨带生成的可能机制. 空军气象学院《教学与研究》,(4):63～71

陆汉城等. 1993. 梅雨锋致洪暴雨大振幅低空急流扰动的观测研究. 南京大学学报,(3)

陆汉城等. 1992. 一次冷锋后飑线的大振幅重力波特征分析. 应用气象学报,(3):138～144

陆汉城等. 1996. 中尺度强风暴天气研究的进展,现代大气科学前沿与展望. 北京:气象出版社

倪允琪等. 2004. 长江流域梅雨锋暴雨机理的分析研究. 北京:气象出版社

帕尔门·E 等. 1978. 大气环流系统. 北京:科学出版社

彭治班等. 2001. 国外强对流天气的应用研究. 北京:气象出版社

齐力. 1975. 阻挡层与强烈对流天气. 气象,(11):11

S. Bodin. 1985. 甚短期预报——观测、方法和系统. 气象科技,(1)
寿绍文等. 1993. 中尺度天气动力学. 北京:气象出版社
寿绍文等. 1993. 中尺度对流系统及其预报. 北京:气象出版社
孙淑清. 1979. 关于低空急流研究的综合评述. 大连暴雨会议文集. 长春:吉林人民出版社
孙淑清等. 1992. 中-β尺度干线的形成与局地对流暴雨. 气象学报,**50**(2):181～188
陶诗言等. 1979. 暴雨和强对流天气的研究. 大气科学,**3**(3):227～238
伍荣生. 1984. 半地转气流的动力学特征. 中国科学(B辑),185～192
伍荣生. 1990. 大气动力学. 北京:气象出版社
吴池胜. 1990. 层结大气中重力惯性波的发展. 大气科学,**14**(3):379～383
吴国雄等. 1997. 风垂直切变和下滑倾斜涡度发展. 大气科学,**21**(3):273～281
吴正华,丁一汇. 1992. 甚短期天气预报. 北京:气象出版社
夏大庆. 1982. 气象场中尺度系统分离算子的设计和比较. 科学通报,**18**
小仓义光. 1981. 大气动力学原理(中译本). 北京:科学出版社
徐家骝. 1979. 冰雹微物理与成雹机制. 北京:农业出版社
杨国祥. 1977. 一次强飑线的中分析. 大气科学,(3):206～213
杨国祥. 1992. 中尺度天气预报. 空军气象学院学报,**13**(3):101～115
杨国祥. 1983. 中小尺度天气学. 北京:气象出版社
杨国祥等. 1984. 北京雷暴大风和冰雹临近预报的研究. 空军气象学院学报,**15**(3):202～212
杨国祥等. 1989. 华东对流性天气分析预报. 北京:气象出版社
杨国祥等. 1991. 中尺度气象学. 北京:气象出版社
叶笃正等. 1988. 动力气象学. 北京:科学出版社
游景炎等. 1992. 华北暴雨. 北京:气象出版社
余志豪,陆汉城. 1988. 梅雨锋暴雨的中尺度雨带和雨峰团. 中国科学(B辑),(9):1002～1010
张丙辰. 1990. 长江中下游梅雨锋暴雨的研究. 北京:气象出版社
张可苏等. 1980. 非静力平衡条件下大气重力惯性波的频谱、结构和传播特征. 第二次全国数值预报会议文集. 北京:科学出版社
张景哲等. 1982. 北京市的城市热岛特征. 气象科技. (3):32～35
赵德山等. 1982. 一次雷暴密度流的风场结构的研究. 大气科学,**6**(2):157～164
赵平,孙淑清. 1990. 非均匀大气层结中大气惯性重力波的发展. 气象学报,**48**(4):397～403
周明煜等. 1980. 北京地区热岛和热岛环流特征. 环境科学,(5):12～18
邹美恩等. 1984. 湖南强风暴暖盖环流场研究. 大气科学,**8**(2):135～142

外 文 参 考 文 献

Aanensen C J M. 1965. Gales in Yorkshire in February 1962, Geophysical Memoirs, 108 Meteorological office, London

Anthes R A et. al. 1987. Description of the Penn. State/NCAR mesoscale mode version 4(MM4)

Atkins N T and R M Wakimoto. 1984. Wet microburst activity over the Southeastern United States, Implications for forecasting, *Wea. Forecasting*, **6**: 470—482

Austin G U and A Bellon. 1974. The use of digital weather record for short-term precipitation forecasting, *Q. J. R. Meteor. Soc.*, **100**: 658—664

Barnes S L. 1973. Mesoscale objective map analysis using weighted time series observation, NOAA Tech. Mem. ERL NSSL—62

Bellon A and G L Austin. 1977. Short-term automated radar prediction

Benjamin J B. 1968. Gravity currents and related phenomena , *J. Fluid, Mech.*, **31**: 209—248

Bennetts D A and B J Hoskins. 1979. Conditional symmetric instability-a possible explanation for rainbands, *Q. J. R. Met. Soc.*, **105**: 945—962

Bluestein H. 1984. Dynamics of mesoscale weather system, NCAR Summer Colloquium Lecture Notes, 11 June-6 July, 497—516

Bosart L F et. al. 1972. Coastal frontogenesis, *J. Appl. Met.*, **11**: 1236—1258

Bosart L F et. al. 1973. Detailed analyses of precipitation patterns associated with mesoscale features accompanying United States East Coast cyclogenesis, *Mon. Wea. Rev.*, **101**: 1—12

Bosart L F et. al. 1973. Gravity wave phenomena accompanying East Coast cyclogenesis, *Mon. Wea. Rev.*, **101**: 446—454

Bosart L F. 1975. New England coastal frontgenesis, *Q. J. R. Met. Soc.*, **101**: 957—978

Bosart L. 1984. An overview of physical processes associated with coastal frontogensis, Dynamics of Mesoscale Weather Systems, 293—304

Browning K A et. al. 1973. The structure of rainbands within a mid-latitude depression, *Q. J. R. Met. Soc.*, **99**: 215—231

Browning K A et. al. 1974. Structure and mechanism of precipitation and effect of orography in a wintertime warm-sector, *Q. J. R. Met. Soc.*, **100**: 309—330

Browning K A et. al. 1976. Structure of an evolution hailstorm, *Mon. Wea. Rev.*, **104**: 603—610

Browning K A. 1983. Mesoscale structure and mechanisms of frontal precipitation systems, Mesoscale Meteorology, SMHT, Sweden

Browning K A. 1989. The mesoscale data base and its use in mesoscale forecasting, *Q. J. R. Meteor. Soc.*, **115**(488): 717—762.

Carlson T N. 1980. The role of the lid in severe storm formation: Some synoptic examples from SESAME, 12 th. Conf. on Severe Local Storm, 221—223

Charney J G et. al. 1964. On the growth of the hurricane depression, *J. A. S.*, **21**: 68—75

Colon J A et. al. 1961. On the structure of hurricane Daisy (1958), National Hurricane Research Program, Report No. 48, US Department of Commerce, *Wea. Bureau*, *Miami*.

Colquhoun J R. 1987. A decision tree method of forecasting thunderstorms, Severe thunderstorm and tornadoes, *Wea. Forecasting*, 337—345

Davies J M and R H Johns. 1993. Some wind and instability parameters associated with strong and violent tornadoes, part Ⅰ: wind and helicity, proc. Tornado Symposium Ⅲ, C. Church Amer. Geophys. Union

Davies-Jones R and D Burgess. 1986. Test of helicity as a tornado forecast parameter, 16th Conf. on Severe Local Storms, 588—592

Davies-Jones R. 1984. Streamwise vorticity, The origin of updraft rotation in supercell storms, *J. Atmos*, *Sci.*, **41**: 2991—3006

Dessen H. 1960. Severe hailstorms are associated with very strong winds between 6000 and 12000 meters, *Geophs*, *Monog*., (5): 333—338

Djuric D et. al. 1980. On the formation of the low-level jet over jets, *Mon. Wea. Rev*., **108**: 1854—1865

Doswell C. A Ⅳ. 1984. Mesoscale aspect of a marginal severe weather event, 10th Conf. on Weather Forecasting and Analysis, 131—137

Droegemeier K and R B Wilhelmson. 1983. 13th Conf. on Severe Local Storms, 245—248

Eliassen A. 1962. On the vertical circulation in frontal zone, *Geofys. Pub.*, **24**: 147—160

Ellrod G P et. al. 1976. Structure and interaction in the subcloud region of thunderstorm, *J. Appl. Met.*, **15**: 1084—1091

Elvander R C. 1976. An evaluation of the relative performance of three weather radar echo forecasting techniques, 17th Radar Meteor. Conf.

Emanuel K A et. al. 1984. Dynamics of Mesoscale Weather System, NCAR Summer Colloquium Lecture Notes

Emanuel K A. 1981. Inertial instability and mesoscale convective system part Ⅱ, symmetric CISK in a baroclinic flow, *J. Atmos. Sci.*, **39**: 1080—1097

Emanuel K A. 1983. On the dynamical definitions of "Mesoscale", Mesoscale meteorology theories, Observation and models, Reidel Publishing Co., Boston Mass, 1—12

Emanuel K A. 1984. Fronts and frontogensis, other types of fronts, Dynamics of Mesoscale Weather Systems, 85—108

Emanuel K A. 1986. Overview and difinition of mesoscale meteorology, *A. M. S.*

Emanuel K A. 1983. On assessing local conditional symmetric instability from atmospheric sounding, *Mon. Wea. Rev.*, **111**(3): 2016—2033

Emanuel K A. 1993. The Lagrangian parcel dynamics of moist instability, *J. Atmos. Sci.*, **40**: 2368—2376

Eom J K. 1975. Analysis of the internal gravitive wave occurrence of 19 April1970 in the Midwest,

Mon. Wea. Rev., **103**(3): 217—226

Fawbush E J and R C Miller. 1953. A method for forecasting hailstone size at the earth's surface, *Bull. Amer. Meteor. Soc.*, **34**(6): 235—244

Fawbush E J and R C Miller. 1954. Basis for forecasting peak wind gust in non-frontal thunderstorms, *Bull. Amer. Meteor. Soc.*, **35**(1): 14—19

Ferretti R et. al. 1988. Wave disturbances associated with the red river valley severe weather outbreak of 10—11 April 1979, *Meteor. Atmos. phys.*, **39**: 132—168

Fisher E L. 1961. A theoretical study of the sea breeze, *J. Met.*, **18**: 216—233

Foster D S and F C Bates. 1956. A hail size forecasting technique, *Bull. Amer. Meteor. Soc.*, **37**(4): 135—141

Fritch J M. 1976. Cumulus dynamics: Local compensating subsidence and its implications for cumulus parameterization, CCRG 2 cloud dynamics, Birkhauser verlay Basel, 851—867

Fujita T T et. al. 1967. A model of typhoons accompanied by inner and rainbands, *J. appl. Met.*, **6**: 3—19

Fujita T T. 1978. Downburst, SMRP Research Paper(156)

Fujita T T. 1973. Proposed mechanism of tornado formation from rotating thunderstorm, 8th Conf. on Severe Local Storms, *American Meteor. Soc.*, 191—196

Fujita T T. 1981. Five scale of airflow associated with a series of downbursts on 16 July 1980, *Mon. Wea. Rev.*, **109**(7): 1438—1456

Fujita T T. 1981. Tornadoes and downbursts in the context of generalized planetly scales, *J. A. S.*, **38**(8): 1511—1534

Gentry R C et. al. 1970. Aircraft, spacecraft, satellite and radar observations of hurricane Gladys 1968, *J. Appl, Met.*, **9**: 837—950

Goff R C. 1976. Vertical Structure of thunderstorm outflows, *Mon. Wea. Rev.*, **104**: 1429—1440

Griffith C G et. al. 1978. Rain estimation from geosynchronous satellite imagery: visible and infrared studies, *Mon. Wea. Rev.*, **106**: 115—117

Haurwitz B. 1947. Comments on the sea-breeze circulation, *J. Met.*, **4**: 1—8

Hill F F. 1983. The use of average annual rainfall to derive estimates of orographic enhancement of frontal rain over England and Wales for different wind direction, *J. Climate*, **3**: 113—129

Hobbs P V. 1978. Organization and structure of clouds and precipitation on the mesoscale and microscale in cyclonic storms, *Rev. Geophys Space Phys.*, **16**: 741—755

Hoccker W H. 1960. Wind speed and air flow patterns in the Dallas tornado of 2 April 1957, *Mon. Wea. Rev.*, **88**: 167—180

Hoskins B. J. 1974. The role of potential vorticity in symmetric stability and instability, *Q. J. R. Met. Soc.*, **100**: 480—482

Hoskins B. J. 1975. The geostrophic momentum and approximation and the semigeostrophic equation, *J. A. S.*, **32**: 233—244

Houze R A et. al. 1982. Organization and structure of precipitation cloud systems, *Advances in Geophysics*, **24**: 225—315

Jeffreys H. 1992. On the dynamics of wind, *Q. J. R. Met. Soc.*, **48**: 29—47

Johns R H and C A Doswell Ⅲ. 1992. Severe local storms forecasting, *Wea. Forecasting*, **7**: 588—612

Julian L T et. al. 1969. Boulder's winds, *Weatherwise*, **22**:108—109

Kessler E. 1987. Thunderstorm Morphology and Dynamics

Klemp J B et. al. 1975. The dynamics of wave downslope winds, *J. A. S.*, **32**: 320—339

Koch S E and C O'Hanley. 1997. Operational forecasting and detection of mesoscale gravity wave, *Wea. Forecasting*, **12**: 253—281

Kropfli R A et. al. 1975. Thunderstorm flow patterns in three dimensions, *Mon. Wea. Rev.*, **103** (1): 70—71

Leftwich P W. 1984. Operational experiments in prediction of maximum expected hailstone diameter, 10th Conf. On Wea. Forecasting and Analysis, 525—527

Lemon L R et. al. 1979. Severe thunderstorm evolution and mesocyclone structure as related to tornadogenesis, *Mon. Wea. Rev.*, **107**: 1184—1197

Levine J. 1959. Spherical vortex theory of bubble-like motion in cumulus clouds, J. Met., **16**(6): 653—652

Ligda M G H. 1951. Radar storm observation, Compendium Meteorology, *AMS*, 1265—1282

Lilly O K. 1986. The structure, energetics and propagation of rotating convective storms, Part Ⅱ: Helicity and storm stabilization, *J. Atmos. Sci.*, **43**(2): 126—140

Lin Yubao et. al. A multiscale numerical study of hurricane Andrew(1992) Part Ⅰ: explicit simulation and verification, *Mon. Wea. Rev.*, **125**: 3073—3093, 1997

Part Ⅱ: Kinematics and inner core structure submitted to, *Mon. Wea. Rev.*, 1998

Lindzen R S and K K Tung. 1976. Banded convective activity and ducted gravity wave, *Mon. Wea. Rev.*, **104**: 1602—1617

Ludlam F H. 1967. Characteristics of billow cloud and their relation to clear-air turbulence, *Q. J. R. Met. Soc.*, **93**(398): 417—435

Maddox R A. 1980. Mesoscale Convective Complex, *Bull. Amer. Met. Soc.*, **61**: 1374—1387

Maddox R A. 1983. Large-scale meteorological conditions associated with midlatitude mesoscale convective complex, *Mon. Wea. Rev.*, **111**: 1475—1493

Malkus J S. 1952. The slope of cumulus in relation to external wind shear, *Q. J. R. Met. Soc.*, **78** (338): 538—542

Marks F D et. al. 1979. Effects of the New England coastal front on the distribution of precipitation, *Mon. Wea. Rev.*, **107**: 53—67

McCann D W. 1979. On overshooting-collapsing thunderstorm tops, 11th Conf. on Severe Local Storms, 427—432

McCann D W. 1994. WINDEX, A new index for forecasting microburst potential, *Wea. Forecasting*, **9**: 532—541

McGinley J. 1986. Nowcasting mesoscale phenomena, Mesoscale Meteorology and Forecasting, 657—688

Miller J E. 1948. On the concept of frontogensis, *J. Met.*, **5**: 169—171

Miller R C. 1967. Note on analysis and severe storm forecasting, Procedure of the millitary weather warning center

Moller A R et. al. 1994. The operational recognition of supercell thunderstorm environments and storm structures, *Wea. Forecasting*, **9**: 327—347

Moore J T and J P Pino. 1980. An interactive method for estimating maximum hailstone size from forecast sounding, *Wea. Forecasting*, **5**: 508—525

Moore J T and T E Lambert. 1994. The use of equivalent potential vorticity to diagnose regions of conditional symmetric instability, *Wea. Forecasting*, **8**(3): 301—308

Ogura Y et. al. 1980. The structure of a midlatitude squall line, A case study, *J. A. S.*, **37**: 553—567

Orlanski I. 1975. A rational subdivision of scales for atmospheric process, *Bull*, A. M. S., **56**(162): 527—530

Ostby F P. 1992. Operation of the national severe storm forecast center, *Wea. Forecasting*, **7**: 546—563

Pielke R A. 1984. Mesoscale Meteorology Modeling, Academic Press, 1—2

Purdom J F W and K Marcus. 1982. Thunderstorm trigger mechanism over the Southeast United States, 12th Conf. on Severe Local Storms, 487—488

Purdom J F W. 1985. Satellite contributions to convective scale weather analysis and forecasting, 14th Conf. on Severe Local Storms

Ray P S. 1986. Mesoscale meteorology and forecasting, *A. M. S.*

Raymond D J. 1984. A Wave-CISK model of squall lines, *J. Atmos. Sci.*, **41**: 1946—1958

Rhea J O. 1966. A study of thunderstorm formation along dry lines, *J. Apll. Met.*, **5**: 58—63

Robert G et. al. 1998. Small-scale spiral bands observed in hurricans Andrew, Hugo and Erin, *Mon. Wea. Rev.*, **126**: 1749—1765

Sawyer J S. 1956. The vertical circulation at meteorological fronts and its relation to frontogenesis, *Proc. Roy. Soc.*, London, A, **234**: 346—362

Sawyer J S. 1960. Numerical calculations of the displacement of a stratified airstream crossing a ridge of small height, *Q. J. R. Met. Soc.*, **86**: 326—345

Schaefer J T. 1974. A simulative model of dryline motion, *J. A. S.*, **31**: 956—964

Schaefer J T. 1975. Nonliner biconstituent diffusion: A possible trigger of convection, *J. A. S.*, **32**: 2278—2284

Schneider R S. 1990. Large-amplitude mesoscale wave disturbances within the intense Midwest extratropical cyclone of 15 December 1987, *Wea. Forecasting*, **5**: 523—558

Scofield R A and V J Oliver. 1977. A scheme for estimating convective rainfall for satellite imagery, NOAA Technical Memorandum NESS 86, 47

Scorer R S. 1949. Theory of waves in lee of mountains, *Q. J. R. Met. Soc.*, **75**: 41—56

Shaffer W A et. al. 1979. Potential thunderstorm forecast guidance products from the techniques development laboratory's boundary layer model, 11th Conf. On Severe Local Storms, 151—157

Shapiro M A. 1981. Frontogenesis and geostrophically forced secondary circulations in the vicinity of jet stream-frontal zone systems, *J. A. S.*, **38**: 954—973

Shapiro R. 1970. Smoothing, filtering and boundary effects, *Rev. Geophy. Space Phy.*, **8**(2): 359—387

Shuman F G. 1957. Numerical method in weather prediction, Ⅱ. smoothing and filting, *Mon. wea. Rev.*, **85**(11): 357—361

Simpson J E. 1964. Sea-breeze fronts in Hampshire, *Weather*, **19**: 208—220

Simpson J E. 1977. Inland penetration of sea-breeze fronts, *Q. J. R. Met. Soc.*, **103**: 47—76

Spiegel E A et. al. 1960. On the Boussinesq approximation for a compressible fluid, *Astro. J.*, 131(1): 442—447

Stobie J G et. al. 1983. A case study of gravity waves—convective storms interaction: 9 May 1979, *J. A. S.*, **40**: 2804—2830

Stommel H. 1997. Entrainment of air into a cumulus cloud, *J. Met.*, 4: 91—94

Sun Shuqing and Du Changxuan. 1992. The relationship between low level jet and tropical circulation and its coupling with the upper level jet in the period of Meiyu, 1991, International Symposium on Torrential Rain and Flood, 78—80

UCAR. 1983. The national storm program, Stormscale Operational and Research Meteorology

Uccellini L M and O R Johnson. 1979. The coupling of upper and lower tropospheric jet streaks and implication for the development of severe storms, *Mon. Wea. Rev.*, **101**(6): 682—703

Uccellini L W and S E Koch. 1987. The synoptic setting and possible energy source for mesoscale wave disturbance, *Mon. Wea. Rev.*, **115**: 721—729

Uccellini L W et. al. 1979. The coupling of upper and lower tropospheric jet streams and implications for the development of severe convective storms, *Mon. Wea. Rev.*, **107**: 682—703

Uccellini L W. 1975. A case study of apparent gravity wave initiation of severe convective storms, *Mon. Wea. Rev.*, **103**(6): 497—513

Vinnichenko N K. 1970. The kinetic energy spectrum in the free atmosphere-1 second to 5 years, *Tellus.*, **22**: 158—166

Wakimoto R M. 1982. The life cycle of thunderstorm gust fronts as viewed with Doppler radar and rawinsonde data, *Mon. Wea. Rev.*, **110**: 1060—1082

Wakimoto R M. 1985. Forecasting dry microburst activity over the Highplains, *Mon. Wea. Rev.*, **113**: 1131—1143

Wallingto C E. 1965. Gliding through a sea-breeze front, *Weather* , **20**: 140—144

Weaver J F and J F W Purdom. 1983. Some unusual aspects of thunderstorm cloud top behavior on May 11, 1982, 13th Conf. on Severe Local Storms, 154—157

Weismen M L and J B Klemps. 1986. Characteristics of isolated convective storms, Mesoscale Meteor. and Forecasting, 331—357

Williams E R. 1986. Lightning and microbursts in convective cloud, 16th Conf. on Severe Local Storms, 738—743

Wolfson M M. 1990. Understanding and predicting microburst, 16th Conf. on Severe Local Storms, *Amer. Meteor. Soc.* , 340—351

Yang Guoxiang et. al. 1985. Large scale environmental conditions for thunderstorm development, *A. A. S.* , **2**(4): 508—521

Zack J W and M L Kaplan. 1987. Numerical simulation of the subsynoptic features associated with the AVE-SESAME Ⅰ Case. Part Ⅰ: The preconvective environment, *Mon. Wea. Rev.* , **115**: 2367—2393

Zhang D L and J M Fritch. 1988. Numerical simulation of the meso-beta scale structure and evolution of 1977 Johnstown flood, Part Ⅲ: Internal gravity waves and the squall line, *J. Atmos. Sci.* , **45**: 1252—1268

Zhang D L et. al. 1988. Numerical simulation of an intense squall line during 10—11 June 1985 PRESTORM, part Ⅰ: Model verification, *Mon. Wea. Rev.* , **117**(5): 960—994

Zipser E J. 1982. Use of conceptual model of the life cycle of mesoscale convective systems to improve very short range forecasting, Nowcasting, 191—204

Zittal W D. 1976. Computer application and techniques of storm tracking and warning, 17th Radar Meteor. Conf. , 514—521